T0274080

Cuerpos extraños

Cuerpos extraños

Pandemias, vacunas y salud de las naciones

SIMON SCHAMA

Traducción de
Efrén del Valle

Papel certificado por el Forest Stewardship Council®

Título original: *Foreign Bodies*

Primera edición: enero de 2024

© 2024, Simon Schama
© 2024, Penguin Random House Grupo Editorial, S. A. U.
Travessera de Gràcia, 47-49. 08021 Barcelona
© 2024, Efrén del Valle, por la traducción

Printed in Spain — Impreso en España

ISBN: 978-84-9992-957-6
Depósito legal: B-17.836-2023

Compuesto en La Nueva Edimac, S. L.
Impreso en Black Print CPI Ibérica
Sant Andreu de la Barca (Barcelona)

C929576

Índice

Para Ginny, sin la cual nunca habría podido escribir esto

El ser humano es una parte del todo que nosotros denominamos «universo», una parte limitada en el tiempo y el espacio. Se experimenta a sí mismo, sus pensamientos y sentimientos como algo separado del resto, una suerte de ilusión óptica de su conciencia. El anhelo de liberarnos de esa ilusión es el problema de la verdadera religión. No alimentar la ilusión, sino intentar superarla, es la manera de alcanzar la dosis factible de tranquilidad.

ALBERT EINSTEIN al rabino
Doctor Robert S. Marcus,
12 de febrero de 1950

Prólogo

Al final, toda la historia es historia natural.

Plinio el Viejo lo sabía mucho antes de su último destino en la bahía de Nápoles, a los pies del volcán que acabaría con su vida. Su sobrino logró recopilar treinta y seis volúmenes de *Historia natural* a partir de las notas enciclopédicas de su tío, pero ni siquiera eso bastó. Sin embargo, la superabundancia de datos recopilados por Plinio era más que suficiente para argumentar que la biología y la ecología, y la interacción entre ambas, son los condicionantes últimos del destino humano. Para las gentes de la Antigüedad, a pesar de las travesuras de los dioses, esto era una obviedad. Aristóteles —zoólogo además de filósofo— no habría discrepado.

En este momento tardío del destello que son los irrisorios diez milenios de civilización humana hemos regresado a esa verdad aleccionadora: que los hechos que llenan millones y millones de páginas de historia documentada —guerras y revoluciones, el auge y caída de ciudades e imperios, delirios de fe, la acumulación y pérdida de riqueza— se han visto circunscritos por lo que le hemos hecho a la naturaleza y lo que ella nos ha hecho a nosotros.

Por supuesto, sería absurdo obviar el poder transformador de la ingenuidad humana. Pero el apogeo de sus logros, esto es, las ciencias naturales, como se las llama desde hace mucho tiempo, ha revelado los poderes casi inimaginables que entraña la modificación genética de las condiciones de la vida, a la vez que deja meridianamente claros los límites aleccionadores de la intervención humana. Los imperativos

13

bioecológicos, y no los emperadores de la construcción y la destrucción, son nuestros verdaderos gobernantes. Y la ciencia, y no el material militar, es nuestra mejor defensa. Tal vez resulte decepcionante darse cuenta de que los planes más elaborados de ratones y monstruos son proyectos vanidosos en comparación con la entropía del planeta habitable o la irrupción de pandemias, lo cual da lugar a una renuencia a describir esas crisis existenciales con cualquier cosa que no sea el vocabulario obsoleto de la historia política y militar. Las enfermedades son invasores; las medidas para combatirlas, una conspiración; los bacteriólogos y epidemiólogos, una élite alienígena, y el microbio y el científico están conchabados contra la sabiduría tradicional. La salud del mundo se contrae para formar la salud de las naciones, aun cuando esta no puede sostenerse sin garantizar la primera.

De este drama constante de falsa conciencia ha emanado mucha locura, y son numerosos los peligros que obedecen a su obstinada perpetuación. Lo que sigue son escenas de este periodo reciente de la comedia humana. Y, como muchas comedias, esta no podría ser más seria.

I

ET IN SUBURBIA EGO

> Y sucedió que los bueyes, los asnos, las ovejas, las cabras, los cerdos, los pollos y hasta los perros, pese a su fidelidad para con el hombre, fueron expulsados de sus casas y pudieron deambular libremente por los campos, donde las cosechas quedaron abandonadas y ni siquiera habían sido recogidas. Y, tras un día entero dándose un festín, muchos de esos animales volvían a casa sin pastor alguno que los guiara, como si estuvieran dotados del poder de la razón
>
> GIOVANNI BOCCACCIO,
> *El Decamerón*, primera jornada

En marzo de 2021, el decimotercer mes de confinamiento a causa de la COVID-19, las ranas volvieron a croar en grandes multitudes. En los humedales cenagosos situados frente a nuestra casa del valle del Hudson, millones de *Pseudacris crucifer* («Falsos saltamontes portadores de la cruz», pero en realidad ranas diminutas) hincharon los sacos vocales y empezaron a croar para aparearse. Ahí llegaba la primavera. Las *Pseudacris crucifer* son tan pequeñas —unos 2,5 centímetros de longitud— que nunca verás una por más que te acerques a ella con cautela. Cuando hinchan los sacos vocales, el tamaño de estos es casi igual al resto del cuerpo. No son más que eso: cánticos de expectación hinchados inocentemente.

Y no estaban solas. En los últimos años, las ranas soprano han contado con el acompañamiento de una sección rítmica de graves: las ranas de bosque, o *Lithobates sylvaticus*, una especie de tatuaje con un croar grave puntuado por eructos ásperos. Ellas y las *Pseudacris crucifer* sobreviven a los inviernos implacables gracias a crioprotectores anticongelantes que almacenan en su cuerpo. Cuando empiezan a formarse cristales de hielo en su piel, el hígado inunda de glucosa el riego sanguíneo para sumir a órganos vitales como el corazón, cuyos latidos cesan, en un estado durmiente pero protegido. Después, un 70 por ciento del agua corporal de las ranas puede congelarse sin poner en peligro a los órganos, que despertarán mágicamente en primavera.[1] Para ayudar en este propósito, las ranas de bosque pueden reciclar la urea a través de la orina. Si nos encontráramos a una rana de bosque en pleno invierno o dejáramos al descubierto a una *Pseudacris crucifer* oculta bajo el follaje, su reluciente y gélida rigidez nos llevaría a pensar que está muerta. Podríamos romperle una pata con solo retorcer los dedos. Por tanto, no lo hagas, ya que, cuando la luz del valle del Hudson adquiere un tono perlado y las tardes se alargan, el hielo superficial de las ranas se funde y, junto con esa resurrección descristalizadora, empiezan los cánticos frenéticos: al principio es una simple afinación vespertina a cargo de un vocalista aquí y allá, pero al anochecer se forma un coro enorme, un Albert Hall repleto de ranas. Hay que ocuparse del apareamiento y solo disponen de un mes para hacerlo. Los numerosos anfibios se multiplicaban gozosamente mientras gran parte de la humanidad se veía asolada por otra oleada de infección que todo lo devoraba.

Es un tópico (pero no por ello menos cierto) que la desolación de las ciudades, el silencio lúgubre de las calles y las plazas durante el confinamiento se vio compensado por el afloramiento irreprimible de la naturaleza. Lo vimos: los brotes y las flores, el zumbido y el aleteo de las mariposas durante nuestros paseos por parques y páramos, en nuestros jardines y alféizares. La insolencia de la naturaleza, ajena a nuestra temerosa inquietud, alardeando de la sociabilidad de sus rebaños, manadas y bandadas de estorninos misteriosamente coreografiadas: el cuerpo de baile aviar. Por un momento, la cancelación de vuelos y la limitación del tráfico acabaron con el telón herrumbroso de la contaminación celeste. Las aves sustituyeron a la aviación. Alrededor del aeropuerto Kennedy se avistaban colibríes de garganta roja en cifras inéditas, la forma de sus alas diminutas, que batían cincuenta veces por segundo, más milagrosa que cualquier cosa adosada a un avión. Los niños de las grandes conurbaciones —Pekín, Bombay, São Paulo, Los Ángeles—, muchos de los cuales no habían visto un cielo verdaderamente azul, estiraban el cuello para contemplar un espacio clarificado que hasta el momento solo habían atisbado en los libros de historia y los dibujos animados. Por la noche, cuando la luz ambiental se atenuaba y el tráfico enmudecía, las estrellas brillaban con una nitidez extrema. La Vía Láctea desfilaba por nuestro campo de visión. Mientras nosotros nos encerrábamos acobardados y pedíamos comida a domicilio, la flora se amotinaba y la fauna entraba en propiedades privadas. Los Parlamentos legislativos quedaron reducidos a ladridos socialmente distanciados desde el cascarón vacío de sus cámaras mientras los Parlamentos aviares se reunían y charlaban. Nosotros tuiteábamos con los dedos; ellas, con los pulmones. Los que entonaban la canción más dulce alardeaban, y aquí, en el valle del Hudson, ninguno lo hacía de manera más líquida que el cucarachero de Carolina que anidaba debajo de nuestra barbacoa. Cuanto más nos replegábamos en una compañía digitalmente adormecida, más descaradamente avanzaba hacia nosotros la compañía de animales. A medianoche, los coyotes festejaban en el patio. Una acequia cubierta de maleza se convirtió en el hábitat de una familia de ratas toperas, y sus crías daban volteretas hacia atrás en ambos extremos del conducto. Una mañana de principios de verano perseguí a una ardilla rayada por toda la casa, y finalmente conseguí sacar a la veloz intrusa de detrás del televisor. Por la noche, algunas zarigüeyas temerarias cruzaban la carretera, aunque su costumbre de hacerse las muertas delante de los pocos coches que circulaban a menudo era el preludio de una muerte real. Por la mañana, los cadáveres de animales eran la prueba de excursiones y paseos de bichos apenas vistos hasta aquel momento. De camino al centro de arte local yacían comadrejas y corales ratoneras aplastadas igual que en los dibujos animados, como si de madrugada se hubieran dejado KO unas a otras en una pelea. En la entrada de nuestro sendero local, un cartel aconsejaba a los caminantes que no fueran amigables con los osos negros. Todo, excepto nosotros, parecía haberse envalentonado. Informando sobre la cifra récord de avistamientos de zorros en su barrio del norte de Londres, una amiga bromeaba: «La naturaleza se está riendo de nosotros». Y así era: la risa grave del humor negro.

Pero esas risas iban dirigidas a nosotros. Las cosas no marchan bien. Las especies están fuera de lugar o, de forma imprudente, están poniendo a prueba las suposiciones humanas sobre cuál es su verdadero lugar y cuáles podrían ser sus límites. Con confinamientos o sin ellos, los migrantes, tanto los de dos patas como los de cuatro, se desplazan allá donde los atraiga la subsistencia. Ahora, el dominio de la naturaleza incluye jardines, parques y callejones urbanos. Incluso antes de que la pandemia cerrara las puertas de los residentes, en las calles de Haifa se veían jabalíes llegados de las pendientes boscosas del monte Carmelo. Pero, desde la pandemia, los cerdos salvajes —que no figuran en el menú de musulmanes y judíos y, por tanto, viven ajenos a los cazadores— han pastado por reservas centrales, trotando por cruces viarios, donde se detienen a hacer sus necesidades, y despertando a la gente con sus resoplidos mientras hurgan en los patios cubiertos de hierbajos. Las habituales peleas con perros domésticos a menudo acaban con Lulu el pomerania o Yossi el labradoodle bastante maltrechos. Por una vez, la afirmación de un estudiante de Haifa que aseguraba que un jabalí se había comido sus deberes (amén de su sudadera y una última porción de pizza margarita) era cierta.

En el norte de Gales, las cabras montesas de Great Orme que devoraban las petunias de los alféizares de Llandudno brindaban un entretenimiento online muy necesario. Pero la caída de las barreras entre los espacios salvajes y domésticos tiene una vertiente fatídica. El desplazamiento es un síntoma de unos ecosistemas sometidos a estrés.

Los capibaras no pasearían por los lujosos jardines de las casas de Nordelta, a las afueras de Buenos Aires, si el barrio no hubiera sido construido drenando grandes tramos del delta del río Luján y les hubiera robado su hábitat natural a esos roedores de un metro de longitud. El crecimiento incesante de Bombay, con un millón de nuevos residentes al año, ha empujado sus barrios orientales y occidentales hacia zonas por lo general reservadas a los leopardos, concretamente los cien kilómetros cuadrados del santuario Sanjay Gandhi. Privados de presas, los grandes felinos han salido de la reserva. Al menos cincuenta de ellos se han instalado en la ciudad, se sustentan gracias a la enorme población de perros salvajes y a veces catan un perro salchicha o un gato siamés a modo de aperitivo.

Cuando, en abril de 2020, una pequeña manada de elefantes huyó de su reserva en el sudoeste de China y fue grabada deambulando por un concesionario de coches y metiendo la trompa por las ventanas de las cocinas, los animales se convirtieron en una sensación en internet, calificados de «mágicos» por un seguidor hipnotizado. Pero no se trataba de un número circense; era un síntoma de que algo no iba bien. Las causas y consecuencias de esta alteración ecológica son complejas. Por un lado, no es bueno que los leopardos se conviertan en criaturas de las calles de Bombay; por otro, le están haciendo un favor a la abotargada metrópolis al sacrificar a las manadas de perros salvajes, que a menudo incluyen ejemplares con la rabia. Sin embargo, no habría tantos perros salvajes si no fuera porque hace una década se comercializó el diclofenaco, un fármaco antiinflamatorio utilizado para el ganado en los años noventa que prácticamente llevó a la extinción al tercer protagonista de este drama humano, el buitre dorsiblanco, por alimentarse de ganado medicado. La población de buitres del sur de Asia, que en los años ochenta ascendía a cuarenta millones, ha quedado reducida a unos diecinueve mil ejemplares cuatro décadas después. Esto no supone solo la catastrófica pérdida de una especie, por negativa que sea. La dramática desaparición de buitres ha deshecho los hilos ecológicos que durante siglos han ligado a la cultura humana y animal en India. La reverente libertad otorgada por el hinduismo a las vacas sagradas, que pueden pasear por la calle hasta que su cuerpo muera pacíficamente, dependía de que los cadáveres fueran limpiados por bandadas de buitres. Los entierros celestiales de los parsis, en los que se coloca al difunto sobre unas losas de piedra para que lo devoren los buitres, también se han visto afectados, hasta el punto de que dicha comunidad está criando pájaros para poder oficiar sus rituales. Sin la presencia de buitres en las ciudades indias, el ganado en descomposición atrae a las ratas y los perros salvajes, cuyas cifras se han multiplicado exponencialmente. Un resultado colateral es la creciente incidencia de ataques de rabia en humanos, muchos de ellos mortales.

La mutualidad entre humanos y animales se ha visto peligrosamente alterada. Los monos de los templos, que durante mucho tiempo han tenido que vivir simbióticamente con los humanos y cuya alimentación depende en buena medida de los peregrinos y los turistas, se han vuelto agresivos a causa de la abrupta desaparición de su dieta habitual. En marzo de 2021, en Lopburi, una ciudad tailandesa donde abundan los templos, varios grupos de macacos se enzarzaron en violentas batallas callejeras por los restos de comida mientras los habitantes se resguardaban de los desenfrenados primates. Y tenían motivos para estar asustados. Los macacos son portadores del herpes B-McHV1, que a menudo es mortal para los humanos.

Et in suburbia ego. Se están produciendo contagios debido a estas alteraciones tanto en lugares domésticos como exóticos. Hace treinta años llegó a Estados Unidos una afección grave provocada por el desplazamiento ecológico y se instaló en la vegetación del sueño americano: el césped de la periferia.[2] En 1994, el primer año que pasé en el estado de Nueva York, dicha enfermedad me encontró y no fue divertido: tres meses de cefaleas punzantes, mareos y un dolor muscular agudo y artrítico hasta que un antibiótico logró erradicarla. El agente infeccioso de la enfermedad de Lyme (bautizada así por Old Lyme, Connecticut, donde fue diagnosticada y analizada por primera vez) es una espiroqueta con forma de sacacorchos que se encuentra en los ratones de patas blancas y, ocasionalmente, en otros mamíferos pequeños como las ardillas rayadas. Esos ratones no solo sobreviven a las excavaciones y las talas de bosques destinadas a la construcción de viviendas, sino que prosperan gracias a esas alteraciones, ya que pasan el invierno en las fincas de las afueras que han desplazado su hábitat natural. Los roedores ejercen de huéspedes de las espiroquetas, dormidas pero inmanentes. Aquí intervienen las garrapatas del ciervo, que necesitan ingerir sangre en todas las etapas de su ciclo vital, desde que son larvas hasta que se convierten en ninfas y adultas. Cuando se alimentan de ratones, absorben las espiroquetas, que luego transfieren a los ciervos de cola blanca, portadores de un gran número de garrapatas, sobre todo en las orejas y alrededor del hocico. Los ciervos se han multiplicado considerablemente en la frontera entre los viejos bosques y los vistosos céspedes saturados de herbicidas de las McMansiones «coloniales». Los residentes del extrarradio están acostumbrados a ver ciervos de cola blanca saliendo de su refugio boscoso para comer de sus arbustos o tumbarse en su jardín. Por si fuera poco, la propagación de la enfermedad de Lyme se ha visto acelerada por los efectos sociales de otra: la COVID-19. Durante la pandemia, el temor a los contagios urbanos hizo que quienes podían permitírselo huyeran de las ciudades. Pero las talas derivadas de la construcción suburbana para satisfacer la apremiante demanda también han acercado a esas reservas omnipresentes de enfermedades a nuevos residentes: los ratones de patas blancas. Mientras los habitantes esperaban la siguiente entrega de alimentos comprados por internet, las garrapatas del ciervo se aferraban a las hojas de esos céspedes hiperfertilizados, preparadas para su próximo festín de sangre. La abundancia de esos autoestopistas biológicos dependerá de la presencia o ausencia de los depredadores naturales de los ratones, que a su vez dependerá de la extensión de las zonas boscosas. Nuestra casa se encuentra en un risco con vistas a un bosque secundario que cubre los restos de los muros de unas granjas construidas a principios del siglo XIX. Ese bosque nativo relativamente intacto de tulipanes, nogales americanos, castaños y robles rojos es lo bastante copioso para dar cobijo a ratoneros de cola roja, cárabos norteamericanos y búhos americanos, que se alimentan de ratones y otros roedores pequeños que albergan a las espiroquetas. Pero la conservación de esos bosques y humedales se la debemos a la benevolencia interesada de una dinastía plutocrática que acumuló su colosal fortuna en el siglo XIX gracias a la extracción y producción intensiva de crudo. Evidentemente, la creación de un amplio cordón sanitario de campo protegido no fue una mera cuestión de filantropía ciudadana. Proteger los paisajes del río Hudson sirvió para aislar la bucólica finca feudal de los Rockefeller de la desagradable intrusión del mundo motorizado que ellos habían contribuido a crear. Pero cerrar el campo a todo el mundo, salvo a caminantes y jinetes, tuvo el efecto (y sigue teniéndolo) de hacer partícipes a los ciudadanos de la conservación de una barrera verde.

Incluso en el apogeo del confinamiento de 2020, las familias de la zona paseaban por la reserva natural de los Rockefeller, donde los niños se divertían con los rebaños de ovejas decorativas y el lustroso ganado con pedigrí. Los animales domésticos los mantiene de manera impecable el Stone Barns Center for Food and Agriculture, consagrado a educar a la ciudadanía en la reconciliación de la agricultura con las prácticas medioambientales sostenibles. La carne de los animales criados por humanos y alimentados con pastos constituye el menú del famoso restaurante de lujo situado en las mismas tierras. A los comensales los deleitan con edificantes sermones ecologistas y platos exquisitos antes de presentarles la desorbitada factura. Pero ese idilio suburbano ejemplar, con sus claros frecuentados por ciervos, sus prados y sus profesores-agricultores, jardineros y cocineros, dista mucho del peligroso infierno que está devorando gran parte del planeta, desde la cuenca del Amazonas hasta Indonesia. En el valle del Hudson tenemos agricultura optimista; en otros lugares, el ecoapocalipsis ya ha llegado. En 2020 desapareció un 12 por ciento más de selva amazónica que el año anterior a causa de los incendios, y la columna de humo se distingue fácilmente en las imágenes por satélite.

El síndrome global de la hamburguesa es el motivo de gran parte de esa devastación. Se talan millones de hectáreas de selva tropical para hacer hueco a los pastos de ganado o a la producción de cosechas como la soja y la colza, procesadas para las necesidades del engorde a corral, de modo que en las cadenas de hamburgueserías nunca falte carne picada barata y en los desayunos estadounidenses el beicon crujiente. Solo McDonald's compra anualmente casi dos mil millones de kilos de ternera, obtenidos de los cadáveres de siete millones de animales.[3] Ese es el motivo por el que, en las últimas tres décadas, el sector Big Meat estadounidense —empresas como Tyson Foods y *lobbies* como la National Cattlemen's Beef Association, a la defensiva por las emisiones de metano enviadas a la atmósfera por el ganado y el agua contaminada por el estiércol oceánico de los excrementos porcinos— se ha gastado millones de dólares en atacar la reforma medioambiental. Las pocas selvas templadas que quedan, como el Bosque Nacional Tongass, situado en el sudeste de Alaska, están sufriendo las presiones de empresas de minería que pretenden extraer combustibles fósiles. Este no es un problema exclusivo de Estados Unidos. Cada año se talan entre 17.400 y 26.400 hectáreas de selva amazónica para suministrar ternera brasileña al mercado chino.[4] Debido a esas mismas presiones industriales, en todo el planeta se han perdido irremediablemente muchos más bosques, encargados de absorber carbono. El resultado, sobradamente conocido, es una destrucción catastrófica de la biodiversidad, que a los niveles actuales provocará la extinción de al menos un millón de especies cuando acabe el siglo.

Y lo que es aún más inquietante: la producción industrial de carne barata ha provocado que la masificación del ganado en corrales de engorde sea tal que las infecciones masivas solo pueden impedirse mediante la aplicación preventiva de antibióticos. A su vez, esa práctica habitual entraña dos peligros aterradores. En primer lugar, invita a la evolución de cepas de enfermedades resistentes a los antibióticos entre el ganado, los cerdos y las aves de corral. En segundo lugar, aumenta la probabilidad de que esas enfermedades pasen de poblaciones animales a humanas, que ya no podrán recurrir a los antibióticos para combatir la infección. Ese síndrome desolador no es una posibilidad, sino una certeza.

Todas esas disrupciones ya han reordenado las relaciones entre el reino animal y el humano, con consecuencias nefastas para ambos. Privados de hábitats naturales y de la compleja red de relaciones biológicas necesarias para mantenerse y reproducirse, los animales salvajes se han adentrado en los mundos humanos de los residuos turísticos y los barrios de chabolas al tiempo que las desbordadas poblaciones de las ciudades pobres han construido más para encontrarse con ellos a medio camino. Las imágenes de animales salvajes —zorros, osos, gatos salvajes, mapaches— hurgando entre los escombros es algo habitual en las ciudades. Actualmente, las avispadas ratas urbanas se enfrentan a una numerosa competencia.

La reducción de la distancia entre los hábitats de los animales salvajes y los humanos también ha generado oportunidades para otra fuente de ingresos urgentes: el tráfico de animales salvajes. En 2005 se calculaba que cada año de la década anterior se había traficado con cuarenta mil primates, 640.000 reptiles, cuatro millones de pájaros y 350 millones de peces, unas cifras que sin duda han aumentado en los dieciséis años transcurridos desde entonces. En 2016, el Programa Nacional de Investigación y Desarrollo de China situó el valor del comercio de animales con fines médicos y alimentarios en 520.000 millones de yuanes. Aunque la mayoría de las propuestas que intentan romper el vínculo entre el comercio de animales y las enfermedades zoonóticas piden prohibiciones estrictas al primero, esas medidas no serán fáciles, ya que una gran proporción de los pobres del planeta, sobre todo en el África tropical, que no tienen a su alcance los Big Whoppers, dependen de carnes de animales silvestres.[5] Algunas carnes también encuentran demanda en el otro extremo del mercado en forma de comida exótica de lujo y para su uso en la medicina tradicional. Desde la imposición de restricciones al marfil, los pangolines —osos hormigueros escamosos que viven en el África subsahariana y el sudeste asiático— son los animales con los que más se trafica. Los pangolines malayos se sirven en restaurantes de lujo del sudeste de Asia, sobre todo en Vietnam, donde son el producto salvaje más popular de la carta y, a ciento cincuenta dólares la libra, el más caro. Suponiendo que hayas recordado pedir el pangolín con tres horas de antelación, el encargado del restaurante Thiên Vương Tửu («El alcohol de los dioses»), en Ho Chi Minh, llevará personalmente el animal vivo a tu mesa y lo degollará para garantizarte la frescura irreprochable del plato. En una mesa contigua podrás ver cómo a otros comensales les abren el corazón de una cobra y vierten su sangre, o «vino de serpiente», en un decantador. A diferencia de los proveedores de marfil, los pangolines son penosamente fáciles de cazar. Sus escamas pueden suponer un desafío para los depredadores animales, pero, cuando los sacan de su escondite en un árbol o arbusto, la bola que forman es perfecta para los cosechadores de pangolines. Las bolas escamadas acaban dentro de una bolsa, y la bolsa acaba en una camioneta. Decenas de miles de ejemplares son cazados de ese modo cada año, la mayoría solo por las escamas, las cuales, según dicen, una vez molidas mejoran la lactancia, ayudan a curar heridas y sarpullidos, evitan los dolores de cabeza y curan la anorexia, la infertilidad y prácticamente cualquier otra enfermedad. El hecho de que las escamas sean de queratina y que, por tanto, ingerirlas sea igual de beneficioso que comerse las uñas, no afecta a la envergadura y el éxito del mercado de los pangolines, que pide tres mil dólares por un kilo de escamas extraídas de los animales asados. Aparentemente, y en respuesta al creciente peligro de extinción, se imponen duros castigos por el tráfico de pangolines. En enero de 2021, China condenó a dos contrabandistas a catorce y trece años de cárcel, respectivamente. Pero el hecho de que durante mucho tiempo se haya permitido a empresas de China y Vietnam fabricar más de sesenta remedios milagrosos que contenían escamas de pangolín no ha contribuido a limitar el tráfico transfronterizo. Por las rutas terrestres con origen en Camboya, Tailandia y Malasia siguen circulando camiones llenos de pangolines. En algunos casos, se utilizan incluso como complementos de moda llamativos, aunque no se sabe si el rey Jorge III, a quien el marqués de Hastings, gobernador general de Bengala en 1820, le regaló un abrigo y un casco hechos enteramente de escamas de pangolín, lució alguna vez tan exótico conjunto en su último año de reinado.[6]

Abrigo indio de escamas de pangolín hecho para Jorge III
(principios del siglo XIX).

Una consecuencia irónica del aumento en la demanda de remedios de origen animal es que han acabado contribuyendo a las enfermedades que supuestamente curan. En la primavera de 2020, un grupo de científicos chinos publicó varios análisis de pangolines portadores del coronavirus confiscados por agentes de aduanas de Guangdong en 2017 y 2018.[7] El dominio de unión al receptor del virus era idéntico en un 94 por ciento al del SARS-CoV-2. Aunque esto no permite afirmar que los pangolines son el huésped intermediario para el virus entre un reservorio mamífero como un murciélago y el destino final en humanos, acrecienta los indicios de que las enfermedades aterradoras que aparecen cada vez más rápido en el mundo son casi siempre zoonóticas, un resultado directo de lo que le hemos hecho a nuestro hábitat planetario.[8] El cambio climático también ha contribuido al mejunje, ya que las inundaciones provocadas por fenómenos climáticos extremos han generado más criaderos de mosquitos portadores de enfermedades, los cuales, gracias al calentamiento global, también cuentan con una temporada más larga para multiplicarse. El resultado es el enorme alcance de la fiebre del valle del Nilo y el virus del Zika. En una nota desconcertantemente gótica que habría gustado a Mary Shelley, el derretimiento de los glaciares en la frontera entre el Tíbet y Qinghai, cuya agua desemboca en un gran lago salado, ha dejado al descubierto virus que datan de hace quince mil años y, según se dice, no se parecen a nada que conozca la ciencia contemporánea.[9]

Desde 1980 se han producido brotes de nuevas infecciones a un ritmo de una cada ocho meses en zonas cálidas que van desde Brasil hasta África Central y el sudeste asiático, en su mayoría víricas. Estas incluyen las catástrofes del VIH y el ébola, además del SARS y la gripe aviar H5N1. La consolidación del comercio animal de larga distancia ha acelerado el ritmo de esos contagios. El H5N1 se originó en dos águilas de montaña transportadas a Bélgica desde Tailandia; la quitridiomicosis, una enfermedad micótica que provocó la extinción de noventa variedades de anfibios y la pérdida de un 90 por ciento de la población de otras 124 especies, se propagó debido al tráfico internacional de ranas de uñas africanas. Los animales siempre han contagiado enfermedades a la población humana que los transporta, comercializa y consume.[10] La mpox (antes conocida como viruela símica), identificada por primera vez en 1958 en macacos, tiene reservorios en ratones rayados, ratas de abazones gigantes, ardillas listadas africanas y puercoespines de cola grande. El primer brote que tuvo lugar en Estados Unidos en 2003 se atribuyó a algunos de esos animales exóticos, que fueron alojados con perros de las praderas para su posterior comercialización como mascotas salvajes.[11] El salto de las enfermedades de poblaciones animales a humanas en África es una cascada de todas las alteraciones —demográficas, sociales y medioambientales— que han sacado a los nuevos contagios de su estado latente.[12] Durante cuarenta años no se registraron casos de mpox. Pero, entre 1970 y 2018, la población de Nigeria prácticamente se cuadruplicó, pasando de casi 56 millones de habitantes a 195 millones. La explosión demográfica desencadenó la transformación de la selva en tierras de labranza y conurbaciones, además de la migración de animales de reservorio a las ciudades. Una serie de inundaciones causadas por el cambio climático aceleraron dicha migración e, irónicamente, el final de los programas de vacunación contra la viruela por el anuncio de la extinción de la enfermedad en 1981 debilitó la inmunidad al mpox, un virus estrechamente relacionado. Desde dos zonas africanas, África Oriental y la República Democrática del Congo, arrasada de forma crónica por la guerra, el comercio internacional de animales salvajes exportó la enfermedad a Estados Unidos y otros países.

La epidemia de SARS de 2003 y 2004, que apenas ha podido contenerse, se atribuyó a la carne de las pagumas, troceada y mezclada con pétalos de crisantemo y serpiente picada para cocinar la preciada delicatesen conocida como «sopa dragón tigre fénix», servida en restaurantes de lujo de la China meridional. El virus no contagió a los consumidores de pagumas, sino a otros miembros de la cadena de suministro antes de llegar al plato: criadores de pagumas cautivas en jaulas mugrientas de Guangdong, transportistas, matarifes y cocineros. Y la cosa empeora (o mejora) para un virus sumamente oportunista. En Tailandia, las poblaciones cautivas de pagumas se alimentan exclusivamente de cerezas del café, las cuales, al viajar por el tracto gastrointestinal, pierden su acidez por la acción de las enzimas que ayudan en la digestión. Los montones de cerezas del café que se acumulan en las heces de las pagumas acaban convertidos en tu café del día y alcanzan un elevado precio de mercado. Imagina las numerosas oportunidades que tendría un virus de saltar de un animal contagiado a un cazador de pagumas que trabaja por el salario mínimo. ¿A alguien le apetece un *venti latte*?

Aunque una carta enviada en marzo de 2020 a *Nature Medicine* por Kristian Andersen y otros cuatro microbiólogos argumentaba, basándose en análisis genómicos, que «es improbable que el SARS-CoV-2 surgiera de un laboratorio que manipuló un coronavirus similar al SARS-CoV» y que era más verosímil que tuviera su origen en una reserva de animales —como el intermediario *Rhinolophus affinis*, el murciélago mediano de herradura—, en el momento en que escribo estas líneas no existe un veredicto definitivo sobre la etiología del virus.[13] Los mamíferos susceptibles al SARS, como los tejones, los zorros y (especialmente) los mapaches, vendidos por su piel y su carne, se almacenaban y vendían en el mercado mayorista de mariscos de Huanan, en Wuhan, y el primer contagiado que conocemos era uno de los vendedores. En marzo de 2023, datos genéticos obtenidos en las jaulas amontonadas de los mapaches demostraron que uno de los animales era portador del virus SARS-CoV-2, aunque todavía no se ha demostrado si contrajo la infección en la naturaleza o si se contagió de un humano.[14] En enero de 2023, 156 microbiólogos suscribieron un artículo de Felicia Goodrum, directora de *Journal of Virology*, en el que pedía con optimismo un «discurso racional» menos politizado sobre el tema, afirmando que, «en este momento y conforme a los datos disponibles, no existen pruebas fehacientes» que sustenten la idea de «un accidente» o de «actores perversos» en el Instituto de Virología de Wuhan.[15] La situación no ha cambiado, ya que los datos que respaldan la opinión de «baja fiabilidad» del Departamento de Energía de Estados Unidos, publicados en febrero de 2023, de que una fuga de laboratorio fue el origen más probable del virus siguen estando clasificados. Cuatro «elementos de la comunidad de inteligencia» y el Consejo Nacional de Inteligencia opinan lo contrario (aunque también con una «baja fiabilidad» gnómica), esto es, que la exposición a un animal contagiado de SARS-CoV-2 o «un virus progenitor parecido» fue el origen más probable. Sin embargo, los accidentes en laboratorios no son raros, y ningún miembro de la comunidad microbiológica discrepa de la atención renovada y rigurosa que se está prestando a la seguridad en laboratorios que trabajan con virus manipulados genéticamente, sobre todo aquellos con una posible transmisibilidad a humanos.

Lamentablemente, puede que nunca se encuentre una explicación definitiva para el origen del SARS-CoV-2, pero no cabe duda de que la cercanía entre poblaciones de humanos y animales salvajes ha permitido una «zoonosis inversa»: saltos víricos de humanos a no humanos y viceversa. Algunos epidemiólogos opinan que esa es la ruta que siguió la variante Ómicron de la COVID-19 y que la mutación se produjo en ratas contagiadas que luego transmitieron un virus adaptado a los humanos.[16] El 27 de abril de 2022 se anunció que una cepa virulenta de la gripe aviar —H3N8— había contagiado a un niño de cuatro años que mantuvo contacto con pollos y cuervos en la provincia china de Henan. Los animales salvajes, el ganado alimentado y criado de manera intensiva y los humanos constituyen actualmente y en todos los sentidos un reservorio planetario común de microorganismos, algunos de ellos malignos, que evolucionan y mutan de manera perpetua. El Global Virome Project, creado, como su nombre indica, para coordinar investigaciones internacionales, calcula que en el mundo existen 1,6 millones de virus zoonóticos potenciales, de los cuales solo se ha identificado y analizado un 1 por ciento.[17]

Todo esto está sucediendo en intervalos cada vez más breves. La demografía reformula la geografía, y ahora mismo está transformando el futuro de la vida en la Tierra, y no a mejor.

A finales de 2021 habían muerto hasta dieciocho millones de personas en todo el mundo a causa de la COVID-19.[18] Cabría pensar que, ante una pandemia —un brote que por definición es global— y el reconocimiento de una vulnerabilidad compartida, los gobiernos y la clase política habrían aparcado sus desconfianzas mutuas y, bajo la tutela de la Organización Mundial de la Salud (OMS), habrían acordado métodos comunes de contención, vacunación y control.[19] Huelga decir que no ha ocurrido nada ni remotamente parecido. Si acaso, han hecho todo lo contrario: las respuestas a la pandemia fueron muy distintas, incluso en el seno de entidades como la Unión Europea, en principio consagrada a políticas comunes. Las decisiones que tomaron varios estados de Estados Unidos en cuanto a los requisitos de vacunación y mascarillas obstaculizaban las directrices federales, lo cual acrecentó unas divisiones culturales ya de por sí irreconciliables entre el Estados Unidos «rojo» y el «azul». Ron de Santis, el gobernador republicano de Florida, se erigió en portavoz de la desconfianza del pueblo llano hacia la opinión experta ofrecida desde los Centros de Control de Enfermedades: el anti-Fauci del pueblo.

Hasta cierto punto es comprensible que se levantaran muros, tanto psicológicos como institucionales. La reacción instintiva a un contagio que se produce en un lugar lejano es tomar medidas para frenar su importación. Durante un tiempo, países geográficamente aislados como Nueva Zelanda se beneficiaron de la posibilidad de cerrar fronteras. Pero dos años de experiencia con la pandemia, en particular con la incidencia impredecible de brotes recurrentes y mutaciones virales, prácticamente han imposibilitado el cierre de zonas de exclusión. La necesidad de un método alternativo y transnacional de contención, mitigación y protección coordinado por la OMS (ya que ese era el propósito de su creación en 1948) nunca ha sido más urgente. El suministro y entrega geográficamente desigual de vacunas y medicamentos no ha hecho sino poner de relieve esta necesidad. Dado que las mutaciones afloran con especial facilidad en poblaciones poco vacunadas, el comentario de Tedros Adhanom Ghebreyesus, director general de la OMS, según el cual «hasta que todo el mundo esté vacunado nadie estará a salvo», debería haber sido un axioma epidemiológico.

Sin embargo, esa no era la posición del entonces presidente de Estados Unidos. A finales de mayo de 2020, en los días más desesperados del inicio de la pandemia, Donald Trump anunció que Estados Unidos abandonaría la OMS.[20] Su principal justificación era que la organización se había convertido en un rehén del Gobierno chino y que, de hecho, era cómplice de los esfuerzos de Pekín por ocultar el origen del brote de COVID. Según Trump, eso significaba que China y la OMS habían liberado el virus a sabiendas, con la consecuencia imperdonable (o incluso la intención) de reducir sus posibilidades de reelección. Habían tenido la audacia de lanzar el virus de la vergüenza, lo cual provocó millones de muertes como daño colateral. Con independencia de si la COVID-19 fue el resultado de una fuga en el Instituto de Virología de Wuhan (IVW), es innegable que, al principio, China restó importancia a la magnitud del brote en dicha ciudad. El IVW no fue transparente a la hora de hacer pública la documentación relacionada con sus experimentos con virus manipulados genéticamente, pero la OMS confió en las afirmaciones chinas sobre el origen y propagación de la enfermedad. No obstante, no fue la única que hizo gala de ese desinterés. En las primeras fases del brote no hubo defensor más ardiente de Xi Jinping y las medidas de su Gobierno ante la COVID que el propio Donald Trump. «China ha trabajado muy duro para contener el virus», dijo en enero de 2020, y un mes después: «Creo que China lo ha gestionado [la COVID] muy bien». *Politico* encontró como mínimo quince comentarios públicos en ese tono generosamente elogioso.

Sin embargo, cuando Trump llegó a la conclusión de que China había utilizado su propia falta de honestidad y su incompetencia epidemiológica para dejarlo en mal lugar, sus menciones al virus siempre llevaban una etiqueta incriminatoria, por ejemplo, «el virus de China» o, más irónicamente, «la *Kung flu*». Poner apodos engañosos a las pandemias para describirlas como una plaga extranjera que se cierne sobre una patria vulnerable no es nada nuevo. Aunque los primeros casos documentados del horrendo brote de gripe de 1918 se produjeron en unas instalaciones militares de Kansas, la pandemia se dio a conocer como «gripe española», sobre todo porque ese país (a diferencia de los beligerantes de Europa) informó candorosamente sobre la gravedad y el alcance de los contagios. El cólera que arrasó gran parte de Europa en el siglo xix, y que en el caso de Gran Bretaña obedeció a una contaminación sanitaria, se conocía habitualmente como el «cólera asiático» o, más ofensivamente aún, como «el peligro amarillo».[21] Inmediatamente, el debate sobre el origen y las rutas de transmisión de la COVID también había degenerado en el típico lodazal de metáforas militares, de modo que su avance se convirtió en una «invasión», ante la cual había que levantar «defensas», librar bata-

llas y emprender conquistas hacia una «victoria» decisiva.[22] Políticamente, no hubo impedimentos para que líderes populistas como el
brasileño Jair Bolsonaro, furiosos por su impotencia ante un «enemigo» microbiano, pasaran de un estado inicial de negación a un cruce
de acusaciones nacionalista; otra fuerza, otra nación, era la responsable de los problemas de su país. Al poco tiempo, cualquier posibilidad
de un análisis claro y honesto sobre las condiciones internacionales
comunes que permitieron esos desastres, en especial las consecuencias
biológicas de la degradación medioambiental, se vio devorada por ese
vocabulario predeterminado de nacionalismo competitivo. De manera asombrosa, el Gobierno de Johnson en Reino Unido estaba tan
empeñado en aplicar las nuevas normas de aislamiento del Brexit que
se retiró del sistema de alerta temprana común a toda Europa. Más
tarde, aseguró que el Brexit le había permitido contar con el programa de vacunación más rápido y exitoso, obviando el incómodo hecho de que, en abril de 2022, Gran Bretaña presentaba la tasa más
elevada de contagios y mortalidad de todos los estados de Europa
Occidental.[23] En una impresionante demostración de delirios con-
traproducentes de grandeza autárquica, la muy confinada Corea del
Norte rechazó tres millones de dosis de la vacuna china Sinovac y
otra importante oferta de AstraZeneca, y en abril de 2022 era uno
de los dos países del mundo (el otro era Eritrea) que no disponían de
vacunas en todo su territorio.[24]

Afortunadamente, no todo ha sido un juego de suma cero. A finales de marzo de 2021, veinticinco líderes mundiales, entre ellos
Emmanuel Macron, Boris Johnson, Mario Draghi, Angela Merkel,
Cyril Ramaphosa, Wolodymyr Zelensky y el presidente del Consejo
Europeo, Charles Michel, además de los primeros ministros de Corea
del Sur, Fiyi, Tailandia, Chile, Senegal y Túnez —aunque, lamentablemente, faltaban los líderes de Estados Unidos, Japón, Rusia y
China—, emitieron un comunicado en el que reconocían explícitamente la cadena que une las vidas y los destinos humanos y no humanos. Invocando el idealismo multilateral de los años posteriores a la
Segunda Guerra Mundial, que buscaba un mundo reconectado a través de Naciones Unidas y organismos como la OMS, propusieron un
tratado internacional legalmente vinculante para enfrentarse a futuras

pandemias. Ese tratado personificaría «un planteamiento que conecta la salud de los seres humanos, los animales y nuestro planeta». Ello se inspiraba en el impresionante informe elaborado conjuntamente en 2015 por *The Lancet* y la Rockefeller Foundation, que aspiraba a instaurar un sistema de salud único y globalmente indivisible para el nexo medioambiental y epidemiológico que «trascendiera las fronteras nacionales».[25] El 1 de septiembre de 2021, Merkel y Tedros Adhanom Ghebreyesus inauguraron en Berlín el Centro de Información sobre Pandemias y Epidemias. En un gesto más adecuado para una feria o para la botadura de un transatlántico, cortaron una cinta. Esta tenía franjas rojas y blancas, como si estuviera alertando a los visitantes de algún peligro y al mismo tiempo invitándolos a entrar. El centro afirma que su objetivo es ofrecer una conexión de datos global y compartir herramientas analíticas y modelos predictivos avanzados para estar más preparados ante futuros brotes. «Ninguna institución o nación puede hacer esto sola», declaró Ghebreyesus. «Por eso hemos acuñado el término "información colaborativa"». Pero ya se recaban datos en la Academia de la OMS en Lyon y se llevan a cabo preparativos para almacenar material contagioso en un biobanco seguro en —¿dónde si no?— Suiza. No obstante, nada de esto resuelve la inmensa disparidad de recursos, tanto para investigación como para ensayos clínicos, entre los países más ricos y las regiones del mundo en las que a menudo afloran nuevas enfermedades contagiosas. La Red de Salud Global, dirigida por la profesora Trudie Lang en Oxford, es una prometedora iniciativa para descentralizar la investigación epidemiológica y microbiológica y crear centros de formación en países donde se necesitan de forma desesperada. Ese esfuerzo para sustituir el interés nacional por una aportación de recursos verdaderamente internacionalista sin duda es encomiable, pero en algunos círculos se habla con dureza de esta creación de centros compulsiva. Según esos detractores, es más fácil construirlos que ponerlos en marcha.

Aunque resulte tan deprimentemente familiar, este momento de la historia universal no es por ello menos tenso: el conflicto inmemorial entre «es» y «debería», entre juegos de poder a corto plazo y seguridad a largo plazo, entre los hábitos de la satisfacción inmediata y

la prosperidad de las generaciones futuras, entre el culto al individua-
lismo y las urgencias del interés común, entre el martilleo del tribalis-
mo nacional y la llamada del peligro global, entre el instinto nativo y
el conocimiento adquirido con esfuerzo. Si queremos una respuesta
optimista a la pregunta de cuál vencerá, probablemente será mejor no
formulársela a un historiador, ya que, con frecuencia, los hallazgos
de la historia son trágicos y su cementerio está salpicado de restos de
proyectos moralistas con vocación internacional. Las peticiones de los
idealistas llenan páginas enteras en periódicos serios y obtienen fondos de fundaciones filantrópicas visionarias. Pero los planes y los pla-
nificadores son vilipendiados por los tribunos del presentimiento, que
los acusan de ser sospechosamente foráneos y estar incubados por
élites cosmopolitas: la obra de cuerpos extraños.

Aunque no siempre.

PRIMERA PARTE

De este a oeste: la viruela

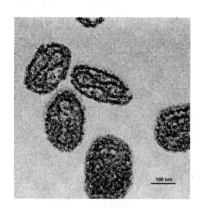

II

«LA CICATRIZ FRESCA Y AMABLE»

Catherine Lusurier, basándose en una obra de Nicolas de Largillière,
retrato de Voltarie, 1778.

Según reconocía Voltaire, doscientas pintas de limonada eran un tratamiento sorprendente para un enfermo de viruela; no obstante, estaba bastante convencido de que le habían salvado la vida.[1] A principios de noviembre de 1723, había vivido una situación delicada
durante una semana. Le ardían la cabeza y el cuerpo a causa de la
fiebre y había perdido la lucidez. La repentina enfermedad había
echado por tierra un momento que Voltaire esperaba con impacien-

cia. Jean-René de Longueil, marqués de Maisons y tan rico como Creso, le había invitado a su castillo, situado al borde del Forêt de Saint-Germain-en-Laye, catorce kilómetros al noroeste de París. Allí se daría cita lo más granado de la alta sociedad y la república de las letras para leer la última obra de Voltaire, el melodrama herodiano *Mariamne*.[2] A pesar del *succès d'estime* de su obra anterior, *Œdipe*, aún no se había consagrado definitivamente como figura literaria. Todo era prometedor. La casa, construida por François Mansart el siglo anterior, era un contrapunto musical tallado en piedra, lo que podría haber sido Versalles si no hubiera imperado la monomanía arquitectónica. Sin duda, aquella lectura, que tendría lugar en la *salle des fêtes* y en la que el papel protagonista sería interpretado por Adrienne Lecouvreur, la estrella de la comedia francesa, supondría la consagración de Voltaire. Haría todo lo posible por restar importancia a los halagos con gestos de modestia poco convincentes. Era lo que se esperaba de él.

Pero el virus se había colado en la fiesta y lo había estropeado todo. Temiéndose lo peor, incluso antes de que apareciera la primera pústula en el rostro angular de Voltaire, la mayoría de los invitados huyeron. Sin embargo, el marqués de Maisons se quedó allí. A sus veinticuatro años, era cinco más joven que Voltaire, y no solo presidía el Parlamento de París, sino que era un aficionado a la ciencia y tenía un laboratorio de química experimental. También era el único productor de café del país, y se decía que sus granos eran comparables al mejor moca. Maisons recorrió las alcobas enfiladas de su hermosa casa, vieja pero práctica. El dinero y el poder, los cuales poseía a raudales, significaban que podía pedir ayuda a contactos del más alto nivel. Así pues, llamaron a M. Gervasi, médico personal del Chevalier de Rohan, para que asistiera al escritor postrado.[3] Como es comprensible, aunque también poco profesional, hubo que persuadir de alguna forma al doctor para que acudiera a toda prisa al castillo, ya que el paciente probablemente sufría una enfermedad que ya había matado a veinte mil parisinos en doce meses. No se sabía si Voltaire se hallaba a las puertas de la muerte, pero sin duda era contagioso. A pesar de sus reservas, Gervasi llegó y cumplió su cometido. Un examen inicial confirmó el pesimismo del médico, «una opinión», como observaba

Voltaire sardónicamente, «que los sirvientes no dudaron en hacerme saber». Se aplicaron vigorosamente los remedios habituales —una sangría y una purga—, pero, como cabía esperar, en la cara y el cuerpo de Voltaire aparecieron pústulas que no tardaron en llenarse de una sustancia viscosa. En un momento dado, la cosa pintaba tan mal que Maisons se preguntó en voz alta si, a pesar del célebre escepticismo de su invitado en cuestiones de fe, no sería prudente que el *curé* le hiciera una visita. Temiéndose lo peor, Voltaire aceptó confesarse, lo cual, según escribió al barón de Breteuil, «no duró mucho, como se imaginará». Siempre ansioso por el estado de lo que él denominaba su constitución «delicada» y creyendo que los cuerpos eran el desgastado recipiente del alma, Voltaire se resignó, «esperando la muerte tranquilamente» y preocupado solo por no poder dar los últimos retoques a *Mariamne* y terminar su poema épico *La Henriade*, ambientado en las guerras religiosas del siglo XVI. Lo más inquietante era la idea de que tendría que despedirse de sus amigos *«de bonne heure»*, demasiado pronto.

¿Sus amigos lo llorarían igual que él había llorado a La Faluère de Genonville, su amigo del alma, que había sucumbido a la enfermedad el año anterior? Desconsolado en el momento del suceso, Voltaire había escrito un poema en el que lamentaba la pérdida de un hombre con el que había compartido mucho, incluida una amante: «Él, que amaba a los tres: la razón, la estupidez y el amor / El encanto de los errores tiernos».[4] Su estado de salud se deterioró rápidamente. Cuando las pústulas abrasadoras se volvían purulentas y estallaban, emanaban un hedor nauseabundo. Los sirvientes se acercaban a él a tientas, el menor tiempo posible y tapándose la cara con un pañuelo. En aquel momento, el castillo era un lugar sumamente peligroso. Aun así, el noble Maisons se quedó allí, alerta y conmovedoramente preocupado. El hecho de que los habituales instintos de supervivencia hubieran dado paso a la hospitalidad y la humanidad conmovió sobremanera a Voltaire. Hubo otras dos personas que se portaron bien. La actriz Adrienne Lecouvreur lo acompañó hasta la llegada de Claude-Nicolas Thieriot, un íntimo de Voltaire que había cabalgado sesenta y cinco kilómetros a galope para estar junto a su lecho. «Tuve la suerte», escribió Voltaire a Breteuil, «de contar con la presencia de una persona que es uno de los pocos hombres virtuosos que, más que conocer la palabra, entienden verdaderamente la amistad».[5]

A pesar de (o debido a) su fatídico diagnóstico, Gervasi perseveró con el paciente. Como Voltaire había llegado a la conclusión de que él mismo era su mejor médico, ello requirió cierta paciencia. Según la opinión de Voltaire, que era habitual en su época, la viruela no era más que una manera que tenía el sistema vascular de deshacerse de «impurezas» peligrosas causadas por un desequilibrio de los humores. Por tanto, la enfermedad se generaba de manera interna y espontánea y no era provocada por una infección invasiva. La hipótesis de que la viruela era inherente a un proceso «natural» de autorregulación en el que la sangre excesivamente «húmeda» de la infancia se volvía más seca en la vida adulta fue analizada en 1676 en *Observationes medicae*, de Thomas Sydenham, exsoldado de caballería y médico y biólogo eminentemente autodidacta.[6] A pesar de su formación médica improvisada, Sydenham había trabado amistad con Robert Hooke y Robert Boyle, las grandes eminencias de la Royal Society, aunque no la suficiente para que lo eligieran como miembro. Probablemente fue la influencia de la teoría «corpuscular» de Boyle lo que convenció a Sydenham de la existencia de «partículas morbíficas» innatas que residían en el organismo humano. Confesando su ignorancia respecto de lo que desencadenaba la corrupción activa de la sangre, Sydenham aceptaba la especulación contemporánea de que podía obedecer a alteraciones atmosféricas o movimientos inapropiados «en las tripas de la Tierra». Al margen de esas especulaciones tradicionales y de su devoción por la doctrina de los humores, Sydenham creía que la inflamación debía interpretarse como un «esfuerzo por digerir y preparar las partículas inflamadas con la intención de descargarlas posteriormente en la superficie del cuerpo y expulsarlas de sus límites en forma de pequeños abscesos».[7] Lógicamente, por tanto, la visita de la viruela (o el sarampión, que también interesaba a Sydenham) no debía interpretarse como algo destructivo, sino como un proceso de purificación saludable: una revitalización violenta del metabolismo. Por supuesto, podía ser tan violenta que matara al objeto de la regeneración. Pero sabemos que, en determinadas circunstancias, el sistema inmunológico es capaz de desatar una tormenta de citoquinas que pueden hacer más mal que bien a un cuerpo infectado de SARS-CoV-2.[8]

Voltaire suscribía muchas de las suposiciones de Sydenham, incluida la idea de que la viruela, a pesar de su letal cosecha de víctimas, era, según escribió a Breteuil, «una mera purificación de la sangre favorable a la naturaleza, la cual, al limpiar agentes impuros el cuerpo, lo prepara para una salud vigorosa».[9] En consecuencia, lo peor que podía hacer una persona era eliminar o interrumpir el curso «natural» de la enfermedad. A pesar de la aparición de fiebre, el tratamiento convencional, descrito por el médico árabe del siglo VI Abu Bakr Muhammad Ibn Zakariyya al-Razi, llamado «Rhazes» por los escritores europeos, aconsejaba calor como el mejor acelerador de la salida pustulosa de las toxinas. Así pues, a los pacientes se los envolvía en mantas y se los confinaba en habitaciones calurosas para permitir que eliminaran la infección sudando. Pero Voltaire ya sabía que esto era inútil, cuando no peligroso, como también lo era cubrir las zonas que presentaban erupciones con apósitos apretados o, como recomendaba Richard Morton, frotar el cuerpo con agua de Rabel rica en alcohol. Según Voltaire, eran especialmente inútiles, excepto en los casos en que una «sangre indolente» exigiera estímulo para fluir, los omnipresentes «polvos de la condesa de Kent», un brebaje del siglo XVII consistente en «ojos de cangrejo» (en realidad era cal hallada en el estómago de los cangrejos de río), perlas y coral blanco pulverizados y la sustancia milagrosa de la raíz de la contrajerva (dorstenia), traída por primera vez del Nuevo Mundo por Francis Drake, la cual se suponía que era un antídoto para, entre otras cosas, la sífilis, la diarrea y los tumores.[10] Para disgusto de Voltaire, muchos miembros de la aristocracia francesa, incluida la duquesa de Orleans, apostaban por «el polvo de milady Kent». Según le comentaba a Breteuil, los supervivientes de un ataque de viruela tenían por costumbre suponer que su supervivencia estaba relacionada de alguna forma con esos presuntos remedios, cuando en realidad eran afortunados de no haber muerto a causa de ellos. Los charlatanes que se labraban una reputación administrando esos brebajes y se paseaban por París jactándose de su talento para los remedios, escribió, debían ser encarcelados sumariamente por envenenadores.

Sydenham había insistido en que lo necesario era enfriar, no calentar. Se creía que reducía la presión sanguínea a la vez que propiciaba la evacuación de la materia externa a través de la superficie rota de la piel. Así pues, aconsejó cantidades ingentes de limonada, junto con otra gran sangría y ocho purgas eméticas. Lo extraño es que Voltaire sobreviviera, pero lo hizo, y creía que se habían aplicado los remedios correctos para salvarle la vida e impedir la ceguera que afectaba a muchos de los que habían superado la viruela, además de las marcas en la piel. Cuando hubo recobrado fuerzas a finales de noviembre de 1723, Voltaire anhelaba irse, sobre todo para dejar de ser una carga para el bondadoso Maisons y su familia.

El 1 de diciembre abandonó finalmente la casa donde había pasado la enfermedad y volvió a su piso de París, situado a tiro de piedra de la École de Médecine. Pero la euforia terminó abruptamente. Al día siguiente le llegó la triste noticia de que, en cuanto su carruaje dejó atrás los terrenos del castillo, el suelo de la habitación en la que se hospedaba se había incendiado y había arrasado los pisos inferiores y toda un ala de la majestuosa casa. Aunque Maisons se esforzó en consolar a su invitado e insistió en que el desastre no era culpa suya, Voltaire estaba avergonzado y perplejo. Cuando se fue, escribió, en la casa apenas había una ascua viva en la chimenea. Pero se enteró de que se había incendiado una viga de madera que pasaba por debajo del suelo de la chimenea, que estaba recubierto de manera desigual. «No fue la causa», escribió Voltaire, «sino la desafortunada ocasión». Sin embargo, eso bastó para que se sintiera irracionalmente culpable y para pensar que había correspondido las atenciones del hombre que lo había tratado «como un hermano» incinerando su castillo. Además de la admiración que sentía por Maisons, dijo, el cargo de conciencia lo acompañaría el resto de su vida.

Teniendo en cuenta el emotivo epílogo, puede que sea cierto. En 1726, Cathérine-Marguerite, la hermana mayor de Voltaire, murió de viruela a los treinta y nueve años. Un lustro después, la enfermedad se cobró la vida del ángel guardián de Voltaire, René-Jean Longueil, el marqués de Maisons, cuando tenía solo treinta y dos años. Recordando sus atenciones, Voltaire se refería a él (de manera un tanto extraña) como su «padre». La dolorosa pérdida de Maisons sumió a

Voltaire en una desesperación que, según escribió, lo llevó «al borde de la insensatez». Lo peor era que «murió en mis brazos [...] por la negligencia de los médicos». Tal vez se refería a que la profesión médica ignoraba o demostraba una clara hostilidad hacia la inoculación, ya que, mientras Voltaire experimentaba el terror de la viruela, se realizaron los primeros esfuerzos por convencer a la nobleza francesa y a sus doctores de que dicho procedimiento era el más indicado. En 1723, el médico hugonote Jean Delacoste, que había comprobado la efectividad de la inoculación en Inglaterra, le escribió a su colega Claude-Jean-Baptiste Dodart para dar fe de su éxito a la hora de salvar vidas. A su vez, Dodart le pidió a sir Hans Sloane, presidente de la Real Sociedad de Médicos de Londres, que lo corroborara. Un año después, Delacoste publicó su versión de esas iniciativas en Inglaterra, pero, cuando se planteó la cuestión de la seguridad e idoneidad moral de la inoculación a las facultades de Medicina y Teología, se consideró un acto criminal porque introducía materia tóxica en el cuerpo de personas por lo demás sanas y, lo que era aún peor, porque usurpaba el juicio del Todopoderoso, en cuyas manos radicaba exclusivamente el arbitraje de la vida y la muerte, la salud y la plaga. Ante semejante oposición, Delacoste concluyó que debería estallar una «grande révolution» para que la inoculación fuera aceptada en Francia.[11]

Es posible, e incluso probable, que Voltaire hubiera leído a Delacoste y conociera la campaña para llevar la inoculación a Francia, que se vio interrumpida por el fallecimiento en 1723 (en brazos de su amante, y no postrado en una cama por viruela) del regente, Felipe de Orleans, que había declarado su apoyo a la misma. El elogioso informe de Delacoste sobre la inoculación inglesa explicaría por qué la defensa de Voltaire —la primera en cualquier idioma destinada a lectores legos— apareció como la undécima de veinticuatro Cartas relativas a la nación inglesa, publicadas en Inglaterra en 1733, diez años después de su enfermedad.[12] Al año siguiente apareció una edición francesa con el eufemístico título de Lettres philosophiques.[13] Si este título era un discreto intento por ocultar que el libro era una comparación entre los sistemas de gobierno inglés y francés, donde las actitudes hacia la religión y la libertad de conciencia situaban en gran desventaja al país natal de Voltaire, fue un fracaso. Cuando se publicó en Francia, el libro fue prohibido de inmediato y quemado por el verdugo público, lo cual reforzó el pensamiento de Voltaire sobre lo acertado de su comparación con el país del otro lado del canal. En agosto de 1726, tres meses después de su llegada a Inglaterra (y a pesar de que había realizado un breve viaje clandestino a Francia un mes antes), le escribió a Claude Thieriot que estaba barajando la posibilidad de quedarse «en una tierra en la que las artes son honradas y recompensadas». Sin embargo, le preocupaba si su fortuna, que estaba menguando drásticamente, y su salud, aquejada de continuos problemas, serían lo bastante fuertes para una vida en el bullicio de Whitehall y Westminster.[14]

Al margen de los principios filosóficos, había razones personales para la anglofilia de Voltaire, en especial que una temporada en Inglaterra sería preferible a una segunda temporada en la Bastilla. En abril de 1726, Voltaire vivió un brutal recordatorio de que ser idolatrado por *parlementaires* leídos —«la nobleza de la túnica»— no lo protegería del malicioso desprecio social de la «nobleza de la espada», esta de más alta cuna. Curiosamente, se produjo un enfrentamiento con el aristócrata que había enviado a su médico personal a visitar al enfermo Voltaire. A pesar de que se sentía agradecido por la atención de Gervasi, Voltaire descubrió que no se la había ofrecido gratis. Además, la suma que le debía al doctor (junto con otras deudas) era lo bastante abultada como para que el apurado escritor se viera obligado a vender parte de los muebles que tenía en París. Hubo dos intercambios de insultos con el Chevalier de Rohan, ambos en público. El autor de *Œdipe* se había anunciado por primera vez como «Voltaire» en lugar de su nombre real, François-Marie Arouet. En el vestíbulo de la Ópera, Rohan se había mofado de él saludándolo como «M. Arouet, Voltaire o lo que sea». Por supuesto, Voltaire mordió el anzuelo y se burló del elaborado nombre del *chevalier*, Guy Auguste de Rohan-Chabot, a quien llamó «Rohan, Chabot o lo que sea». Aproximadamente una semana después, en la Comédie Française, la situación empeoró de manera bastante infantil. El *chevalier* repitió el saludo burlón, a lo cual Voltaire repuso: «Yo al menos he elegido mi nombre, mientras que usted ha deshonrado el suyo». La cosa no acabó ahí. Durante una cena a la que aparentemente lo había invitado el duque de Sully, un sirviente informó a Voltaire de que alguien lo esperaba en la puerta: en efecto, se trataba de un grupo de matones de Rohan, que procedieron a propinarle una paliza. Furioso, Voltaire apeló a Sully e incluso al tribunal de Versalles para obtener una satisfacción. Al ver que no prosperaba, el enjuto escritor, siempre hipocondriaco, compró pistolas y espadas y asistió a clases para aprender a utilizarlas. Rohan se esfumó, lo cual podría interpretarse como una negativa a batirse en duelo con alguien socialmente inferior o (más probablemente) como una respuesta al pánico. Voltaire negó haber buscado un duelo, pero aun así fue arrestado por constituir una amenaza para el orden público y trasladado a la Bastilla. En cualquier caso, había barajado la idea de mudarse a Inglaterra y conocía al importante político conservador y filósofo Henry St. John, vizconde de Bolingbroke, que tuvo que exiliarse a París después de cometer el error de respaldar al pretendiente jacobita en lugar del futuro rey Jorge I de Hannover. No obstante, ello no impidió que Voltaire enviara una carta al rey solicitando una invitación a viajar a Inglaterra. Como cabría esperar, no hubo respuesta de Jorge, que no era conocido por su interés en la literatura. Pero el Gobierno francés no puso reparos a que el irritante Voltaire cruzara el canal, de modo que, el 9 de mayo de 1726, se encontraba en Calais esperando el paquebote.

Cuando llegó a Inglaterra apenas hablaba una palabra del idioma y prácticamente no conocía a nadie. Bolingbroke también se había instalado allí, pero Voltaire no tenía confianza suficiente para ir a visitarlo. Aun así, llevaba consigo cartas de presentación de Bolingbroke y Horace Walpole, hijo del primer ministro *whig* (de forma que ambos bandos políticos estaban dispuestos a ayudar), lo cual le abrió puertas. Gracias a las clases de un tutor cuáquero, Voltaire llegó a dominar suficientemente el inglés para escribirle a Alexander Pope en dicho idioma, lo cual estaba bien porque Pope no hablaba francés. Cuando regresó a Francia tres años después, había trabado amistad con Swift, Congreve, Addison y Edward Young.

Pero el hombre que más hizo por abrir las puertas del exilio fue el joven comerciante de seda Everard Fawkener.[15] Voltaire lo conoció en 1725 a su regreso de Alepo, donde pasó nueve años como agente comercial de la empresa familiar de importación, Snelling and Fawkener, que comerciaba en el Imperio otomano bajo la tutela de la Compañía de Levante. Es probable que ese encuentro despertara el interés de Voltaire por el Levante turco y que ese interés se acrecentara cuando Fawkener le ofreció alojamiento gratuito en su casa de Wandsworth, situada en la orilla sur del Támesis, a unos pocos kilómetros de Londres. Aunque Voltaire, deseoso de contar con una audiencia obsequiosa, se fue a la capital inglesa a finales de 1726, acabó volviendo a Wandsworth, donde se alojó con un tintorero local que trabajaba para Fawkener. Fue allí donde terminó finalmente *La Henriada* y empezó a escribir su tragedia *Brutus* (dedicada a Bolingbroke) y a documentarse para su historia del rey guerrero Carlos XII de Suecia.

La compañía y los informes de Fawkener sobre el Levante también alimentaron el éxito literario que Voltaire necesitaba tan desesperadamente: la tragedia *Zaïre*, escrita durante tres semanas en 1732 tras su regreso a Francia y estrenada un año después. Ambientada en la Tierra Santa medieval de las guerras entre turcos y cruzados, la obra versa sobre una esclava cristiana que se enamora del sultán de Jerusalén. Dado que iba a casarse con el gobernante musulmán, el padre de Zaïre, descendiente de los reyes cristianos de Jerusalén, y su hermano insistieron en que se bautizara. Confundiendo lealtad familiar con traición romántica, el celoso sultán apuñala a Zaïre, pero se quita la vida (a la manera de Otelo) cuando descubre la verdad. La obra fue un éxito inmediato: ese año hubo otras treinta representaciones y le valió a su autor una estancia de seis semanas en Versalles para que pudiera ser interpretada en la corte. En ocasiones, Voltaire encarnaba el papel del padre de Zaïre. En la obsequiosa dedicatoria del prólogo, reconocía su deuda con Fawkener.

Voltaire se había aficionado a lo oriental. Y la mezcla de curiosidad y romanticismo que teñía su orientalismo continuó en *Cartas sobre la nación de Inglaterra*, también publicado en 1733. Justamente a mitad del libro (la primera parte estaba dedicada a ensayos que ensalzaban la superioridad de la política, el gobierno y la libertad religiosa de Gran Bretaña y la segunda a celebridades contemporáneas, sobre todo Isaac Newton) encontramos el ensayo de Voltaire sobre la inoculación de la viruela. Según él, nada ejemplificaba mejor las virtudes de la modernidad inglesa que ese procedimiento. Pero, paradójicamente, esa modernidad radicaba en la disposición de una nación de mentalidad comercial a aprender lecciones no del mundo clásico, sino del oriental. ¿Era correcta la idea de que Oriente se hallaba irremediablemente sumido en la decadencia y la superstición? Esto no podía ser cierto si el mundo otomano había ideado algo que podía salvar vidas de manera más fiable que las sábanas para la sudoración, los litros de limonada o la panacea de la condesa de Kent. Y fueron los ingleses, esos viajeros empedernidos, quienes reconocieron el método, lo adoptaron y establecieron como práctica médica segura.

El giro hacia la sabiduría «oriental» resultaba aún más sorprendente porque conllevaba lo que debía de parecer un proceso extremadamente ilógico: la introducción de pus, una materia extraída de una persona infectada, en el cuerpo de un niño totalmente sano. ¿Qué clase de locura era aquella? ¿Cómo era posible que semejante acción previniera una enfermedad temible y probablemente letal en lugar de causarla? Voltaire, un dramaturgo siempre astuto, empieza su ensayo fingiendo no emitir juicios:

> En los países cristianos de Europa se afirma inadvertidamente que los ingleses son tontos y locos. Tontos porque contagian a sus hijos de viruela para impedir que la contraigan, y locos porque comunican deliberadamente a sus hijos un destemple temible y cierto solo para prevenir un mal incierto. Por su parte, los ingleses califican al resto de los europeos de cobardes y antinaturales. Cobardes porque temen someter a sus hijos a un poco de dolor, y antinaturales porque los exponen una y otra vez a la muerte por viruela. Pero, para que el lector pueda juzgar si están en lo cierto los ingleses o quienes discrepan de ellos, he aquí la historia de la famosa inoculación.[16]

Además de cuestionar una suposición muy afianzada —que la Europa cristiana no tenía nada que aprender del Oriente bárbaro—, Voltaire desmonta otra: que el aprendizaje masculino era superior a la intuición femenina. En su narración, la mitigación verificable de la mortalidad por viruela se había logrado mediante prácticas tradicionales del este y la sabiduría de las mujeres. Lo que había sido reconocido y adoptado por los científicos de la Royal Society —esos heraldos británicos de la modernidad científica— era practicado «desde tiempos inmemoriales» por... los circasianos.

La fuente del romance circasiano con la inoculación que ocupaba buena parte del ensayo de Voltaire debió de ser *Viajes*, del hugonote Aubry de La Mottraye, publicado en Londres (donde se había instalado) en 1723-1724 con grabados del serrallo del sultán otomano realizados por el joven William Hogarth.[17] Es posible que Voltaire conociera los dos volúmenes de La Mottraye durante su estancia en Wandsworth, ya que Fawkener, el comerciante del Levante, probablemente los tenía en las estanterías de su compendiosa biblioteca. La belleza legendaria de las mujeres circasianas, además de su esclavización como odaliscas turcas, se convertiría en una fijación erótica de los románticos, empezando por una entrada en la *Encyclopédie* de D'Alembert y Diderot. Pero la historia de su preservación ante la desfiguración de la viruela empezaba en el segundo volumen del popular libro de La Mottraye. En 1711, durante un viaje a las profundidades del país situado al noreste del mar Negro, un territorio marcado como «Circasia» en los mapas de la época, La Mottraye describe a sus habitantes como «los más atractivos del mundo» (a la vez que se maravilla con cierta malicia de que sus vecinos inmediatos sean los más feos).

> Al avanzar entre las montañas y no ver a nadie que padeciera viruela, pensé en preguntarles si tenían algún secreto para protegerse de los estragos que ha causado ese destemple en muchas otras naciones. Me informaron de que ello obedecía en gran medida a que la inoculaban, así que quise que me contaran cómo, y me dieron explicaciones suficientes para comprenderlo sin ver la operación.[18]

Buscando una demostración real, La Mottraye finalmente encontró una en una aldea que él denomina Deglivad. Allí vio a una niña de cuatro o cinco años a la cual «llevaron con un niño de tres años que padecía el destemple de forma natural y cuyas marcas empezaban a supurar o estaban maduras, y una anciana llevó a cabo la operación, pues se cree que las personas de ese sexo y de edad más

avanzada también son más avanzadas en sabiduría y conocimientos
[…] y suelen ejercer la medicina». Utilizando tres agujas atadas, la
mujer realizó cinco punciones en el cuerpo de la niña: en la barriga,
cerca del corazón, en el ombligo, en la muñeca y en el tobillo

> hasta que salió sangre y, al mismo tiempo, extrajo materia de las mar-
> cas de la persona enferma y las aplicó a las partes sangrantes, que pri-
> mero cubrió con hojas de *Angelica* y después secó con piel de corde-
> ro joven y vendó bien. La madre envolvió a su hija con una de las
> pieles de cordero, las cuales […] componen las camas circasianas, y la
> llevó en brazos a su casa, donde […] la mantuvo caliente con una es-
> pecie de papilla de comino con dos tercios de agua y un tercio de le-
> che de oveja sin carne ni pescado y una especie de tisana preparada
> con *Angelica*, raíces de vivorera y regaliz.

La Mottraye escribió que había otro sistema «más sencillo» para
intentar inducir el contagio, que consistía en meter en la cama al niño
desnudo y sano con uno infectado, aunque añadía que era preferible
la inoculación, pues era «infalible» para iniciar así un contagio que
dejaba menos marcas. Era tal la urgencia con la que los padres buscaban ese remedio para sus hijos, y en especial sus hijas, que no les
importaba cabalgar un día entero hasta dar con un donante de pus
prometedor.

Puede que la narración de La Mottraye sea fantasiosa, pero está sorprendentemente dominada por mujeres: las niñas, que fueron las principales receptoras de la inoculación (aunque no las únicas); las «ancianas», que ejercían de cirujanas-variolizadoras; y, por supuesto, las
madres circasianas, que querían cerciorarse de que sus hijas fueran ven-
dibles como concubinas de los pashás turcos, los visires y puede que incluso el serrallo del sultán. Describiendo una conducta que sabía que
conmocionaría a la opinión europea (incluso en su versión más hipócrita con los mercados matrimoniales), Voltaire, como solía ocurrir, se
muestra a un tiempo impasible, susurrantemente erótico y sentimental:

> Los circasianos son pobres y sus hijas hermosas y, de hecho, comercian
> principalmente con ellas. Proporcionan bellezas a los serrallos del sul-

tán turco y a todos aquellos que sean lo bastante ricos para comprar y mantener tan preciada mercancía. A esas doncellas se les indica muy honorable y virtuosamente que toqueteen y acaricien a los hombres, se les enseñan danzas de una índole muy educada y afeminada y a ensalzar mediante los artificios más voluptuosos los placeres de sus desdeñosos señores, para los cuales están diseñadas. Esas criaturas infelices repiten la lección a sus madres igual que las niñas repiten el catecismo, esto es, sin entender una sola palabra de lo que dicen.[19]

Esto último también procede de La Mottraye, que explicaba que, si bien el tráfico sexual que llevaban a cabo los circasianos con sus hijas podría parecer un escándalo mercenario, sus padres creían que

> al menos tendrían todo lo que necesitaban, ya que, al entrar en el harén del Grand Seignior, donde podían llegar a emperadoras, o en los de los pachás y otras personas ricas, obtendrían buenas ropas, joyas lujosas y las cosas más deliciosas de la vida. Esta posesión que es generalmente recibida hace que, cuando las hijas son vendidas, se despidan de su madre sin lamentos y la madre con su buena fortuna emprenda un viaje próspero.[20]

En lugar de ver la venta de hijas como un delito antinatural contra la moralidad familiar, Voltaire considera que el instinto que llevó a los circasianos a adoptar la inoculación infantil para proteger su inversión es totalmente comprensible y natural. La descripción que hace de ellos como una «nación comercial» pretende ser un cumplido: la preservación de la fortuna familiar. Al fin y al cabo, ¿hasta qué punto era distinta su educación de la de las niñas aristocráticas de Europa destinadas al mercado matrimonial del cual dependía su fortuna? La brutal desfiguración que causaba la viruela en el rostro y el cuerpo de las chicas, tanto asiáticas como europeas, era una catástrofe que determinaría su futuro. Por tanto, según Voltaire, era lógico que las madres circasianas fueran las primeras en adoptar la inoculación para sus hijas.

Para Voltaire, la inducción de la viruela era una muestra del sentido común de «mujeres inteligentes» como la poetisa lady Mary

Wortley Montagu, cuya hija, en 1718, había sido la primera persona en recibir la inoculación en Inglaterra bajo una supervisión más o menos profesional y en medio de una gran publicidad. Lady Mary tenía muchos motivos para dar ese paso atrevido (y según algunos temerario). Poco después de convertirse en conde de Kingston-upon-Hull, William, su hermano mayor, había muerto de viruela a la edad de veinte años, dejando a una viuda aún más joven y a dos hijos pequeños. La situación fue especialmente triste para Mary, ya que William la había defendido ante su padre, un hombre estricto que intentó imponerle un marido no deseado. En lugar de eso, se fugó con Edward Wortley Montagu, el hermano de un amigo, a quien advirtió la víspera de la huida que solo aportaría al matrimonio «un camisón y unas enaguas». Dos años después de la muerte de William, en diciembre de 1715, ella también sufrió un ataque de la infección que le cambió la vida. Aunque sobrevivió a la dura experiencia, la viruela la dejó sin pestañas y sin el famoso atractivo que la había convertido en la belleza del Kit Cat Club y que embrujó a Edward, una persona bastante sobria. Y, tal como señalaban despiadadamente algunos rivales envidiosos y detractores insensibles, las marcas faciales que le dejó la enfermedad acabaron con cualquier posibilidad de crecer profesionalmente en la corte del nuevo rey, Jorge I.[21]

En 1717, cuando su marido era embajador ante el sultán otomano Ahmed III, Mary reparó, sobre todo en compañía de bañistas desnudas en el hamán de Sofía, en que ninguna de las mujeres presentaba marcas de viruela y todas tenían una piel «blanca y reluciente». Según pudo averiguar, el milagro se debía a la inoculación. La sorprendió tanto aquella información que, mientras Edward se encontraba con la corte otomana en Adrianópolis, hizo inocular a su hijo de seis años, también llamado Edward. Cuando Voltaire la conoció en Twickenham en 1727, se había hecho famosa, o para sus muchos detractores beligerantes, tristemente célebre, como defensora de un procedimiento que salvaba vidas y apariencias. Para Voltaire, aquella defensa valerosa y sobre todo eminentemente sensata las convertía a ella y a su influyente conversa, la princesa Carolina de Ansbach, en ejemplos incomparables de razón y virtud prácticas. Mary era una de «las mujeres más inteligentes» de Inglaterra, y Carolina, que en 1727 se había convertido en reina tras la coronación de su marido como Jorge II, «una deliciosa filósofa en el trono».[22] Que las mujeres fueran las principales artífices de la mejoría, pensaba Voltaire, era algo inconcebible en su país, a pesar de su supuesta obsesión con la belleza y su ruidosa pasión por la vida. El hecho de que esas mujeres hubieran logrado introducir y popularizar una práctica oriental no hacía sino convertir el asunto en algo doblemente confuso.

Pero atajar la mortalidad de la viruela ya era una cuestión de urgencia política. La enfermedad no dejaba de alterar la continuidad dinástica, que era una condición del poder monárquico y de un Gobierno estable. En 1694 se había cobrado la vida de la reina María II de Inglaterra. El Gran Delfín, heredero de Luis XIV, y José I de Habsburgo, emperador del Sacro Imperio Romano, murieron de viruela en 1711. Asimismo, en 1724 terminó con los siete meses de reinado de Luis I de España. Felipe V, el padre de Luis, que había abdicado en nombre de su hijo, se vio obligado a regresar al trono español. En 1730, otro niño gobernante, el zar Pedro II, falleció de viruela a los catorce años. En 1700, el príncipe Guillermo de Gloucester, único heredero superviviente de la reina Ana (tras diecisiete embarazos), murió a la edad de once años. Se decía que a causa de la viruela, pero una autopsia también descubrió líquido en el cerebro, lo cual era un síntoma de encefalitis. Fuera lo que fuera lo que mató al niño, el inevitable fin de la casa protestante de los Estuardo desató una crisis constitucional. En 1701, una ley parlamentaria otorgó la sucesión al elector de Hannover.

Por esa época, el médico personal de la reina Ana, el prodigioso polímata Martin Lister —entre otras cosas, el primer aracnólogo (especialista en arañas) y conquiliólogo (especialista en conchas) del mundo— recibió una carta de su pariente lejano Joseph Lister, un comerciante que trabajaba con la Compañía de las Indias Orientales en Amoy, en la provincia de Fukien. En ella se describían las medidas que tomaban los chinos para provocar una viruela «leve» a fin de evitar la variedad más letal. Habida cuenta de la crisis inmediata que había causado la infección, es probable que Martin Lister buscara esa información. En febrero de ese mismo año, el anatomista y osteólogo Clopton Havers, que al igual que Lister era miembro de la Royal

Society, leyó un comunicado sobre la inoculación china, que en aquel momento era el tema de debate.

Ya en 1683, Lister, el entonces vicepresidente de la asociación, había clasificado la nueva y letal variante de la viruela como «una enfermedad exótica del pueblo oriental desconocida en Europa e incluso en Asia Menor». Tenía razón y no. En una forma u otra, existía un *Orthopoxvirus* desde finales de la Antigüedad y posiblemente antes. Un texto chino del siglo IV describía los síntomas de una infección que provocaba pústulas supurantes. En el año 582, el obispo Gregorio de Tours escribía en un amplio estudio sobre pandemias, que incluía una aterradora ola de peste bubónica, acerca de una enfermedad que empezaba con fiebres altas y continuaba con un brote de manchas que luego se convertían en pústulas «del tamaño de granos de mijo» (unos 2,0-2,5 mm),[23] una imagen que el poeta del si-glo XII Teodoro Pródromo convirtió con igual vivacidad en una lluvia de piedras de granizo que salpicaban el rostro y el cuerpo. «Casi escupo el alma por causa de esta enfermedad», escribía en un doloroso recuerdo.[24] Pero la familia *Orthopoxvirus* es numerosa y evoluciona constantemente, y es posible que aquellos primeros contagios fueran una varicela grave.[25] De lo que no cabe duda es de que las «cicatrices» que aparecen en la bibliografía anterior al siglo XVII no mataban al ritmo de las epidemias modernas. A consecuencia de ello, la aparición de las pústulas en niños se trataba como un episodio corriente de su crecimiento. Según la teoría medieval de los humores, la viruela era la manera que tenía el sistema vascular de sustituir la sangre excesivamente «húmeda» de la infancia por la forma más seca de los adultos. Raras veces mataba o estropeaba la cara y el cuerpo con marcas y cicatrices.

A mediados del siglo XVII, el virus mutó, y lo hizo de manera especialmente dramática en China. Los índices de mortalidad aumentaron abruptamente y se convirtieron en un motivo de honda preocupación para el Gobierno imperial Qing. Sus ejércitos invasores, que habían penetrado la Gran Muralla y acabado con la dinastía Ming, eran sobre todo manchúes sin inmunidad adquirida frente a la versión mucho más letal de la viruela que ya se extendía por la China central. A consecuencia de ello, el emperador Kiangxi convirtió la inoculación, que ya se practicaba de manera tradicional, en una política de Estado formal. La familia imperial, incluido el propio emperador, fue inoculada, pero la forma habitual de crear una variedad leve de la infección como defensa contra su versión más mortífera, como había señalado Havers y afirmaba el misionero jesuita Père d'Entrecolles en 1712, era la insuflación: introducir pus seco en polvo por la nariz de niños y adultos. D'Entrecolles explicaba que en algunas aldeas envolvían a los niños con ropa de una víctima de la viruela, pero que la insuflación había demostrado ser más eficaz como profiláctico.[26] Incluso para los europeos que defendían la inoculación, aquello resultaba excéntrico, y documentaron que solo se había realizado una vez, cuando, en la Inglaterra del siglo XVIII, el doctor Richard Mead lo intentó con Ruth Jones, una convicta de dieciocho años. Sin embargo, no hay motivos para suponer que la inhalación nasal fuera menos eficaz que la inoculación subcutánea a la hora de causar la forma más leve y profiláctica de la infección. En la actualidad se están invirtiendo miles de millones de dólares en el desarrollo de un spray nasal sin receta contra la COVID-19 que podría acabar con la necesidad de vacunas administradas por personal de enfermería, aunque los primeros ensayos clínicos de AstraZeneca han mostrado, en el mejor de los casos, resultados dispares.[27] Pero, para Voltaire, que había leído las cartas impresas de D'Entrecolles (sobre todo porque desvelaban por primera vez los emocionantes secretos del dominio chino de la porcelana de pasta dura), su temprana adopción era otra prueba de que los chinos eran «el pueblo más sabio y mejor gobernado del mundo».[28]

El repentino interés por lo que hicieran los chinos con la nueva variedad letal de la viruela no era desinteresadamente científico. En sus comentarios a la Royal Society en 1683, Martin Lister identificaba la paradoja del futuro colonial de Europa. En su forma mortal, la viruela era desconocida en Occidente y Asia Menor hasta que «los últimos príncipes de Egipto abrieron el comercio de especias a la zona más remota de las Indias Orientales, donde causa estragos a día de hoy». No está claro quiénes eran esos «príncipes de Egipto» —probablemente los mamelucos—, pero las Indias Orientales habían sido el escenario de la ambición y el conflicto coloniales en el siglo XVII. La insinuación de Lister —sin duda apoyada en la información recibida de su pariente Joseph Lister— era que el apetito comercial conllevaba el precio de una mortalidad elevada. Y no solo lo pagaron los saqueadores de Oriente. Dado que las infecciones viajaban con las mercancías y los que comerciaban con ellas, se temía que en algún momento los europeos también fueran víctimas. Al mismo tiempo, la llegada de la despiadada empresa colonial generó beneficios y contagios, que a partir de entonces irían de la mano durante los siglos imperiales. También los acompañaría la búsqueda de curas y mitigaciones allá donde pudieran ser encontradas, cosa que, al principio de la historia de la inoculación, eran los mismos lugares en los que las potencias coloniales estaban posando sus ojos hambrientos.

En ocasiones había europeos que reconocían e informaban de esa paradoja. Casi siempre eran los bichos raros que vivían en dos mundos a la vez: como los agentes, sirvientes y narradores del poder y el saqueo imperial, pero también como los cronistas políglotas, comprensivos y a menudo instruidos de las culturas y tradiciones en las que se hallaban. «Orientalistas» no hace justicia a su compleja identidad, desde luego no a John Zephaniah Holwell, el superviviente más famoso del Agujero Negro de Calcuta, cuya narrativa publicada sobre aquella dura experiencia grabó en la mente británica una imagen de los indios bengalíes y su gobernante, Siraj ud-Daulah, como personas brutalmente inhumanas y bárbaras.[29] Pero, una década después, ya retirado en su casa de campo de Pinner, Middlesex, Holwell, un apasionado vegetariano, también publicó la primera crónica de la inoculación, practicada por brahmanes itinerantes de casta alta.[30] Su fascinada descripción es detallada y está prácticamente exenta de condescendencia colonial. Los inoculadores, nos dice, iban de casa en casa para cerciorarse de que los pacientes habían cumplido un régimen preparatorio en el que debían abstenerse de comer mantequilla clarificada, carne y pescado. Los pinchazos los precedía una fricción de ocho a diez minutos en el brazo con una tela seca. Después se causaba una pequeña herida «del tamaño de una moneda de cuatro peniques», a la cual se aplicaba una compresa con pus del año anterior diluido con varias gotas de agua del Ganges. En todo momento, el proceso se acompañaba de cánticos extraídos de textos sagrados en sánscrito, y la herida permanecía tapada durante seis horas.

Mientras duraba la fiebre, había que rociar la cabeza de los pacientes cada mañana y cada noche con nueve litros de agua fría. Por tanto, lejos de considerarlo peligroso, Holwell pensaba que ese tratamiento era una versión india de las recetas de enfriamiento de Thomas Sydenham, y concluía que, dado que el procedimiento parecía ser universalmente exitoso, «debía de estar fundamentado en principios racionales». Incluso consideraba que debía de tomarse en serio la explicación de los brahmanes, según los cuales la viruela y otras enfermedades contagiosas estaban causadas por «multitudes de *animulculae* imperceptibles que flotan en el aire» y transmitían la enfermedad a través de la respiración o el contacto.

Entre los colonos británicos de Bengala, Holwell era atípico por su originalidad y apertura mental. Casi toda la información inicial sobre inoculaciones exitosas de la viruela provenía de lugares más cercanos: comunidades «fabriles» de europeos que vivían en ciudades portuarias del Levante como Constantinopla y Esmirna o en grandes centros de distribución como Alepo, en la Siria otomana. Quienes respondían ante París y Londres eran trabajadores levantinos que combinaban el papel de agentes comerciales, secretarios diplomáticos e intérpretes, y a veces también eran médicos. En la era de la ansiedad por la viruela, instituciones como la Royal Society ejercían de clasificadoras de boletines llegados desde el extranjero, es decir, árbitros de qué información era científicamente fiable y cuál no lo era y, con frecuencia, campos de batalla para criterios opuestos. En 1706, Edward Tarry, el médico de la fábrica inglesa de Alepo, que también había vivido varios años en la colonia comercial europea de Pera, en Constantinopla, decía que una «anciana griega» le había asegurado que había inoculado a más de cuatro mil pacientes, todos ellos sin efectos secundarios.[31]

La figura de la «anciana griega» se convirtió en protagonista de casi todas las crónicas tempranas sobre la inoculación de la viruela. En sí mismo, ello representaba un giro extraordinario por parte de las comunidades de instruidos, como los miembros de la Royal Society, cuya misión era degradar o incluso erradicar por completo la sabiduría popular y sustituirla por una ciencia moderna y empíricamente demostrada. El hecho de que, después de todo, los dos tipos de conocimiento no fueran irreconciliables, sino complementarios, fue una iluminación inesperada. Y no solo era cuestión de que el aprendizaje europeo se volviera receptivo a lo que podían enseñar las culturas no europeas, ya que durante la campaña británica para la inoculación en la década de 1720 se «descubrió» que la adopción de la «cicatriz amable» se practicaba desde hacía mucho tiempo en Gales y las zonas más remotas de las Tierras Altas de Escocia.[32] En otros países, la etnografía incipiente «descubrió» que la inoculación era habitual en regiones normalmente consideradas atrasadas: aldeas de Auvernia y el Périgord, en Francia, la Jutlandia danesa y, ya más lejos, en los montes de Cabilia, en el Magreb.[33]

A medida que crecía la oleada de mortalidad, los círculos «filosóficos» empezaban a pensar que merecía la pena tomar en consideración la sabiduría extranjera, ya que los remedios tradicionales europeos no parecían servir de mucho. Pero para ello eran indispensables los mediadores entre la ciencia de los instruidos y los practicantes de las costumbres: viajeros peripatéticos que cruzaban fronteras, bordeaban las líneas cambiantes de los imperios y las religiones, versados en muchas lenguas, educados en muchos lugares y disciplinas, desde la botánica hasta la geología y la herpetología, sintiéndose igual de cómodos con los kanes que alojaban a los comerciantes europeos y su inventario que en las cortes de los emperadores a los que atendían como médicos, cirujanos y enfermeros. Dos de esos virtuosos que cruzaban fronteras eran Giacomo Pylarini y Emanuele Timoni, y su cosmopolitismo se reflejaba en sus múltiples nombres: Jacobus Pylarinus y Emmanuel Timony, Timones o Timonis. Ambos habían estudiado en la Escuela de Medicina de la Universidad de Padua, que reclutaba a sus estudiantes en toda Europa y el Levante. Los dos escribían en latín, italiano, francés y alemán y vivían en un mundo adriático-egeo-otomano en el que las culturas latina, griega y turca fluían juntas, actuando en la práctica como intérpretes médicos y convirtiendo para los europeos occidentales lo que parecía un acto temerariamente antinatural en algo valioso por su capacidad para salvar vidas.

La familia Timoni, que se había instalado hacía mucho tiempo en la otrora colonia genovesa de la isla de Quíos, eran traductores:

titulares de patentes *berat*, otorgadas a súbditos no musulmanes del Imperio otomano para que obtuvieran la protección de la ley y las jurisdicciones europeas.[34] Como tales, servían a muchos señores, pero desde principios del siglo XVII habían estado especialmente vinculados a la embajada británica, donde trabajaban de secretarios e intérpretes. Demetrio, el padre de Emanuele, y su hermano Giorgio eran dragomanes de la embajada británica en Constantinopla. Pero los médicos como Timoni también eran figuras de confianza con acceso no solo a los sultanes, sino también al serrallo, donde se desarrollaba casi tanta política como en la corte. En un momento dado, a Timoni le ofrecieron el puesto de médico jefe del serrallo, cosa que por algún motivo rechazó prudentemente. No obstante, sí trabajó como asesor informal de William, lord Paget, el embajador británico en Constantinopla, que estaba ayudando a negociar la Paz de Carlowitz, la cual puso fin (con un elevado precio territorial para los otomanos) a la guerra entre Turquía y el Sacro Imperio Romano (anteriormente, Paget había sido embajador en Viena y se convirtió en el árbitro de las dolorosas negociaciones). Timoni debía de contar con el favor de Paget, ya que, cuando el embajador regresó a Inglaterra tres años después, se llevó al cirujano con él. En 1703, Timoni añadió un título de Oxford a sus credenciales de Padua. Ese mismo año, Paget propuso a su protegido para el ingreso en la Royal Society, donde fue elegido miembro cuando apenas superaba los treinta años. Fue el único miembro no británico del Levante y el norte de África que lo consiguió en todo el siglo XVIII.

No todos los empleados de la embajada británica y las empresas comerciales de Turquía compartían la elevada opinión que tenía Paget sobre el médico. Robert Sutton, su sucesor en la embajada, consideraba a Timoni demasiado engreído, y sospechaba, igual que William Sherard, el cónsul comercial en Esmirna, que jugaba a dos bandas mientras un conflicto triangular entre Rusia, Suecia y Turquía se adentraba en el nuevo siglo. Timoni era lo bastante creíble como médico y diplomático como para servir al mismo tiempo al sultán Ahmed III y al rey sueco Carlos XII. La «guerra norteña» entre Suecia y Rusia alcanzó un clímax sureño en Poltava, Ucrania, donde el zar Pedro I destruyó al ejército sueco antes de delegar en el sultán la responsabilidad sobre el destino del rey cautivo. Timoni conocía a Samuel Skraggenstierna, el médico personal de Carlos XII, y este se encontraba entre los restos del ejército sueco que se refugiaban en la ciudadela de Bender, manteniendo a los turcos a distancia gracias a Antioh Cantemir, el príncipe tártaro local. Parte de la experiencia balcánica adquirida regresaría a Escandinavia con los soldados del ejército de Carlos que fueron liberados. Como probablemente te hayas preguntado, ese es el motivo por el que las «albóndigas suecas» tienen el mismo sabor que el *kofte* turco.

Giacomo Pylarini, diez años mayor que Timoni, era oriundo de la isla jónica de Cefalonia, una de las últimas posesiones del *stato da mar* veneciano.[35] Pylarini era un cosmopolita aún más inagotable que Timoni. El rumbo de su carrera lo había llevado a los reinos griegos y eslavos del Imperio otomano: a Creta, donde había sido médico de Ismail Pasha, el gobernador otomano, luego del príncipe Cantacuzino en Valaquia y al otro lado de la frontera otomana-habsburgo, con Jovan Monasterlija, el vicevaivoda de Serbia. Es posible que conocer las fronteras cambiantes del mundo eslavo de los Balcanes —en un momento en que las ambiciones de Pedro el Grande miraban hacia el sur— le brindara acceso, hacia 1690, a la corte del zar como médico personal. Pylarini permaneció en San Petersburgo hasta que en 1701 su constitución mediterránea ya no pudo tolerar el frío de los inviernos rusos y regresó a Constantinopla, y de ahí, como súbdito nativo de la Cefalonia veneciana, se trasladó a Esmirna, donde permaneció cinco años en calidad de cónsul de la república.

El 3 de junio de 1714, mientras la gotosa reina Ana vivía sus últimos días, Richard Waller, el director de *Philosophical Transactions* de la Royal Society, leyó un comunicado de Timoni sobre la inoculación de la viruela; era la primera publicación en una lengua europea sobre ese tema contradictorio. Sin embargo, estas observaciones no habían ido dirigidas en un primer momento a Waller o a la Royal Society, sino al doctor John Woodward, geólogo y profesor de Medicina en el Gresham College de Londres. Woodward extrajo lo que consideraba la esencia del informe de Timoni, pero, como había sido expulsado de la Royal Society tres años antes por «conductas impropias de un caballero», le estaba prohibido leer el artículo. Esa conducta inaceptable había consistido en un ataque verbal al blanco de su desprecio obsesivo, el naturalista y médico Hans Sloane, que en aquel momento informaba a los miembros de la sociedad sobre los bezoares, unas cremosas piedras multicolor halladas en el tracto digestivo de animales y humanos. Aquella era la clase de curiosidad diletante que irritaba al combativo Woodward. A su juicio, las actividades de la Royal Society debían limitarse a un programa coherente de análisis y síntesis, en lugar de permitir una muestra aleatoria de información dispar. Pero las diferencias entre Woodward y Sloane también eran personales y políticas. Según creía Woodward, el propietario de plantaciones en el Caribe pretendía colonizar la Royal Society y prefería a sus amigos que a los miembros para posicionarse mejor como sucesor de sir Isaac Newton en la presidencia. Fue al anciano Newton a quien Sloane trasladó sus quejas sobre el comportamiento de Woodward, ya que su más reciente exabrupto no era la primera humillación que le infligía. Se convocó un consejo y el irredento Woodward fue expulsado. En efecto, Sloane sucedería a Newton tras su muerte en 1727, y más tarde sería el fundador del British Museum.

Woodward tenía mucho interés en transmitir los hallazgos de Emanuele Timoni. La obra que le había labrado una reputación era *Essay Towards a Natural History of the Earth*, basado en su extensa colección de fósiles. Pero también era miembro del Real Colegio de Médicos, cuyos pacientes incluían a Richard Steele, cofundador y director de *The Spectator*, y tenía opiniones firmes sobre la mejor manera de tratar la viruela cuando aparecía la «fiebre secundaria». Básicamente, su propuesta consistía en un vómito copioso, provocado si era necesario con una pluma diseñada por él mismo para causar arcadas haciendo cosquillas en las amígdalas. Esa receta no hizo sino reforzar la fama de aficionado excéntrico de Woodward. Dos miembros del Colegio en particular, John Freind y Richard Mead, ridiculizaron tan despiadadamente a Woodward que la disputa por el tratamiento de la viruela pasó de ser un duelo dialéctico a convertirse en un duelo real. Se desenvainaron espadas y habría podido haber derramamiento de sangre si Woodward, fiel a su ridícula reputación, no hubiera perdido el equilibrio y se hubiera caído al suelo. «Tomad vuestra propia vida», gritó Mead, a lo cual Woodward repuso jocosamente que tomaría cualquier cosa menos el físico de su contrincante.[36]

Woodward debía de abrigar la esperanza de que publicitar la crónica de Timoni sobre la inoculación (junto con una etiología latina de la viruela) le devolviera su buena reputación e invalidara la expulsión de la Royal Society, la cual había recurrido sin éxito. Sin duda, el documento era una noticia dramática para una Europa aterrada por la viruela. Lo que exponía, dijo Timoni, era común entre «circasianos, georgianos y otros asiáticos», y era una práctica habitual de los turcos desde hacía cuarenta años.[37] Su éxito había sido tan grande que los inoculados apenas notaban la enfermedad, y el tratamiento era especialmente «valorado por la gente de piel clara, ya que nunca deja cicatrices o marcas». El método operativo era muy similar a la descripción que hacía Aubry de La Mottraye sobre la práctica circasiana. Se buscaba «un niño o un joven sano» con viruela. Unos doce días después de la aparición de los primeros síntomas, se realizaban punciones en las pústulas «maduras» de la pierna del donante. Luego se vertía la materia infecciosa en un recipiente de cristal que debía mantenerse caliente, «cerca del pecho», al llevárselo a su receptor. Al paciente sano se le «desgarraba un poco la piel» con una aguja de tres puntas o una lanceta, y el pus se mezclaba con la sangre utilizando «un limpiador de oídos» o un instrumento similar. La zona del cuerpo en la que se practicaban raspados o incisiones subcutáneas variaba mucho según la costumbre del operador, aunque, según Timoni, los músculos del brazo eran los más proclives a que penetrara la infección. Allá donde fuera administrada la inoculación, la zona se cubría con media cáscara de nuez. En una semana o menos, las pústulas se secaban y caían solas sin dejar cicatrices discernibles: era un auténtico milagro. En sus ocho años observando inoculaciones, Timoni afirmaba no haber presenciado ningún «accidente dañino», y desmentía los informes sobre desastres fatídicos y muertes que «en ocasiones se han difundido entre el vulgo». Si el inoculado fallecía, era siempre porque padecía otras enfermedades. No obstante, insistía en que la inoculación no era la panacea.

La de Timoni fue la primera crónica sobre la inoculación de la viruela publicada en inglés, pero, si bien afirmaba que había estado observándola durante ocho años, es posible que conociera el procedimiento gracias al médico griego Pylarini, con quien había coincidido en Esmirna en 1712. Los testimonios de ambos confirman el éxito de la inoculación, pero los detalles de la versión de Pylarini denotan la experiencia de un practicante veterano que conocía el procedimiento desde la grave epidemia de 1701. El informe de Pylarini también llegó a la Royal Society editado por Richard Waller, pero en latín, lo cual limitaba el número de lectores incluso en una época tan versada en cultura clásica. Pero era producto de la afinidad entre naturalistas vinculados por una cadena de conocimientos anglo-greco-otomanos. Waller era, por derecho propio, observador e ilustrador de animales y plantas. Había publicado estudios sobre las luciérnagas, los renacuajos y el pico y la lengua de los pájaros carpinteros. También había realizado unos excelentes dibujos para ilustrar la obra del gran clérigo y naturalista John Ray. Y fue Waller quien tomó la iniciativa de realizar pesquisas sobre la inoculación en el mundo otomano. Pero cuando escribió a William Sherard, el cónsul británico en Esmirna, era un «filósofo de la naturaleza» dirigiéndose a otro. Igual que un sorprendente número de europeos afincados en los puertos y centros de distribución de Asia Menor y el Levante, Sherard no solo era un agente comercial, sino también un entusiasta del conocimiento, ya fuera ancestral o nuevo. Criado modestamente en Leicestershire, había estudiado botánica con Joseph Pitton de Tournefort en el Jardin des Plantes de París. Allí había conocido al botánico neerlandés Paul Hermann, director del Jardín Botánico de Leiden, quien lo había convidado a que se trasladara allí para continuar con sus estudios colegiados. Pero Sherard nunca fue un simple caballero y erudito con posibles. Sobrevivir conllevaba inevitablemente la desagradable rutina de ser el tutor de los hijos de los aristócratas ingleses e irlandeses. Cuando aquello se le hizo insoportable, escapó a la aventura siguiendo el ejemplo de su profesor, Pitton de Tournefort, que había navegado por treinta y ocho islas del Egeo en busca de especies que descubrir y catalogar antes de recorrer Anatolia, Armenia y Georgia hasta llegar a Tiflis. De una manera más modesta, Sherard también quería construir su propio imperio personal de conocimiento, y para ello recorrió en pequeñas embarcaciones el archipiélago griego y se adentró con caravanas de mulas y dromedarios en Asia Menor y el Cáucaso. La historia antigua le entusiasmaba tanto como la historia natural, así que cuando fue nombrado cónsul de la Compañía de Levante, instalándose en su jan de Esmirna, Sherard aprovechó su ubicación para llevar a cabo expediciones arqueológicas a Halicarnaso y Éfeso y para emprender peregrinajes a las Siete Iglesias de Asia Menor. Su casa de campo de Sedi-keui, a once kilómetros de Esmirna, atesoraba todo un botín de conocimiento: fósiles de plantas y caracolas de la cuenca lacustre de la región, producto de erupciones volcánicas primordiales. Había vitrinas llenas de objetos con inscripciones de la Antigüedad y los siglos del Bizancio cristiano.

Los dos cónsules en apariencia comerciales de Esmirna —Pylarini para Venecia y Sherard para los ingleses— eran como dos mentes cuyas vías de conocimiento se entrecruzaban. El viajado Pylarini había regresado a Constantinopla desde Rusia en el apogeo de la epidemia de 1701, y se hizo inocular a sí mismo y a otros a partir de 1704. La mayoría de sus primeros pacientes pertenecían a la nobleza rum de las urbes griegas, pero fue en Tesalia donde conoció el matriarcado de las inoculadoras. En un primer momento entregó la descripción de estas prácticas a Sherard, que se la envió a su hermano James, miembro de la Royal Society y boticario. El texto contenía, prácticamente oculto, el sorprendente dato de que un tal señor Hefferman, secretario de Robert Sutton, el embajador británico en Constantinopla, ya había hecho inocular a sus dos hijos. La carta se publicó por primera vez en su formato latino original en el *Philosophical Transactions* en 1716.[38] Era inusual (y muy distinta de las comunicaciones entre Woodward y Timoni) por la riqueza de información social. En el relato de Pylarini, el miedo a la inoculación se ve atenuado gracias a que el proceso se convierte en un acto semiceremonioso que se formaliza mediante un pago económico a los niños donantes. Las matronas, que debían de ser muy conocidas entre los aldeanos, esperaban la llegada de septiembre, cuando amainaba el intenso calor estival, para preguntar a las familias quién quería inocular a sus hijos. A veces, el procedimiento solo consistía en frotes abrasivos con telas empapadas en materia infectada, pero normalmente se practicaban incisiones subcutáneas en cuatro o cinco partes del cuerpo de los receptores. Pylarini describía la visita de una de esas inoculadoras, una anciana «sencilla y honorable», a casa de un griego adinerado que quería que sus hijos fueran inoculados, pero no sabía si el procedimiento era fiable. Después de tranquilizar al padre, la inoculadora realizó pequeñas punciones en mitad de la frente del niño, además de la barbilla y ambas mejillas. Ese fue solo el comienzo de la operación, ya que también recibió pinchazos en el dorso de las manos, los intersticios de los dedos del pie y, de hecho, en todas partes excepto las zonas más carnosas del cuerpo, que Pylarini consideraba más adecuadas para obtener buenos resultados.[39] A diferencia de Timoni, quien daba la impresión (seguido de Voltaire) de que muchos turcos habían adoptado esas prácticas, Pylarini sabía que en el núcleo del Imperio otomano la inoculación se limitaba mayoritariamente a los pueblos no islámicos, esto es, los judíos y los cristianos. Las inoculadoras eran exclusivamente griegas cristianas, y lady Mary Wortley Montagu explicaba que algunas realizaban incisiones formando la señal de la cruz.[40] Los clérigos islámicos insistían en que la inoculación era una interferencia sacrílega en el juicio de Alá a los pecadores, y su vehemencia en dicha cuestión bastaba para disuadir a los fieles turcos.[41] Las concubinas del serrallo que habían sido inoculadas para conservar su atractivo a menudo pertenecían a poblaciones que todavía no habían sido islamizadas.[42]

Pero, en el siglo XVIII, el mundo musulmán no era un bloque más monolítico de creencias y prácticas de lo que lo es ahora, y existen numerosos indicios de que en algunas sociedades islámicas —Persia (donde algo parecido a la inhalación nasal china era la norma), los estados magrebíes del norte de África y algunas zonas de Siria—, la inoculación estaba extensamente aceptada pese a la condena clerical. En 1700, respondiendo a las preguntas de la Royal Society, Cassem Algaida Aga, el embajador del bey de Trípoli ante la Corte de St. James, recordaba que su padre

nos llevaba a cinco hermanos y tres hermanas a casa de una niña aquejada de viruela y hacía que nos inocularan a todos el mismo día. Ahora que él estaba peor que ninguno, no tenía más de veinte pústulas. [...]

Por lo demás, esta práctica es tan inocente y segura que de cien personas inoculadas mueren menos de dos, mientras que, por el contrario, de cien personas que se contagian naturalmente de viruela suelen morir unas treinta. Es tan ancestral en los reinos de Trípoli, Túnez y Argel que nadie recuerda el primer brote, y no solo la practican los habitantes de las ciudades, sino también los árabes salvajes.[43]

Esos «árabes salvajes» probablemente eran beduinos o bereberes. Más entrado el siglo XVIII, Patrick Russell, el agente de la Compañía de Levante en Alepo (cuya otra pasión era la útil ciencia de la herpetología), escribió a su hermano Alexander, miembro de la Royal Society, afirmando que, a pesar de las denuncias solemnes durante las oraciones de los viernes, la inoculación no solo estaba muy extendida en los campos que rodeaban Alepo, sino también en Bagdad, Basra y Damasco. Los kurdos, los judíos (después de cierta resistencia rabínica) y los drusos, las minorías de la región, así como los beduinos del norte, la practicaban de forma preventiva. Según la descripción de Russell, las pequeñas formalidades de «la compra de la viruela» observadas por Pylarini en la Grecia otomana estaban concebidas para tranquilizar a los niños ansiosos. Las familias de los receptores iban a casa del donante con dátiles, uvas pasas y ciruelas a modo de obsequio, de modo que se producía un intercambio de bienes entre los dos niños. Si el receptor era demasiado joven, ese papel recaía en su madre.[44]

En 1715, el cirujano oftálmico de origen escocés Peter Kennedy llegó a Constantinopla para estudiar enfermedades oculares en el Levante y Asia Menor. Pero, tras conocer a Timoni, se interesó por la inoculación y le dedicó un capítulo en su compendio *External Remedies*.[45] Su breve explicación sobre el procedimiento seguía mayoritariamente las descripciones de Timoni y Pylarini, aunque también especulaba si la inoculación impediría un segundo contagio. Su respuesta fue que en la mayoría de los casos podía darse por hecha una reinfección, pero sería relativamente inofensiva, y era conocida con apelativos desdeñosos como «la viruela bastarda» o «la viruela del cerdo». Kennedy desvió su interés hacia algo más trascendental. ¿Era posible que un hábito practicado por los turcos (como él creía) y sin duda los persas fuera aceptado en su país? Él fue el primero en mencionar que «recibir la cicatriz fresca y amable» era un fenómeno conocido en las Tierras Altas escocesas, donde se restregaba la materia infecciosa a los receptores, y por tanto no debía considerarse una práctica extranjera, sino nativa. Al poco tiempo se confirmaría que también ocurría en algunas zonas de Gales. Pero al pensar en la Gran Bretaña metropolitana Kennedy era más pesimista. Aunque en Constantinopla había «varios comerciantes» que conocían la efectividad de la inoculación, «en Gran Bretaña, donde probablemente somos más timoratos y tememos más por nuestra vida debido a las grandes mortalidades que acompañan a este destemple», era más improbable que adoptaran el hábito, aunque sus defensores mantenían que era «tan inocente que no hace falta ser más cauto que al contagiar o contraer el picor».[46]

Al parecer, no todo el mundo era tan fatalista. El 1 de abril de 1717, Mary Wortley Montagu, superviviente de la viruela, escribió desde Adrianópolis a su amiga Sarah Chiswell, a quien había invitado a acompañarla a Turquía, para contarle una cosa que la haría desear estar allí: «La viruela, tan letal y generalizada entre nosotros, aquí es totalmente inofensiva gracias a la invención del injerto, que es el nombre que le dan». Luego pasa a describir al «grupo de ancianas» y las visitas que hacían en septiembre para practicar inoculaciones, organizadas como «fiestas» en las que participaban quince o dieciséis familias. La inoculadora pregunta «qué vena te gusta» e «inmediatamente perfora la que le ofrezcas con una aguja grande (que no te causa más dolor que un arañazo común) e introduce en la vena tanto veneno como quepa en la cabeza de la aguja. Después, tapa la pequeña herida con una cáscara vacía, y de ese modo abre cuatro o cinco venas». Luego, los niños juegan juntos y están «perfectamente sanos» hasta el octavo día, momento en el cual empiezan los síntomas. «Raras veces tienen más de veinte o treinta pústulas que nunca dejan marca, y en ocho días están igual de bien que antes de la enfermedad».[47]

Al parecer, Wortley Montagu ya había decidido que inocularan a su hijo de seis años, pero le dijo a su amiga que su interés no se limitaría a la seguridad de su familia. No eran los ingleses de a pie quienes se opondrían a aquella innovación «turca», sino, tal como había previsto, la profesión médica, que podía sufrir pérdidas económicas cuando sus pociones y polvos, sus licores y compresas, sus purgas, apósitos y sangrías fueran innecesarios.

> Soy lo bastante patriota como para esforzarme en poner de moda este útil invento en Inglaterra, y no dudaría en exponérselo con detalle a algunos de nuestros médicos si creyera que atesoran virtud suficiente para destruir una vía de ingresos considerable por el bien de la humanidad. […] Quizá, si sobrevivo y puedo volver, tenga valor para enfrentarme a ellos. En esta ocasión, admira el heroísmo en el corazón de tu amiga.[48]

Pero Wortley Montagu no solo era receptiva con lo que había visto en la Turquía otomana. Sus cartas a la embajada, publicadas tras su muerte, dejan claro que nada más cruzar la frontera del Sacro Imperio Romano de los Habsburgo se enamoró localmente de casi todo lo relacionado con él.[49] Una excepción eran las brutales incursiones de las tropas jenízaras en las aldeas rurales. En Belgrado debatió sobre poesía y el Corán y, desoyendo la estricta ley islámica, bebió vino con Ahmet-Beg, el gobernador local, y concluyó que una persona tan refinada tenía que ser un librepensador musulmán, cosa sorprendente (para los europeos). En Sofía montó en una *araba* turca, felizmente oculta por una cortina escarlata que podía levantar para mirar por la rejilla. Una visita a un hamán supuso una agradable revelación: doscientas mujeres con una piel «blanca y reluciente», sin cicatrices ni ronchas por llevar lazos apretados, tumbadas en divanes tomando café o sorbetes, las distinciones de rango erradicadas, pues se hallaban todas «en un estado natural o, en inglés llano, completamente desnudas». No obstante, su desnudez parecía lo contrario a la lascivia: «No conozco corte europea en la que las damas se hubieran comportado de una manera tan educada con una desconocida». Aunque no acompañó a las mujeres en su desnuda libertad, Wortley Montagu satisfizo su curiosidad abriéndose la falda de equitación para enseñar el corsé. La reacción de las mujeres fue suponer que aquella ropa interior opresiva era una imposición del marido, cosa que dio lugar a la inquietante idea de que tal vez tenían razón y de que eran ella y sus iguales y no las ocupantes del serrallo las auténticas prisioneras de las expectativas masculinas. Le pareció que el confinamiento forzado descrito en libros como *Present State of the Ottoman Empire*, de Aaron Hill, era totalmente engañoso. Las mujeres turcas a las que conoció eran las personas más libres del reino y fuera de él. En Adrianópolis y Constantinopla cambió el vestido occidental por la discreción del velo *asmak* y la túnica *ferige*, que le permitían «deambular todo el día» por el zoco o incluso entrar en una mezquita sin ser detectada. Pero también encargó un conjunto elegante: una camisola de muselina, una chaqueta con brocados y suaves zapatillas y turbantes turcos.

Además, Wortley Montagu también estaba recibiendo clases de turco y árabe y, en un sentido más amplio, estaba abierta a lo que pudiera enseñar el mundo otomano a los europeos en lugar de al revés. De ahí el entusiasmo que rezumaba su carta a Sarah Chiswell tras descubrir la inoculación de la viruela. Aunque no parece que hubiera leído la crónica de John Woodward en *Transactions*, publicada por la Royal Society en 1714, es probable que conociera el procedimiento a través de Emanuele Timoni, ya que, cuando los Wortley Montagu estaban en Adrianópolis, él también vivía allí, trabajando como médico del sultán y como dragomán e intérprete para los británicos. También debió de ser Timoni quien encontró y contrató a la mujer griega que meses después inoculó a Edward a la edad de seis años. De ser así, fue una de las últimas cosas que hizo Timoni. Poco después, según el clérigo y viajero John Covel, un amigo de su padre, hundido en la «vergüenza y la desesperación» por las maquinaciones de Edward, el marido de Mary (se desconoce el motivo, pero pudo tener algo que ver con los ambiguos asuntos de Timoni entre distintos campos diplomáticos), el médico, dragomán y diplomático se quitó la vida.[50]

Ese triste final no puso freno a la trascendental inoculación. Además de veinte sirvientes en librea y un capellán, Edward Wortley Montagu había contratado como médico de la embajada a Charles Maitland, un cirujano escocés de mediana edad. En 1722, en plena controversia británica por la inoculación, Maitland publicó su crónica de lo sucedido el 19 de marzo de 1718. Pero, a diferencia de las descripciones de Pylarini y la propia Mary sobre las «honorables» y «sencillas» inoculadoras, Maitland describe un espectáculo de vetusta torpeza del cual el escocés tuvo que rescatar al niño. «La buena mujer se puso manos a la obra, pero con suma ineptitud por el temblor de manos, y sometió al niño a tantas torturas con su aguja roma y oxidada que me daban lástima los llantos de alguien que siempre había demostrado tanto espíritu y coraje que apenas ningún dolor conseguía hacerlo llorar. En vista de ello, inoculé yo el otro brazo con mi instrumento y con tan poco dolor que no se quejó en absoluto».[51]

Una vez finalizada la operación, el pequeño Edward fue llevado a una habitación calurosa (que en la primavera turca debía de serlo mucho). Cinco días después, Mary informó a su marido, que a la sazón se encontraba en el campamento del gran visir en Sofía, de que «el niño fue injertado el martes pasado y en este momento está cantando y jugando y muy impaciente por su cena. Ruego a Dios que mi próxima carta traiga tan buenas noticias sobre él».[52] Y así fue. La fiebre amainó. Después, unas cien pústulas que habían aparecido rápidamente se secaron y cayeron sin dejar marcas, más allá de las cicatrices de los pinchazos. La siguiente carta de Mary decía: «Tu hijo está bien y espero que haya pasado el peligro». Al no obtener respuesta, Mary envió una tercera carta fechada el 9 de abril en la que repetía: «Tu hijo está muy bien», pero añadía con brusquedad: «No puedo evitar contártelo, aunque ni siquiera hayas preguntado por él».

Tres meses antes, a finales de enero de 1718, Mary había dado a luz a una hija, que llevaba su mismo nombre. En 1721, ya de regreso a Inglaterra después de que Edward fuera apartado de la embajada por no lograr la paz entre el Sacro Imperio Romano y Turquía, lo cual era el propósito de su misión, Mary decidió que había llegado el momento de inocular a su hija. Una epidemia de viruela había arrasado Gran Bretaña con una mortalidad aterradora. Maitland la llamaba «el ángel destructor». Varios amigos de Mary, vecinos de Twickenham y familiares, incluida su prima Hester, de dieciséis años, habían fallecido en los primeros meses del año. Pero no había motivo para pensar que lo que estaba a punto de hacer por su hija de tres años estuviera exento de controversia, más bien al contrario: a medida que aumentaba la oleada de terror y enfermedad e iban llenándose los cementerios y las fosas, las disputas por el tratamiento se volvieron más enconadas. No obstante, en su mayoría estaban limitadas a las viejas alternativas: calor o frío, mantas y hogueras o sábanas frías y limonada, purgas eméticas, sangrías o ambas cosas. Lo que estaba a punto de hacer Mary Wortley Montagu era novedoso, al menos en Inglaterra, ya que la inoculación tradicional que se practicaba en algunas regiones de Escocia y Gales era desconocida en la metrópolis. Asimismo, el Real Colegio de Médicos estaba lanzando una enérgica campaña contra los cirujanos sin licencia. En ese ambiente de agitación, el hecho de que Wortley Montagu importara una innovación extranjera no probada —la inoculación «turca», esto es, el contagio deliberado a un niño sano que tal vez no contraería nunca la viruela— era una posibilidad tentadora para sus numerosos detractores, y lo que era aún peor, un «acto antinatural» para una madre empecinada en una especie de autocomplacencia experimental.

Solo una mujer tan excepcional como Mary Wortley Montagu, alguien que combinaba la ternura maternal con una inteligencia fríamente racional y no se veía limitada por prejuicios insulares y tradicionales, habría podido correr ese riesgo y haberse enfrentado a toda la hostilidad que le sobrevino. Por supuesto, la experiencia vivida en Constantinopla le dio confianza, pero no era garantía de que una segunda inoculación fuera tan eficaz e inocua. Por otro lado, era obvio que Wortley Montagu no deseaba que su terrible experiencia, rememorada en cada cicatriz, afectara a su hija y tocaya. Con lo cual, siguió adelante.

Charles Maitland llegó desde Hertford para ocuparse de la operación, aunque no le gustaba la idea. No era miembro de la Royal Society ni del Real Colegio de Médicos. No gozaba del reconocimiento de Hans Sloane, John Freind o incluso John Woodward. Era un don nadie de provincias. De hecho, ni siquiera era médico, tan solo un cirujano común de bajo rango, y aquello era Twickenham, no Constantinopla. Además, había mucho más en juego. Lady Mary era una figura importante: amiga íntima de los dramaturgos William Congreve y John Gay, y aún más amiga de Alexander Pope, apasionadamente enamorado de ella pero no correspondido. Los poemas de lady Mary habían sido publicados y reseñados por muchos; Godfrey Kneller estaba pintando su retrato *à la Turque*. Si las cosas no salían bien, supondría el fin de la reputación de Maitland y también de su sustento vital. Fue difícil convencerlo; no dijo que no, pero expuso sus condiciones: en primer lugar, debían esperar hasta la primavera; en segundo lugar, debían asistir al procedimiento varios testigos con conocimientos. No mencionó si buscaba consejo o una posible exoneración. También quería que estuviera presente el doctor James Keith, un viejo amigo suyo de Aberdeen y desdichado padre que había perdido a dos de sus tres hijos a causa de la viruela y estaba ansioso por ver si había manera de preservar al único superviviente.

El «injerto» de la pequeña Mary tuvo lugar en abril y fue tan exitoso como lo había sido el de su hermano. Los «preparativos», consistentes en purgas y una dieta recomendada por los médicos, fueron ignorados teniendo en cuenta la constitución fuerte de la niña. A ella también la vieron «jugando» poco después de la operación y tampoco presentaba marcas cuando desaparecieron las pústulas secas. Keith quedó tan impresionado (y agradecido) que hizo inocular rápidamente a su único hijo superviviente. Wortley Montagu se convirtió en una defensora personal y pública del procedimiento e invitaba a la gente a visitar a su hija, que no había empeorado a causa de la inoculación. Era un tratamiento célebre: una combinación de sentimiento familiar y razón científica practicada y publicitada para disipar las críticas públicas a lo que para muchos seguía siendo un proceso asombrosamente ilógico con dudosos orígenes extranjeros. La campaña —pues se convirtió inmediatamente en eso— no habría podido arrancar sin tres fuerzas decisivas que solo estaban presentes de manera conjunta en la Gran Bretaña del siglo XVIII, dos de ellas en el corazón de la clase gobernante y una muy fuera de él. Primero estaba la voluntad, en medio de una epidemia aterradoramente letal, de veteranas celebridades de la Royal Society y el Real Colegio de Médicos de tomarse en serio una innovación radical. Algunos, como John Arbuthnot, el médico de la reina Ana, no eran científicos académicos de signo esotérico, sino virtuosos polímatas. Además de ejercer la medicina, Arbuthnot (que había rechazado a la parte peligrosamente jacobita de su familia) era un eminente matemático y estadístico, un sátiro, inventor del mítico John Bull y amigo de Jonathan Swift. Además, publicó, entre otras cosas, textos sobre pesos y medidas ancestrales y la primera obra dedicada a la retórica y los usos de la mentira política. Como un viejo *tory* en lo que la sucesión hannoveriana había convertido en un mundo *whig*, Arbuthnot conocía bien los rudimentos de la contención ciudadana y podía contribuir a la segunda entidad decisiva en la campaña para una revolución médica: una prensa independiente, prolífica y hambrienta de sensaciones. Muchos periódicos y revistas poco fiables eran locales, pero también metropolitanos, y, para todos ellos, novedades como la inoculación eran una atractiva fuente de beneficios. El tercer aspecto, y quizá el más decisivo, fue el interés activo de la corte de Hannover. El afable Arbuthnot (Swift comentaba que lo único malo que tenía eran los andares) era bienvenido en la casa de Leicester, la residencia de los príncipes de Gales, y es posible que, junto a Wortley Montagu, fomentara el interés de la princesa Carolina de Ansbach, que había estado a punto de perder un hijo a causa del «destemple».

A. Devéria, litografía de un retrato de Mary Wortley Montagu.

Las relaciones entre el rey y su hijo oscilaban entre la frialdad, el desprecio y el odio. En una ocasión, Jorge I estaba tan descontento con los padrinos que habían elegido su hijo y su nuera para su recién nacido que los sometió a arresto domiciliario en el palacio de St. James. Pero es posible que el corazón monárquico se ablandara un poco cuando Ana, la princesa de diez años, contrajo un caso grave de viruela en 1720. Ese mismo año hubo un intento de reconciliación entre padre e hijo que bastó para que Carolina convenciera al rey de que utilizara sus prerrogativas reales en un experimento concebido para demostrar la efectividad de la inoculación. Aun tratándose del siglo XVIII, el proyecto era despiadado. A los convictos de la prisión de Newgate les ofrecerían la libertad a cambio de someterse a la inoculación. Al principio pensaron que dos reos serían suficientes, pero, como difícilmente habría servido como ensayo, se elevó la cifra a seis, tres de cada sexo. Todos excepto uno de los voluntarios estaban condenados a la horca. Mary North, una ladrona de tiendas empedernida de treinta y seis años que ya había sido deportada pero al regresar había reincidido; el resto eran jóvenes delincuentes de poca monta: Anne Tompion, de veinticinco años y posible pariente del famoso fabricante de relojes Thomas Tompion, robaba carteras y había sido descubierta afanando once guineas a una pareja a la que ella y su marido, portero de un burdel, habían engañado para hacer un viaje de placer por el Támesis. Elizabeth Harrison, de diecinueve años, le había robado la impresionante suma de sesenta y dos guineas a su amante; John Allcock, de veinte años, robaba caballos y pañuelos de seda; Richard Evans, de diecinueve años, había robado otros tantos metros de seda persa; y John Cauthery, de veinticinco años, se había llevado las tres pelucas de un barbero, cifra que indudablemente lo hacía merecedor de la pena de muerte, aunque en el último minuto le fue conmutada por la deportación.[53]

Antes de su cita con la lanceta, los seis fueron sacados de sus celdas, que olían a excrementos y estaban infestadas de piojos, y trasladados a unas estancias en las que los limpiarían un poco. El 9 de agosto de 1721 a las nueve de la mañana fueron conducidos a la sala de inoculación. Allí se encontraron con su inesperado público: veinticinco médicos y hombres de ciencia, en su mayoría miembros de la

Royal Society y el Real Colegio de Médicos, incluidos sir Hans Sloane, Johann Steigerthal, médico personal de Jorge I, y, en respuesta a la petición de Maitland de que hubiera alguien con experiencia sobre el proceso en Turquía, el doctor Edward Tarry. Asimismo, asistió un testigo alemán que afirmaba que, cuando Maitland desenfundó la cuchilla quirúrgica, los presos se echaron a temblar. Los seis recibieron pinchazos en ambos brazos y la pierna derecha, y luego les introdujeron la materia infectada en las heridas superficiales. Mary North, la ladrona de tiendas, que estaba habituada a los vapores, en esta ocasión se desmayó, pero el resto lo vivieron con cierta calma, sin duda animados por la idea de su libertad inminente. Lo cual estaba bien, porque, días después, impaciente por que actuara la infección y decepcionado por la ausencia de síntomas, Maitland volvió a inocularlos a todos con una remesa de pus más nueva y, tal como esperaba, más eficaz.

Los sujetos del experimento eran inspeccionados a diario y no quedaba una sola parte de su cuerpo, masculino o femenino, sin explorar.[54] Maitland registró la aparición de pústulas en los muslos y senos de las convictas, así como en la cara y las extremidades, y dejó constancia de su cifra, aspecto y supuración. Todo parecía ir tan bien como cabía esperar, aunque, «inexplicablemente», los prisioneros en ocasiones tomaban las riendas. El 18 de agosto, John Allcock «pinchó con una aguja todas las pústulas que pudo (y había sesenta)». Por alguna razón, el resultado no fue desastroso. A finales de agosto, North se empapó en agua fría (probablemente para combatir el opresivo calor estival de sus habitaciones), «cosa que le provocó un cólico violento» que duró dos días, aunque tampoco pareció poner en peligro el experimento (es posible que ayudara). El 6 de septiembre, casi un mes después de la inoculación original y con todos los prisioneros supuestamente recuperados, fueron «enviados a sus condados y residencias». Algunos no tardaron en reincidir. Al cabo de seis semanas, John Cauthery, el joven ladrón de pelucas, fue descubierto de nuevo, juzgado y condenado una vez más a la deportación. Pero, como custodio temporal de su estado físico, que no social, Charles Maitland concluyó: «El procedimiento ha sido un éxito, [...] mucho más de lo que esperaba».

La princesa Carolina debía de estar de acuerdo, ya que, según Sloane, lanzó la asombrosa propuesta de inocular a todos los huérfanos de la parroquia de St. James, en Westminster. Sin embargo, en marzo de 1722, finalmente solo recibieron tratamiento seis, pero con tal éxito que se convirtieron en una demostración viva de las bondades de la inoculación. Escépticos y admiradores eran invitados a inspeccionar a los huérfanos en «casa del señor Foster» entre las diez y las doce de la mañana y las dos y las cuatro de la tarde. Los dos ensayos, además de las inoculaciones que estaban produciéndose por toda Inglaterra, todas ellas notificadas a James Jurin, el secretario de la Royal Society, fueron suficiente para que Sloane y el sargento-cirujano del rey, Claudius Amyand, recomendaran el proceso a la princesa Carolina. El 17 de abril de 1722, Amyand practicó incisiones en los brazos y las piernas de Amelia y Caroline, sus dos hijas más pequeñas, mientras Maitland aplicaba la materia infectada. Las niñas contrajeron la variedad deseada de viruela leve y, para gran alivio de Maitland, se recuperaron por completo.

Con todo, la amplia cobertura mediática de los ensayos con los convictos, los huérfanos y, en especial, las dos niñas de la familia real no significaba que existiera consenso a favor de la inoculación. Ese mismo año hubo una efusión de opiniones hostiles, temerosas, indignadas y profundamente desconfiadas. En julio de 1722, Edmund Massey pronunció un sermón «Contra la práctica arriesgada y pecaminosa de la inoculación» en la iglesia de St. Andrew, en Holborn. La elección de púlpito no fue casual. St. Andrew era el bastión del conservadurismo religioso y había sido la parroquia de Henry Sacheverell, destituido como parlamentario por oponerse a la infiltración de «falsos hermanos» en la Iglesia verdadera, un amplio abanico de herejes que incluían a disidentes, unitarios, musulmanes y, huelga decir, judíos (sobre todo los que se disfrazaban de «nuevos cristianos»). Desde la subida al trono de los Hannover y el fracaso abismal de la rebelión jacobita en 1715, el conservadurismo había quedado reducido a la impotencia política. Pero, por medio de una astuta falsedad, los *tories* aún podían predicar contra las innovaciones modernas, sobre todo si eran extranjeras: los hannoverianos, los *whigs* y, puesto que todo era susceptible de ser politizado, el «peligroso experimento» de la inoculación, que sin duda era una interferencia monstruosa en el plan que tenía Dios para el mundo. Que una de las últimas defensas de la inoculación, publicada el año anterior en Londres, fuera obra del judío marrano portugués Jacob (Henrique) Castro Sarmento, que vendía su «Agua da Inglaterra», preparada con quinina, y se había instalado en la capital inglesa, no contribuyó a disuadir a clérigos conservadores como Massey de que el proceso era dudoso, forastero y poco cristiano: un milagro de charlatanes.[55]

El texto elegido por Massey para su sermón era un pasaje del libro de Job: «Entonces salió Satanás de la presencia del Señor e hirió a Job con una sarna maligna desde la planta del pie hasta la coronilla». Por si algún miembro de la congregación deducía que cualquier alivio de la presente aflicción era bienvenido, Massey recalcó que tal acto de merced solo podía administrarlo el Todopoderoso. Cualquier otra cosa era una suposición sumamente repugnante, por implicación un acto de irreligiosidad y un desafío (literalmente) diabólico al castigo divino contra la inmoralidad. Satán, el promotor de la inoculación, sabía qué hacía, ya que, cuando los hombres inútiles se decían a sí mismos que estaban protegidos ante la infección, ansiaban cometer los mismos pecados que estaba castigando la viruela. Aquellos que eran cómplices del diablo en esa práctica «extraña» (refiriéndose a extranjera) eran «tontos e ineptos». Juntos agravaban la transgresión.[56]

En junio de 1722, un mes antes del sermón de Massey, otro *tory* recalcitrante llamado William Wagstaffe, médico del Hospital de Saint Bartholomew y miembro de la Royal Society y el Colegio de Médicos, publicó una extensa «Carta demostrando el peligro y la incertidumbre de la inoculación contra la viruela». Al margen de sus credenciales médicas, Wagstaffe era todo un personaje: «muy dado a la compañía social» para su ingenio, aunque famoso por su «indolencia». Sus «hábitos irregulares» lo llevaron a Bath para recibir una cura. Fuera lo que fuese que enfermó al doctor, pudo con él, ya que falleció en el balneario a la edad de cuarenta años. Pero había sido uno de los testigos de las inoculaciones de Newgate, y las lecciones que extrajo de aquella experiencia eran opuestas a las de Maitland y las de su amigo y también *tory* John Arbuthnot.[57] Siempre que los pacientes

sobrevivían a la inoculación, escribió Wagstaffe, era porque en realidad no les habían administrado la viruela y sus «granitos» probablemente respondían a la varicela o a un contagio relativamente inofen-
sivo. Según él, era de todos sabido que la calidad de la sangre variaba
de unas personas a otras. Cualquier profiláctico que no tuviera en
cuenta esas distinciones era peligrosamente indiscriminado.

Pero la objeción más seria de Wagstaffe, en la línea de la insula-
ridad conservadora, era racial y truculentamente nacional:

> El país del que derivamos este experimento tendrá muy poca influen-
> cia en nuestra fe [en su seguridad y efectividad] si tomamos en consi-
> deración la naturaleza del clima o la capacidad de los habitantes. [...]
> La posteridad difícilmente creerá que un experimento practicado por
> unas cuantas mujeres ignorantes, pertenecientes a un pueblo analfa-
> beto e irreflexivo, podrá imponerse de repente y basándose en prue-
> bas inconcluyentes en una de las naciones más educadas del mundo y
> ser recibido en el Palacio Real.[58]

En otras palabras, lo que podía funcionar en climas cálidos lejanos no era transferible a todo el mundo y sería inviable en Gran
Bretaña, donde lo que Wagstaffe describía de forma sorprendente
como la sangre «nacional», por no hablar del aire británico, era incon-
mensurablemente distinto. Los tratamientos de origen oriental no se
afianzarían nunca, sobre todo por las diferencias dietéticas. La sangre
natural británica era «producto de la dieta más suculenta», consumida
incluso «por nuestra gente más mezquina [...] que no es famosa por
su abstinencia». Y, en cualquier caso, la idea de los intercambios de
sangre y fluidos corporales era «repugnante» y no había sido probada,
salvo en los desafortunados experimentos realizados en el siglo anterior con «perros sarnosos» y sabuesos «sanos» con resultados predeci-
blemente desafortunados. Wagstaffe también compartía la creencia de
que, aparte de ser «inútil» en sus propósitos, la inoculación era una
invitación a que otras enfermedades invadieran un cuerpo por lo
demás sano. «Las ideas modernas sobre la infusión de esa malignidad
en la sangre es el origen de muchas enfermedades terribles», especialmente desastrosas en niños tiernos y vulnerables. Los «operadores»

que aseguraban que era un éxito podían llevarse su procedimiento pernicioso a las provincias, a menos que hubiera una manera de impedir «un sistema tan artificial para despoblar un país».

Otros detractores de signo conservador, como el cirujano Legard Sparham, se erigieron en defensores de la Vieja Inglaterra ante una novedad tan destructiva, una versión médica de la Burbuja de los Mares del Sur. En el mejor de los casos, era una apuesta diabólica; en el peor, un fraude perpetrado contra aristócratas adinerados, gente que seguía las modas, ingenuos y el populacho «enamoradizo». Hasta el momento, escribía Sparham, era imposible «soñar que la humanidad tramaría industriosamente su ruina y cambiaría salud por enfermedad, y lo que es peor, que convertiría a pequeños inocentes en una presa de la enfermedad más calamitosa por un criterio erróneo».[59]

Había una excepción notable y elocuente al coro de menosprecios conservadores: el amigable John Arbuthnot, quien en un panfleto que defendía —y reciclaba— a Maitland y atacaba a Wagstaffe por tergiversar sus palabras, demostraba a la ciudadanía lectora que los ancianos tenían voluntad de polemizar. Arbuthnot puso patas arriba las advertencias sobre los orígenes exóticos de la inoculación. «Recomiendo el método [...] conocido aquí recientemente [...] pero, por lo que sabemos, practicado en toda Turquía y otras partes de Oriente desde hace cien o cientos de años [...] obtenido de un pueblo analfabeto».[60] ¿Qué clase de *tory* era ese? Uno que no se sentía inquietado por el ejemplo de los cuerpos extraños, además de un desvergonzado letrista del romance familiar que al publicitar las historias de Montagu y la princesa Carolina ya había tocado la fibra sensible de los ciudadanos. Para que la gente no se viera afectada por los prejuiciosos y los temerosos, escribió Arbuthnot, se les debía permitir pensar «qué no habrían dado unos padres afectuosos por salvaguardar la vida y los rasgos de su amada descendencia cuando los ven desfigurados por la odiosa enfermedad, las hendiduras, marcas y cicatrices. Qué velos y fístulas y, en ocasiones, ceguera en los ojos. Qué úlceras y abscesos en el cuerpo, contracciones de los nervios e incluso desgana de vivir». No había nada que temer, escribió, tan solo era necesario considerar los hechos.

Pero cuando la enfermedad apareció súbitamente en un lugar en el que hasta el momento era desconocida, sobre todo en una cultura fundamentada en la atención a las punitivas dispensas del Todopoderoso, ni el apoyo idealizado a la inoculación ni los datos recogidos empíricamente podían competir con el miedo y la desconfianza.[61] En la primavera de 1721, la viruela llegó a Boston a bordo de un buque mercante británico. El brote fue inmediato y grave. Cuando amainó el verano siguiente, se habían contagiado 5.759 habitantes de un total de once mil y habían fallecido 844, una proporción de uno de cada seis, casi idéntica a la tasa de mortalidad entre no inoculados en Londres. Como mínimo un hombre, Cotton Mather, el puritano ministro de la North Church, pronosticó lo que había que hacer. En 1716 había enviado una carta a John Woodward, de la Royal Society, en la que informaba de una conversación con su esclavo Onesimus.

Al preguntar a mi negro, Onesimus, que es una persona bastante inteligente, si alguna vez había padecido de viruela, respondió sí y no, y luego me contó que se había sometido a una operación que le había contagiado parte de la viruela y lo protegería para siempre de ella. Añadió que se utilizaba a menudo entre los habitantes de Guaramantee y que quien tuviera valor para utilizarla se liberaría de por vida del miedo al contagio. Me describió la operación y me mostró la cicatriz que tenía en el brazo.[62]

Onesimus, que significa «útil», era el nombre que le había puesto Mather al sirviente africano que le habían regalado diez años antes, en 1706; tenía su origen en la epístola de Pablo a Filemón, en la cual se relataba la historia de un esclavo huido que había sido convertido por el apóstol cuando se conocieron en prisión. De igual modo, el reverendo Mather consideraba que era su deber cristianizar al africano, pero al parecer no logró vencer la resistencia de este. Ese mismo año, 1716, Onesimus compró su libertad adquiriendo un sustituto para la familia de Mather. Cinco años después, cuando la viruela estaba en su apogeo, la relación instructiva entre el esclavo y el señor quedó subvertida con el informe de Onesimus. Es más, en *The Angel of Bethesda*, el libro que escribió Mather cuando hubo amainado la epidemia, aseguraba haber hablado con varios esclavos de Boston procedentes de la región de Guaramantee y todos coincidían en la misma historia: la práctica de extraer «jugo» de las pústulas de la viruela e infundirlo en la sangre que brotaba de un corte en la piel. A Mather le sorprendió que la descripción se hiciera eco de los informes de Timoni y Pylarini que había leído recientemente en *Transactions*, de la Royal Society.

Cuando la epidemia azotó Boston, Mather se lo hizo saber a los cirujanos y médicos de la ciudad y otras poblaciones cercanas como Cambridge y Roxbury. Su recompensa fue verse convertido inmediatamente en blanco de oprobios, sobre todo de los doctores William Douglass y Lawrence Dolhond, quienes afirmaban haber visto a soldados moscovitas y franceses fallecer a causa de la inoculación treinta años antes. La posición de Mather como ministro de la Iglesia no impidió que las amenazas cobraran tintes violentos. Una noche, mientras su mujer e hijos se encontraban en el salón, alguien arrojó una granada a la casa. Por suerte para la familia, cayó sobre unos macizos muebles bostonianos, lo cual desajustó la mecha e impidió la detonación, pero la experiencia fue aterradora.

Entre el personal médico, solo el cirujano Zabdiel Boylston (también hijo de cirujano), quien, según decía, había «esquivado por poco» la muerte a causa de la enfermedad, se dejó convencer por el atractivo personal de Mather e hizo inocular a Thomas, su hijo de seis años, a su esclavo Jack y a Jackey, su hijo de dos años y medio.[63] Aunque los médicos hostiles lo tachaban de simple cortador de cálculos biliares, Boylston hizo proselitismo repartiendo copias de los informes de Timoni y Pylarini para la Royal Society e invitando a los ciudadanos a visitar a pacientes inoculados, incluidos los de su propia familia. Pero, ante los rumores de que los inoculados podían transmitir la enfermedad, nadie aceptó. Los concejales de la ciudad se negaron categóricamente a leer los informes de Timoni y Pylarini, y aún más a ponerlos a disposición de los ciudadanos. Pero, en un acto de heroísmo, nada disuadió a Boylston de inocular a 242 pacientes en Boston, Charlestown, Cambridge y Roxbury. Muchos eran niños y adolescentes, y una cifra considerable eran esclavos de familias blancas, tanto adultos como niños. Sin más orientación que lo que había leído a través de la Royal Society, adoptó la técnica turca tal como él la entendía: utilizando un mondadientes afilado para abrir una pústula para la extracción, una lanceta para practicar un corte de cinco milímetros; hojas de repollo o brassica, aunque a veces media cáscara de nuez, para cubrir la zona; y, dependiendo del estado del paciente, sangrías y eméticos, además de brebajes suaves que incluían aceite de almendras, sirope de malvavisco, agua de cereza, «agua de plaga», sirope de violetas y tisanas de raíz de serpiente de Virginia y heces de oveja.

Boylston asistió personalmente a las 242 inoculaciones, y sus descripciones de cómo calmaban a las atemorizadas familias, tanto de clase media como pobres, a menudo son conmovedoramente gráficas. Nueve personas, en su mayoría niños pequeños, además de sirvientes negros y una criada india, fueron inoculadas en casa de Harbottle Dorr. Después del procedimiento, todos permanecieron en una misma habitación, donde se dieron cita «los pobres niños enfermos y el frío invernal, uno llorando, el otro quejándose, uno pidiendo comida, otro hacer sus necesidades, uno queriendo levantarse, otro irse a la cama, de modo que, además del abrir y cerrar de puertas, el tintineo de la estufa, la pala y las tenazas de la chimenea, apenas había un minuto diario en que todo estuviera tranquilo y en silencio».[64] De los 242 pacientes de Boylston, ninguno murió ni sufrió ceguera, que era casi igual de aterradora. La viruela provocada por inoculación era lo que él describía como «amable y perceptible»; el número de pústulas era limitado y las fiebres relativamente ligeras y breves y, cuando caían las costras, no dejaban agujeros ni cicatrices. Pero su evidente éxito no era comparable a las denuncias clericales y médicas. Doctores como Dolhond y Douglass no querían ni oír hablar de remedios recomendados por esclavos africanos y transmitidos por sus dueños como «divertimentos virtuosos», ni de nada que llegara de la Turquía y el Levante paganos. Era evidente, insistían, que «la tendencia natural de infundir una suciedad tan maligna en la masa sanguínea» era «corromperla y pudrirla».[65] Dios no quisiera que tales prácticas extranjeras fueran consentidas por los buenos cristianos. Pero, al igual que sus homólogos ingleses, Boylston creía que su trabajo era «en alabanza y gloria de Dios», pues salvaba vidas.[66]

Las cosas fueron mejor en Inglaterra. En la primavera y principios del verano de 1722, los escépticos polemistas no podían soñar con imponerse a gente como sir Hans Sloane, la princesa Carolina y John Arbuthnot. Pero sus detractores tenían razón en un aspecto: después de que las jóvenes princesas recibieran tratamiento, la inoculación se convirtió en una moda, sobre todo en Londres. Sin embargo, la publicidad que la acompañaba también entrañaba el riesgo del descrédito si algo salía mal, cosa que era inevitable. Poco importaba que Maitland se hubiera curado en salud advirtiendo que algunos inoculados podían fallecer, aunque, subrayaba, no por la propia inoculación. El sirviente de lord Bathurst al cual este hizo inocular a modo de ensayo murió, seguido del hijo pequeño de Henry Spencer, conde de Sunderland y uno de los grandes de la política inglesa, que también había perdido la vida semanas antes. Por supuesto, las dudas repentinas eran maná del cielo para periódicos y revistas, y les sacaron el máximo partido a la vez que alentaban la inquietud. El entusiasmo por la inoculación se enfrió en Londres, al menos entre la gente adinerada.

Pero no todos los detractores eran coléricos *tories* de la vieja escuela. En septiembre de 1722, *The Flying-Post* publicó un artículo titulado «Explicación sencilla de la inoculación de la viruela por un comerciante turco», el cual no cuestionaba el valor de la inoculación, sino que atacaba ferozmente cómo se había administrado en Inglaterra. En contraste con el sistema simple y diligente con que se efectuaba la operación en Turquía, el «comerciante» creía que los médicos habían creado preparados, pociones y regímenes innecesarios interesándose más por llenarse los bolsillos que por el bienestar de sus pacientes. De hecho, esos «preparados», junto con las purgas y las sangrías, acababan «debilitando los cuerpos que debían pasar por un destemple», a veces con resultados fatales.[67] El autor —que por supuesto era Mary Wortley Montagu— denunciaba categóricamente «las bribonadas y la ignorancia de los médicos», y declaraba que «no obtendría nada salvo la satisfacción personal de haber hecho el bien a la humanidad». Los contrastes que exponía eran tremendamente odiosos. En Turquía se aplicaba el «veneno» que cupiera en la punta de una aguja; en Inglaterra, se introducía tanta materia infecta en la incisión que era peligroso para el sujeto; en Turquía bastaba con una pequeña abertura en la piel; en Inglaterra, los «horribles cortes» eran tan excesivos que la persona podía perder un brazo. En Turquía, los pacientes no estaban obligados a ingerir brebajes inútiles; en Inglaterra era más probable que aumentara la fiebre al consumirlos, «al punto de ser mortal».

Jean-Étienne Liotard, *Lady Montagu con vestido turco*, hacia 1756.

De lo que se quejaba realmente Wortley Montagu era de que los médicos y cirujanos se habían apropiado torpe y avariciosamente de una innovación benigna originaria de Turquía en detrimento de sus pacientes. Cuanto más asimilaban la inoculación las prácticas comunes inglesas, más peligrosa resultaba. Por tanto, las víctimas de la mortífera combinación de ignorancia y avaricia eran producto de la creencia errónea de que el sistema británico era superior a cualquier cosa que pudieran ofrecer las ignorantes matronas de Oriente. No obstante, lo más irónico era que, para lanzar ese ataque mordaz, ligeramente suavizado cuando el director de *The Flying-Post* eliminó algunos de sus sarcasmos más amargos, Wortley Montagu tuvo que ocultar su género. Poco después de que se publicara su carta, el agresivo William Wagstaffe criticó al «farsante mercader turco», pero no identificó el nombre ni el sexo del autor.

La animosidad de Wortley Montagu iba dirigida a los médicos metropolitanos, quienes, a su juicio, estaban explotando el «destemple» en beneficio propio y desacreditando la inoculación al poner en peligro sus efectos con sangrías, purgas, vómitos y brebajes innecesarios y excesivos. Pero su ira desmerecía el trabajo de los médicos de los condados y el campo, que adoptaron y defendieron el «método» ante la abrumadora hostilidad local. Eran tan héroes como ella.

III

¡SEGURO, RÁPIDO Y AGRADABLE!

A principios de la primavera de 1722, William Whitaker, un médico de Yorkshire, les presentó a sus compañeros de la Royal Society una carta que había recibido de un colega de los condados, Thomas Nettleton, sobre su experiencia tratando de implantar la inoculación en Halifax, su ciudad natal. La carta era tan reveladora que fue leída a la asociación en mayo y, al año siguiente, publicada en *Transactions*.[1] Thomas Nettleton no era un personaje corriente en comparación con los médicos de Yorkshire del siglo XVIII. Aunque procedía de una familia modesta de Dewsbury y había estudiado en la escuela de secundaria de Bradford, se formó como médico en Edimburgo y más tarde en la Universidad de Leiden, donde Herman Boerhaave estaba transformando el estudio de la fisiología. Armado con su licenciatura de Leiden, Nettleton regresó al oeste de Yorkshire. Ya debía de conocer la gravedad de la viruela, pero los estragos que causó en el invierno de 1721 y la primavera de 1722 lo conmocionaron. En Halifax murieron 43 contagiados de 276; en Rochdale, Lancashire, fallecieron 38 de 177; y en Leeds fueron 189 muertos de 972. En total, el West Riding tuvo un índice de mortalidad del 20 por ciento.[2] Al leer las crónicas de Emanuele Timoni y Giacomo Pylarini, Nettleton se interesó por la inoculación, que a su juicio se practicaba hacía mucho tiempo «en esas zonas [turcas] del mundo con un éxito constante». Tras «visitar a muchos enfermos de viruela cuyo caso era tan deplorable que no admitía alivio», decidió tomarse en serio la posibilidad del «método». A los enemigos que tachaban la inoculación de delito, Nettleton les respondía: «Jamás lo he considerado un delito y siempre he pensado que el deber de nuestra profesión es hacer cuanto podamos por proteger la vida de quienes se someten a nuestros cuidados. Y no conocía ningún motivo por el que no debiéramos, con todo el agradecimiento humilde a Dios Todopoderoso, utilizar cualquier medio que su buena providencia saque a la luz para tal fin». En otras palabras, la inoculación era un regalo de Dios, no un desafío a Su voluntad.[3]

Aunque sabía que estaba participando en un experimento profiláctico, Nettleton escribió que «había funcionado muy por encima de las expectativas» y que sus pacientes habían superado la enfermedad «con tanta calma» que podía ofrecérselo a la ciudad de Halifax y a los pueblos de los campos circundantes. Al poco tiempo, se vio asediado por familias de la zona que querían ser inoculadas, incluyendo a sus hijos. Cuando escribió su carta en diciembre de 1721, había inoculado a cuarenta personas y, a excepción de un fallecimiento, «todos superaron bien el destemple y en este momento gozan de muy buena salud, gracias a Dios». A diferencia de los elaborados procesos que criticaba Mary Wortley Montagu en la práctica de los cirujanos y médicos de Londres, Nettleton se basó en la simplicidad turca, aplicando solo dos o tres gotas de materia infectada a unas incisiones realizadas con una lanceta. A veces le resultaba más fácil e igual de eficaz empapar «pequeñas compresas de algodón» en la pústula del donante y aplicarlas a las heridas superficiales. En un gesto conmovedor e inusual, Nettleton prestaba casi tanta atención al estado mental de sus pacientes como al estado de su cuerpo, y aspiraba a «emplear todos los medios adecuados para disipar el miedo y la preocupación». En cuanto a la abstención de carne y licor, el racional Nettleton consideraba esas precauciones excesivas e irrelevantes para el resultado, además de potencialmente peligrosas si los pacientes se veían «obligados a privarse de demasiadas cosas». Era mejor «dejarles comer y beber como de costumbre». Después del procedimiento también se negaba a atiborrar a sus pacientes con medicamentos de toda clase, en especial «brebajes» con alcohol, y prefería que la fiebre y las pústulas siguieran su curso.

En casi todos los casos de mortalidad infantil, Nettleton documentaba escrupulosamente los detalles de la enfermedad para establecer distinciones entre los que habían fallecido tras ser inoculados y los que podía decirse que habían muerto a causa de la inoculación, de los cuales prácticamente no había ninguno año tras año. Pero era lo bastante honesto como para describir casos comprometidos, a menudo en niños muy pequeños, y documentar la ansiedad de los padres (a los que cita por su nombre), muchos de los cuales ya habían perdido hijos a causa de la enfermedad y estaban ansiosos por encontrar una manera de salvar a los que habían sobrevivido. Un tal señor Turner había «enterrado a tres» de sus cuatro hijos; el último fue inoculado y sobrevivió. Cómo proceder con los hijos de la familia de John Symons sumió a Nettleton en una honda perplejidad. El primero en ser inoculado sufrió una fiebre violenta y convulsiones, y acabó muriendo, aunque no necesariamente por culpa de la inoculación. Si Nettleton seguía adelante con los demás y también perecían, sobre todo habiendo contraído de forma natural la enfermedad de su hermano, lo «señalarían. [...] Pero si no hacía nada, temía que murieran todos». Nettleton era un hombre decente y tomó la única decisión que podía tomar, «pues prefería arriesgar mi reputación a que perecieran los niños». Sin embargo, advirtió a la madre y el padre de que «no podía asegurar el éxito si ya habían contraído la infección». Finalmente murió una de las niñas, pero los otros dos sobrevivieron.

Los miedos de Nettleton en cuanto a su reputación eran comprensibles. Aunque cuarenta inoculaciones en 1721 no eran pocas, escribió «que tal vez habrían sido más si hubiera insistido. [...] Solo hacía lo que ellos desearan y me cuidaba de convencer a nadie, porque tenía poca autoridad que me respaldara, si bien debía reconocer la amabilidad de muchos amigos que, convencidos de que este método sería útil, lo promocionaban con gran fervor». Sin embargo, todos esos partidarios se enfrentaban a la «vigorosa oposición de muchas personas honestas y bienintencionadas que solo podían pensar que aquello era una práctica ilegal e insalvable. Tenían de su parte a una gran mayoría aquí y en otros lugares en los que se ha practicado; yo solo desearía que hubieran invertido menos tiempo en difundir información falsa y sin fundamento en la cual se ha representado erróneamente la cuestión». A consecuencia de ello, muchos habían sido

disuadidos de la inoculación, y ellos y sus hijos «desgraciadamente
[…] murieron de viruela», víctimas de su propia locura. Pero Nettleton no se desanimó, y seguía convencido «de que, cuando se arroje
luz verdadera sobre este asunto y se demuestre que [la inoculación]
es siempre segura y eficaz, desaparecerán todas las objeciones».

¿Qué se podía hacer de forma inmediata? Sería útil convencer
a «los caballeros que, de manera justa, han cosechado el mayor honor
y reputación en nuestra profesión», de que hicieran declaraciones
públicas a su favor. Eso significaba entrar en la batalla publicitaria y
dejar atrás un debate con personas instruidas y de mentalidad afín
para emprender una campaña de prensa contra publicaciones hostiles como *Applebee's Original Weekly Journal*. Ello comenzaría con
datos comparativos sobre las posibilidades de sobrevivir a la viruela
sin estar inoculado o, por el contrario, utilizando el «método». Nettleton creía que hacer públicas esas cifras sería «la mejor manera de
acabar con prejuicios irracionales contra un método que en ningún
lugar se ha puesto en práctica con otro objetivo que prestar servicio
a la humanidad». Había un camino claro hacia esa campaña promocional. William Whitaker, el receptor del primer informe de Nettleton sobre los casos de Yorkshire, era amigo de James Jurin, matemático, médico y, lo que era más importante, secretario temporal de la
Royal Society y director de *Transactions*. Aunque era muy apreciado
y contaba con el favor de Isaac Newton, el presidente de la Royal
Society, a quien reverenciaba y convirtió en protagonista de sus publicaciones y conferencias, Jurin no era un filósofo nato de las clases
dirigentes. Hijo de un tintorero hugonote, había recibido una beca
para estudiar en el Trinity College de Cambridge y era tutor de
Mordecai Cary, otro estudioso de la misma institución, con quien
había ido a Leiden para formarse con Herman Boerhaave. Jurin
también se movía en las fronteras de distintos tipos de conocimiento y estaba abierto al tipo de campaña basada en pruebas que proponía Nettleton. En mayo de 1722 leyó la carta de este a Whitaker
durante una reunión de la Royal Society, pero la hizo circular fuera
de ella para asegurarse de que su correspondencia era publicada regularmente en revistas y periódicos. Lo sucedido en los siete años
posteriores fue una colaboración única en la incipiente epidemiolo-

gía: aun siendo improvisada, constituyó la primera acumulación sistemática de datos comparativos sobre la efectividad de la intervención médica.[4] Antes de que terminara, cuando la epidemia amainó a finales de la década de 1720, se habían creado nuevas técnicas de recabado de información y se habían publicado ampliamente y sin el menor rubor. Puesto que los cálculos del número de muertos por viruela elaborados por Jurin se tabularon a partir de estadísticas de mortalidad anuales —y eran poco fiables al desagregar las muertes por viruela en enfermos, sobre todo en niños que probablemente morirían de otras enfermedades no relacionadas con el virus—, el único sistema seguro era hacer encuestas casa por casa. En la década de 1660, John Graunt, considerado el primer epidemiólogo, recopiló escrupulosas estadísticas de muertes causadas por la peste, pero Nettleton fue el primero en llevar a cabo microencuestas metódicas en las que «una vez al año enviaba a una persona cuidadosa» a todas las calles de Halifax para que documentara casos de viruela, además de muertes y casos de supervivencia.[5] En 1725, una solicitud impresa pedía «a todas las personas dedicadas a la práctica de inocular la viruela que llevaran un registro de los nombres, edad y residencia de todos los inoculados, forma de operación, días de enfermedad, erupciones [y] la variedad de viruela producida», y que enviaran información del año anterior no más tarde de febrero para que Jurin y la Royal Society pudieran publicar su informe actualizado en primavera. Poco después disponían incluso de formularios impresos para facilitar la tarea a los inoculadores. Movidos por la necesidad compartida de demostrar su fe en la efectividad y seguridad de la inoculación, sobre todo frente a las acusaciones de que los inoculados no estaban protegidos contra la enfermedad desarrollada «naturalmente», los inoculadores locales informaban de buen grado. El doctor George Lynch, de Canterbury, añadió expresamente a su informe que podía considerarse «fiel», ya que había sido recopilado por una «persona formal que va de casa en casa». Pero, tal como ha señalado Andrea Rusnock, esas visitas domésticas podían despertar hostilidad y desconfianza por su intrusismo. Una cifra elevada de casos no era lo que la burguesía, los comerciantes y los tenderos locales querían que se aireara a la ciudadanía.[6]

Los inoculadores pensaban que, por feroz que fuera la resistencia, podrían llegar a un público potencialmente fácil de persuadir: primero, las familias que ya habían perdido a algún miembro a causa de la enfermedad y temían por la supervivencia del resto de sus hijos; y segundo, no solo los médicos ilustrados, sino la categoría mucho más numerosa de cirujanos y farmacéuticos de las ciudades de provincias y el campo.

Se daba por sentado que la división de trabajadores rasos y altos cargos en la que siempre se había estratificado la profesión médica resistiría este nuevo «método» de inoculación. Y, en gran medida, así fue. Los cirujanos inoculadores, sobre todo en Londres, trabajaban bajo la supervisión de los médicos. Los cirujanos, a los que muchos de sus superiores aún veían como artesanos de la medicina, se ocupaban de los cortes y los vendajes; los médicos eran los responsables de los regímenes de preparación y recuperación, de los cuales se consideraba que dependían enormemente los buenos resultados. Era a los médicos (en el caso de Londres, casi siempre miembros del Real Colegio de Médicos) a quienes se atribuía el aprendizaje, lo cual les permitía juzgar los humores dominantes —si un paciente, incluso (o especialmente) un niño, era «sanguíneo» o «bilioso»—, y eran ellos quienes prescribían la dieta y cualquier restricción de actividad que consideraran necesaria. Así pues, incluso Claudius Amyand, sargento-cirujano de la corte, que efectuó casi un tercio de todas las inoculaciones de Gran Bretaña en 1722 y 1723, trabajaba necesariamente bajo la autoridad de gente como sir Hans Sloane o los doctores John Arbuthnot y John Freind. Sus pacientes, casi todos ellos pertenecientes a la élite, no habrían esperado menos.

Pero, cuando la práctica se desplazó a las ciudades de provincias y al campo, esa especialización desapareció. Los médicos, preocupados por no perder estatus y sustento con una operación que seguía siendo extremadamente controvertida y conscientes de las pocas muertes de inoculados anunciadas por la prensa contraria al método, debían de ser reacios a prestar su autoridad a un procedimiento que todavía se consideraba arriesgado. En Yorkshire, Thomas Nettleton, que supervisaba y practicaba personalmente la inoculación con independencia del coste que ello pudiera suponer para su prestigio, era excepcional en ese sentido. Por otro lado, incluso la limitada demanda de los primeros años significaba que, con frecuencia, los cirujanos trabajaban por su cuenta, y lo que era aún más controvertido, tal como señalan los informes de Jurin, los boticarios se adueñaron de todo el negocio. En Salisbury, noventa y nueve personas fueron inoculadas por dos cirujanos, Geldwyer y Foulks, además de un tal señor Elderton, quien, no habiendo sido identificado como «Dr.», difícilmente sería médico.[7] En Portsmouth, el doctor Brady, médico de la guarnición naval, supervisó la inoculación de los seis oficiales, pero el señor Waller, un farmacéutico, figura como el autor de la inoculación de catorce. Y lo que es más sorprendente: una tal señora Roberts, «de cerca de Leicester», y una tal señora Dorothy Ringe, de Shaftesbury, aparecen como operadoras, lo cual resulta extraño. Sin embargo, una mujer anónima de Londres «se inoculó a sí misma» en una operación de la que dieron fe —como si estuvieran presenciándola— su padre, que era «una persona de fiar», y un farmacéutico (supuestamente cauteloso).

Y había lugares de Inglaterra en los que no eran necesarios los conocimientos de los médicos, ya que la inoculación se practicaba «desde tiempos inmemoriales».[8] Una región en la que la inoculación fue un método tradicional era el sur de Gales, sobre todo los condados de Pembrokeshire y Carmarthenshire. El doctor Perrot Williams, muy consciente de las acusaciones de que una práctica tan ajena a las costumbres británicas no era de fiar, informó a la Royal Society desde Haverfordwest de que dos aldeas situadas al oeste de Milford Haven, Marloes y St. Ishmael, conocían de sobra la operación y era tan habitual que nadie sabía dónde había empezado ni le importaba. Un nonagenario no solo recordaba cuándo había sido inoculado, sino también que su madre le contó cuándo se había sometido ella al procedimiento, uniendo así una cadena de recuerdos que se remontaban a hacía al menos un siglo y medio o posiblemente más, por la época de la reina Isabel. Era un proceso natural y nativo para el cual no hacían falta muchos conocimientos ni lancetas elaboradas. El sistema galés consistía en frotar varios puntos de los brazos de manera abrasiva y concentrada hasta que la piel mostrara «una excoriación o irritación», momento en el cual se aplicaba la materia infectada, a veces con un trozo de tela. Pero también había pueblos en los que era más frecuente agujerear la piel con ligeros pinchazos de una aguja. Abundaba la improvisación. George Owen, abogado e hijo del obispo de St. David's, le dijo a Williams que él y cinco o seis compañeros de colegio (no recordaba el número exacto) se pinchaban a sí mismos y entre ellos con un cortaplumas hasta que sangraban un poco. Williams, a quien pocas cosas lo sorprendían, afirmaba que ese método funcionaba a la perfección y provocaba una viruela leve sin marcas duraderas ni la necesidad de los elaborados preparativos y la dieta postoperatoria que, según insistían los médicos, eran indispensables. Con mucha frecuencia, para obtener materia infectada había que comprarla, así que el rincón más ancestral de Gran Bretaña compartía costumbres con la «costa bárbara» del norte de África y Siria. Cuanto más celta era la región, más probable era que se descubrieran inoculaciones tradicionales: por ejemplo, en las islas Hébridas o en las Tierras Altas escocesas.

En otros lugares, los informes remitidos a Jurin (más de un centenar) eran de inoculadores dispuestos a operar allá donde gente atemorizada solicitara sus servicios. Muy a menudo eran aristócratas, pero no siempre. Los comerciantes, tenderos y agricultores también se inoculaban si podían permitírselo. El mapa del tratamiento se extendía por toda Inglaterra: Liverpool y Bristol, Bedford y Nottingham, Stratford-upon-Avon y Winchester, y pueblos de Dorset, Hampshire, Sussex, Kent, Lancashire y Northumberland. Algunas personas estaban dispuestas a recorrer largas distancias —en un caso hasta sesenta y cinco kilómetros— para inocularse ellas o sus hijos. Asimismo, inoculadores devotos como Nettleton viajaban por todo el condado, y en su caso, fuera de Yorkshire, hasta los picos y los valles del vecino Derbyshire. Fue un avance extraordinario, pero en absoluto un fenómeno de masas. En 1729, el último informe de la Royal Society, editado por Johann Gaspar Scheuchzer, que sucedió a Jurin en el puesto de secretario, contaba tan solo 1.087 personas que habían recibido la inoculación de unos setenta operadores en un periodo de seis años.

James Worsdale, retrato de James Jurin, década de 1740.
En la mano sostiene una edición de *Principia mathematica* de Isaac Newton.

Teniendo en cuenta lo que Jurin describía delicadamente como la «intensidad y el fervor» de sus oponentes, la hostilidad de la aristocracia de las provincias y Londres y los periódicos que anunciaban a bombo y platillo alguna muerte ocasional, sobre todo en el seno de familias burguesas, no es de extrañar que la aceptación fuera limitada. Seguía siendo un acto de fe extraordinario que una persona saludable o el padre de un niño sano se expusieran a lo que comúnmente se tildaba de «veneno», confiando en que ello evitara la muerte o la desfiguración. En palabras de James Kirkpatrick, el autor del enciclopédico *Analysis of Inoculation* (1754): «Naturalmente, buscar seguridad ante un destemple corriendo a sus brazos al principio puede dificultar una buena recepción».[9] No obstante, Jurin, Nettleton y Williams, además de otros colegas con mentalidad estadística como John Arbuthnot, siempre estuvieron decididos a demostrar numéricamente y fuera de toda duda que los riesgos de la inoculación eran mínimos en comparación con contraer la enfermedad «de forma natural». En una carta al doctor Caleb Cotesworth, publicada primero por la Royal Society en diciembre de 1722 y para el público general un año después, Jurin planteaba una cuestión esencial que, una vez afianzada con pruebas numéricas, creía que desarmaría el miedo y el escepticismo: ¿había más posibilidades de que muriera el paciente de viruela no inoculado que el inoculado? Y, para quienes creían que las posibilidades de contraer la enfermedad no compensaban el riesgo que entrañaba la inoculación, añadió esta pregunta: ¿qué posibilidades había de una reinfección?[10] Analizando las cifras que había recibido de Nettleton en Yorkshire, Williams en Haverfordwest y un cirujano en Chichester, Jurin calculó que, de las personas que contrajeran viruela sin estar inoculadas, morirían una de cada seis. Por otro lado, las muertes entre inoculados eran excepcionalmente raras (aunque no inexistentes). Nettleton no informó de ninguna en los ochenta pacientes a los que inoculó en el primer año. En seis años, el índice medio de mortalidad entre inoculados era del 2 por ciento y el de no inoculados de al menos el 16 por ciento (y, en los años más duros, el 18 por ciento). Por el contrario, el último informe de la Royal Society en 1729 presentaba veintiséis fallecidos de un total de 1.087 inoculados, aunque no todas las defunciones eran claramente atribuibles al tratamiento.[11]

Ninguna de esas cifras disuadió a los escépticos acérrimos. En respuesta a la defensa que hizo Charles Maitland de la inoculación, Isaac, el tío de Edmund Massey, un boticario de Londres, afirmaba que la comparación era tendenciosa, ya que no tenía en cuenta que la gran mayoría de las víctimas de la viruela también eran los más pobres, que vivían en unas condiciones que los exponían más a la enfermedad y sufrían más gravemente sus consecuencias, lo cual sesgaba el número de no inoculados fallecidos. Si las personas con medios modestos hubieran podido permitirse la atenta vigilancia a la que tenían acceso los ricos, esas cifras de muertos se habrían visto reducidas.[12] Era un argumento válido, pero, si bien Jurin aún no conocía el comportamiento de los virus (aunque el término se utilizaba de forma habitual en la profesión médica), tenía un instinto fundamentado y contaba con abundantes pruebas de defunciones entre las clases altas, lo cual demostraba que la mortalidad de la viruela, al igual que la peste, ignoraba la posición social y las circunstancias. Seguía mostrando un optimismo inquebrantable en que, «si la prueba de la experiencia» era «claramente positiva» en cuanto a sus dos preguntas —mortalidad comparativa y si la inoculación inmunizaba ante futuras infecciones—, «todos los caballeros que tienen el honor de servir a este país como médicos poseerán integridad y humanidad suficientes para declararse honesta y abiertamente a favor de la práctica [...] pues, si la inoculación es verdaderamente un medio para salvar vidas, no será fácil convencer al mundo de que es un delito utilizarla».[13]

Eran castillos en el aire. El poder de los números, sobre todo porque eran motivo de desconfianza y disputas, no acabó con la oposición. Por el momento, los sermones vencían a las estadísticas. La viruela retrocedió en la década de 1730 y, con ella, la urgencia de probar lo que para muchos seguía siendo un cortejo voluntario al «destemple». Aparecieron libros voluminosos, en especial *Exanthematologia* (1730), de Thomas Fuller, y *Essay on Inoculation* (1743) y *Analysis of Inoculation*, de Kirkpatrick, que por primera vez ofrecían una etiología de la viruela, una historia comparativa de pandemias anteriores y una firme defensa de la inoculación.[14] Esos libros iban destinados a lectores instruidos, sobre todo pertenecientes a la profesión médica. Pero, cada vez más, crearon un canon textual del acervo popular de la inoculación: aparecieron predecesores en tierras bíblicas —Siria, el norte de África, el Cáucaso—, y profetas y apóstoles errantes (Timoni, Pylarini y Wortley Montagu) que difundían el nuevo evangelio y obraban milagros de piedad preventiva para poderosos y humildes, señores y prisioneros, niños e incluso bebés de teta, todo ello en medio del escarnio y la hostilidad, mientras a su alrededor perecían los incrédulos.

Algunos de esos escritos quedaron grabados en la mente ciudadana, y su potencial para la salvación se veía reforzado cada vez que regresaba la pandemia de viruela a Europa, como sucedió a principios de la década de 1740 y en las de 1750 y 1760. Con cada nueva oleada de muerte y desfiguración, la frontera entre resistencia y aceptación cambiaba. Poco a poco, la inoculación, al principio tachada de peligrosamente foránea y de ofensa a ojos de Dios, se naturalizó y nacionalizó, e incluso devino un acto de caridad cristiana. Lo que empezaba a verse como un ciclo inevitable de epidemias alentó el nacimiento de una conciencia ciudadana en la que el interés propio de signo protector se aunó a un auténtico altruismo social y al deber cristiano. Uno de los principales benefactores del Hospital de la Viruela de Londres, que en 1746 abrió sus puertas en Windmill Street, cerca de Tottenham Court Road, fue el viajado Robert Poole, quien, además de ser el primer médico del hospital, era un ardiente metodista y, con el pseudónimo de Theophilus Philanthropos, autor de una serie de obras religiosas. El hospital ofrecía preparación e inoculación gratuita a los pobres, aunque pedía una libra y seis peniques por adelantado para cubrir los gastos de un posible funeral, una condición que difícilmente convencería a quienes no veían claro ocupar una de sus trece camas. Otra casa de Lower Street, Islington, cerca de la residencia de Poole, se inauguró exclusivamente para practicar inoculaciones. Pero, en 1752, la institución se trasladó a Cold Bath Fields, en Clerkenwell, donde podía alojar a ciento treinta pacientes en seis alas. La que se había convertido en una institución importante ahora recibía la bendición de algunos miembros del clero. En la inauguración, Isaac Maddox, el obispo de Worcester, pronunció un sermón en el que insistió en que los verdaderos cristianos no debían interpretar la inoculación como una interferencia presuntuosa en la voluntad del Todopoderoso, sino como otra de Sus piadosas bendiciones. La elección de púlpito del obispo Maddox —St. Andrew's, en Holborn, donde Edmund Massey había condenado la inoculación— tampoco fue fortuita. El «método» había sido ungido. Ese mismo año, 1752, el Foundling Hospital de Bloomsbury anunció que en adelante también inocularía a los niños mayores de tres años que tuviera bajo su cuidado.

Ese crecimiento social no era puramente altruista. Las clases adineradas, que estaban muy abiertas a la nueva operación, se dieron cuenta de que les interesaba convencer a la gente de a pie, con quien tenían que codearse incluso en las más altas esferas, de que la inoculación era una opción inteligente. Aparte del círculo de sus hijos, los sirvientes domésticos estuvieron entre los primeros en ser inoculados.

Sin embargo, en la Inglaterra empresarial fueron los beneficios económicos y no la piedad o el deber ciudadano los que convirtieron la inoculación en un fenómeno de masas. Cuando la inoculación empezó a dar beneficios a sus proveedores, lo que se veía como una importación extranjera sospechosa trocó en hábito nacional. En abril de 1757, Robert Sutton, un cirujano de Suffolk, cuyo hijo mayor, también llamado Robert, había sufrido un ataque brutal de la enfermedad, afirmaba en *The Ipswich Journal* que había alquilado una «casa grande» en Kenton, su lugar de residencia, para recibir a gente «dispuesta a ser inoculada por él».[15] Alojamiento, cuidados, pescado, aves de caza y té le costarían al paciente siete guineas, cinco para los agricultores, y tendría que abonarlas por adelantado. Los pacientes ambulatorios a los que visitaran Sutton o uno de sus hijos deberían abonar una guinea si se trataba de un viaje para atender a veinte personas o menos, pero solo media guinea si se formaban grupos de treinta. Sutton contaba con que la demanda de la inoculación había pasado de las élites urbanas y rurales a las clases medias, comerciales y agrícolas, estas mucho más numerosas. El dinamismo inmediato de su negocio demostró que estaba en lo cierto. En otoño de 1757 alquiló una segunda «casa de inoculaciones» y, más tarde, una tercera hecha a medida en una clínica. Sutton llevó su tratamiento a Framlingham, Harleston y Halesworth y, cruzando la frontera, a Diss, en Norfolk, pequeñas ciudades con mercado en las que los pastores sacaban a sus rebaños por las calles adoquinadas. En 1759 creó casas especializadas para «recepciones y preparativos», respectivamente, una tercera para tratamientos y cuidados y una cuarta para «ventilación». Se corrió la voz en las posadas e iglesias y entre las familias que vivían en las rosadas casas de Suffolk, y Sutton utilizó reiterados anuncios en periódicos de Anglia Oriental para cerciorarse de que llegaba fuera de los confines de su condado. En 1760 declaró por escrito que ese año había inoculado a doscientos pacientes, ninguno de los cuales sufrió efectos secundarios perjudiciales.

La demanda era tal que, al poco tiempo, Sutton y sus hijos no eran capaces de satisfacerla ellos mismos. Pero convirtieron la falta de personal en una ventaja comercial, pues, por lo que en la práctica era una cuota de franquicia, cirujanos y farmacéuticos podían administrar el tratamiento en otras ciudades utilizando la incisión superficial, la «ventilación» y medicamentos patentados que prometían minimizar los efectos secundarios. La tarifa se redujo para ampliar la clientela. El alojamiento por cinco guineas se había convertido en la norma general, pero Sutton también ofrecía «condiciones cómodas» para personas más modestas, que se hospedaban en una casa más económica. En 1762 se anunciaron mejoras para el paciente. Sutton aseguraba practicar la inoculación sin incisiones de ningún tipo. El número de pústulas que aparecían en la cara y el cuerpo serían menos de cien, y el reposo en cama quedaría minimizado para que los pacientes pudieran volver rápidamente a su granja o mostrador. El Remedio Secreto de Sutton aseguraría que la visita del destemple fuera ínfima. A mediados de la década de 1760 había sesenta y tres operadores suttonianos trabajando en toda Inglaterra.

La inoculación de Sutton se convirtió en un negocio familiar. Seis de los ocho hijos de Robert se dispersaron por todo el país y se repartieron un mercado en rápido crecimiento. Robert Junior trabajaba en toda Anglia Oriental y viajaba a ciudades más grandes como Bury St. Edmunds y Norfolk. En 1763 (o eso decía su padre) había inoculado a seiscientas personas sin efectos secundarios.

Thomas abrió una clínica en la isla de Wight y James otra en Yorkshire. Pero fue Daniel, el segundo hijo, quien llevó la marca Sutton a un nuevo nivel comercial. Sabía que la localización lo era todo. Su primera casa se encontraba en Ingatestone, Essex, concretamente en la carretera principal (la actual A12) que unía el puerto de Harwich y Londres. No todos los habitantes del pequeño municipio estaban contentos, pero en 1764, cuando la viruela arrasó Essex, muchos lugareños hacían cola para recibir tratamiento y, tal como había intuido Sutton, el tráfico era continuo. Se ofrecían inoculaciones a granel. Ese mismo año, Daniel firmó un contrato con el pueblo de Maldon para inocular a todos sus habitantes: setenta «caballeros y comerciantes» y, en un reconocimiento a los peligros del contagio, 417 personas pobres. Ahora, la marca contaba con un pegadizo eslogan promocional —¡Seguro, rápido y agradable!— y, en una astuta maniobra preventiva, Daniel contrató a Robert Houlter, un clérigo de Oxford, para que predicara las bondades de la inoculación suttoniana en una capilla construida especialmente para ese propósito. Su sermón, titulado «La práctica de la inoculación justificada», fue debidamente publicado y distribuido mientras Robert Junior, el hijo de Houlter, se ocupaba de la parte promocional del negocio y más tarde trasladaba la práctica a Irlanda, donde a su vez ofreció licencias a sesenta «socios» que podían actuar por todo el país. En 1762, Robert Sutton padre inoculó a cuatrocientas personas, que para la época era un número considerable. Pero, mientras su padre y sus hermanos inoculaban a cientos de personas en un año, Daniel trataba a miles: 7.618 solo en 1766 y veintidós mil desde 1763. La celeridad era esencial: 487 personas tratadas en un solo día, todo un pueblo de setecientos habitantes pinchado antes y después del almuerzo. Fue la primera cadena de producción clínica de la historia de la medicina. A finales de la década de 1760, el tratamiento de Sutton adquirió tintes metropolitanos. Daniel y su hermano menor William se mudaron a Londres, donde abrieron una casa para la élite en Kensington Gore. Robert Junior trabajó diez años en París, y la marca Sutton se volvió muy solicitada entre las cortes y élites europeas. Llegaban emisarios de Polonia y los estados germánicos para intentar que uno de los Sutton ofreciera tratamientos en el continente. Un inoculador rival, el cuáquero Thomas Dimsdale, había ejercido desde la década de 1740 en Hertford (donde es posible que aprendiera de Charles Maitland) utilizando una técnica más intrusiva que consistía en una incisión que mantenía abierta con dos dedos mientras pasaba por ella un hilo empapado en materia. El método de Dimsdale era tan eficaz que en 1767 fue invitado por la zarina Catalina la Grande para que los inoculara a ella y a su hijo, el zarévich Pablo, y no solo fue recompensado con una gran fortuna de diez mil libras y una pensión anual de quinientas, sino también con el título de barón del Imperio ruso.[16]

No todos los inoculadores masivos amasaron una fortuna, pero quienes lo hicieron ascendieron rápidamente en la escala social. Con los beneficios de los tratamientos, Robert Sutton padre compró una gran casa en Framingham Earl, Norfolk, que pasó a formar parte de la alta sociedad local. El barón Dimsdale multiplicó su fortuna entrando en la banca como socio principal de Dimsdale, Archer and Byde, y de forma más grandilocuente en la entidad Baron Dimsdale and Son. A su vez, esa fortuna le hizo un hueco en el mundo de la política, y en la década de 1780 fue parlamentario por Hertford.

La inoculación se había convertido en un gran negocio. Pero ello obedecía a la creación de elaborados y prolongados tratamientos preparatorios y postoperatorios, según los inoculadores, personalizados para cada paciente en función de su constitución física y sus humores dominantes. Por ejemplo, los pacientes gobernados por el humor sanguíneo requerirían sangrías regulares y copiosas para que su «sangre alta» no agravara la tendencia a fiebres inflamatorias y convirtiera la inoculación en un proceso arriesgado. Por su parte, los sujetos biliosos necesitaban purgas y eméticos para disminuir su tendencia al estreñimiento y los coágulos. Optimizar la receptividad era un asunto muy elaborado, pero de ello parecía depender el éxito o el fracaso de la inoculación. La trascendental preparación (que normalmente duraba entre diez y catorce días) solo podía recaer en médicos con acceso a un tesoro acumulado de sabiduría y a una farmacopea considerable. Solo ellos sabrían qué ajustes y dosis había que recetar cuando empezaba la fiebre y aparecían y se llenaban las pústulas, y qué brebajes y tónicos podían necesitar los pacientes para su recuperación. Esa experiencia diagnóstica y farmacéutica era lo que aportaba a los inoculadores autoridad y dinero. Incluso los más avanzados —entre ellos los que, como Thomas Sydenham, aconsejaban frío en lugar de calor durante el curso de la enfermedad— daban por sentado que la preparación era indispensable para el éxito. *The Analysis of Inoculation*, de James Kirkpatrick, la biblia más consultada para ese procedimiento, recomendaba eméticos, que en algunos casos consistían en ipecacuana, oximel y extracto de drimia marítima; en otros, se suponía que la combinación «etíope» de latón en polvo, calomelano y granos de ruibarbo en hierba de Santa María actuaba como antiparasitario.[17] Dimsdale, en muchos aspectos un operador astuto y cuidadoso, solía recetar una dieta preparatoria de diez días a base de «pudín», gachas, fécula, algo conocido como «sal de Gruber», pinzas de cangrejo en polvo, calomelano y «salsa tártara emética».[18]

Los inoculadores podían diferir en el contenido y selección de esas recetas, pero las suposiciones humorales en las que se basaban fueron incuestionables hasta que en 1764 apareció una obra que las calificaba de falsamente científicas, y a los preparativos personalizados de completamente inútiles, más basados en el interés propio de los médicos que en el bienestar de los pacientes, y en muchos casos perjudiciales. *Réflexions sur les préjugés qui s'opposent aux progrès et à la perfection de l'inoculation* fue una bomba reveladora y revolucionaria que en unas doscientas páginas desmontaba todas las grandes suposiciones que regían la inoculación, salvo el principio soberano de que introducir el material infectado en un cuerpo sano prevenía una enfermedad letal en lugar de provocarla.

Su autor era Angelo Gatti, hasta hoy un visionario no reconocido de la Ilustración.[19] Gatti, profesor de Medicina en la Universidad de Pisa, nació en 1724 en Ronta, situada en el ondulado condado de Mugello, cuarenta kilómetros al norte de Florencia. La escolarización eclesiástica tuvo el efecto no infrecuente de convencerlo de que abandonara el seminario para estudiar matemáticas y medicina. Su formación tuvo lugar en el antiguo Ospedale della Santa Maria Nuova de Florencia, pero los horizontes de Gatti siempre fueron expansivos. A principios de la década de 1750 viajó a Argel, Constantinopla y, curiosamente, Inglaterra, siguiendo así un itinerario que se había convertido en una especie de *grand tour* para cualquier médico joven interesado en la inoculación. Igual que su amigo de la infancia Giovanni Targioni Tozzetti, Gatti era un convencido defensor de la inoculación, que apenas se practicaba en los estados italianos. Pero la comunidad mercantil británica que hacía negocios en el pujante puerto de Livorno introdujo el procedimiento, lo cual fue beneficioso, porque probablemente habían traído la enfermedad con ellos cuando esta azotó la ciudad en 1756. La repentina propagación de la viruela hizo que Tozzetti y Gatti decidieran llevar la inoculación a la Toscana, donde el gran duque Francisco y su regente, el conde de Richecourt, un hombre de mentalidad reformista, se mostraron abiertos a ello. Sorprendentemente, además ambos eran miembros destacados de la Facultad de Teología, lo que resultó de gran ayuda.

Sin embargo, lo que convirtió a Gatti en la figura que él mismo describía jocosamente como una «*petite célébrité*», objeto de admiración y abominación al mismo tiempo, fue una conexión francesa. En enero de 1755, el defensor más famoso de la inoculación fuera de Inglaterra, Charles-Marie de La Condamine —exsoldado, virtuoso de la ciencia, matemático, viajero intercontinental y, en todos los aspectos, una de las figuras más imponentes de la cultura del siglo XVIII— llegó a Génova a bordo de una *felucca* que le prestó el príncipe Corsini en Antibes.

Charles-Nicolas Cochin.

Supuestamente, La Condamine estaba en Italia por motivos de salud, pero el verdadero propósito de su viaje era conseguir una dispensa del papa Benedicto XIV para casarse con su sobrina y ahijada, mucho más joven que él.[20] Gravemente marcado por un ataque de la enfermedad durante su infancia, La Condamine había sido compañero de colegio y buen amigo de Voltaire, el otro superviviente de la viruela reconvertido en polemista. A finales de la década de 1720 habían sido socios en un negocio lucrativo y no del todo legal. La Condamine, un estudioso de la probabilidad, había descubierto (aunque esto no requería demasiada teoría matemática avanzada) que la lotería estatal francesa, creada recientemente, pagaba una cifra muy superior a las compras totales de boletos. Juntando dinero, Voltaire y La Condamine obtuvieron unas atractivas ganancias comprando casi una tirada completa. Los intentos oficiales por llevarlos a juicio fracasaron, pero La Condamine llegó a la sensata conclusión de que sería buena idea utilizar sus ganancias para emprender un viaje repentino por Oriente Próximo a fin de estudiar la ingeniería de los obeliscos y las pirámides de Egipto. El viaje también lo llevó a Constantinopla, donde pasó cinco meses. En la capital otomana conoció la historia de los pioneros de la inoculación —Timoni, Pylarini y Wortley Montagu—, pero también observó a comerciantes marselleses inocular a sus familias. Durante su siguiente gran expedición, esta vez a Perú —encargada por la Real Academia de la Ciencia para que midiera la longitud de un grado de meridiano en el ecuador—, La Condamine fue testigo del éxito de un asentamiento jesuita en Grão Pará que inoculaba a los indios de la zona, un diminuto vestigio de los millones de indígenas que habían sido aniquilados por la viruela, importada por los conquistadores españoles.[21] La Condamine regresó de su odisea amazónica y andina (uno de los viajes más extraordinarios del siglo) con especímenes de corteza de quina como antídoto para la malaria, y *caoutchouc* —goma— (ambas ignoradas o rechazadas), además de la pasión por convertir a Francia a la inoculación. Su objetivo era terminar lo que habían empezado Jean Delacoste y Voltaire décadas antes. En abril de 1754, La Condamine dio una conferencia en la Real Academia de las Ciencias de Francia en la que refutó las objeciones a la inoculación, el «vampiro» que bebía sangre de las multitudes vulnerables. En una analogía dramática que sin duda estaba cualificado para invocar, La Condamine comparó contraer la viruela con una lotería en la que las posibilidades de obtener un boleto mortal podían ser una de siete. Cualquier año, mil cuatrocientas personas se llevarían un billete negro en París, el cual les supondría la muerte. En una enorme exageración, preguntó retóricamente: ¿qué sucede si se acepta la inoculación? Que el número de boletos mortales se reduce a «¡uno de cada trescientos o quinientos o mil!». Variando sus matemáticas metafóricas, La Condamine declaró conmovedoramente: «Las eras futuras nos envidiarán este descubrimiento. La naturaleza nos diezmó, pero el arte nos militesimó [*sic*]».[22]

Publicada como *Mémoire sur l'inoculation de la petite vérole* y plagada de hipérboles románticas, la conferencia de La Condamine fue un éxito inmediato y pronto se habían comercializado cinco ediciones. En 1756 fue inoculado el primer francés: el marqués de Chastellux, quien, como La Condamine, compaginaba su carrera militar con la afición por la ciencia. Después surgió una pequeña moda entre la nobleza liberal y la élite intelectual. En un acto de una relevancia pública ejemplar, el duque de Orleans, primo de Luis XV, hizo llamar al médico ginebrino Théodore Tronchin para que inoculara a sus dos

103

hijos, el duque de Chartres y Mlle. Montpensier. De repente, la inoculación estaba de moda, *de rigueur*. En algunos salones moralistas se lucían «*bonnets à l'inoculation*» inquietantemente decorados con lazos con manchas rojas. A la sazón, el procedimiento se convirtió en un mecanismo de clasificación cultural. Ser inoculado personalmente o, de manera más dramática, hacer inocular a los hijos pequeños pasó a ser un signo de que uno pertenecía a las clases ilustradas, de que era un devoto del conocimiento científico que no se dejaba amedrentar por las supersticiones irracionales del clero. La inoculación era la insignia de la modernidad, una señal de tierna preocupación por los niños (el nuevo culto), la determinación de librarlos de los horrores de una desfiguración terrible o de la muerte.

Mémoire, el manifiesto de la inoculación escrito por La Condamine, fue traducido rápidamente al inglés, el holandés, el español, el portugués y, en 1756, el italiano. Uno de sus traductores, el florentino Filippo Venuti, conoció a La Condamine en Livorno durante la peor visita de la enfermedad y se convirtió en su publicista y promotor en la versión dieciochesca de una gira literaria triunfal. El círculo de admiradores y abanderados a los que conoció La Condamine durante sus viajes por la península incluían a Tozzetti, un amigo íntimo de Gatti que, con la bendición del Gobierno toscano, había empezado a inocular a niños pobres en el Ospedale degli Innocenti de Florencia. Así pues, aunque no existen pruebas documentales directas de un encuentro entre La Condamine y Gatti, es improbable que no se produjera, ya fuese en Florencia o en Pisa, a donde La Condamine viajó en 1755 para medir y ponderar la maravillosa inclinación de su campanario.

Pero La Condamine no era el único *philosophe* francés en la Italia de la década de 1750. El marqués de Choiseul, árbitro de la política exterior francesa y amigo de la Ilustración, consiguió que Gatti inoculara a sus nietos en Roma. En algún momento, Gatti conoció al filósofo materialista Claude-Adrien Helvétius. En *De l'esprit*, de 1758, Helvétius argumentaba sorprendentemente que «todos somos producto de lo que nos rodea» y (llevando a John Locke más allá de lo que él habría llegado nunca) que la mentalidad no era más que un aporte de la sensación física. Un año después, la licencia real para publicar el libro de Helvétius fue revocada y el verdugo público quemó varios ejemplares. Tres años después, en 1761, el ahora escandaloso materialista invitó a su amigo Gatti a que viajara a Francia para inocular a sus hijos.[23] Dicha visita se convirtió en una estancia de diez años en la cual Gatti fue patrocinado y protegido por Choiseul, que lo recomendó al rey como asesor médico. Al mismo tiempo, Gatti no tardó en convertirse en el inoculador preferido de la facción radical de la Ilustración y atendió a los tres hijos del barón ateo de Holbach, además de recibir la ayuda del abad Morellet, que editó y tradujo su obra al francés.[24] Gran parte del atractivo que atesoraba Gatti para los *lumières* más osados era su fe en el poder de la «naturaleza» (en lugar de una farmacopea desacreditada y los complicados preparativos y tratamientos) para cuidar de los inoculados. La naturaleza como sanadora había sido la consigna de Tronchin, que volvió a Ginebra, donde se codeó con Voltaire y Rousseau, a veces de forma brusca. Pero Angelo Gatti, convincente, apasionado y espontáneo como la primera generación de románticos, y al parecer una fuerza de la naturaleza en sí mismo, estaba en París, el epicentro de la tormenta inoculadora.

En junio de 1763, cuando la viruela arrasaba la capital, Joseph Omer Joly de Fleury, el presidente del Parlamento de París (un organismo judicial, no legislativo), prohibió la inoculación a la espera de un informe de un comité de investigación. Este constaría de doce miembros, seis a favor y seis en contra, y presentaría sus resultados en la Facultad de Medicina. Amenazada por la Academia de las Ciencias, independiente y nombrada por el rey, la facultad era un gremio médico ancestral celoso de su monopolio y autoridad y mayoritariamente hostil hacia lo que consideraba la peligrosa, por no mencionar inglesa, novedad de la inoculación. Joly de Fleury era un adversario de los *philosophes*; había ordenado la quema de *De l'esprit* de Helvétius y prohibido la *Encyclopédie* en 1759. Dadas las circunstancias, estaba más que dispuesto a creerse la falacia, ridiculizada por Gatti, de que la inoculación no era la respuesta a las epidemias de viruela, sino su causa. Gatti no tardó en descubrir que el mecenazgo de Choiseul, la corte y las eminencias de los salones no lo protegerían de los feroces insultos públicos. Esperando gratitud, había agitado un nido de avispas.

En respuesta a ello, empezó a escribir *Réflexions*, que fue publicado al año siguiente bajo una pseudoimprimátur de «Bruselas», que apenas ocultaba el hecho de que en realidad había sido impreso en París.[25] El librito, de unas doscientas páginas, es un acto explosivo de iconoclastia médica y, como tal, parece concebido para ganarse el máximo número posible de enemigos. El francés rudimentario de Gatti no estaba a la altura de la tarea, así que la traducción recayó en su amigo *philosophe* Morellet, un economista de corte político radical. En un segundo libro publicado tres años después bajo la misma pseudoimprimátur, Gatti se deleitaba tímidamente en su actitud contestataria: «Mis ideas son totalmente distintas a las que imperan en la actualidad. Las normas que estipulo son diametralmente opuestas a las que se han seguido hasta este momento». Y, en efecto, sus blancos no eran, como en el caso de Jurin, Nettleton y La Condamine, los antiinoculadores acérrimos, sino la mayoría de los practicantes del «arte», quienes a juicio de Gatti lo habían desacreditado y estaban desplumando a los pacientes y dejando la operación en manos de «empíricos» y médicos de clase alta pero tristemente desinformados, gran parte de los cuales basaban sus tratamientos en datos mal digeridos de pseudobiología por su propio interés mercenario. Solo existía otra publicación dedicada a la inoculación que lanzara un ataque comparable: la feroz carta contra los médicos caros e incompetentes publicada cuarenta años antes en *The Flying-Post* por el «comerciante turco», que en realidad era Mary Wortley Montagu.

A diferencia de los otros libros sobre la inoculación, el de Gatti pertenece a un género literario típico de mediados del siglo XVIII: personal, apasionado e incluso confesional. Sus páginas rezuman la burla polémica de Voltaire y la *sensibilité* para todos los públicos de Diderot. Empieza con una falsa disculpa, una manifestación poco sincera de pesar por tener que escribirlo. Siempre «había pensado que bastaba con dejar que la inoculación se justificara gracias a su evidente éxito en una época en la que los estragos de la viruela constatan a todo el mundo su necesidad».[26] Nunca se le ocurrió, añade, que una práctica tan simple y efectiva fuera recibida con tanta desconfianza y tantos obstáculos. Había supuesto erróneamente que un tratamiento tan extendido «durante siglos» y fomentado en tantos países no sería rechazado por la sociedad ilustrada que era Francia y que no se toparía con tanta «amargura y odio» cuando se debatía algo «concerniente al bien de la humanidad». Luego reconoce sin ambages: «Me equivoqué en todo».

Reacio a creer que los enemigos de la inoculación no se rendirían a la evidencia del historial de casos, Gatti decidió publicar una lista de personas —unas doscientas— a las que había inoculado desde su llegada a Francia, ninguna de las cuales había presentado efectos secundarios. Los escépticos eran libres de consultar a cada individuo, pero nadie lo hizo.

El desánimo de Gatti no hizo sino acrecentarse cuando se dio cuenta de que en «la guerra de la inoculación» no solo se enfrentaba a los enemigos atrincherados del procedimiento, sino a defensores del mismo que rechazaban un tratamiento «natural» sin los regímenes dietéticos, pociones, polvos, eméticos, sangrías y prolongados confinamientos en cama que se habían convertido en la «preparación» estándar. Esas prescripciones, señalaba Gatti, eran el resultado de una interpretación totalmente errónea del verdadero origen y naturaleza de la enfermedad. Y lo que era aún peor: todos los errores se perpetuaban por culpa de una terminología descriptiva que no guardaba relación alguna con la realidad biológica de la viruela. Un término de uso común para describir la naturaleza de la viruela, que supuestamente hervía en la sangre y podía empujar toxinas hacia las salidas a través de pústulas cutáneas, era «fermentación», a menudo conocida también como «efervescencia». Pero, según escribía Gatti, la «fermentación» (que no la fiebre) era una fantasía, pues la viruela no se generaba espontáneamente en el metabolismo a consecuencia de un desequilibrio obstructivo de los humores. La enfermedad no permanecía latente en un cuerpo sano hasta que una anomalía atmosférica, una mala dieta o los vapores de un medioambiente contaminado desencadenaban su inicio. De ser así, incluso la reflexión más somera sobre la historia de la viruela habría planteado dudas obvias sobre la etiología humoral, ya que cabría esperar que la viruela fuera un fenómeno universal y periódico en lugar de local y con intervalos de varios siglos. La enfermedad era desconocida en las Américas hasta que los españoles la llevaron allí, y estuvo ausente en Groenlandia hasta la llegada de los colonos daneses. La realidad era que la viruela era un virus (Gatti utilizaba el término) y debía interpretarse como «materia extraña», totalmente externa al cuerpo y transmitida por un humano contagiado, o por ropa contaminada de la infección, a otro. A los portadores víricos los describía como «átomos de veneno» de una «sutileza prodigiosa», el «enemigo invisible que nos ataca» y que, una vez dentro del cuerpo, es capaz de llevar a cabo una reproducción rápida y copiosa. Adelantándose ciento treinta años a las investigaciones pioneras de Elie Metchnikoff, Gatti escribía que la inflamación (utilizada a menudo como sinónimo de «fermentación») no era, como se solía pensar, el agente de la enfermedad, sino una respuesta beneficiosa, un «síntoma necesario» del progreso natural de la enfermedad.

La elaborada adaptación de los preparativos a cada paciente, la selección de un momento óptimo dependiendo de la edad o el espesor o liquidez de la sangre, las disputas por la cantidad de materia infectada que debía utilizarse, si el pus acuoso extraído de las primeras pústulas o el material densamente viscoso de las pústulas «maduras» podía dar mejores resultados, la profundidad o superficialidad, el ángulo de una incisión, el número de pinchazos necesarios y su ubicación en el cuerpo… Todo ello era absolutamente fútil e innecesario. «Todos los médicos aconsejan que se prepare al paciente. […] ¿Y yo? Yo aconsejo que no se lo prepare». Si acaso, la preparación era un obstáculo para el objetivo esencial, que era lograr que la inoculación fuera expeditiva, sencilla, barata, segura y accesible para todo el mundo. Examinar a posibles pacientes para ver si sus características humorales o sanguíneas denotaban la necesidad de purgas, sangrías o ambas cosas, que supuestamente evacuaban del cuerpo las sustancias malignas inexistentes que acechaban en los intestinos o las venas, era una pérdida de tiempo. Lo mismo sucedía con las elaboradas dietas personalizadas en función de la apariencia gruesa o delgada del paciente. Todo ello era producto de «*l'art*»: la sabiduría acumulada y confinada dentro de la profesión médica y que Gatti, en la extravagancia de su candor, tachaba de fraude espurio e ignorante. Lo único que conseguía ese elaborado espectáculo era provocar una ansiedad innecesaria y gastos a unos pacientes ya de por sí nerviosos, y con frecuencia tenía el efecto contrario a lo que publicitaba: el empeoramiento de un cuerpo sano.[27] ¿Cómo lo sabía? Gatti escribe que él mismo había realizado experimentos modestos pero controlados utilizando, para un grupo, eméticos, prescripciones dietéticas y sangrías y, para el otro, socialmente idéntico, ninguna preparación en absoluto. Los resultados demostraron de forma concluyente que no había diferencias.

Al menos en sus dos publicaciones, Gatti no ofrecía detalles sobre esos ensayos comparativos. Pero está documentado que se produjeron e incluían controles, y que sin duda contaron con su apoyo directo y sus conocimientos. No obstante, el lugar donde se produjo ese gran avance metodológico fue Londres, no París. En 1768, cuatro años después de la aparición de las *Réflexions* de Gatti, el médico inglés William Watson publicó *An Account of a Series of Experiments Instituted with a View of Ascertaining the Most Successful Method of Inoculating the Small-Pox*, en el cual corroboraba todas las conclusiones de Gatti a partir de las pruebas aportadas por un ensayo comparativo y sistemático.[28] Watson era otro miembro excéntrico y poco ortodoxo de la comunidad médica: hijo de un comerciante de Smithfield formado gracias a una beca en la Merchant Taylors' School, y durante muchos años farmacéutico con un sensacional negocio complementario de experimentos eléctricos. Su casa de Aldgate se convirtió en un teatro de demostraciones para aquellos que sintieran curiosidad por la electricidad, incluido el duque «carnicero» de Cumberland, quien disfrutaba de la sacudida que recibía al tocar el aparato de Watson con la espada que, según afirmaba, había blandido en la reciente batalla de Culloden. En medio de esta fama fugaz, Watson cambió súbitamente de profesión y se mudó a Halle, en Sajonia-Anhalt, para estudiar medicina. A su regreso a Londres se trasladó a Lincoln's Inn Fields, situada a corta distancia del Foundling Hospital, donde los niños eran inoculados al cumplir los tres años. Watson fue nombrado médico jefe del hospital en 1762 y, cinco años después, en octubre de 1767, efectuó los primeros ensayos comparativos para comprobar si la preparación alteraba el resultado de la inoculación de la viruela y si las dosis de mercurio y antimonio ayudaban en el postoperatorio.

Es muy posible que dichos ensayos fueran una respuesta a los debates con Gatti, que visitó Londres en 1767; ya había publicado su mordaz rechazo a la utilidad de los preparativos y puede que figurara entre los «hombres eminentes» que según Watson asistieron a sus «experimentos». Teniendo en cuenta que es la primera documentación de un ensayo clínico reconocible, aunque a una escala modesta, los protocolos de Watson eran increíblemente meticulosos. Treinta y un niños fueron seleccionados para la inoculación, divididos de manera casi equitativa entre ambos sexos (había un niño más), todos con el mismo historial dietético y en buen estado de salud. Todos fueron inoculados del mismo modo, con una lanceta oblicua aplicada en dos puntos del brazo izquierdo. Pero la preparación difería: un grupo de diez niños recibió eméticos y laxantes de calomelano y jalapa dos veces antes de la operación y dos veces después; otro grupo de diez recibió sena, una planta laxante, y sirope de rosas antes y después; y un tercer grupo de once niños no recibió ninguna dosis preparatoria. Los resultados de los grupos preparados —estimados por el número de pústulas, cuidadosamente contabilizadas por los ayudantes de Watson (excepto en las cabelleras cubiertas de pelo)— de media fueron exactamente los mismos que en el grupo no preparado, y en todos los casos aparecían en pequeñas formaciones en el rostro y el cuerpo sin presencia en los párpados o tan cerca de los ojos como para provocar la ceguera, que era tan habitual en no inoculados. Los setenta y cuatro niños que fueron inoculados a lo largo de los ensayos, incluido un segundo, acabaron mostrando tan solo 2.362 pústulas en total, «una cifra insignificante que los médicos ven a diario en una única extremidad de una persona adulta [no inoculada]».[29] Las conclusiones confirmaban la sacrílega convicción que compartían Watson y Gatti: que la «preparación» era totalmente innecesaria para el éxito de la inoculación y que otra fijación de los inoculadores, esto es, si había que extraer pus de pústulas nuevas y acuosas o más desarrolladas, tampoco tenía sentido: en todos los casos estudiados, «aunque el tratamiento era muy diferente, la viruela era tan leve que apenas merecía el apelativo de enfermedad». Administrar a los pacientes pociones de mercurio o antimonio, que supuestamente ayudaban en la recuperación, no cambiaba absolutamente nada. «El supuesto efecto de las panaceas médicas de […] los inoculadores […] en mi opinión es nimio. […] Creo que ni la panacea más valiosa servirá de mucho».

110

Ninguno de los inoculadores, incluidos los suttonianos, modificaron sus prácticas operativas a raíz de los ensayos de Watson. Y Gatti, que sin duda había animado a su colega inglés, no pudo abstenerse de atacar tanto a inoculadores como a antiinoculadores, comparando el apego a la «preparación» con las fantasías imaginarias de otras sectas a la que los ignorantes y los prejuiciosos se consagraban sin espíritu crítico alguno. El único requisito para obtener buenos resultados, tanto en adultos como en niños, era asegurarse de que no padecían otras enfermedades graves, lo cual podía poner en peligro la seguridad de la infección «artificial». Incluso entonces, advertía Gatti, teniendo en cuenta que nadie podía afirmar que gozara de una salud perfecta, era poco inteligente esperar a que pudieran ser declarados totalmente sanos en plena epidemia. Cuando se estipulaba que los sujetos estaban suficientemente sanos, lo único que se necesitaba (como bien sabían las mujeres griegas) era la diminuta cantidad de pus que cupiera en la punta de un alfiler o aguja. Y un pinchazo mínimamente subcutáneo entre la epidermis y la dermis, y no en el músculo, provocaría siempre la infección controlada. La palabra clave era «punción», no «incisión». Además, intentar maximizar el número de pústulas para una supuración abundante, de modo que los pacientes supieran con certeza que padecían la enfermedad real (y no la varicela, por ejemplo) y que hubiera múltiples salidas para las toxinas era ridículo e incluso peligroso. Una sola pústula, escribe Gatti, podía ser un indicador tan claro de infección como varios centenares.

Las páginas de Gatti se anticipan a muchas de las técnicas y normas de la vacunación moderna, aunque en nuestra época no se llevan a cabo las vacunaciones domésticas que él consideraba perfectamente aceptables. ¿Por qué? Gatti también ofrece otro consejo sorprendente basado en la intuición. Según él, sería preferible extraer materia de las pústulas de un paciente inoculado en lugar de alguien que hubiera contraído la enfermedad de manera natural, ya que el primero tenía más posibilidades de transmitir un grado de infección más leve, además de una fiebre y unos síntomas más inapreciables. Contradiciendo la inoculación basada en la idea de que cuantas más pústulas mejor (lo cual era una confluencia fatal), ya que estas supuestamente eliminaban toxinas de la sangre, Gatti insiste (sobre todo a partir de observaciones de primera mano, especialmente en niños) en que, por el contrario, cuantas menos pústulas mejor. Y, sin la ventaja de la bacteriología, plantea una especulación, sorprendente por su clarividencia, que sería importante para las defensas modernas contra enfermedades infecciosas. Escribe:

> Creo que la materia variólica que ha pasado por varios cuerpos tras ser utilizada para diversas inoculaciones [...] contiene menos malignidad que la materia de la viruela natural. [...] Puede que algún día [...] el veneno que pasa por varios cuerpos adquiera una naturaleza mejorada [...] y se debilite, y se desvirtúe después de sucesivos trasplantes hasta dejar de tener un papel tan considerable entre las diversas enfermedades contagiosas que han afligido a la humanidad.[30]

Es fácil pasar por alto el elocuente radicalismo de los dos libros de Angelo Gatti. Sus títulos, aburridos y formales, parecen convertirlos en adiciones convencionales a las ya sobrecargadas estanterías de la polémica sobre la inoculación. Los escribió bajo un estrés indignado y una dolida decepción por que una verdad tan evidente tuviera tantas dificultades para derrotar al error. Pero también rezuman una victimización romántica que solemos asociar a Jean-Jacques Rousseau. El primer libro de Gatti, publicado en 1764, era una respuesta conmocionada a las amargas controversias que rodeaban a un proceso que, según imaginaba él, una vez que se digirieran los datos alcanzaría un consenso, al menos entre las «clases ilustradas». Cuando la duquesa de Boufflers contrajo viruela tres años después de que Gatti la inoculara, recibió insultos y recriminaciones maliciosas, al tiempo que el comité de investigación debatía si la prohibición de 1763 podía ser revocada. Otrora foco de la moda ilustrada, Gatti se convirtió, para su consternación, en el símbolo de las que se consideraban falsas promesas de la inoculación, sobre todo la garantía contra la reinfección. En realidad, ninguno de sus defensores, incluido Gatti, afirmaba que la reinfección fuera imposible, tan solo que era muy infrecuente y, cuando se producía, como en el caso de la duquesa de Boufflers, nunca era mortal y raras veces grave. Gatti también señalaba que, por norma, las «reinfecciones» se contraían de forma natural cuando los operadores erraban en el tratamiento original y no administraban la dosis leve profiláctica. Aun así, los ataques pasaron factura. Gatti fue señalado como un extranjero advenedizo que fingía instruir a los médicos franceses nativos sobre sus errores mientras la infección que había prometido erradicar seguía con su devastación. No sería la última vez que una opinión poco científica, incluyendo la de profesionales médicos que mostraban desconfianza o incluso hostilidad hacia la inoculación masiva, se volvía en contra de un innovador que cuestionaba su monopolio de la autoridad. Los chivos expiatorios acusados en falso reaparecen con una periodicidad deprimentemente predecible en la dilatada historia de la inoculación. Igual que Gatti, a menudo son vilipendiados como creadores de falsas esperanzas, propagadores temerarios de contagios y, a veces, incluso espías secretos o enemigos de la salud de una nación. Según esa mentalidad, los inoculados, que se movían libremente entre la población, eran una quinta columna biológica, los instigadores (aunque no fueran conscientes de ello) de nuevas oleadas de infecciones mortíferas. En respuesta, Gatti señaló que, si bien había unos trescientos inoculados en París, «miles de personas [no inoculadas] viven, comen, juegan entre nosotros [...] paseando por la calle y [congregándose] en iglesias con costras de la viruela en la cara; tiran descuidadamente las costras sin tomar precauciones [...] la gente que muere de viruela es expuesta y enterrada en iglesias, y sus hijos y familiares asisten a los funerales». Gatti había planteado varias propuestas para el aislamiento estricto de los infectados, pero fueron ignoradas. De hecho, recibió más ataques, en los que era acusado de enemigo de la piedad y el placer y de alterar el funcionamiento diario de los negocios.

Antiguos amigos y aliados del *monde* moderno se distanciaron de él, aunque no Luis XV, quien, a pesar de no haberse inoculado (un error fatal, como se descubriría más tarde), nombró a Gatti asesor médico. El marqués de Choiseul también defendió a Gatti y lo invitó a vivir en su casa de campo. En 1769, en un acto de fe científicamente fundamentado, el rey y su ministro ordenaron a Gatti que inoculara a todo el cuerpo de cadetes de la École Militaire. Era la primera vez que la inoculación se consideraba una necesidad militar hasta que, en respuesta a un acto de guerra biológica británico —el reparto de mantas infectadas de viruela a indios shawnee y lenape, aliados de los franceses, durante la guerra de Independencia—, George Washington hizo inocular a sus tropas.[31] En 1770, Choiseul cayó en desgracia y, un año después, Gatti, acusado de deslealtad a su protector, regresó a Italia. Allí ejerció y dio clases en Nápoles, que, contra todo pronóstico, se había convertido momentáneamente en un centro de ideas progresistas.

Los dos libros de Gatti serían olvidados por todos, excepto alguna que otra obra de historia epidemiológica, igual que ocurriría con la figura y reputación de su autor. Pero no de forma inmediata. Matthieu Maty, el secretario hugonote de la Royal Society y director ocasional de *Journal britannique*, que había llevado la bibliografía científica y crítica británica a los lectores francófonos, tradujo *New Observations*, aunque, como explica en el prólogo, en una versión abreviada y con las exclamaciones polémicas de Gatti fuertemente diluidas. La opinión no solicitada de Maty era que había sido la falta de tacto de Gatti, además de su apasionada voluntad de atacar a quien se interpusiera en el camino del «progreso y la perfección» de la inoculación, lo que había acabado con él y su carrera.

El prudente Maty estaba en lo cierto. Gatti tenía un don para enemistarse con la profesión médica, cuyo respaldo necesitaba si pretendía que la inoculación fuera ampliamente aceptada en Francia. Pero manifestaba su desprecio honesta y científicamente, convencido de que debía hacer cuanto estuviera en su mano por acabar con el fárrago de la «preparación» y las pociones de mercurio, que consideraba una mezquina «absurdidad» (una de sus palabras favoritas). El cerrado gremio de «*l'art*», su conocimiento espurio, solo se perpetuaba porque satisfacía los intereses de la profesión, no los de la gente a la que supuestamente debía ayudar. Las tres semanas de preparación y las tres de recuperación (con dosis de mercurio), el énfasis en la vigilancia informada y los brebajes esotéricos eran una locura o, peor aún, una conspiración colectiva para mantener el misterio de «*l'art*»: la autoridad de sus tan cacareados conocimientos y los beneficios brutos de sus practicantes. Pero, según insiste Gatti, lo cierto era que, en lo tocante a la inoculación, no había ningún misterio ni era necesario que la administraran practicantes habilidosos. Al menos en este caso, «la naturaleza, un lenguaje más veraz y seguro que el de la medicina», se ocuparía de los pacientes. Pero el temor de los profesionales era que, si solo se podía confiar en la naturaleza tanto antes como después de la operación, ¿qué necesidad había de que existieran los médicos? Gatti aún va más allá. A los médicos, escribe en el estimulante y ferozmente polémico clímax de *Réflexions*, de 1767, les interesaba convertir la inoculación contra la viruela en algo casi tan temible, doloroso, duradero y nefasto como una infección contraída de forma natural, de modo que los pacientes, una vez rescatados de la muerte, se sintieran debida y profundamente agradecidos a la sabiduría médica por su supervivencia. Si todo el negocio se reducía a un procedimiento mínimo y casero administrado por familiares, la gratitud iría dirigida a las madres o las nodrizas. ¿Qué ocurriría con los médicos, entonces? Pues que no serían necesarios. Dios nos libre.

Angelo Gatti era un elemento infrecuente y peligroso, un médico con un talante igualitario que se enfrentó a la jerarquía médica. No es casual que sus publicaciones aparecieran en la misma década que los arrebatos literarios de Rousseau —*La nouvelle Héloïse* y *Emile*—, y en ellas anteponía el aprendizaje de la naturaleza al aprendizaje de los libros, el amor intuitivo a la autoridad institucional, la inocencia a la moda y la simplicidad transparente a la convención social. Para Gatti, el éxito de la sanidad pública, sobre todo en un asunto tan grave como la viruela, dependía de la accesibilidad universal y la autosuficiencia doméstica. En esas cuestiones había mucho que aprender de la gente que vivía más alejada de la cultura urbana. Al fin y al cabo, habían sido los comúnmente tildados de «pueblos bárbaros quienes [por lo que sabemos] inventaron la inoculación» y transmitieron su sabiduría práctica de generación en generación. Por supuesto, algunos detalles sobre las ancianas griegas de los que hablaban Timoni y Pylarini eran erróneos. No había necesidad de realizar múltiples incisiones en muchas partes del cuerpo ni cortes profundos para extraer sangre que pudiera mezclarse con pus. Cubrir la incisión con un yeso, una venda o media cáscara de nuez también era mala idea, ya que podía causar una ulceración séptica en lugar de prevenirla. Pero había una cualidad que convertía a esas mujeres en buenas operadoras: su sexo.

A fin de cuentas, pensaba Gatti, era probable que el proceso tuviera su origen en unas «madres tiernas y temerosas que deseaban proteger a sus hijos de un destemple cruel haciéndoles el menor daño posible». Gatti recordaba el brote repentino y brutal de viruela que tuvo lugar en Urbino en 1746, cuando, en ausencia de médicos, o incluso de cirujanos y boticarios, las madres decidieron inocular a sus hijos. «Esa era la voz de la naturaleza y así han hecho siempre las cosas las mujeres». En su primer libro, Gatti pronosticaba que sería acusado de tener una opinión «estrafalaria» sobre esta cuestión, pero respondía que, al fin y al cabo, la gente permitía que las mujeres ejercieran de comadronas en una tarea mucho más complicada y peligrosa que pinchar con una aguja. Las madres o enfermeras sin formación, ni instrumentos que aterrorizaran a los niños (o incluso a los adultos), ni lancetas, ni normas y regímenes intimidatorios, ni órdenes de reposo total, podían realizar la operación «tan bien como los mejores médicos», si no mejor. Porque «¿quién es mejor juez de la salud de un hijo que su madre, quién es más hábil en tal procedimiento, quién asustará menos al niño y estará más preparado para distraerlo?». Ese acto materno «no requiere ayuda, ni operadores, ni gastos». Puede llevarse a cabo «en un instante, con el niño dormido y poco o ningún dolor, si pinchas con una aguja sin explicarle que vas a inducirle un destemple».

Por tanto, en el drama de Angelo Gatti, el centro del escenario lo ocupaban esas primeras figuras predilectas de los románticos: las madres y sus hijos. Las madres —en Grecia y Turquía, el norte de África, Siria, Circasia, Georgia y Armenia, y probablemente también en China y el sur de Asia— habían entendido qué era necesario para impedir la muerte de sus hijos o la horrible desfiguración que echaría a perder su futuro. Las madres —lady Mary Wortley Montagu y la princesa Carolina— habían sido las primeras discípulas de la inoculación. Luego llegaron las mujeres de la monarquía: la emperatriz María Teresa (que perdió a una hija por la viruela y tenía otra con cicatrices causadas por la enfermedad); su hija María Antonieta, que había visto a Luis XV sufrir una muerte espantosa por viruela y, al ser coronada reina, insistió en que su marido Luis XVI y los dos hermanos de este fueran inoculados; y la zarina rusa Catalina, que se ocupó de que el zarévich Pablo recibiera el mismo tratamiento. Gatti, padre y marido, quería que esas mismas atenciones informadas movieran a todas las familias. «La única recompensa que deseo», escribió, «es la felicidad de un padre y una madre al ver a sus hijos fuera de peligro». Pero también sabía que «la inoculación nunca sería universal a menos que fuera [...] simple, fácil y segura». Algún día ocurriría, la verdad se impondría «al error» y el asunto quedaría zanjado al fin.

Pero todavía no.

Segunda parte

De oeste a este: el cólera

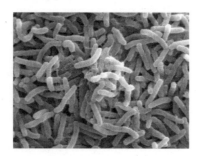

IV

LOS VIAJES DE PROUST

Hace unos años, en un momento de curiosidad ociosa y por muy poco dinero, compré en París un libro sobre Adrien, el padre de Marcel Proust.[1] Su autor era el médico Robert le Masle (también traductor, escritor e ilustrador), que era amigo del hermano pequeño de Marcel, el urólogo Robert Proust. El pequeño volumen pretendía ser un tributo conmemorativo al padre de los hermanos Proust treinta años después de su muerte en 1903, pero fue publicado en 1935. Sin embargo, la demora de dos años llevaba consigo una punzada de poesía funeraria. Ese mismo año, Le Masle y Robert Proust habían hecho un peregrinaje a Illiers, la ciudad campestre que Marcel había convertido en la idílica Combray de su infancia en una revisitación consciente del viaje que hizo la familia en 1880. Pero Robert falleció en mayo de 1935, así que el libro se convirtió entre líneas en una doble elegía.[2]

Yo no sabía nada de todo esto en el momento de comprar el libro. Me pareció un simple gesto literario de reverencia estridente. Las asociaciones vagamente antisépticas de la carrera de Adrien me impedían hacer otra cosa que echar un vistazo superficial a sus páginas. Lo más llamativo, o eso pensaba entonces, era el mandamiento inscrito en inglés en la guarda, sin firmar pero fechado en julio, vii, 1936: «Aquel que no viviría en el infierno / Debería leer los libros de Proust, Marcel». ¿Quién podría discrepar? Y allá que fue, condenado a la cautividad en la caótica oscuridad de mis estanterías. Pero, en el «mes de María», como Proust lo llamaba, de mayo de 2020, un renovado interés por la salud pública me empujó a buscar y recuperar el libro, el cual, como a veces ocurre igual que si tuviera vida propia, se abrió por una página que desveló algo que se me había pasado por alto la primera vez. Entre sus hojas, insertado al estilo de un recuerdo proustiano, había un pequeño ramito de majuelo, la *aubépine*, cuya emocionante floración primaveral activaba el cableado sensual del joven Marcel: al aparecer en la iglesia, veía el majuelo como una sinécdoque de toda la naturaleza. Pero esta planta también aparece de manera prominente en cualquier farmacopea como estimulante de una salud cardiaca robusta, motivo por el cual resultaba irónico que ese ramito seco pero exquisitamente conservado que retenía en el tallo sus diminutas espinas descansara sobre el pasaje en el que Le Masle describe la muerte de Adrien.

Su desaparición el 20 de noviembre de 1903 fue «inoportuna», un término proustiano pero aun así apropiado. Adrien se hallaba al borde de un triunfo, *finalement*, la consecución de su plan para un organismo internacional permanente de salud pública. Había participado en la Conferencia Internacional de Sanidad, la undécima desde su inauguración en 1851.[3] La reunión de 1903 era la séptima de Proust; había asistido a todas en Viena, Dresde, Venecia y Roma. Había esperado su momento, aunque no siempre moderaba su temperamento con las levitas, la gente con gafas y los testarudos, los epidemiólogos y, por desgracia, los diplomáticos: los intensos alemanes y los siempre hipócritas ingleses. En 1881, Washington estaba demasiado lejos para llegar en barco de vapor, aunque Proust sabía que la fiebre amarilla sería el tema de debate y había desarrollado un gran interés en esa enfermedad, además de todas las otras epidemias y pandemias. Se había convertido en una presencia indispensable en las conferencias internacionales. *Le Figaro* lo describió como «el fundador de la sanidad pública internacional». Tal vez era una exageración, pero el doctor Proust no habría desdeñado semejante cumplido.[4]

Laure Brouardel, retrato de Adrien Proust, 1891.

Algunos, sobre todo los británicos, lo consideraban pomposo, arrogante y cansino. Otros elogiaban su carácter infatigable. A sus sesenta y nueve años, a veces sucumbía a momentos de agotamiento y se tumbaba en el sofá de algún amigo. Pero se recuperaba, por su-

puesto; era lo que se esperaba de él. En la inauguración de la conferencia de París en octubre de 1903, había pronunciado otro discurso
sobre la «necesidad absoluta» de un organismo de salud pública internacional y permanente. Pero, mientras que en todas las demás conferencias se había percatado de las cejas arqueadas, las expresiones de
desdén y los bostezos teatralmente contenidos, esta vez parecía viable
que se materializara su visión de cómo se uniría el mundo para gestionar las pandemias. Si se conseguía un milagro institucional como
aquel, sería la guinda de su dilatada carrera en la sanidad pública. Solo
le había llevado cuarenta y un años de campañas incesantes, bromeó
ante los allí presentes. Pero el largo viaje lo había desgastado. Divisar
la línea de meta puede ralentizarte con tanta facilidad como puede
desencadenar un esprint. En su septuagésimo año, no se podía negar
una perceptible laboriosidad: más rechoncho; la cara, ancha y atractiva, un poco flácida; la frente arrugada; y el cuidado bigote, plateado.
Aun así, el 23 de noviembre, sin perder de vista la 11.ª Conferencia
Internacional de Sanidad, celebrada en otro punto de la ciudad,
Proust se dispuso a hablar en el encuentro anual sobre tuberculosis,
otro de sus grandes intereses, además de las afecciones cerebrales, en
especial la afasia, a la cual había dedicado uno de sus numerosos libros.
La afasia —cuando un cerebro dañado hace que las palabras se eva-
poren entre el pensamiento y la verbalización— era un auténtico
terror proustiano. También había escrito y publicado acerca de las
lesiones de columna, los movimientos involuntarios de la atetosis, la
triquinosis provocada por gusanos intestinales parasitarios y, en la última época, las enfermedades laborales que afectaban al sistema nervioso entre trabajadores del sector metalúrgico, en especial los que
manipulaban cobre.

Pero Adrien Proust había cosechado fama en las altas esferas
médicas de la Tercera República, y también en el *monde* de las ciencias
y las letras, como centinela de las pandemias de la era: el cólera, la
fiebre amarilla y los brotes obstinadamente persistentes y aterradores
de peste bubónica. O, más bien, hacía campaña contra los numerosos
profesionales de la medicina que seguían negando que esas infecciones eran contagiosas. Por el contrario, argumentaban que las epidemias eran fenómenos independientes, cuya aparición y violencia de-

pendían totalmente de las características locales del terreno y el aire. Sir Joseph Fayrer, el delegado que representaba a la India británica en la conferencia (exigieron dos representantes, por supuesto, uno de Gran Bretaña y otro del Raj), insistió en que el cólera era tan solo una variante de la malaria, igual que la fiebre amarilla y la peste, y que, además, su causa era una alteración en la electricidad atmosférica. Las alertas tempranas de pandemia podían incluirse en el parte meteorológico.

La mañana posterior a su discurso para los neumólogos, el doctor Proust visitó a su hijo menor. El doctor Robert Proust ya era un urólogo de renombre, un medallista de plata en sus exámenes profesionales: su padre tenía mucho de lo que enorgullecerse, si bien Proust *père* había ejercido la mínima persuasión. Robert había estudiado con el carismático fundador de la ginecología francesa, Samuel-Jean Pozzi, un recluta del considerable abanico de amantes de Sarah Bernhardt. En el último año de la Gran Guerra, Pozzi recibiría un disparo fatal de un paciente que achacaba su impotencia a la amputación que le había practicado el cirujano. Al parecer, no todos los usuarios de piernas ortopédicas eran tan despreocupados como Sarah. El propio Robert Proust añadió la ginecología y la urología a su prestigio —sus admiradores bromeaban con que sus pioneras prostatectomías deberían conocerse como proustatectomías—, y sus éxitos le permitieron adquirir un elegante piso en el número 136 del bulevar Saint-Germain. Cuando su padre llegó la mañana del 20 de noviembre para tomar café, a Robert lo sorprendió de inmediato su inusual palidez. Movido por el instinto familiar, insistió en acompañar a Adrien a la Facultad de Medicina, donde el profesor debía presidir un comité que evaluaría la disertación de un alumno. Justo antes de esa reunión, el doctor Proust padre fue a su laboratorio y, previendo un examen académico prolongado, visitó por prudencia el cuarto de baño, del cual ya no salió. Cuando Robert cruzó el umbral, encontró a su padre en el suelo, paralizado por un derrame cerebral. Adrien fue trasladado a su piso de la rue de Courcelles, cerca del Parc Monceau, donde murió dos días después sin haber recobrado la conciencia.[5]

El funeral fue todo un acontecimiento; *le tout Paris*, o, en cualquier caso, todos los que importaban, comparecieron en la Église

Saint-Philippe-du-Roule, situada en la rue du Faubourg Saint-Honoré. Médicos clínicos, epidemiólogos y autoridades de la sanidad pública presentaron sus respetos, como también lo hicieron el ex primer ministro Jules Méline, embajadores escandinavos y persas, diplomáticos franceses del Quai d'Orsay, generales con charreteras y, aun con la presencia de la afligida viuda judía, que tan solo sobreviviría dos años a su marido, diversas *amitiés amoureuses* a las que (no era ningún secreto) el difunto estaba galantemente unido (Laure Hayman, Marie van Zandt). También asistieron algunos amigos de Marcel, su primogénito, a quienes el médico y profesor había mimado en su expansiva mediana edad: el príncipe Antoine Bibesco, Mathieu, conde de Noailles, el poeta Robert de Montesquiou y, evidentemente, un Rothschild. Marcel y Robert fueron portadores del féretro. Como de costumbre, su carga fue notable.[6]

Normalmente, Adrien Proust llamaba a su primogénito «*mon pauvre Marcel*» y, para exasperación de este, siguió haciéndolo mientras el chico con problemas de bronquios se convertía en el hombre asmático. Hubo una época en la que el padre, creyendo que el asma era parcialmente «neurasténica», recetó los tónicos de los que Marcel huía: rachas de aire fresco, luz solar cegadora y postigos y ventanas abiertos para que entraran ambas. Marcel esperó a que su padre estuviera enterrado en el cementerio de Père Lachaise para revestir su estudio de corcho e instalar unas cortinas impenetrables a fin de que su inmenso acto de rememoración sensorial y cerebral, las visiones, inhalaciones y diálogos, se iluminara en la negrura, como si fueran imágenes radiantemente proyectadas en una pared por una cámara oscura.

No todas las doctrinas médicas de Adrien habían sido sensatas o útiles. Convencido de que la masturbación compulsiva causaba homosexualidad, cuando Marcel tenía dieciséis años le dio diez francos para una visita terapéutica a un burdel de la localidad.[7] Como cabría esperar, no salió bien. Hablando con su abuelo materno, Nathé Weil (a quien imploró que le ayudara con un préstamo para una segunda visita), el angustiado adolescente confesó: «En mi estado de agitación, rompí un orinal que costaba tres francos y, todavía nervioso, fui incapaz de fornicar. No me atrevo a pedirle dinero a papá tan pronto, y esperaba que tú salieras en mi ayuda. [...] Es imposible que a una persona le ocurra dos veces en la vida que esté demasiado nerviosa para fornicar. Te mando mil besos y osaré darte las gracias de antemano».[8] Luego estaba la política. Adrien era un republicano moderado, pero eso no le impedía discutir con sus hijos sobre el asunto definitorio de la época: la inocencia o culpabilidad del capitán Alfred Dreyfus. Los hijos de Jeanne, su madre judía, eran dreyfusianos acérrimos. Inexplicablemente, Adrien lo consideraba culpable.

No obstante, con el paso de los años, padre e hijo estuvieron más unidos y se toleraban mejor. Después de que Jeanne y Adrien se instalaran en su bonito piso del 17.º *arrondissement*, Marcel los visitaba con frecuencia, lo cual no significaba que no hubiera discusiones acaloradas. Tras la muerte de su padre, y queriendo retirar unos comentarios duros que había vertido en el fragor de una discusión política, Marcel hizo una comparación desfavorable hacia sí mismo sobre cómo se comportaban ambos cuando no se encontraban bien. «Él era mucho mejor que yo [...] solo hago que quejarme [...] su única preocupación era que los demás no supieran que estaba enfermo». En una nota aún más inverosímil, el verano anterior a la muerte de Adrien colaboraron en un acto de retórica pública.[9] Chartres, donde Adrien había estudiado con una beca, decidió conmemorar el vigésimo aniversario de la vacuna de Louis Pasteur contra el ántrax. Como uno de los graduados más célebres de la escuela, a Adrien le pidieron que organizara las ceremonias del 3 de junio y que pronunciara un discurso, y recurrió a la ayuda de Marcel. Desde la muerte de John Ruskin en 1900 había intentado traducir la febril prosa del inglés con la ayuda de su madre y dos amigos. Como si pretendiera retarse a sí mismo, Marcel había elegido *La Biblia de Amiens*, una de las efusiones intraducibles de Ruskin, un voluminoso libro sinuosamente gótico sobre la cristiandad franca que, increíblemente, iba dirigido a los jóvenes. Pero del contacto de Ruskin con la arquitectura gótica Marcel extrajo el detalle de la «piedra del mago», que afirmaba ver en la escultura de una de las jambas de la catedral de Chartres. En el contexto del discurso de Adrien, esto permitió a padre e hijo iniciar un baile dialéctico familiar. Adrien deploraba las supersticiones bárbaras que frustraban los esfuerzos de las gentes del medievo por enfrentarse a la peste; Marcel invocaba la alquimia sagrada del «mago». Adrien ensalzaba a Pasteur y la medicina moderna; Marcel conciliaba fe y ciencia.

La segunda ocasión fue aún más inverosímil y conmovedora por ese mismo motivo. Adrien había aceptado entregar unos premios escolares en Illiers, su ciudad natal, situada veinticinco kilómetros al sudoeste de Chartres. Subido a una tarima, donde fue homenajeado como el aventurero y viajado modelo de la sanidad pública internacional, el médico y profesor se vio invadido por una oleada de sentimientos inesperados que lo cogieron desprevenido. Animado por los ejercicios de rememoración inmersiva de Marcel, descubrió que el tiempo retrocedía. Allí, en el Quai du Marché, frente a la iglesia de St. Jacques, se encontraba la casa en la que sesenta y nueve años antes habían nacido Louis Proust y Virginie-Catherine Torcheux. La planta baja situada debajo de su piso había sido una tienda que vendía zuecos, azúcar y velas artesanales para uso doméstico y eclesiástico. Aunque hacía tiempo que no existía, ya que su madre la había vendido tras la muerte de su padre en 1855, a Adrien le pareció oler la cera, la miel y las especias en las estanterías bien abastecidas. De él se esperaba que ensalzara la medicina y la misión de la sanidad pública en Francia y el resto del mundo como las vocaciones más nobles, y así lo hizo, sin escatimar en retórica ciudadana. Pero, por cada alusión a la necesidad de mejoras modernas —el estremecedor estado del río Loira, el insalubre interior de las casas antiguas—, había una zambullida en la visión poética. Las hierbas que obstruían el Loira y estancaban algunos tramos eran, aun así, «un hermoso tapiz». Si había que derribar aquellas casas mal ventiladas, uno debía sentir alivio, pero también tristeza. Luego llegó un momento tan sorprendente que habría podido ser la obertura de un experimento enorme que consumiría a Marcel. Contemplando su pequeña ciudad, Adrian permitió que se le escaparan una o dos lágrimas por debajo de las gafas mientras proseguía con un talante profundamente proustiano:

> No puedo esperar que se entienda esta emoción que siento al regresar sesenta años después [el recuento del tiempo que había pasado fue-

ra de Illiers no era preciso]. Tampoco creo que los quinceañeros sean menos inteligentes que los sexagenarios o menos capaces de comprender todo tipo de cosas. […] No, probablemente seáis más aptos. Pero hay una cosa que les está vetada a los jóvenes y que solo puede darse a conocer por una extraña sensación de *pressentiment* […] y es […] la poesía; […] la melancolía de la memoria.[10]

En ese momento, el padre estaba haciendo de ventrílocuo con su hijo.

El ámbito de la memoria de Marcel, si hemos de creernos el inicio de *Por el camino de Swann*, es un sentimiento acentuado del ser. La intensidad de la vida de Adrien, por otro lado, estaba movida por una necesidad impaciente de acción. Al fin y al cabo, estaba condicionado por no haberse criado con la calma maternal de las madalenas disueltas en tisana, sino por una tormenta de muertes masivas. Medio siglo antes, cuando era un joven residente del hospital Charité de París y sin pensar demasiado en su propia seguridad, Proust había sido el responsable del triaje y decidía qué pacientes de cólera podían ingresar en el ala general, la Salle de Charles, y cuáles debían ser trasladados rápidamente a las alas de enfermos terminales. No fue difícil tomar aquellas decisiones brutales. Los contagiados llegaban al Charité mostrando la complexión azul grisácea que auguraba un mal desenlace. La mayoría sufrían espasmos que les impedían retener líquidos. Fútiles baños de agua realizados por enfermeras bienintencionadas causaban más evacuaciones convulsivas. Al poco tiempo, el metabolismo de los enfermos se deshidrataba hasta el punto de que algunos órganos vitales dejaban de funcionar. La mitad morían en tres días. Si la tasa de mortalidad del Charité podía mantenerse en solo el 40 por ciento, se consideraba una gran victoria.

Solo en París habían muerto dieciocho mil almas en la pandemia de 1832 y cien mil en toda Francia. En 1865 fallecieron otras once mil en la ciudad, que en comparación parecían pocas. Adrien Proust se había licenciado en medicina dos años antes y había desarrollado un interés especial en los trastornos cerebrales, pero no había escapatoria del cólera, aunque no existía un consenso médico sobre cómo aparecía o si era contagioso. Reflexionando sobre la pandemia que había arrasado Europa, Asia Menor y América en 1832, pero todavía sin comprender la patogénesis microbiana, la mayoría de los epidemiólogos, desde India hasta América y el continente europeo, clasificaban el tifus, la fiebre tifoidea, el cólera y la peste como variantes de la misma enfermedad que surgían en lugares concretos por motivos enteramente locales. Al hacerlo, se mantenían fieles a una tradición que se remontaba a las investigaciones sobre la causa de la peste negra.

Habían transcurrido cinco siglos desde que la peste bubónica viajara por primera vez de Asia a Europa, y aún imperaba la idea de que el culpable era el «miasma»: emanaciones tóxicas procedentes de la materia orgánica en descomposición, ya fuera vegetal, animal o humana. En 1855, Henry Hartshorne publicó *On Animal Decomposition as the Chief Promotive Cause of Cholera*, donde insistía en que las partículas que transportaba el viento eran el artífice decisivo de la enfermedad. Quienes lo consideraban una conclusión excéntrica suscribían aun así la creencia de que las condiciones locales —aglomeraciones insalubres, proximidad con cementerios descuidados, terrenos cenagosos, concentración de aire fétido— podían, en una combinación desafortunada o por sí solas, crear condiciones que favorecieran el contagio. La solución no era imponer interrupciones perjudiciales al comercio y los negocios que probablemente causarían más daños que la propia enfermedad, sobre todo en centros como Hamburgo, Bristol y Londres, y mucho menos ordenar cuarentenas. Por el contrario, había que orientar toda la fuerza de los gobiernos centrales y locales hacia la erradicación de contaminantes, con independencia de si acechaban en edificios industriales o en las ciénagas que bordeaban una aldea levantina. En Gran Bretaña, las juntas de salud locales, responsables ante la administración central, habían estado haciendo justamente eso desde la primera y dramática visita del cólera en 1832.[11]

Pero el inexperto Adrien Proust ya sospechaba que esa explicación generalista era un error. A su juicio, el cólera —y, de hecho, la peste bubónica, que seguía azotando periódicamente Oriente Próximo, Asia y Rusia— tenía patas.[12] Las epidemias infecciosas aparecían en zonas en las que habían sido endémicas desde tiempos inmemoriales, pero la población local había desarrollado lo que ahora denominamos inmunidad natural. Sin embargo, en un momento dado, las enfermedades se infiltraban en poblaciones sanas. El cólera no había llegado a Europa hasta 1817, y volvió con renovado ímpetu en 1832 y 1854. El hecho de que la enfermedad no se transmitiera por la mera presencia de más de una persona en el mismo espacio no significaba que no debiera clasificarse como contagiosa, sobre todo si había apretones de manos. Incluso antes de que se comprendiera la teoría de los gérmenes, Proust y muchos de sus contemporáneos tenían claro que existían innumerables rutas sociales por las que podía propagarse el contagio: alcantarillas abiertas, zanjas y canales contaminados, fuentes públicas y telas y coladas sucias. Proust creía haberlo visto en el microcosmos de París. Mientras seguía al profesor Guillot durante sus rondas por el hospital Charité, lo que vieron sus ojos le confirmó que la enfermedad no se limitaba a los distritos en los que el saneamiento era precario o inexistente. Las camas estaban ocupadas por pobres y ricos, igual que había ocurrido con los frescos moralizantes de la peste negra, los poderosos arrastrados con los humildes, todos ellos desaparecidos en la plenitud de la vida. Aunque los hábitos de los adinerados, por no mencionar el acceso a mejores médicos (o, en cualquier caso, mejor pagados), podían servirles para combatir la enfermedad, no les garantizaban la salvación. Los ciudadanos prósperos del barrio de Saint-Germain-des-Prés caían junto a los habitantes de las viviendas pobres de la rue Saint-Denis o los abarrotados laberintos de la Île de la Cité. Los carruajes viajaban de los barrios pobres a los ricos, y con ellos la tela sucia del asiento. Un tanto despiadado en su curiosidad forense, Proust preguntaba la dirección de los pacientes y observaba los detalles de sus hábitos laborales y la ruta que seguían para llegar al trabajo. Hasta la década de 1870, la vida parisina era inimaginable sin *porteurs d'eaux* que facilitaran a las viviendas agua procedente del Sena o de las fuentes municipales. Las nodrizas que iban a la ciudad (seguía siendo una profesión en el Segundo Imperio) o los agricultores que franqueaban sus puertas con tarros de leche se llevaban la enfermedad a casa, y los cementerios de los pueblos estaban abarrotados de tumbas. En las fosas sépticas que recogían orina y excrementos humanos, vendidos como fertilizantes, trabajaban miles de parisinos, ya que la viabilidad agrícola de la región que rodeaba la metrópolis dependía de unas cosechas abundantes. Enormes depósitos de residuos humanos humeantes eran transportados a almacenes situados a las afueras de la ciudad y allí se quedaban, envejeciendo hasta convertirse lentamente en lodo negro, que era una de las principales exportaciones de París, enviado a lugares tan lejanos como Normandía e Inglaterra, al otro lado del canal. El próspero comercio daba por sentado que los excrementos no eran algo de lo que hubiera que deshacerse, sino que debían reciclarse para obtener beneficios. Incluso después de las epidemias mortíferas de 1832 y 1849, a los epidemiólogos les costó convencer a los Gobiernos de que el negocio no compensaba ese peligro.[13]

Convencido de que los datos podían cambiar esa opinión, el joven Adrien Proust ya estaba aprendiendo los métodos de observación social que utilizaría fuera de París y Francia y que le valdrían reconocimiento como «el geógrafo de las epidemias». Le gustaba pensar que su cartografía provisional estaba fundamentada en pruebas fehacientes. Según él, era innegable que las infecciones emigraban de manera contagiosa de *arrondissement* a *arrondissement*, de ciudades portuarias a centros industriales, de los pueblos a la metrópolis. Y, en realidad, de país a país. En 1873, cuando Proust tenía treinta y nueve años, publicó un exhaustivo estudio histórico y geográfico de las pandemias mundiales titulado *Ensayo sobre la higiene internacional*, y en él ya se mostraba inequívoco: «El cólera sigue las rutas del viaje humano […] se importa por la acción humana».[14] A medida que los trenes y los barcos de vapor reducían el tiempo y las distancias, resultaba más fácil que las infecciones hicieran autoestop. Los baños para la mayoría de los pasajeros de un paquebote o un barco de vapor fluvial, si es que existían, eran rudimentarios y públicos, y todavía más para la tripulación. Según Proust, la enfermedad se ocultaba entre los residuos y acechaba en el agua contaminada.

La patogénesis microbiana fue expuesta por el anatomista italiano Filippo Pacini unos treinta años antes de que lo hiciera el alemán Robert Koch, quien, probablemente ajeno a la obra del primero, se atribuyó el descubrimiento. En 1854, el mismo año que el doctor John Snow anunció que la epidemia de cólera que había azotado

Londres en 1848 y 1849 podía achacarse a una fuente de agua contaminada con heces en la bomba de Broad Street, Pacini publicó «Observaciones microscópicas» en la *Gazzetta medica italiana*.[15] La epidemiología forense de Snow era escrupulosa, pero, una vez que hubo desmontado la maneta de la bomba de agua infectada, los bacilos del cólera desaparecieron y solo encontró impurezas generalizadas como agentes causantes de la enfermedad. Por su parte, Pacini practicó autopsias a las víctimas de Florencia y, al poner los fluidos intestinales bajo el microscopio, vio densos enjambres de microbios. Al principio, los hallazgos de ambos fueron desestimados, y tal vez estrecharan lazos por el dolor de ese rechazo. Según ha trascendido, es probable que mantuvieran correspondencia y que incluso compartieran su perpleja indignación.[16] Snow fue enérgicamente discutido por gran parte de la profesión médica y epidemiológica de Gran Bretaña. Y lo que era aún más escandaloso, habida cuenta de las publicaciones reiteradas en 1865, 1866, 1871, 1876 y 1880, todas ellas copiosa y claramente ilustradas a partir de sus placas de microscopio, el innovador trabajo de Pacini fue descartado por quienes se aferraban a la idea de que el «miasma» era la matriz de la infección y las reveladoras placas tachadas de meras ilustraciones entretenidas. La única excepción fue William Farr, el registrador general, que en 1867 visitó a Pacini cuando asistió a una conferencia internacional de estadísticos celebrada en Florencia. En el hospital de Santa Maria Nuova, encontró a Pacini examinando los intestinos de un artista danés que acababa de fallecer de cólera.[17] Farr quedó tan impresionado que en 1869 dedicó un suplemento especial a la labor de Pacini en su informe anual de datos. Dos años después, Pacini se declaró «ampliamente compensado» por la aprobación de Farr, pero, cuando murió en 1883, ningún etiólogo del cólera había reconocido sus descubrimientos.

Un año después, Robert Koch publicó la revelación del «*komma bacillus*» en Alemania, donde recibió numerosos elogios. Pero, una década antes, cuando Proust estaba escribiendo su ensayo sobre la historia y etiología de las pandemias, tuvo una corazonada al acordarse de los denominados «microfitos», presentes en el tejido corporal de las víctimas de la viruela. De ello se infería que unos organismos comparablemente independientes podían ser «gérmenes de infección» vivos. Obviamente, cuando esos gérmenes viajaban, no respetaban fronteras. Si podían convertir epidemias en pandemias, había que tratarlos como una crisis internacional, no nacional. En tales circunstancias, escribía Proust, ¿qué sentido tenía que las naciones se enfrentaran a los contagios en su propio territorio sin prestar atención a lo que estaba sucediéndoles a sus vecinas? Si los gobiernos no entendían esa lógica, los profesionales de la medicina se verían obligados a convertirse en diplomáticos para convencerlos.

Y para eso se preparó Proust. En 1851, tras el brote de cólera de 1848 y 1849, el Gobierno de la Segunda República de Francia (que todavía no había sido liquidada por su presidente, Luis Napoleón) tomó las primeras medidas para internacionalizar el debate sobre el carácter de la pandemia con el objetivo de acordar medidas de cuarentena. A Rusia, que en 1849 también había sufrido una importante epidemia de cólera que cruzó la frontera con Persia, le urgía algo factible, pero no se materializó ninguna medida práctica. En 1859 se celebró una segunda Conferencia Internacional de Sanidad con resultados también inconcluyentes. La tercera ola de cólera, que se produjo en 1865, fue tan brutal y su avance de este a oeste tan evidente, que un año después, sin que se hubiera puesto freno a la enfermedad, la conferencia se trasladó con sorprendente inmediatez a Constantinopla, una de las ciudades más afectadas.[18]

Corría el mes de febrero, una época gélida en el Bósforo. Delegados de Suecia, Países Bajos, Gran Bretaña, Portugal, los Estados papales (que aún no se habían incorporado al nuevo reino de Italia), Prusia y Persia podían lucir cómodamente sus levitas y abrigos mientras debatían cuestiones de vida o muerte. Sus anfitriones fumaban tabaco negro y unos camareros con fez y babuchas servían bandejas con vasos de té en forma de tulipán. La ciudad de las mezquitas perfectas debió de ser un lugar incómodo para hablar de los peligros físicos que entrañaba el *hach*, esto es, el peregrinaje masivo de los musulmanes a las ciudades santas de la Meca y Medina. Pero el sultán otomano Abdulaziz había viajado a Europa y creía ardientemente en la «modernización occidental», así que él y su Gobierno estaban dispuestos a debatir los riesgos del *hach* para la salud, sobre todo porque la idea imperante era que los musulmanes del sur de Asia —Indonesia, India, Malasia y Singapur—, que podían llevar el cólera consigo, lo transmitían a bordo de los barcos abarrotados o en los sórdidos alojamientos que la mayoría podían permitirse. Después, los contagiados podían trasladar la enfermedad con ellos, por ejemplo, a Egipto, donde, a su vez, los no musulmanes podían enviarla a Occidente a través de los puertos mediterráneos: Pireo, Mesina, Nápoles, Génova y Marsella.

Independientemente de cuáles fueran las medidas para detener, inspeccionar y desinfectar, tendrían que ser producto de un acuerdo general entre estados del este y el oeste, el norte y el sur, cosa que, por supuesto, nunca era viable, sobre todo cuando había discrepancias profundas sobre cómo aparecía la enfermedad y si era contagiosa entre humanos. Cuando el delegado británico en Constantinopla insistió en que el cólera «no era en absoluto contagioso», se estaba haciendo eco de algo que se había convertido en un tópico entre los dirigentes de la salud pública de su país. John Simon, el formidable director de Sanidad, primero de la ciudad de Londres y más tarde de toda Gran Bretaña, hizo referencia a la idea de que la transmisibilidad era una «doctrina peculiar» contra la cual se habían «esgrimido argumentos casi insuperables». Las medidas sanitarias para corregir las condiciones de las que se derivaba de la enfermedad, insistió, eran necesaria y específicamente locales. La impresión que causaron los representantes británicos en aquella y en todas las conferencias sanitarias sucesivas era que solo habían asistido para impedir cuarentenas preventivas de cargamentos sospechosos y evitar así la interrupción del comercio imperial, especialmente el de Hong Kong e India, a Gran Bretaña. Uno de los delegados británicos cuestionó la idea de que el cólera fuera contagioso y declaró a las claras que su trabajo era oponerse a cualquier medida que cesara el comercio a menos que su absoluta necesidad pudiera ser demostrada de manera irrefutable.[19]

Los actos de Constantinopla, como todas las reuniones internacionales del siglo XIX, se desarrollaron en francés, la lengua vehicular de casi todos los proyectos modernizadores de Oriente Próximo y el Magreb. Pero también fue la preeminencia de médicos y científicos franceses la que dejó claro que Francia consideraba que el Levante era un terreno de experimentos sociales y clínicos. Aunque la introduc-

ción de la «medicina moderna» francesa en Oriente Próximo no era
en sí misma un ejercicio de imperialismo médico, es cierto que, amén
de sus exportaciones lingüísticas y educativas, la exportación de la
ciencia francesa aspiraba a triunfar donde las conquistas militares,
cortesía de Napoleón Bonaparte, habían fracasado de manera tan
estrepitosa. El heroico general podía reaparecer como ingeniero, lin-
güista y científico para «regenerar» (una de sus palabras favoritas) el
aletargado Levante. Ese poder de revitalización ya había sido inmortalizado en el cuadro del barón Gros en el que Napoleón visitaba la
clínica de enfermos contagiosos de Jafa.

La obra, que ocupaba un lugar destacado en el Salon Carré del
Louvre, difícilmente se le habría pasado por alto a Adrien Proust. En
ella aparece el héroe como sanador, tocando compasiva y resuelta-
mente a los afligidos mientras su séquito retrocede horrorizado, uno
de sus miembros tapándose la cara con un pañuelo (inútilmente).
Pero Napoleón (o su talentoso hagiógrafo visual) reúne dos fuentes

F. Pigeot, grabado según A. J. Gros, *Bonaparte visitando
a los enfermos de peste en Jafa*, 1804.

de poder sanador: la del salvador, claro está, pero también la de los reyes merovingios y francos, los cuales habían sido ungidos místicamente y, «al tocar los males del rey», curaban a los enfermos de sus escrofulosos bocios. La verdad era más macabra. La verdadera receta de Napoleón —típicamente despiadada— para los soldados que habían contraído la peste bubónica en Palestina era acabar con su sufrimiento administrándoles sobredosis mortales de opio. De lo contrario, supondrían un peso muerto para su ejército ya agotado y falto de personal. Sobre todo, la reputación del héroe en Francia no podía peligrar por ninguna insinuación de que su campaña para un Egipto exento de supersticiones bárbaras y dejadez económica no estuviera a la altura del talento de la naturaleza para la mortalidad (y mucho menos la Armada Real británica, cuya victoria en la bahía de Abukir había dejado a su ejército varado). Gros, que también había estado en Egipto, era fiable como creador de iconos, y el cuadro se expuso en el Louvre en 1804, entre el anuncio del ascenso de Napoleón a emperador y su coronación en Notre-Dame. Y fue así como una debacle estremecedora tuvo su retablo de redención sanadora.[20]

Después de la primera, aunque no última, deserción de un ejército que estaba desmoronándose, Napoleón no regresó jamás a Oriente Próximo. Pero la presencia cultural de los franceses nunca fue olvidada por las generaciones posteriores a Waterloo, ya fuera en casa o en el propio Levante. A Damasco, El Cairo, Trípoli y Alejandría llegaban «regeneradores» a intervalos regulares, muchos de ellos invitados por Mehmet Alí, el jedive de Egipto, para quien la modernización de estilo francés era otra arma para consolidar su autonomía respecto del sultán otomano. El más famoso de esos regeneradores médicos era Antoine Barthélemy Clot, conocido como «Clot Bey» en Alejandría, donde había instituido un régimen de salud pública ejemplar. Pero, aunque Clot siempre tenía algo que decir y hacer en cuanto a la medicina en Oriente Próximo, la figura que en 1866 despertaba más interés y respeto en Constantinopla y que en la práctica fue la razón por la que todas las levitas se daban cita allí era Sulpice Antoine Fauvel.

Formado en París como cardiólogo, Fauvel se había pasado a la «medicina social», especializándose en fiebre tifoidea y escorbuto, y,

Sulpice Antoine Fauvel.

al igual que Proust, en la siguiente generación se convirtió en un precoz *chef de clinique* en el cercano hospital de Hôtel-Dieu. Pero Fauvel, como Proust después que él, creía que nada era más urgente que la epidemiología, y en 1847 abandonó París para aceptar un puesto en el nuevo Instituto de Salud Pública de Constantinopla.[21] Un año después, durante la siguiente ola brutal de cólera —un recordatorio, si es que era necesario, de lo esencial que era la sanidad pública para el imperio conocido entre los estados de Occidente como «el enfermo de Europa»—, a Fauvel le ofrecieron un puesto en el Consejo Imperial y, al cabo de doce meses, en 1849, se convirtió en profesor de Patología mientras Turquía contabiliza sus muertos.

Fauvel fue el primero en idear una oficina permanente de salud internacional, incluso mientras veía a los diplomáticos y médicos de las naciones discutiendo sobre la legitimidad o la ilegitimidad de las cuarentenas, la imposibilidad de los *cordons sanitaires*, si era más perjudicial el cese de los negocios o la ofensiva ininterrumpida de la enfermedad o si estaba justificado o era prudente imponer restricciones al *hach*. Como siempre, la incompatibilidad de los intereses entre la inacción británica y el paternalismo francés, que se demostró durante los largos siete meses de la conferencia de Constantinopla, reforzó la creencia de Fauvel en la necesidad última de un organismo internacional de salud. Sus reiterados esfuerzos fueron reconocidos por la siguiente generación de epidemiólogos de Francia y, entre ellos, el que más convencido estaba era el doctor Adrien Proust.

Ese es el motivo por el que, tres años después, en 1869, Proust se encontraba en Teherán, esperando en la oscura sala del trono del palacio de Golestán a ser recibido por el sha Kayar, Nasr al-Din, Zell'allah (Sombra de Dios en la Tierra), Qebleh-ye 'alam (Pivote del Universo), Islampaneh (Refugio del Islam).[22] ¡Qué lejos estaba de Illiers y las estanterías repletas de cera y miel de abeja! Su padre, contemplando la iglesia situada frente a la tienda y sabiendo que su hijo estaba siendo escolarizado en Chartres, había tenido la intención de que Adrien fuera sacerdote. Pero las devociones del joven siempre habían sido científicas. Pasaría gran parte de su vida huyendo de lo provinciano. Siempre parecía tener una visión de larga distancia, no solo medida en kilómetros, por impresionante que fuera ese cómputo: miles de kilómetros recorridos en el estruendoso tren de París a San Petersburgo, pasando por Berlín, Varsovia y Vilna, con paradas para repostar y recoger pasajeros —«*Messieurs, mesdames, s'il vous plaît, vingt minutes d'arrêt de buffet!*»— y otras para aliviarse (pues todavía no había lavabos a bordo, cosa que, teniendo en cuenta las ideas de Proust sobre cómo viajaba el cólera, probablemente era beneficioso). En San Petersburgo, gracias a las cartas de presentación que le había facilitado el Ministerio de Comercio, Agricultura y Salud Pública, responsable de la expedición, Proust intercambió formalidades con autoridades de los departamentos rusos de Asuntos Exteriores y Salud Pública (una innovación reciente), su cautela ensombrecida por las sospechas de injerencia que persistían tras la catástrofe de la guerra de Crimea. Después, rumbo a Moscú en unos trenes rusos sorprendentemente lujosos: moqueta de terciopelo azul o floreada en la que tumbarse, samovares en carritos que recorrían el pasillo, campanas de plata sostenidas en alto por los camareros del vagón-comedor como si fueran magos, aunque debajo no solía haber más que una carpa grisácea rodeada de un séquito de zanahorias y patatas hervidas. Al caer la noche, la luz de los candeleros del compartimento era demasiado tenue para leer, y Proust tan solo podía redactar memorandos mentalmente, el tren bamboleándose y traqueteando sobre los raíles en dirección noreste. En Nizhni Nóvgorod, Proust se apeó agradecido a orillas del amplio Volga. Después, puso rumbo al sur en un barco de vapor con chimeneas altas, la superficie del río oscilando de plateada a plomiza dependiendo de la densidad de las nubes. Los bosques de abedules, que más al norte llegaban casi hasta el agua, fueron retirándose a medida que el barco navegaba hacia el sur hasta que, finalmente, en algún punto entre Samara y Sarátov, desaparecieron por completo en el margen oriental y fueron sustituidos por el vacío pardo de la estepa. En cubierta, mientras escrutaba unas tiendas de campaña apartadas de la orilla, frente a las cuales fumaban unas pipas largas sus ocupantes calmucos, Proust, el geógrafo de la pandemia, se dio cuenta de que habían entrado en Asia. Los días se eternizaban, escupiendo humo sobre la superficie del agua turbia antes de llegar a Astracán, donde los esbeltos sombreros y las solapas de los abrigos de los pasajeros de primera clase se hacían extrayendo corderos Karakul nonatos del útero de las ovejas y arrancando la lana reluciente del feto sangriento. En el trayecto por el delta del Volga, la falta de profundidad requería barcos caspios más pequeños, que en muchas paradas se llenaban de cabras, y los tártaros se sentaban cruzando las piernas encima de su equipaje mientras los caballos se lamían las herraduras y los cosacos y los armenios lucían abrigos de piel de oveja con bordados. En la orilla aparecían caravanas de dromedarios que se arrodillaban a beber o avanzaban lentamente con pesadas bolsas colgando del costado mientras sus jinetes con turbante gritaban y hacían girar a los animales para intentar, sin éxito, que corrieran más.

Al desembarcar en el puerto de Astara, situado entre las fronteras rusa y persa, Proust apenas tuvo tiempo para acostumbrarse a estar en tierra firme antes de montar en un caballo con el que, siguiendo las rutas ancestrales de las caravanas, recorrería los quinientos kilómetros restantes hasta Teherán. Allí le facilitaron las necesidades habituales: otro caballo para el equipaje; una esterilla de goma y una manta gruesa para dormir; una taza y una cafetera de acero; resistentes botas de montar; álcali concentrado para rodear su tienda y mantener alejadas a las serpientes; insecticida para los mosquitos y las moscas de la arena; y, ni que decir tiene, un revólver.

La legación francesa de Teherán se alojaba en un palacio urbano cuya arquitectura estaba decorada con brillantes baldosas policromadas y columnas acanaladas del color de una trenza de mazapán. Fuera colgaban gruesos tapices que oscurecían el interior de las habitaciones del segundo piso y, cuando los elevaba una brisa proveniente de la meseta, entraba un poco de aire en los asfixiantes dormitorios. En cojines situados junto a la piscina reflectante del paradisiaco jardín o en el muro bajo de la terraza había persas con suaves sombreros cónicos, uno de ellos acompañado por un halcón encapuchado y atado a un soporte que su cuidador sostenía en la mano derecha. En las terrazas que bordeaban la piscina había abundantes rosas y jazmines, pero durante el día perdían la batalla contra los aromas que llegaban de las calles y los bazares: los excrementos de las mulas, los camellos, los caballos y las cabras y las aguas residuales que corrían por las alcantarillas. Sin embargo, por fortuna, se percibían los olores menos desagradables de las pirámides de limas secándose y los montones de hojas de fenogreco. Estaban a finales de verano, pero, a mediodía, los rostros descubiertos se asaban.

Proust fue recibido cordialmente por el sha, pero, tal como le habían advertido en la legación, también con educadas declaraciones de difícil comprensión. Puede que fuera el Pivote del Universo, pero Nasr había sido incapaz de utilizar tan exaltada posición para liberar a su reino de toda suerte de miserias: derrotas rápidas y amargas a manos de Rusia (que había robado los territorios meridionales de Persia) y Gran Bretaña (que había castigado una supuesta infracción persa en su zona de interés en Afganistán). Las humillaciones se veían agravadas por brotes periódicos y espantosos de peste bubónica, pero, con más frecuencia, por oleadas de cólera que culminaron en la devastadora epidemia de 1865 y 1866, además de unas sequías tan graves que provocaron una horrible hambruna en 1869, el año que llegó Proust, que había visto cuerpos envueltos con telas negras y cargados en carromatos a orillas del Caspio.

Nasr se consideraba un gobernante moderno, lo cual no era totalmente ilusorio.[23] Entronado a los dieciséis años, buscó orientación inmediata en el tipo de consejero que ejecutaría reformas como las que habían convertido a la vecina Turquía otomana en un estado moderno. ¡Colegios laicos! ¡Laboratorios! ¡Ferrocarriles! ¡Uniformes! ¡Motores y barcos de vapor! ¡Bancos! ¡Imprentas! ¡Hospitales! Amir Kabir, su principal ministro, repasó la lista de recomendaciones y más. Dar al-Fanum, una moderna escuela politécnica, se fundó para llevar el aprendizaje occidental a Persia. Debido a la falta de instructores, se enviaron reclutadores a Viena para contratar a médicos, ingenieros y matemáticos que lideraran las nuevas instituciones. Alertados de esas oportunidades en Asia Occidental, los europeos llegaron a Teherán igual que habían hecho en Alejandría y Constantinopla. Pero nunca había suficientes. Joseph Désiré Tholozan, exjefe de medicina del hospital militar francés de Val-de-Grâce y veterano médico de la guerra de Crimea, en la que murió más gente de cólera que por las armas enemigas, se convirtió en el médico personal del sha y, citando lo que se había hecho en Constantinopla, lo convenció de que fundara un consejo de salud pública oficial. Se había creado un servicio de telégrafo y un periódico estatal para facilitar información científica actualizada a las ciudades de provincias: Isfahán, Jorasán y Qom. Pero Qom no escuchaba. Como siempre, prestaba más atención a los ulemas islámicos, que no aprobaban las nuevas tendencias, sobre todo en medicina. El cólera y la peste seguían arrasando el país y, aun así, los guardianes de los fieles se aferraban a ancestrales textos medievales galénicos, que sostenían que la enfermedad era el resultado de un desequilibrio de los cuatro humores o un castigo de Alá para fustigar a un pueblo empapado de transgresión.

Las objeciones de los ulemas, recitadas en las oraciones del viernes, fueron lo bastante convincentes para que el joven sha hiciera una pausa en sus transformaciones. El reformador Kabir fue blanco de una campaña de desprestigio y más tarde destituido, una decisión consumada a la manera tradicional, esto es, con el asesinato del ministro. Pero el sha, que tan cordialmente recibió a Proust y lo colmó de bienvenidas y alfombras exquisitas, se parecía desconcertantemente a él: eran de la misma edad, unos treinta y cinco años, y llevaban el mismo bigote encerado con esmero. Tenía unos ojos brillantes y llevaba gafas y un impecable uniforme militar de estilo occidental. Entre intercambio e intercambio de sonrisas diplomáticas, el sha Nasr informó al doctor Proust de que ese mismo año había convocado los primeros *Majlis*, o asambleas sanitarias. También le prometió que enviaría delegados persas a cualquier conferencia sanitaria internacional que se celebrara en el futuro. Lo que no mencionó era lo que Proust y Tholozan ya sabían: que el viejo sistema subterráneo de vigas y túneles *qanat* que llevaba agua desde su origen cerca de la ciudad norteña de Shemiran, a los pies de los montes Elburz, era una invitación a las infecciones. El agua de las piscinas turbias del palacio del sha y el agua potable para la corte y los ricos se transportaba por unos conductos que no veían la luz del sol hasta que se retiraban unas losas del interior; en la práctica era un sistema hermético.[24] Además, había una oficina de *saqaa*, portadores que traían agua directamente de los lugares en los que salía a la superficie antes de entrar en la ciudad, donde corría el riesgo de contaminarse. Pero, para la mayoría de los habitantes de Teherán, el agua *qanat* llegaba a la superficie a través de canales, donde fluía libremente hacia unas acequias en las que se lavaba la ropa, incluyendo la de los muertos, y la comida y se llenaban recipientes para beber. No era raro ver a niños defecar directamente en aquellas acequias.[25] Al fin y al cabo, el término farsi para el lugar de la evacuación era *kinar-i-ab*, u «orilla». Es posible que Tholozan y los *majlis* importunaran al sha en este particular, pero con poco éxito más allá de alguna reverencia ceremonial. Ante las presiones de los rusos, quienes creían que Persia era el origen de todas las grandes epidemias que habían cruzado la porosa frontera de su país, para que instituyeran un régimen de saneamiento «mixto» en el que los soldados podrían interrumpir el paso de viajeros que llegaran de zonas infectadas, la reacción fue encogerse de hombros y arquear las cejas. El sha sabía de sobra que importar experiencia médica y económica de Occidente no saldría gratis. Su vecino, el sultán otomano, la había pagado renunciando a la plena soberanía en política exterior y muchas otras cosas. Así que, cuando Proust propuso que Persia valorara un acuerdo comparable, mediante el cual se crearía un organismo regulador de salud en el que epidemiólogos europeos compartirían tareas con miembros del Gobierno persa, le dijeron que, a diferencia de Turquía, las potencias europeas ansiosas por introducir su supervisión en el reino del sha no habían colaborado en su defensa contra el implacable expansionismo ruso.

Y, además, el Gobierno real de Teherán no tenía poder para dictar lo que podían hacer o no los gobernadores provinciales en sus ciudades y pueblos, a los que el *Vibrio cholerae* hacía visitas frecuentes. El sha tampoco impediría que miles de fieles chiíes realizaran el peregrinaje anual a ciudades sagradas como Náyaf y Kerbala, en Mesopotamia, donde el cólera era endémico. Aunque a Tholozan lo inquietaba el uso de tumbas temporales poco profundas a la espera de entierros cerca de los hombres santos reverenciados en Náyaf y Kerbala, el sha se negaba a prohibir la práctica, y más aún el *hach* a la Meca, si bien le habían dicho que los participantes probablemente contraerían la enfermedad de los peregrinos asiáticos y la llevarían a casa. El sha sabía que una corriente de opinión importante entre los epidemiólogos europeos, especialmente los británicos, se resistía a hablar de la transmisibilidad personal del cólera. Por tanto, si no se podía demostrar que los enfermos contagiaban a los sanos, ¿por qué se iba a molestar la corte en interferir en el peregrinaje? Además, no tenía derecho ni poder para hacerlo. Nasr era, como nunca se cansaban de recordarle los mulás, simplemente la Sombra de Dios, no la sustancia. Proust tuvo que resignarse: tomó abundantes notas y aceptó los agradecidos cumplidos enrollados en las alfombras que le regaló el sha.[26]

Al partir de Teherán, Proust volvió sobre sus pasos rumbo al norte y cruzó la frontera hasta el puerto de Bakú, situado entre Rusia y Azerbaiyán. Dado que se hallaba en la base de una cuenca formada por colinas, vio que la ciudad se aireaba por partida doble: del lado de la montaña, los vientos soplaban arenilla en los ojos de los habitantes, que sufrían infecciones oftálmicas y toda una serie de desfiguraciones dermatológicas; y, del lado del Caspio, los vientos húmedos y el terreno pantanoso engendraban mosquitos anofeles que se alimentaban de huéspedes humanos y los contagiaban no solo de malaria, sino también de dengue, sobre el cual informaron por primera vez Proust y otros médicos europeos. El doctor Rustamov, el *chef de service de santé* local, a quien el Gobierno ruso pagaba insuficientemente, recibió a Proust como si fuera un veterano en el ámbito de las pandemias y lo acompañó a visitar la ciudad y los campos circundantes, exponiéndole en todo momento los defectos del sistema sanitario de la ciudad, la red de obstáculos burocráticos provinciales y sus frustraciones para lograr mejoras, lo cual provocaría que la mortífera oleada de cólera, tan horrenda en 1848 y 1849, y también tres años antes, en 1866, regresara y que hombres de buena voluntad de la Oficina de Salud Pública de Bakú fueran culpados de la entrada de la infección en Rusia.[27] ¿Qué podía hacer él cuando se sabía que la enfermedad había aparecido al otro lado de la frontera? La provisión de guardias era ridícula. Para San Petersburgo, Bakú era un páramo oriental más, no una estación de paso para las muertes en masa. Y algunos dirigentes de la profesión médica rusa, igual que sus homólogos británicos, seguían afirmando —a pesar de las evidencias— que el cólera no era contagioso. Ante esa combinación fatal de indolencia, obstrucción e ignorancia, no se podía hacer nada para frenar las caravanas y los barcos que cruzaban las fronteras, al menos sin cooperación entre los dos gobiernos, la cual era improbable, dado que Rusia se había anexionado las provincias meridionales de Persia.

Desde Bakú, Proust viajó hacia el oeste. Una diligencia destartalada lo llevó hasta Tiflis y, de nuevo a caballo, cruzó la frontera hasta la ciudad turca de Trebisonda y llegó a Batumi, en el mar Negro. Después de pasar los primeros meses de su odisea epidemiológica siguiendo la ruta «norte» de la enfermedad —y, por algún milagro, sin enfermar un solo día—, dio el salto a la ruta secundaria, del mar Negro a Constantinopla; si regresaban peregrinos contagiados a la capital, el contagio se adentraría en el Mediterráneo. En Constantinopla fue recibido con sumo respeto y admitido como miembro de la asociación médica de la ciudad y el imperio, y el gran visir le concedió la Orden del Medjidie. Después de todo esto —más de diez mil kilómetros desde que partió de la Gare du Nord— le esperaba un viaje marítimo relativamente tranquilo a bordo de un barco de vapor de las Messageries Maritimes, con escalas en el Pireo, Mesina, Nápoles y Livorno antes de llegar a Marsella, donde, en 1720, la traumática experiencia de la peste bubónica había dado lugar un sistema propio de inspección y cuarentena. Es posible que, mientras pasaba a limpio las notas que había tomado en el Cáucaso ruso y Persia, Proust viera flotillas viajando en dirección opuesta hacia Alejandría y Puerto Saíd, donde, el 19 de noviembre, estaba a punto de producirse un acontecimiento que cambiaría el mundo: la inauguración del canal de Suez.

Se celebró como el apogeo del imperialismo oriental napoleónico, no una conquista jactanciosa, sino el regalo de un genio francés al mundo moderno. El vizconde Ferdinand de Lesseps había hecho realidad la fijación del primer Napoleón de materializar el sueño del César, que aspiraba a crear un canal desde el mar Rojo hasta el Mediterráneo. Era, pues, una cadena de tres semicésares: Julio, Napoleón y, como lo llamaba Victor Hugo jocosamente, el Pequeño Napoleón. Para que quedara claro el mensaje, Francisco José, el *Kaiser-und-König* austrohúngaro, zarpó en un barco imperial, como también lo hicieron Friedrich, *Kronprinz* de Prusia, e Ismail Pachá, virrey de Egipto, en sus respectivos buques repletos de banderas. Pero los honores correspondían a la emperatriz Eugenia, prima de Lesseps, que llegó a las ceremonias en camello y lucía un conjunto de alta costura directamente salido del vestuario de la ópera *Aida*, incluyendo un tocado faraónico al estilo de Cleopatra, y que, a bordo del yate imperial Aigle, lideró la lenta procesión de embarcaciones que partió de Puerto Saíd. El segundo día, el navío francés Péluse atracó al norte del lago Timsah, cabeceando con impotencia para intentar bloquear la entrada. Para irritación de la comitiva imperial, solo el británico HMS Newport tenía un calado que le permitiera superar la obstrucción, tras lo cual emprendió un pequeño crucero de *schadenfreude* náutica por el lago antes de poner rumbo a Ismailía.

El bochorno debió de caer en el olvido, o al menos fue cuidadosamente evitado, diez meses después, cuando Eugenia concedió la orden imperial de *chevalier* de la Légion d'Honneur a Adrien Proust, el hijo del tendero, en el palacio de las Tullerías. Nueve meses después de la ceremonia, el palacio fue incendiado por los comuneros en los últimos días de la rebelión. No quedaba nada del imperio que había contratado y homenajeado a Proust por «prestar servicios excepcionales» a la causa de la sanidad pública. Eugenia había hecho los honores como regente, sustituyendo a su marido, que estaba al mando del ejército francés en guerra con Prusia. Transcurrido menos de un mes, el 1 de septiembre de 1870, ese ejército se vio rodeado y capituló repentinamente, tras lo cual el emperador fue hecho prisionero junto a más de cien mil soldados franceses.

No era, por tanto, buen momento para una boda. Pero el día después de la rendición del Armée de Chalons, Adrien contrajo matrimonio con Jeanne Weil, a quien debió de conocer poco después de regresar de su misión en Oriente. Él era el epidemiólogo del momento, y ella la hija de una dinastía judía de Alsacia que había hecho fortuna en el sector de la porcelana y que el día del golpe de Estado del primer Napoleón, en 1799, había protagonizado otro al comprar la fábrica de porcelana de Fontainebleau. Jeanne era un buen partido, y, a su manera, sobre todo después de que se publicara su informe en *Journal Officiel*, también lo era Adrien: atractivo, instruido y bien considerado por los círculos gubernamentales y los dirigentes de la sanidad pública, un hombre del futuro.

Pero, por el momento, nada de eso importaba. El día después de su boda, el 4 de septiembre de 1870, se declaró la Tercera República. Dos meses después, Jeanne estaba embarazada. Las tropas prusianas, que se disponían a sitiar París, ocuparon Chartres e Illiers. Adrien estaba angustiado por su anciana madre, aislada del resto de Francia por los alemanes. Sobre la capital se cernía un crudo invierno. Se agotaron la comida y el combustible. Ante la desesperación por la ausencia de caballos, perros, gatos y ratas, los animales del zoo del Jardin des Plantes fueron sacrificados y consumidos, incluidos los elefantes gemelos Castor y Pollux. Se publicaron recetas útiles a base de canguro, antílope y lobo. Mientras seguían cayendo los proyectiles de mortero rusos, Adrien y Jeanne fueron a casa de Louis, el tío de ella, situada en el frondoso suburbio de Auteuil, pero también estaba al alcance de la artillería y sufrió graves desperfectos. Durante aquel calvario, Adrien continuó trabajando en el hospital Charité y se montaba cada día en el ómnibus de Auteuil-Madeleine. Era *chef de clinique* y aún quedaban pacientes a los que atender. A finales de enero, el Gobierno provisional de la república se rindió ante los prusianos, pero no fue el final de tan dura experiencia. El 18 de marzo, negándose a aceptar las condiciones del armisticio, los soldados de la Guardia Nacional declararon París una comuna. Entonces se inició otro asedio, en esta ocasión a manos del ejército nacional del Gobierno provisional, liderado por Adolphe Thiers, que marchó sobre la insurrecta capital. Mientras se libraban esos nuevos combates entre franceses, la embarazadísima Jeanne le suplicó a su marido que se mantuviera alejado de la ciudad. Cuando una bala perdida de un francotirador le rozó la cabeza, Adrien se dio cuenta de que su mujer podía tener razón. La última semana de mayo florecieron los majuelos, las Tullerías ardieron hasta los cimientos y miles de personas murieron en combates y ejecuciones.

El 10 de julio de 1871 nació el niño en Auteuil. Estaba por debajo de su peso y fue bautizado Marcel. Poco después empezó a toser y, en adelante, su padre lo llamaría «*mon pauvre Marcel*».

Dos meses después, en septiembre, la Oficina Nacional de Sanidad hizo públicos unos consejos para evitar contagiarse de cólera. Las instrucciones no eran más que una curiosa amalgama de suposiciones sociales y morales obsoletas. Se decía que la ebriedad hacía que las personas se volvieran especialmente vulnerables, mientras que la sobriedad maximizaba las posibilidades de salir ileso. Otros vicios sucios pero evidentes que atraían infecciones empeoraban la probabilidad de contraer el cólera.

Proust respondió a esas absurdidades obstinadas con su potente *Ensayo sobre la higiene internacional*. El título era inapropiado, ya que la obra era un estudio de cuatrocientas páginas sobre la historia y la geografía de las epidemias y las pandemias desde la Antigüedad hasta el presente, y desde China hasta Guyana.[28] Aparte de abordar en profundidad los orígenes y la transmisión del cólera y la fiebre amarilla, un hilo conductor del libro era la sorprendente persistencia de la peste bubónica bien entrada la era industrial. La mayoría de los europeos la veían como un fenómeno ajeno a la modernidad. Pero el episodio de peste que se produjo en Marsella entre 1720 y 1722 había matado a cincuenta mil de sus noventa mil habitantes en el primer año. Antes de que remitiera fallecieron otras cincuenta mil personas en las tierras interiores de Provenza y Vaucluse. Se cavaron fosas comunes en Aix, Apt y Marsella. La población se vio tan diezmada que hubo que recurrir a los supervivientes para recoger cadáveres que llevaban semanas descomponiéndose en los muelles y las calles y enterrarlos en las fosas comunes. Se erigió un *mur de peste* de cinco metros de altura para cerrar la zona infectada y se impuso la pena de muerte a todo aquel que se saltara el *cordon sanitaire* que rodeaba la ciudad. Cuando todo acabó, la idea generalizada, al menos al norte de la Provenza, era que la epidemia de Marsella había sido una anomalía, una importación accidental desde Oriente. Al fin y al cabo, había llegado a bordo del Grand Saint Antoine, que transportaba cargamentos levantinos. El barco había zarpado de Esmirna y había hecho escalas en Sidón, situada en la costa sirio-libanesa, Trípoli y Chipre, lugares donde no se había extinguido la peste. Con toda probabilidad, a decir de muchos, se quedaría allí. A pesar de su inmersión personal en Asia Central y el Levante, la mentalidad de Proust seguía siendo la de un epidemiólogo imperial que aspiraba a «defender» Europa Occidental. Sabía que el canal de Suez probablemente acercaría más a Oriente y Occidente y que, a diferencia de lo que opinaban los británicos, era imposible tener un comercio ilimitado y a la vez estar a salvo del contagio.

Con todo, no era un imperialista acérrimo, sobre todo porque entendía que, si el mapa epidemiológico de «Europa» se extendía hacia el norte y el este, pondría inmediatamente de manifiesto la testarudez de la peste en lugares alejados de las condiciones orientales que, según se decía, la habían generado. A principios del siglo XVIII hubo peste en el sur de Suecia. En la década de 1770, una feroz oleada mató aproximadamente a doscientas cincuenta mil personas en Rusia. La peste se había escondido en los buques militares y en el escenario mediterráneo de las guerras napoleónicas y desembarcó en islas como Malta, Gozo y Chipre. En algunas regiones de Turquía y gran parte de Persia nunca había desaparecido del todo.

Y, mientras los imperios europeos se adentraban más en el norte de África, el Levante y el sur de Asia, acortando distancias gracias a los ferrocarriles y el vapor, toda clase de enfermedades contagiosas se convertirían en un asunto europeo y en una responsabilidad moral y epidemiológica.

Las pandemias desplegaban su mortífera red gracias al movimiento de seres humanos, escribía Proust inequívocamente. El vapor y los trenes estaban multiplicando y acelerando esos contactos, ya fuera en forma de peregrinajes islámicos masivos o de tráfico incesante en los imperios coloniales, que se ampliaban cada año. Ahora todo esto resulta evidente, pero en las décadas de 1870 y 1880 no lo era en absoluto. Las iniciativas para instaurar un sistema internacional de inspección y cuarentena, tanto de Proust como de sus compañeros franceses, en las conferencias sanitarias mundiales celebradas en Viena en 1874 y Roma en 1885 se habían visto frustradas por los delegados británicos y británico-indios, hostiles a cualquier medida que pudiera interrumpir el comercio imperial del que dependía cada vez más la economía nacional. Sir Joseph Fayrer, presidente de la Junta Médica en la Oficina de India y experto en veneno de serpientes, atacó la «maligna teoría del contagio» por fomentar cuarentenas «fútiles» que causarían daños irreparables al comercio imperial y a quienes dependían de él. Era como si la idea misma de que el cólera podía aparecer en India y luego ser exportado a Occidente fuera una afrenta al honor del Gobierno británico en el subcontinente y su habitual complacencia por llevar la bendición de la civilización moderna a los ignorantes nativos. Cuando Alejandría sufrió un brote grave de cólera en 1883, los delegados británicos defendieron vigorosamente que la enfermedad era endémica de Egipto y no de India. Por tanto, era el comercio mediterráneo (léase francés) el que requería una vigilancia más exhaustiva, mientras que los barcos imperiales británicos, que navegaban directamente desde la entrada del canal de Suez hasta su país de origen, debían poder hacerlo sin demora u obstrucciones.

Ni siquiera Robert Koch, que en 1883 aisló el *Vibrio cholerae* (el bacilo que había visto Filippo Pacini treinta años antes) en los intestinos de una víctima de cólera en Calcuta, pudo convencer a los dirigentes médicos y sanitarios anglo-indios de que el bacilo era el artífice activo de la infección. La inflexibilidad de la ortodoxia era tal que, incluso cuando el trío formado por Emanuel Klein, Alfred Lingard y Heneage Gibbes fue enviado desde Gran Bretaña como una «comisión oficial del cólera» y descubrió el bacilo en forma de coma en el mismo depósito de agua calcutense del que habían bebido las víctimas de Koch, se resistió a la idea de que era el único agente de la infección. Los microbios, decían, podían estar presentes como resultado de la enfermedad, no como su causa. D. D. Cunningham, profesor de Fisiología en la Universidad de Medicina de Calcuta, coincidía con ellos, y añadió que no le gustaba lo que él definía como «la visión germánica» de la patogénesis y transmisión microbiana. La etiología se había convertido en algo irremediablemente político. Los elogios dedicados a Koch en Berlín (que en modo alguno eran universales en Alemania) y su elevación al estatus de héroe patrio lastimaron el amor propio del Imperio británico. Era como si Bismarck estuviera esgrimiendo la ciencia para avergonzar a los arrogantes británicos y demostrándoles quién había descubierto el mortífero secreto del cólera.

La Gran Bretaña imperial aún no estaba dispuesta a otorgar ese premio al conocimiento y movilizó las refutaciones. El estatus de la ciencia de laboratorio como guía para la acción gubernamental fue comparado con la experiencia acumulada a lo largo de generaciones por médicos y autoridades sanitarias que se enfrentaron al cólera en India desde el primer brote grave en 1817.[29] Frente a esos conocimientos, Koch, como ha mencionado J. D. Isaacs, era considerado a lo sumo un turista científico.[30] J. M. Cunningham, el comisionado sanitario ante el Gobierno indio en Calcuta, que había publicado un informe sobre un brote devastador en 1872, declaraba rotundamente en el prólogo de *Cholera: What Can the State Do to Prevent It?*, aparecido en 1884: «La política del Gobierno de India es rechazar todas las teorías como base de un trabajo sanitario práctico».[31] Un artículo publicado en *The Quarterly Journal of Microscopial Science* en 1886 llevaba por título «La refutación oficial de la teoría del cólera y las comas del Dr. Robert Koch». Un alemán alternativo llamado Max von Pettenkofer, que durante mucho tiempo había sido reverenciado internacionalmente como el decano de la epidemiología, fue reclutado para contradecir a Koch. Pettenkofer reconocía que el bacilo era una presencia real, pero insistía en que eran necesarias unas condiciones medioambientales receptivas en el suelo o el aire, además de susceptibilidad en los contagiados, para que el cólera tuviera un efecto letal. A regañadientes, algunos funcionarios de la Oficina de India y de Calcuta reconocían que tomar en consideración al *Vibrio cholerae* podía ser útil, pero solo para distinguir la diarrea común del cólera.[32]

Al asistir a la conferencia celebrada en Roma en 1885 y escuchar algunos de esos argumentos contrarios al contagio para rechazar las cuarentenas, Adrien Proust, a la sazón un converso a la etiología de Koch, alternó entre el agravio y el agotamiento. La llegada de la quinta pandemia de cólera en 1881, que empezó en Alejandría y se propagó rápidamente por todo el Mediterráneo hasta alcanzar Italia, el sur de Francia y España, había convertido la necesidad de una política sanitaria común en algo extremadamente urgente para contener la enfermedad lo más cerca de su lugar de origen. En 1883, Proust había viajado a Tolón y Marsella, donde la infección estaba en pleno apogeo, para estudiar su avance de un lugar a otro, y predijo acertadamente que era cuestión de tiempo que llegara al centro y el norte de Francia. Puede que le divirtiera el hecho de que el delegado turco les devolviera la jugada a los europeos que describían al Imperio otomano como un criadero de infecciones. Ahora que el núcleo de la enfermedad se hallaba mucho más hacia el oeste, ¿cabía la posibilidad de que Turquía se planteara crear un *cordon sanitaire* para mantener a raya al microbio «europeo»? A la ocurrencia británica de que los lazaretos de Turquía no destacaban por su higiene, Zerouas Pasha repuso que los de India eran mucho peores.

Proust se hartó de las disputas, de que las que debían ser unas medidas internacionales de salud pública quedaran reducidas a juegos nacionales e imperiales. Consideraba estar por encima de todo eso. A sus poco más de cincuenta años era una gran autoridad en materia epidémica. Tras la muerte de Fauvel, lo reemplazó como inspector general de salud pública en Francia. La sucesión de títulos, honores y responsabilidades se amplió: secretario de la Academia de Medicina, profesor de Sanidad e Higiene públicas en la Facultad de Medicina, etc. Y, en 1885, supuestamente por encargo, Adrien fue retratado por un pintor de moda, Jean-Jules-Antoine Lecomte de Nouÿ, cuyo nombre evocaba una fantasía de salón proustiana. A sus cincuenta y un años, Adrien fue retratado al estilo de Tiziano como un médico del Alto Renacimiento en el sentido original del término, un hombre culto que no se perdía en abstracciones etéreas, sino que era la personificación del ideal ciceroniano, una figura en la cual pensamiento y acción son inseparables. De ahí que la pose sea la del erudito interrumpido, su mirada imperiosamente impo-

Pierre Lecomte du Nouÿ, retrato de Adrien Proust,
20 de noviembre de 1886.

nente, como si pretendiera dejar claro que no puede perder el tiempo con charlas ociosas o sueños de gente estúpida. Su bata habla de
una autoridad ancestral sostenida en el academicismo moderno. Su
barba es medio blanca a causa de la experiencia y medio negra para
denotar mayor energía. Luce su aprendizaje con ímpetu. El tiempo,
dice la parte superior semivacía del reloj de arena, es esencial; invo-
ca la urgencia. Cabe preguntarse qué habría pensado Marcel al
respecto.

En diciembre de 1891, Proust viajó otra vez a la zona más activa de la pandemia. Iba a celebrarse otra conferencia sanitaria en
Venecia en el nuevo año. Los británicos, junto con representantes
de la monarquía dual austro-húngara, habían dado un golpe preven-
tivo para evitar nuevos intentos de imponer medidas de cuarentena
que pudieran perjudicar o interrumpir su comercio con India. La

esencia de su propuesta era que, a la entrada del canal de Suez, los capitanes de los barcos debían hacer una declaración formal dando el visto bueno a su buque y, si no había casos activos presentes y los barcos iban a navegar directamente a Gran Bretaña, debían recibir autorización para atravesar el canal sin más problemas. Como principal delegado de Francia en la reunión de Venecia, Proust no estaba dispuesto a aceptar algo así, pero tampoco quería llegar al punto muerto de conferencias anteriores. En El Cairo se reunió con Evelyn Baring, el controlador general de Egipto, y lo convenció de la urgencia de tomar medidas concretas, sobre todo en lo referente al *hach*. Más peregrinos que nunca, muchos de ellos procedentes de la Indonesia holandesa y la India británica, abarrotaban los buques de vapor en condiciones ideales para un brote de cólera. El acontecimiento que había otorgado a los británicos el control directo (después de bombardear Alejandría) había sido la revuelta del oficial del ejército nacionalista Urabi Pasha contra la excesiva complacencia de Tewfik Pachá ante las exigencias europeas. Pero, incluso después del aplastamiento de dicha revuelta, Baring era consciente de los inicios de un movimiento islamista que estallaría con toda su intensidad en Sudán en la década posterior. Por un lado desconfiaba de la interferencia en el *hach*; por otro, comulgaba con la inquietud de Proust por acabar con los brotes de cólera que en un año habían matado a más de un tercio de los doscientos mil peregrinos que se dirigían a La Meca.

Tras evaluar el plan británico, Proust puso una nueva objeción. Permitir que los barcos que afirmaban viajar directamente a Gran Bretaña atravesaran el canal —mientras aceptaran la presencia de dos «guardias sanitarios» a bordo para garantizar que no había contacto con tierra— pasaba por alto la escala en Puerto Saíd, donde los buques cargaban provisiones para el resto del viaje. Los mercaderes y vendedores que subían a bordo podían ser portadores de la enfermedad y propagarla con suma facilidad.

En la hermosa Venecia invernal, envuelta en una niebla vespertina procedente de la laguna, Proust reiteró esas observaciones y presentó un plan alternativo, muy próximo a la imposición de cuarentenas draconianas en el transporte desde la India británica, que, con certeza, frustraría cualquier acción. Dividiendo los transportes en los diferentes tipos de embarcaciones, desde transportes de tropas y pasajeros hasta barcos de carga y transporte de peregrinos, preparó diferentes regímenes sanitarios para cada uno. Los barcos a los que se diera el visto bueno sanitario podían proseguir; los que vinieran de puertos infectados o tuvieran casos activos estarían sujetos a una cuarentena de cinco días, y los pasajeros —europeos, naturalmente—, junto con la tripulación, se alojarían en un centro de recepción construido expresamente en los Pozos de Moisés, al este del canal, donde las mercancías y los equipajes serían tratados con los nuevos motores de desinfección de vapor. Proust mencionó las malas condiciones de aglomeración y escasez de agua que imperaban en el campamento de Jebel Thor, situado en el desierto del Sinaí, en un extremo del mar Rojo, pero en ese momento ya era consciente de que supondría una afrenta para las sensibilidades imperiales de los *sahib* y las *memsahib* ante la más mínima insinuación de que debían compartir alojamiento o incluso un espacio abierto con peregrinos musulmanes que acababan de desmontar, según imaginaban, de camellos y asnos.

La conferencia duró tres semanas —tratándose de la Conferencia Internacional de Sanidad, un abrir y cerrar de ojos—, ya que se aprobó el punto de vista de Proust.[33] Increíblemente, los británicos aceptaron la base de sus propuestas (con una ligera reducción en el tiempo de cuarentena). Los delegados rubricaron un acuerdo, pero con una excepción. Los británicos se negaron a firmar, por supuesto, pero prometieron hacerlo «tras las debidas consultas». En primavera, después de obtener algunas concesiones más durante una reunión adicional celebrada en París, cumplieron su promesa.

Adrien Proust estaba de buen humor, deleitándose en la inusual armonía que se había asentado sobre la reunión como la luz nacarada de un enero veneciano. Por una vez había logrado que la cooperación internacional se impusiera a los intereses propios de las naciones, o más bien había convencido a los escandinavos, los rusos, los turcos, los italianos, los portugueses, los holandeses, los persas, los estadounidenses, los británicos de Gran Bretaña e India y al resto de que salvar vidas anticipándose a la catástrofe de una pandemia respondía a los intereses de todos, de que todos estábamos en el mismo bote salvavidas global.

Proust salió a dar un paseo por la plaza de San Marcos, donde la niebla se había disipado. ¿Por qué no hacer el turista? Compró una bolsa de maíz, posó con una media sonrisa para un fotógrafo y dio de comer a las palomas.

V

SANS FRONTIÈRES

Madre mía, pero si el vacunador es guapo. O así es como Sarah Angelina Acland —Angie, como le gustaba que la llamaran— lo plasmó en su fotografía.[1] Visto de frente, el rostro de Haffkine es ancho, despejado y afablemente sensible. Pero en junio de 1899, cuando se toma la foto, se ha convertido en un ser magnífico: el inoculador de millones de indios, su protector contra el contagio letal. Así pues, Angie Acland lo hace posar de perfil, como si estuviera cincelado, recortándose heroicamente contra un fondo oscuro. Ahora su aspecto es bello y astuto, una nariz fuerte, una mirada que proyecta una aguda inteligencia más allá del marco de la imagen. Pero, si lo examinamos más de cerca, en el retrato parece sobresalir algo más: una timidez atrapada en un traje bien confeccionado. La suave gabardina está abierta y revela una doble solapa. El cuello blanco corresponde al vestuario de un caballero informal pero superior. Sin embargo, aunque hace dos años ingresó en la Orden del Imperio de la India durante las celebraciones del jubileo de diamante de la reina Victoria, Waldemar Mordechai Wolff Haffkine, aun con su vestimenta impecable, no es un caballero superior pero informal.[2] Es un esforzado bacteriólogo experimental, creador y proveedor de vacunas, no solo contra el cólera, sino también contra la peste bubónica, porque esta ha regresado para acechar en el universo moderno de la electricidad edisoniana y los automóviles. Haffkine es también un judío de Odesa sin complejos, lo cual es importante. Los antisemitas del siglo XIV habían acusado a los judíos de envenenar pozos y de ser instigadores demoniacos de muertes masivas. Pero he aquí un judío que, si tenía la oportunidad, inocularía al mundo entero contra la peste.

Así, en los altos círculos de la ciencia y la administración británicas, Waldemar Haffkine era un Buen Judío, es más, un hombre admirable, un científico santo, el primero en crear una vacuna eficaz contra infecciones bacterianas letales (la viruela era vírica). Y, por ende, un judío en el que se podía confiar, ya que desde el primer momento había demostrado que no iba a recomendar nada que no hubiese probado previamente consigo mismo. En 1892, Haffkine había sido el primero en recibir la vacuna contra el cólera desarrollada por el Instituto Pasteur. Las molestias habían sido mínimas: irritación en el punto de inoculación, en la nalga izquierda, y una fiebre ligera y temporal, nada grave. Algunos amigos rusos que vivían en París, uno de los cuales era médico, se ofrecieron a pasar también por la aguja, y ninguno de ellos sufrió consecuencias. En India, Haffkine insistió en que se vacunara solo a los voluntarios, lo cual complicó y ralentizó la campaña. Pero un estricto cumplimiento de esta regla de voluntariado no impedía que se ejercitara la persuasión, en especial en poblaciones cautivas, más proclives a contraer enfermedades contagiosas: los presos de las cárceles de Gaya, en Calcuta, y Byculla, en Bombay; los trabajadores y recolectores «culíes» de los huertos de té de Assam; y los soldados nativos de los acuartelamientos. También se presentaban voluntarias algunas personas que no estaban confinadas, a menudo los más pobres de entre los pobres, en los míseros suburbios de Calcuta y en las chabolas de Bombay. Los indigentes eran el principal objetivo de la persuasión de Haffkine, puesto que sus viviendas superpobladas eran nidos de contagio. En última instancia, los resultados habían sido lo bastante satisfactorios como para que las principales figuras del Gobierno del Raj —virreyes y gobernadores— utilizaran las campañas de vacunación para publicitar la benevolencia del imperialismo médico británico. Sin embargo, en entornos más locales, las opiniones no eran en absoluto unánimes. No era difícil hallar veteranos del Servicio Médico de India (IMS, por sus siglas en inglés) quejándose del «ruso», que ni siquiera poseía titulación médica y era tan presuntuoso que afirmaba que su obsesión con la higiene era irrelevante. ¿Qué más daba que los microscopios hubieran desvelado la existencia de microbios? ¿Acaso el cólera no les había enseñado la lección de que las enfermedades prosperaban en la suciedad y que la eliminación de esta, ya fuera rociándola con carbólico y cal, mediante la quema de objetos o incluso con la demolición de las viviendas de los infectados, era la única forma segura de erradicarla? En cuanto a informarse acerca de la nueva ciencia de la bacteriología, eran conocimientos foráneos elaborados en los laboratorios de París y Berlín. Los enfermos abarrotaban las salas de peste, los grandes centros del comercio imperial cerraban y no había tiempo para especulaciones insustanciales, ni tampoco demasiada predisposición a aprender.

Haffkine no era ajeno a los rumores. Su trabajo en India siempre había sido una batalla ardua, sobre todo a la hora de buscar fondos y espacios adecuados para la investigación y la producción de vacunas. El Gobierno le deseaba lo mejor, autorizaba sus inoculaciones y permitía que las administraciones locales le brindaran apoyo, pero esos deseos nunca iban acompañados de sumas adecuadas de rupias, desde luego no a la escala de sus ambiciones de crear un «laboratorio bacteriológico en India para la formación de jóvenes médicos en esa ciencia» o instalaciones de vacunación móviles listas para desplazarse allá donde la urgencia las llamase.[3] Quienes tomaban decisiones en Calcuta consideraban utópico el aparente interés de Haffkine por la vacunación masiva en lugar de reservar el tratamiento a los funcionarios ingleses y las tropas nativas de las que dependía la seguridad del Raj.

Pero, en 1899, tras seis años de financiación oficial ínfima, su trabajo posibilitado únicamente por el ilustre patrocinio de mecenas ricos pertenecientes a comunidades minoritarias —parsis, musulmanes ismaelitas y judíos—, parecía que Haffkine finalmente había logrado el reconocimiento oficial. Se abriría un laboratorio para la investigación de la peste en Parel, al sur de Bombay, del cual él sería director. Si un instituto nacional para el estudio de enfermedades infecciosas peligrosas superaba la fase de propuesta, se propondría su nombre para encabezarlo. Las alabanzas se acumulaban, incluso entre las jerarquías más tradicionales del Servicio Médico de India. El coronel y cirujano W. G. King le escribió desde Madrás para anunciar que, en honor al servicio inapreciable que estaba prestando, había recomendado que en adelante la vacuna se denominara «haffkinina».[4]

Sin embargo, y no sin motivo, Haffkine sospechaba que la oposición no había desaparecido. A pesar de las alabanzas públicas, su puesto no parecía asegurado. A diferencia del coronel King, había veteranos del Servicio Médico de India que compartían el punto de vista de Leonard Rogers, un experto en venenos de serpiente, según el cual Haffkine era «un bacteriólogo extranjero sin cualificaciones oficiales».[5] Su «idoneidad» como director de cualquier tipo de instituto era cuestionada sistemáticamente, incluso por algunos de los que trabajaban para él. Se decía que una comisión oficial creada en 1898 para investigar los orígenes de la pandemia de peste en India y sopesar las medidas para contener y tratar a sus víctimas tenía dudas acerca de las pruebas que había presentado Haffkine para sustentar la eficacia de su vacuna.[6] La excedencia de seis meses que lo había traído de vuelta a Gran Bretaña en parte pretendía reparar su maltrecha salud, pero también movilizar el apoyo de los nobles victorianos de la ciencia y la medicina.

En Gran Bretaña tenía defensores de renombre. Joseph Lister le dedicó elogios y hubo una reunión con la entusiasta Florence Nightingale, casi octogenaria, aunque Haffkine reparó en que estaba gravemente enferma.[7] Cuatro años antes, en diciembre de 1895, el padre de Angie, sir Henry Wentworth Acland, que más tarde sería profesor *regius* de Medicina y Fisiología en Oxford, había quedado asombrado al escuchar una charla de Haffkine —presentado como «asistente del doctor Pasteur»— en la sala de examen que compartían los Colegios Reales de Médicos y Cirujanos sobre la eficacia demostrada de su vacuna contra el cólera.[8] Nada menos que Robert Koch le había ofrecido su encomiástico respaldo. ¡Ojalá hubiera existido un salvavidas como aquel cuando la enfermedad azotó la ciudad universitaria en 1854! En ese momento, sir Henry era médico de la clínica Radcliffe y se había propuesto utilizar los recursos municipales para combatir la propagación de la enfermedad. Había levantado un «campamento» para los infectados en un campo de Jericho (la parte más pobre de la ciudad, por supuesto), al tiempo que se aseguraba, dado que no era un carcelero, de que a los confinados se les proporcionaban comida y refugio decentes. A consecuencia de ello, o eso pensaba, el brote había sido contenido. Dos años después, Acland publicó su crónica sobre ese régimen sanitario junto con un mapa detallado del Oxford infectado.

Cuando el hermano menor de Angie, Theodore, el único médico de los siete hijos de Acland, fue enviado a Egipto en 1883 para enfrentarse a un brote de cólera, llevó el régimen de inspección y cuarentena de su padre hasta el valle del Nilo, a pesar de la hostilidad oficial a cualquier medida que pudiera detener el tráfico anglo-indio a través del canal de Suez. Se instaló un inmenso campamento de infectados y presuntos contagiados. Aquello no era el Jericho de Oxford. Guardias militares patrullaban el campamento del desierto con órdenes de disparar a quienes huyeran. Había instrucciones estrictas sobre el lavado regular e intensivo con una solución de ácido carbólico. Pero la severidad del régimen sanitario entrañaba un riesgo, ya que podía desencadenar una revuelta de los nativos. Era improbable que la vigilancia, segregación y desinfección en los campamentos de Theodore Acland pudiera reconciliar a los últimos súbditos árabes del imperio con las bendiciones del Gobierno. Más tarde, en la década de 1890, Theodore ejerció como oficial médico del ejército anglo-sudanés, tratando de mantener la paz en la región del Alto Nilo, peligrosamente exaltada por las prédicas yihadistas y al borde de una rebelión liderada por el mesiánico Mahdi. Los campos de confinamiento o las prohibiciones del *hach* a La Meca no eran más que provocaciones. Por otra parte, si el cólera seguía descontrolado, podía causar estragos en el ejército anglo-sudanés antes de que llegara a enfrentarse a su enemigo en el campo de batalla. Si una campaña de vacunación podía obviar la necesidad de medidas que aislaran a las poblaciones nativas, mejor para todos.

Había, pues, razones de todo tipo para que los Acland, padre, hijo e hija, se hicieran amigos del tímido Waldemar Haffkine. Cautivado por la modestia y elocuencia del joven científico, sir Henry respondió tal como solía hacerlo la hospitalidad británica: con una invitación a quedarse en su casa de Broad Street, en Oxford. Era un lugar famoso. Célebres figuras victorianas —Gladstone, lord Salisbury, el cardenal Newman— habían bebido de las copas de Acland y apoyado la cabeza en sus almohadones. Haffkine, que ya se había formado una impresión de los británicos a partir de la rigidez de aquellos que lo habían mantenido a cierta distancia en la sociedad de Calcuta, quedó desarmado por la calidez de la admiración de los Acland. «Su presencia en la sala de examen con ocasión de mi conferencia», escribió Haffkine, respondiendo con juvenil deleite, «la considero el mayor de los elogios. [...] No conocía Oxford. [...] Aceptaría su amable invitación con gran placer», de no ser porque antes debía respetar algunos compromisos en Londres. Cuando finalmente llegó a casa de los Acland, Haffkine se encontró con un grupo de invitados a tomar el té que, aunque inevitablemente pedantes, habían sido seleccionados de forma cuidadosa por su anfitrión. Entre ellos había personas que habían trabajado en India, como sir William Hunter, el estadístico social que había documentado de forma incansable las terribles hambrunas del país en la década de 1860, y el entomólogo Frederick Dixey, que había acompañado a Haffkine en sus visitas a los colegios y las bibliotecas. Como sucede en tales ocasiones, una vez finalizadas las presentaciones, el grupo entabló conversación mientras circulaba el bizcocho de semillas, una charla tan animada que no se dieron cuenta de que su invitado de honor se había desplomado. Angie ayudó a Haffkine a levantarse. A pesar de medicarse regularmente con quinina y arsénico, había sufrido en aquel salón de Oxford un ataque de malaria, contraída mientras inoculaba contra el cólera a los trabajadores de los huertos de té de Assam. Terriblemente avergonzado, lo llevaron a la cama de una de las habitaciones de los Acland y le ordenaron que se quedara allí hasta que se encontrara mejor. A la semana siguiente, Haffkine escribió a sir Henry disculpándose por haberse convertido en «una carga».

La hospitalidad de los Acland rozaba la adopción. Consciente de que la estancia de Haffkine en Oxford no había sido precisamente ideal, sir Henry lo invitó a unirse a la familia a mediados de enero en Killerton, la finca que tenía su hermano mayor en Devon. Acland debió de prometerle paseos a caballo (algo que Haffkine podía hacer), caminatas por el campo y conversaciones animadas a la hora de cenar, porque el invitado respondió: «Estoy encantado con la posibilidad de contemplar esa vida inglesa que usted describe, por la que, a través de los libros, he adquirido el gusto sin haberla visto por mí mismo».[9] No obstante, no quiso que sir Henry fuera a buscarlo a la estación de Exeter («Me apenaría sobremanera que se cansara») y declinó su oferta de «pagar parte del billete». La estancia de dos días en Killerton obviamente fue un gran éxito. Presentado tanto a los intelectuales como a los encargados de los caballos, Haffkine aprobó el examen de aceptabilidad, obteniendo, según sir Henry, «excelentes opiniones» de todo el mundo —o, al menos, de todos aquellos que importaban— en el condado. Waldemar era, escribió a su hija, «activo en más buenas obras, ciencia, arte y deberes saludables que ningún hombre al que yo haya conocido nunca». Y, claro está, tocaba el violín y el piano.

En los clubes y salones de la India británica, la identidad inequívoca de Haffkine como judío seguía provocando reservas entre la vieja guardia del IMS: «Un pez fuera del agua»; «no realmente *pukka*»; «demasiado consciente de su propia inteligencia». Pero en Inglaterra circulaba una especie de filosemitismo entre los grandes nombres de la ciencia y la cultura literaria. El Daniel Deronda de George Eliot era solo una de las encarnaciones de ese romance filosemítico. Haffkine, tan apuesto, tan altruista, tan brillante, perfectamente ajustado al retrato idealizado de un héroe judío moderno. La biología racial se había alojado ya en el venenoso núcleo del antisemitismo moderno, y afirmar que los judíos eran portadores ambulantes de enfermedades infecciosas, en especial el tifus, se había convertido una vez más en un lugar común. Según los antisemitas, la sociedad judía mataba. Pero, cuando un judío hacía acto de presencia como conquistador demostrado del contagio, podía recibir homenajes, también por parte de admiradores gentiles, como refutación viva de aquella difamación.

Haffkine se recuperó lo suficiente para regresar a India a tiempo de presenciar, en otoño de 1896 y en lo más profundo de los *chawls* de Bombay, el brote de una epidemia tan letal como el cólera, si no más: la peste bubónica. A la luz de su éxito con el cólera, se esperaba que Haffkine pudiera crear una vacuna comparable. Y lo hizo. Cuando se fue por segunda vez en la primavera de 1899, casi medio millón de hindúes habían sido inoculados contra la peste. Pero la enfermedad estaba superando a la campaña. Se precisaba el apoyo del Gobierno para evitar lo peor, y Haffkine no estaba seguro de contar con él.

Se organizó una campaña de persuasión mediante charlas: la Royal Society, la Escuela de Medicina del hospital de Londres, una conferencia en la cena anual de los «Old Boys» del Colegio Médico de Londres y, sobre todo, el Colegio Médico Militar de Netley. En medio de ese calendario ininterrumpido, Haffkine se aseguró de visitar a los Acland en Oxford, donde sir Henry era un frágil inválido al que solo le quedaba un año de vida. Angie había trasladado su estudio, junto con su achacoso padre, de la casa de Broad Street a una propiedad más tranquila en Boars Hill, al noroeste de la ciudad. En aquel barrio de moda se estaban erigiendo casas señoriales, parcialmente construidas en madera, incluyendo una que pertenecía al arqueólogo sir Arthur Evans, que en aquel momento estaba planeando una espléndida restauración de las ruinas minoicas de Cnosos. Aquel verano de 1899, la brisa que soplaba desde Tommy's Heath era incómodamente fresca, de ahí quizá la gruesa gabardina de Haffkine, aunque el atuendo también se ajustaba a la visión que tenía Angie de él como imagen de la sabiduría científica desinteresada. En una segunda placa, en la que Haffkine iba acompañado de sir Henry, también aparece abrigado contra el fresco de mediados de junio. Sentado en una silla de mimbre, la cabeza cubierta con un gorro de terciopelo, Acland le dedica una sonrisa paternal a Waldemar, que mira directamente a la cámara de Angie, sosteniendo un libro y unos papeles, como si ambos hubieran acabado (o se dispusieran a entablar) una animada discusión sobre cómo podían ayudar las fiables vacunas en un mundo asediado por las pandemias.

En junio de 1899, ningún miembro de la comunidad científica defendía a Haffkine con más pasión que Joseph Lister, ahora lord. A sus setenta y dos años y ya retirado de la cátedra de cirugía clínica en el hospital del King's College, Lister había seguido la trayectoria de Haffkine con ferviente interés desde que lo conoció a finales de 1892, justo antes de que el joven partiera hacia India. Había asistido a la famosa conferencia sobre el cólera de 1895 y, tres años después, en calidad de presidente de la Royal Society, le había escrito a Haff-

Sarah Angelina Acland, fotografía de Waldemar Haffkine
con sir Henry Wentworth Acland, verano de 1899.

kine en Bombay que sería mucho más convincente si leía en persona su artículo sobre la vacuna contra la peste. Ante tan persuasiva invitación, Haffkine solicitó y obtuvo un permiso más prolongado. Su recepción en la Royal Society denotaba el apoyo de su presidente. Así, cuando el célebre químico Raphael Meldola le pidió a Lister que propusiera un brindis por Haffkine en una cena que los Macabeos iban a celebrar en su honor a mediados de junio, Lister aceptó de inmediato. Fundada hacía pocos años, los Macabeos era una «asociación de amigos» dedicada a ayudar, tanto filantrópica como educativamente, a la marea de judíos pobres que huían de la persecución en la Zona de Asentamiento rusa. Sus miembros eran profesionales de clase media: abogados como Herbert Bentwich, el novelista y dramaturgo Israel Zangwill y, cómo no, científicos. Muchos de sus miembros figuraban entre los primeros sionistas.

Haffkine no había acudido al restaurante St. James a hablar del sionismo (sobre el cual tenía sus reservas). Tampoco pensaba exponer con gran detalle su dilatado camino en la bacteriología hasta la elaboración de vacunas; eso lo dejó para un generoso relato que Lister ofreció en su presentación. Pero tanto Lister como Haffkine hicieron comentarios acerca de lo mal que se hablaba de los judíos y las desgracias que les estaban sucediendo. Lister hizo lo posible por caracterizar a Haffkine como «un hombre honorable» por convertirse en el primer sujeto humano de la vacuna contra el cólera y por «poner su vida en peligro» al trabajar contra el cólera y la peste. Todo aquello, así como sus incansables esfuerzos para convencer a los hindúes desconfiados u hostiles a la vacunación, lo convertía en un héroe. Pero entonces Lister cambió el rumbo de su charla de un modo que hizo que los Macabeos, adormilados por el oporto, se irguieran de inmediato. «Algunas personas envidian su capacidad y su éxito porque pertenece a la raza judía. Me congratulo al decir que en este país no existen sentimientos tan innobles». Esto, que no era más que una vana ilusión por parte de Lister, provocó un arranque de aplausos entre los comensales, algunos de los cuales incluso golpearon la mesa con la mano. Los franceses (evidentemente) se vieron interpelados por su inadmisible prejuicio. «Simpatizamos con Dreyfus», dijo Lister, «y nos alegramos ante la perspectiva de una rápida liberación. [...] Recordamos que tuvimos un primer ministro [Disraeli] que era de sangre puramente judía. […] De todo lo deleznable, nada lo es más que el odio hacia la raza judía. La vuestra es la raza más noble de la Tierra […]». Y así prosiguió. Antes de que Haffkine se pusiera en pie, hubo resonantes aplausos y vítores.

Los que le oían expresarse en inglés —su tercera lengua, después del ruso y el francés— a menudo se sentían desconcertados por la elocuencia de Haffkine, aunque también se decía que hablaba lento y con un deje meditabundo, como si tradujera sobre la marcha. Pero lo que tenía que decir a los Macabeos era sobrecogedor, con la actitud retórica de una actuación cada vez más trágica. A pesar de sentirse complacido por el honor que se le dispensaba y del hecho de que hacía muchos años que no visitaba Rusia, «los recuerdos de las vicisitudes» de los judíos «y del estado de inquietud e incertidumbre» en el que vivían, esperando el siguiente estallido de violencia, nunca los había olvidado. En el preciso instante en que ellos cenaban en St. James, «millones de judíos de Polonia y el oeste de Rusia están siendo sometidos a una política de exterminio bien calculada y planificada, y ejecutada de manera sistemática e infatigable». Le preocupaba que, por parte de los propios judíos, no pareciera haber ningún «plan de resistencia» a los perjuicios físicos que les esperaban.

Haffkine pasó de la tenebrosa profecía a la historia personal, describiendo las inmensas dificultades que había experimentado, sobre todo en 1893, el primer año de la vacuna contra el cólera en India. Solo al llegar allí se dio cuenta de hasta qué punto podían ser esquivos los sujetos cuantificables, en números representativos, sobre todo porque el cólera había remitido aquel año. No solo había necesitado cifras significativas de voluntarios, sino números iguales, con condiciones de vida idénticas, que rechazaran la inoculación, para poder ser utilizados como controles. Pero, aun cuando logró hallar tales grupos comparables, las personas pobres, más proclives a sufrir una infección, eran también aquellas que difícilmente permanecían en un mismo lugar, lo cual dificultaba la elaboración de informes de seguimiento. Se le ocurrió que «la tarea quizá resultaría imposible», aunque también sabía que no podía abandonar el proyecto. Atrapado en ese dilema, su mente sucumbió a una atormentada indecisión, dolorosa hasta llevarlo al borde del suicidio. «En la fatiga y desesperación por poder ver la eficacia de estos esfuerzos, la imagen de la muerte se me aparecía como una liberación bien recibida; la creación que me rodeaba pareció agotar todo aquello que normalmente respalda a un hombre en su actividad». Continuó vacunando cuando y donde pudo, pero la melancolía y una sensación de alienación, tanto entre los británicos como entre los hindúes, lo afectaron de manera aplastante. Las personas a las que trataba eran distintas de él por su idioma y por sus costumbres culturales, «incapaces de ofrecerme siquiera un gesto de amistad o de aprobación». De modo que su corazón y su mente volvieron al lugar del que venía. Paradójicamente, en aquellos momentos de melancolía india, se apoyaba en las visiones de la Ucrania judía, «las personas atribuladas en las llanuras del Dniéper, el Vístula, el Neman y el Danubio», y en «la posibilidad de poder aliviar algún día su aflicción con un solo rayo de esperanza». En ese momento de su discurso, Haffkine se volvió hacia el viejo Lister, sentado a su lado, y le preguntó si la primera vez que se encontraron, y en las numerosas veces posteriores, «con el espíritu inagotable de buena voluntad» que se le había ofrecido, había recordado «la raza a la que pertenezco». «¡Sí!», dijo Lister en voz alta. Más aplausos. En un tono aún más enfático, Lister reiteró: «¡Sí!». «Entonces», resumió Haffkine, lleno de emoción, «me concedéis la retribución más dulce, más orgullosa, que un hombre pueda recibir. Al mismo tiempo», prosiguió, mirando a Lister, «presagiáis, quizá inconscientemente, la posibilidad de mejores tiempos para nuestro pueblo. Porque tengo la sensación de que, en la búsqueda de nuestros propios ideales, esforzándonos por hacer aquello que nos parece correcto y que responde a las demandas más íntimas de nuestra naturaleza, se genera un sentimiento de aprobación por parte de aquellos con los que entramos en contacto, en las naciones que nos observan. Tengo la sensación de que un tiempo de conciliación, de afecto mutuo y de hermandad entre nuestro pueblo y otras naciones, se convierte no solo en una posibilidad, sino en una realidad».

Los judíos que lo escuchaban, con sus trajes de gala, prorrumpieron en una oleada de vítores. Pero, antes de que se atenuara la asombrada aclamación, uno de los invitados no judíos, el reverendo Charles Voysey, se levantó de súbito y dijo que, al enterarse de que iba a cenar con «el querido Haffkine», su hija, recién llegada de Karachi, le había pedido que le dijera que le había salvado la vida a su esposo.

Todo esto —la apocalíptica profecía, el drama de desesperación rayano en el suicidio, las imágenes de judíos indefensos en Ucrania preguntándose cuándo volvería a caer sobre ellos el martillo del odio— debió de resultar inesperado para los Macabeos. Pero eso fue solo porque, hasta entonces, sabían poco de la verdadera historia de Waldemar Mordechai Wolff Haffkine.

Haffkine había crecido a la sombra de la violencia; solo tenía once años cuando, en 1871, un brutal pogromo golpeó a su comunidad en Odesa. Un supuesto modelo de coexistencia cosmopolita, la Odesa judía había ardido aquella Semana Santa. Seis judíos murieron en el asalto de la muchedumbre. Veintiuno fueron salvajemente golpeados y heridos, y no menos de 183 casas y 550 tiendas y negocios quedaron destruidos. La experiencia debió de ser traumática para el chico, que era huérfano de madre tras la muerte de Rosalie Haffkine cuatro años antes, a la edad de cuarenta años.

El pogromo tuvo lugar durante la Semana Santa, provocado por antiguas y falsas calumnias de supuesta profanación de imágenes y objetos rituales en iglesias ortodoxas griegas por parte de los judíos. Había habido otros ataques en momentos anteriores de aquel mismo siglo, motivados por la paranoia religiosa. Pero, en 1871, la violencia también estaba teñida de resentimiento económico. Los alborotadores griegos, a los que se unieron rusos y ucranianos, se oponían a la penetración judía en los negocios comerciales y artesanos de la ciudad portuaria; en otras palabras, furia contra el único ejemplo de éxito judío en el Imperio ruso moderno. En 1860, el año en que nació Haffkine, uno de cada cuatro ciudadanos de Odesa era judío. Las oportunidades para los judíos se presentaban como en ningún otro lugar de la Rusia imperial. Podían acceder a una educación laica, incluidas las ciencias y las matemáticas, y aprender ruso y otras lenguas europeas. Los no instruidos podían conseguir empleos manuales en los muelles; los medianamente instruidos podían abrir tiendas o pequeños negocios; y, en el extremo superior, los judíos podían entrar en la universidad y cualificarse para acceder a las profesiones. Era el único lugar de Rusia en el que los judíos podían vivir una vida comparable a la de sus correligionarios del mundo germanoparlante, Inglaterra, Francia o América. En Odesa, si eras judío, podías ser abogado, periodista, maestro o médico. Y también podías ser un hombre de negocios que trabajara en el comercio internacional de cereales sobre el que se habían construido las fortunas de la ciudad.[10] El padre de Haffkine, Aaron Wolff Pavlovich, era agente comercial en la más ambiciosa y próspera de estas nuevas empresas familiares, los Gunzburg, y un clásico ejemplo de un *maskil* de Odesa: practicante de la Ilustración y la optimista integración judía en la cultura y la sociedad rusas.[11] Rosalie Landsberg, su segunda esposa y madre de Waldemar, también procedía de ese entorno en el que no era un problema ser a la vez judío y ruso moderno. Al menos una de las sinagogas de Odesa defendía la sustitución del hebreo por las oraciones en ruso en sus oficios. Nadie en el círculo familiar inmediato de los Khavkin/Haffkine hablaba yidis. Los nombres que Aaron y Rosalie dieron a su hijo representaban esa mezcla cultural optimista. Waldemar era una versión germanizada de Vladímir o Volodímir; Mordechai, la huella de una identidad judía sin complejos; Wolff era uno de los favoritos de la familia. Su primera infancia la pasó entre una multitud de hermanos: tres hermanas —Henrietta, Maria y Rebecca— y dos hermanastros mayores del primer matrimonio de Aaron: Alexander (como el zar) y Salomon (como el rey). Incluso los desastres domésticos estaban teñidos de esa identidad mixta. Puede que el niño de siete años no supiese yidis, pero, ayudado por su abuelo materno David Landsberg, maestro en el Colegio Judío, sabía recitar de memoria el *kadish* en arameo en la tumba de su madre.[12]

Sin abandonar el judaísmo, el precoz Waldemar no recibiría su educación en un jéder religioso, sino en una escuela pública y con compañeros no judíos. Esto tendría lugar en Berdiansk, unos quinientos kilómetros al este, otra moderna ciudad portuaria de Ucrania, en la orilla norte del mar de Azov. No se conocen las razones por las que el padre viudo se mudó con su hijo más joven y las chicas, pero, como la fortuna de Aaron menguó en ese medio provinciano, es posible que la migración fuera una reacción de sorpresa ante el pogromo de 1871, que refutó el mito de que, cuanto más laicos y modernos fueran los judíos, más fácil les resultaría asentarse en una existencia sin problemas junto a sus vecinos gentiles. Esa visión más oscura del futuro no alteró la trayectoria de la educación de Waldemar. En el *gymnasium* clásico de Berdiansk aprendió latín, ruso y francés, aparte de las ciencias. A los quince años, según recordaba un compañero de clase, ya era un alumno modélico: notablemente apuesto, ferozmente trabajador y temperamentalmente serio.

En Berdiansk no había universidad. Por tanto, en 1879, el joven de diecinueve años ingresó en la Universidad Imperial de Nueva Rusia, en Odesa, para asistir a clases de física y matemáticas. El declive de la fortuna de su padre supuso que Waldemar tuviera que unirse a la multitud de estudiantes pobres que ocupaban viviendas ruinosas en la parte más sucia de la ciudad, y solo la asignación de diez rublos que le enviaba cada mes su hermanastro Alexander lo mantenía apartado del hambre. La Odesa estudiantil —como la propia ciudad— era un batiburrillo político: socialismo, populismo campesino y sionismo, todos ellos con su voz, a veces prudentemente enmudecida y soterrada, otras temerariamente potente y abierta. Las cafeterías, las tabernas y las imprentas eran un hervidero de ideas peligrosas que atraían la atención de los espías del Gobierno, quienes, infiltrados entre los jóvenes, mantenían los ojos y los oídos abiertos a los nuevos estudiantes. La verborrea utópica era contagiosa, pero también arriesgada. En su primer año, Haffkine, junto con su compañero Haim Mordechai Rabinowitz, participó en protestas contra las restricciones de las asambleas de estudiantes. Era lo bastante ruidoso y visible para que la policía le abriese un expediente que, dos años más tarde, le causaría no pocos problemas.

Pero había un miembro del mundo académico y científico de la universidad que ejerció en Haffkine una influencia más poderosa que la de cualquier fanático estudiantil. El cambio en la vida de Waldemar se produjo nada más entrar en el aula en la que Iliá Méchnikov enseñaba anatomía comparada y zoología.

Igual que su discípulo, Méchnikov era un vagabundo de la ciencia, un alma libre en el floreciente mundo de la microbiología. Su

Elie Méchnikov.

vida había empezado en el poblado ucraniano de Ivanovka, cerca de Járkov, y terminaría en el Instituto Pasteur de París; aquel fue el lugar donde se sentía más en casa. Pero, durante buena parte de su vida, Méchnikov perteneció a la comunidad nómada de científicos partidos de Rusia hacia Alemania, Italia, Francia y Gran Bretaña, solo conectados entre sí por la estimulante experiencia de ver un universo de microorganismos: microbios patógenos y «células errantes», como las llamaba Méchnikov, que defendían a sus cuerpos anfitriones contra la invasión tóxica.

Méchnikov era una verdadera mezcolanza. Su aristocrático padre era un oficial moldavo de la Guardia Imperial que había rusificado su apellido original rumano sin abandonar su vocación por la vida de la espada. Iliá padre se bebió la mayor parte de su herencia, y se retiró a lo que le quedaba de sus propiedades cerca de Járkov para criar caballos. Durante casi toda la infancia de su hijo fue un padre ausente: un gran consumidor de champán que siempre olía a establo. Ello convirtió a Emilia, la madre de Iliá, en la influencia formadora en la vida de Méchnikov. Su pedigrí era completamente distinto: era una Nevakhovich, más atraída por las palabras que por los caballos, perteneciente a una familia de viajeros famosos. Su padre (el abuelo de Iliá), Lev Nevakhovich, fue uno de los primeros rusos *maskilim* y lo bastante optimista para creer que, si se sumergían lo bastante en la cultura eslava, los judíos podían ser súbditos del imperio zarista sin ningún obstáculo. Ese era el tema de su *Lamento de las hijas de Israel*. Empezó traduciendo obras hebreas (así como alemanas y suecas) al ruso, y se convirtió de manera ficticia, como era habitual, al luteranismo, lo cual le permitió acceder a un empleo en el Ministerio de Finanzas en Varsovia y que sus obras se representaran en San Petersburgo, al menos en una ocasión, antes del zar Alejandro I. Uno de sus hijos se convirtió en *ritmeister*, maestro de caballos; el otro inventó los cómics rusos, el primero de los cuales se titulaba *Yeralash*, que también significa mezcolanza.

Emilia Nevakhovna Méchnikova guio los pasos de su precoz hijo, que daba conferencias de ciencia a un público cautivo formado por sus hermanos. En el Lycée de Járkov alentó sus aptitudes para la botánica y la zoología, y le compró su primer microscopio serio cuando tenía quince años. Al poco, la ciencia sustituyó a la deidad como objeto de fe, una convicción que Iliá repetía de manera tan incesante que lo llamaban «Dios no existe». Cuando llegó el momento de ingresar en la Universidad de Járkov en 1863, Emilia convenció a Iliá (su estado físico delicado, su visión débil y su temperamento nervioso tuvieron mucho que ver) de que siguiera el camino del científico de investigación más que el del médico. La madre tenía buenas razones para estar atenta: su primogénito, Lev, siete años mayor que Iliá, había sido expulsado de la Facultad de Medicina de Járkov, probablemente por adherirse a políticas revolucionarias. Algo tenían los hermanos Méchnikov que los hacía, intelectual y políticamente, difíciles de controlar. Pero eso no disuadía a Emilia, convencida de que la generación de sus hijos se hallaba en el umbral de un nuevo mundo de conocimiento científico, y ella deseaba que ambos estuvieran entre sus exploradores.

Aquel nuevo mundo no tenía fronteras, ni espaciales ni temporales. Rechazado por la profesión médica, Lev Méchnikov llegó a dominar diez lenguas, entre ellas el árabe y el turco, y se mostraba reacio a asentarse en ningún lugar, pues había mucho por ver. Resultó herido luchando con los «camisas rojas» de Garibaldi, fue corresponsal en España y profesor en Japón, y acabó como «geógrafo anarquista», colaborando con el siempre heterodoxo Elisée Reclus: comunero y aeronauta, activista por la abolición del matrimonio, nudista, ecologista y vegetariano militante. Los viajes intelectuales de Iliá eran más inofensivos que los de su hermano mayor, pero aun así no eran los del caballero-académico ruso convencional. Dos de los libros que contribuyeron a su formación fueron *Historia de la civilización en Inglaterra* (1858), de Henry Buckle, con su oda a la ciencia como iluminadora del camino hacia un futuro sin miseria ni enfermedades; y, publicado solo un año después, *El origen de las especies* de Charles Darwin, presentado inicialmente a Méchnikov a través de la obra *Für Darwin*, de Fritz Müller. Sumados a la «Ley biogenética» de Ernst Haeckel (descrita en primer lugar por Etienne Serres), que sostiene que el desarrollo embrionario de los animales es una «recapitulación» de las formas adultas de los antepasados evolutivos, Méchnikov tenía ante sí, y lo tuvo prácticamente durante el resto de su vida, la cadena anatómica ininterrumpida y perpetua que conectaba los organismos invertebrados más simples con todas las formas sucesivas de especies, incluida la suya. Examinar más detenidamente esos organismos primordiales unicelulares significaba, pues, seguir a Serres, Haeckel y Darwin en su escrutinio de toda la historia de la vida en la Tierra.

De manera que hizo precisamente eso, siempre y dondequiera que pudo. En Heligoland estudió las formas marinas microscópicas. Cuando aún era estudiante en Járkov, publicó un artículo sobre la estructura tisular de un protozoo ciliado de agua dulce, *Vorticella*, que Anton van Leeuwenhoek había visto por primera vez bajo una lente en 1676, y del que se sabía que tenía una relación simbiótica con bacterias. En la Universidad de Giessen, trabajando con un parasitólogo, observó la digestión intracelular en platelmintos, lo cual fue una revelación. Con una pasión ingenua y solo veinte años, Iliá Méchnikov parecía ajeno al mundo, cosa que lo convertía en blanco fácil de las personas deshonestas, incluido su profesor, que se apropió de su trabajo sobre los platelmintos y lo publicó sin dar crédito alguno a Méchnikov. Indignado y lleno de impotencia, Iliá se trasladó a Nápoles para trabajar con el zoólogo ruso Alexander Kovalevski, en el desarrollo embrionario de las jibias y el diminuto crustáceo *Nebalia*. Ese fue su momento darwiniano y, juntos, ambos rusos decidieron justificar el principio evolutivo básico del antepasado común mediante la comparación del desarrollo de las capas germinales de los embriones de invertebrados con las de vertebrados. Antes de poder completar ese trabajo, el brote de cólera que motivó la gran reunión de la Conferencia Internacional de Sanidad en Constantinopla arrasó Nápoles. Kovalevski y Méchnikov viajaron a San Petersburgo, donde Iliá obtuvo su doctorado y, junto con Kovalevski, ganó un premio por su trabajo sobre las jibias y los *Nebalia*.

Tenía veintidós años.

Y estaba listo para una vida salida de una obra de Dostoyevski. Su disertación de doctorado le supuso un puesto como docente en el Departamento de Zoología de la Universidad de Odesa. Más joven que cualquiera de sus alumnos, a Méchnikov lo enfurecían las absurdas formalidades y las mezquinas disputas de la vida académica. Posiblemente, pensó, las cosas estarían mejor en San Petersburgo. Se equivocaba. En la industriosa e implacable capital, subsistía sumido en una pobreza atroz y una soledad misantrópica, con problemas de visión y una impredecible estabilidad mental. Vino a su rescate Ludmila Fedoróvich, que sufría de tuberculosis pero lo adoraba. Ambos se enamoraron al instante. Sin embargo, como en el argumento de una gran ópera, Ludmila estaba ya tan consumida por la enfermedad que el día de su boda, en 1869, pálida como sus ropas nupciales, tuvo que ser llevada al altar en una silla. Mientras la enfermedad aceleraba su fatal trayectoria, Iliá la llevó a Madeira, donde se suponía que las brisas cálidas del Atlántico serían de ayuda, pero no fue así. Cuando Ludmila murió en 1873, su desesperado esposo decidió matarse con una sobredosis de morfina. Pero ingirió tal cantidad que un paroxismo de vómitos eliminó la droga de forma involuntaria y expedita. Tras una purga y un lavado de estómago, Iliá decidió dejar ahí su intento.

Al salir de su pozo abismal de angustia, Méchnikov regresó a Odesa sin haberse reconciliado con los medios académicos convencionales, pero cada día más entusiasmado con sus investigaciones. En el piso situado justo encima del suyo oyó a una estudiante de instituto, Olga Belokopitova, hija de una familia de terratenientes, dando ruidosos pasos con sus botas de escolar, charlando y riendo. Tenía dieciséis años e Iliá treinta. Tras el cortejo, se comprometieron y formalizaron su matrimonio. Pero, cuando Olga contrajo el tifus en 1880, su esposo juró que la maldición amorosa era su sino, que microbios hostiles abusaban de su prematura felicidad. Rendido a una romántica desesperación, volvió a intentar suicidarse, esta vez de una forma que al menos se recordara como útil a la ciencia. En su sacrificio se inyectó bacterias de fiebre recurrente para ver si la enfermedad se podía contagiar a través de la sangre. Si el experimento tenía éxito, Méchnikov sería aclamado póstumamente. La inmortalidad. De algún modo, ello hacía que la perspectiva de la desaparición resultara tolerable. Pero su segundo intento de suicidio fue tan concluyente como el primero. Sin embargo, Iliá aún no había terminado: se sumergió en un baño caliente y luego salió a la helada noche, intentando contraer un resfriado fatal. Pero las polillas que revoloteaban alrededor de la luz de una farola lo distrajeron de su chapucera autodestrucción. En aquel momento, la curiosidad biológica pudo más que el egoísmo romántico. O, al menos, eso es lo que afirma su biografía póstuma, escrita por Olga, que sobrevivió muchos años a su esposo. Iliá tenía tendencia al suicidio retórico, recordando que los ataques a su obra eran a veces tan implacables y encarnizados que «estaba preparado para liberarme de la vida».

Sin embargo, en 1879, Méchnikov estaba completamente vivo: mediada la treintena, era profesor en la Universidad Imperial de Nueva Rusia, en Odesa, que actualmente lleva su nombre. Aquel mismo año llegó a su laboratorio un estudiante quince años más joven que él e igualmente fascinado por la anatomía de los organismos unicelulares. Sus nombres de pila eran extraños: Waldemar/Vladímir, también Mordechai, también Wolff. Pero Iliá Méchnikov, que era asimismo uno de Ellos, lo sabía todo sobre los prodigios culturalmente híbridos. Bajo la piel había un par de judíos astutos, el maestro con grandes patillas, el alumno con un bigote ralo. Después de ganar el Premio Nobel en 1908, Méchnikov le dijo a un periodista de *The New York Times*: «Atribuyo mi amor por la ciencia al hecho de ser descendiente de la raza judía».[13]

¿Hubieran reconocido los Acland, Joseph Lister o Florence Nightingale —todo el elenco de admiradores británicos que tenían a Haffkine por una persona sobria y reservada, el epítome de una vida tranquila y reflexiva— a su yo más joven de Odesa, esto es, un agitador armado? Como uno de los líderes de las protestas contra la prohibición oficial de las asambleas estudiantiles, Haffkine llamaba lo suficiente la atención como para ser arrestado. Tras su liberación, lo pusieron bajo vigilancia policial y le abrieron un expediente, que a lo largo de los ocho años posteriores crecería con informes recurrentes sobre los coqueteos de Haffkine con la política subversiva. Tal como afirmaba la policía, ¿llegaría a dar el paso increíblemente peligroso de unirse a la organización terrorista revolucionaria Naródnaya Volia, o «Voluntad del Pueblo»? Es evidente que dicha organización era potente dentro de los grupos de estudiantes de la Universidad de Odesa. A partir de sus conversaciones con Alexander, el hermanastro octogenario de Haffkine, el periodista soviético Mark Popovski no tuvo duda de que las sospechas de la policía estaban justificadas.[14] Pero Popovski tenía un claro interés en atribuir un pedigrí tanto revolucionario como científico al hombre al que en su biografía llama «mi héroe». Por otro lado, tras librarse del acoso del KGB y emigrar a Nueva York, Popovski no modificó la imagen de Haffkine, el estudiante radical, que sacó de las memorias de Alexander. De lo que no cabe duda es de que una carta escrita al gobernador general de Odesa acerca de la política de Haffkine y de su efecto sobre su posición como estudiante en la universidad afirma que pertenecía a Voluntad del Pueblo.[15]

El 1 de marzo de 1881, un grupo de camaradas, entre los cuales estaba la hija del gobernador militar de San Petersburgo, bombardeó

Waldemar Haffkine a los veinticuatro años, Odesa, 1884.

el carruaje del zar Alejandro II mientras volvía al palacio de Invierno. Cuando, en el sangriento pánico subsiguiente, el zar salió del carruaje, una segunda bomba lo hizo pedazos. Se decía que el segundo y decisivo terrorista, Ignaci Hriniwiecki, era judío. En realidad no lo era, pero Hesya Helfman, un revolucionario de veintiséis años asombrosamente bello que había planeado el asesinato, sí. Ni siquiera hizo falta el arraigado antisemitismo para convencer a muchas mentes rusas de que los judíos habían matado al zar, igual que habían matado a Cristo. Corría el rumor de que aquello no era más que el principio; los *Zhidy* estaban planeando muerte y terror.

Lo que vino a continuación era predecible: una oleada de pogromos. Se produjeron 187 ataques independientes en ciudades, pueblos y poblados, desde Minsk hasta Kiev (como era entonces). Los ataques fueron especialmente brutales en la «Nueva Rusia» ucraniana, porque el resentimiento económico allí era más intenso. Como siempre, la insensatez más antigua tuvo su papel. El pogromo de Elizavetgrad, a finales de marzo, fue desencadenado por una nueva acusación del sangriento libelo: la alegación, que tenía su origen en la Inglaterra medieval, de que los judíos necesitaban la sangre de cristianos, en especial de niños, para la preparación de su matzá para la Pascua judía. Pero forasteros más allá de Odesa aprovecharon el momento para rechazar la inclusión de judíos en empresas comerciales de las que ellos habían sido anteriormente excluidos. Diversos *pogromniks* de Ucrania, en especial trabajadores ferroviarios, fueron contratados por comerciantes de Moscú para dar un escarmiento a los judíos y atacar sus casas y propiedades. Funcionarios de los gobiernos locales quedaron impactados por los pogromos, y en algunos casos dieron órdenes para su represión, implicando incluso a los cosacos del Don para mantener el orden. Pero esos esfuerzos fueron tibios. Para algunos miembros del Gobierno, era conveniente dejar que los hechos siguieran su curso y, desde luego, abstenerse de cualquier tipo de persecución sistemática de los responsables. El ultrarreaccionario Gobierno entrante de Alejandro III era hostil a la liberalización económica y cívica que su predecesor había extendido a los judíos de Rusia. Era precisamente la perspectiva de la competencia judía en el mercado y en las finanzas —por no mencionar su presencia en Moscú y San Petersburgo, así como en los ejes comerciales de Nueva Rusia— lo que había enfurecido hasta aquel punto a los comerciantes de Moscú. Las repercusiones del asesinato de Alejandro II y la atribución vaga pero intensa de la responsabilidad judía por el crimen brindó a los comerciantes la oportunidad de advertir a los judíos de que la competencia con los negocios y profesiones cristianas los iba a poner en peligro.

Los pogromos de 1881 en Ucrania fueron lo que recordó Haffkine al afirmar en la cena de los Macabeos que los judíos amenazados no organizaban una resistencia. Pero sus oyentes habían prestado atención al trágico argumento de Theodor Herzl, según el cual, mientras que los judíos eran blanco de un odio exterminador cuando vivían separados de sus culturas de acogida, se convertían en blancos aún mayores cuando trataban de hacer lo contrario: integrarse, por lengua, educación, costumbres sociales y profesiones, en el mundo gentil. Odesa, el ejemplo supremo de cómo la liberalización de la vida judía había fracasado a la hora de desactivar la paranoia antisemita, hizo que los jóvenes judíos recurrieran a lo único que les quedaba para proteger a su comunidad: la autodefensa armada.

En mayo de 1881, con información fiable de que se estaba organizando un pogromo para aquel mismo mes, un grupo de unos treinta estudiantes y jóvenes profesionales judíos (que pronto llegaría a los ochenta) —entre ellos Haffkine, así como el médico Kostya Puritz y el abogado Lyova Albert— se reunió para planificar la defensa de la Odesa judía. El lugar de encuentro fue la casa de la hermana de uno de los viejos amigos de Haffkine, Haim Mordechai Rabinowitz, con el que había compartido alojamiento durante sus días de *gymnasium* en Berdiansk. El cuñado de Rabinowitz, Hillel Yaffe, trató de ayudarlos, porque parecía saber dónde y cómo hacerse con armas. Con el probable pogromo a solo dos días, el grupo intentó obtener ayuda oficial. Alertaron a las autoridades militares locales de la amenaza inminente, aunque sin muchas esperanzas de conseguir ayuda. Y tenían razón. Encogiéndose de hombros, la policía les dijo: ¿Qué se podía hacer ante algo que aún no había sucedido y que quizá no lo haría nunca? En lugar de protegerlos, la policía advirtió a Haffkine y sus amigos que no provocaran a los posibles atacantes.

No había tiempo que perder. Las discusiones en la casa Rabinowitz-Yaffe adquirieron un tono práctico. La Odesa judía se dividió en distritos de autodefensa, en cada uno de los cuales se levantarían barricadas de metal. Se amontonarían proyectiles —ladrillos, adoquines, piedras— para utilizarlos contra los matones. Y lo más importante: Hillel Yaffe había conseguido armas. Eran quince entre pistolas y escopetas, lo cual no era un arsenal, pero bastarían para dar una sorpresa al enemigo. El propio Haffkine llevaba un revólver Webley. Todo aquello representaba un cambio sorprendente, y no solo en Odesa o en Rusia, sino en toda la historia judía. Desde luego, cualquier tipo de milicia o banda armada era ilegal en la Rusia de los zares, por lo que los riesgos que corría el grupo eran extremos. Pero la indefensión, confiar en que los protegerían las autoridades, era una locura aún mayor.

Se sabía que los ataques violentos estaban planeados para el domingo. El *Sabbat* anterior hicieron una visita de reclutamiento a la sinagoga a la que solían acudir los carniceros *kosher* de Odesa. A Haffkine, la falta de dominio del yidis le impidió dirigirse al *shul*, pero fue Rabinowitz quien se encargó de hablar. Una vez superadas las sospechas de «agitadores», los carniceros movilizaron a sus compañeros del ramo, los matarifes rituales o *shochetim*, cuya profesión los hacía hábiles con herramientas afiladas. Se avisó a los comerciantes de que cerraran sus tiendas el domingo y se levantaron barricadas.

La autodefensa judía de Odesa contaba con personal y armamento, lo cual no había sucedido nunca en la larga historia de la diáspora europea. En la persona del armado Waldemar Haffkine se conjugaban las dos caras de cómo podía enfrentarse un judío moderno a un mundo hostil: la ciencia y la acción.

El primer grupo de atacantes que apareció en los distritos judíos la tarde del domingo fue recibido por una tempestad de ladrillos y piedras y tuvo que retirarse. Una segunda incursión fue desbaratada de la misma forma. Al día siguiente, Haffkine, Rabinowitz, Puritz y Albert se levantaron a las cinco de la madrugada para asegurarse de que las tiendas estaban cerradas y de que ningún judío se exponía al peligro. Encontraron a un solitario vendedor de cebollas, que les explicó que necesitaba alimentar a su familia. Antes de que pudieran hacer nada, los cinco, ninguno de los cuales llevaba armas, se vieron rodeados por una multitud hostil y solo los salvó la repentina aparición de un destacamento policial. Mientras el sol se alzaba sobre Odesa, hubo más ataques en distritos judíos, casi todos repelidos por los defensores, en especial los carniceros, pertrechados con las herramientas de su oficio. Las luchas callejeras prosiguieron durante todo el día. En algún momento, Haffkine, que ahora llevaba su revólver, se encontró con Hillel Yaffe, al que acababa de arrestar la policía. Haffkine también fue detenido por llevar pistola, y posteriormente liberado, después de una infructuosa búsqueda de documentos incriminatorios en su vivienda y de pasar algunas noches en el calabozo. Más de un centenar de defensores fueron interrogados por su papel en la resistencia.

Haffkine estaba libre, pero sus problemas no habían terminado. En noviembre fue expulsado de la universidad al ser considerado uno de los tres líderes del grupo ilegal de autodefensa armada. Inmediatamente se organizó una petición para que fuera readmitido, y uno de los firmantes fue el profesor Iliá Méchnikov. Aunque la petición se atendió, quedó claro que el problemático estudiante estaba sometido a una libertad intensamente vigilada. Volvió a la física, las matemáticas y el estudio de los invertebrados unicelulares. Pero, aunque el pogromo de Odesa había concluido, se producirían otros episodios desagradables. Al ver cómo unos cadetes del ejército abusaban de un comerciante judío, Haffkine se lanzó impulsivamente contra los agresores; resultó gravemente herido en la cabeza y, por si fuera poco, lo arrestaron de nuevo. Méchnikov acudió a su rescate, testificando sobre el buen carácter de su estudiante en el juicio. Pero el expediente de Haffkine era cada vez más abultado.

En febrero de 1882 lo detuvieron por tercera vez. La acusación de pertenencia a una organización terrorista sediciosa no podía ser más grave. Si era declarado culpable, lo esperaba un campo de prisioneros en Siberia, o algo peor. Por alguna razón, el caso nunca llegó a juicio. Es posible que el padre de Haffkine hiciese valer la poderosa influencia de los Gunzburg en San Petersburgo. Pero fue Méchnikov quien, por tercera vez, manejó todas sus influencias para sacar a su brillante protegido de aquella funesta situación. A cambio, el propio Méchnikov exigió un sacrificio a su estudiante díscolo: Haffkine debía jurar que, desde aquel momento, se dedicaría por entero a la ciencia. Pero Méchnikov no tardó en darse cuenta de que era él, y no solo su alumno, el verdadero objetivo de los hostigadores políticos. En efecto, lo despidieron de su puesto en la facultad, lo cual provocó un nuevo intento de suicidio. Esta vez, la pelota estaba en el otro tejado. Los estudiantes organizaron una petición para que se readmitiera a Méchnikov y Haffkine fue uno de los firmantes. Aquel gesto de gratitud se volvió contra él: se reactivó su propia expulsión de la universidad, y tanto el profesor como el estudiante ejemplar fueron destituidos.

Mientras que Haffkine apenas conseguía sustentarse con clases particulares y un insignificante empleo como guarda del Museo de Historia Natural de Odesa, la herencia de Olga permitió a Méchnikov pensar en reconstruir su laboratorio de investigación en algún lugar más cálido y libre de conflictos políticos. En la primavera de 1882 se instalaron en Messina, en el extremo norte de Sicilia. Aquella ciudad portuaria era notoria por sufrir terremotos e incendios que la destruían periódicamente. Pero Méchnikov era feliz allí. Y fue en

Messina, como él mismo narra en sus memorias, donde tuvo su epifanía microbiológica.

Méchnikov escribió *Souvenirs* treinta años más tarde, tras el resplandor del Premio Nobel y cuando la tentación de urdir un relato dramático apropiado a la magnitud del honor era irresistible. Eso no significa que la historia de la epifanía de la estrella de mar fuese pura ficción; pero el momento no surgió de un vacío conceptual. Otros, como Ernest Haeckel, ya habían visto algo similar, e Iván Turgueniev había escrito que Bazarov, el torturado héroe de *Padres e hijos*, observaba «infusorios» ingiriendo «motas verdes» bajo la lente de su microscopio. Sin embargo, la esencia del momento podría haber sucedido tal como Méchnikov la describe.

De acuerdo con el relato, el resto de la familia se encontraba en el circo, viendo cómo los monos amaestrados hacían sus números. A solas en su laboratorio privado y con el ojo pegado al microscopio, Méchnikov estaba observando «células errantes» mientras se desplazaban dentro de la larva completamente transparente de una estrella de mar. Se le ocurrió que aquellas células podían defender a un organismo contra el agente invasor de la infección. «Me puse tan nervioso que empecé a caminar de un lado a otro y [...] me acerqué a la orilla del mar para aclarar mis pensamientos». Suponiendo que tuviese razón, aquellas células rodearían por completo algo como una espina, «de forma parecida a lo que le sucede a un dedo humano con una astilla». Cerca de un mandarino que había decorado para los niños en lugar de un verdadero árbol de Navidad, Méchnikov halló una espina de rosal (después de todo, estamos en Sicilia) e insertó la microastilla en la vítrea larva desprovista de sangre. Tras una noche sin dormir a causa de la tensión, vio que las células móviles se comportaban exactamente como él había predicho, rodeando y digiriendo la partícula invasiva. En Viena, cuando le habló de su descubrimiento a un compañero científico, este sugirió que bautizara el fenómeno como «fagocitosis»: células que comen.

Lo que había observado Méchnikov iba más allá de la mera digestión. Las células que comen, sus «macrófagos», también eran células que luchan. Esto lo situaba en oposición a la teoría «humoral», que sostenía que los responsables de la defensa contra las infecciones eran elementos del suero sanguíneo. A ello, Méchnikov repuso con la obviedad de que el sistema vascular de una estrella de mar bombeaba agua de mar, no sangre. Es más, insistía, la respuesta de la que había sido testigo en el invertebrado era similar a la inflamación benigna en los vertebrados. En 1883 publicó los resultados de sus experimentos sobre renacuajos y ranas, en los que quedaba claro que, además de atacar a los invasores, los macrófagos se alimentan de las células muertas y moribundas dentro de su huésped. Para él, lo más importante era que todo aquello parecía una reivindicación incontrovertible de la teoría de Darwin (que acababa de morir en abril de 1882), según la cual eran aplicables los mismos procesos de defensa, desde las formas más ancestralmente simples hasta los mamíferos más complejos. Por tanto, la respuesta inmune, como vino en llamarse, era innata y universal.

Pero ¿cómo podía aplicarse esta revelación a la lucha contra las pandemias? Cualquier esperanza de que la más cruel de las enfermedades del siglo XIX —el cólera— estuviera menguando se vio desmentida en 1883 por el brote que tuvo lugar en Egipto. En aquel momento, Theodore Acland tuvo que asumir el mando militar de la contención y la cuarentena. La epidemia era tan grave que dio lugar a dos misiones de laboratorios rivales, de París y de Berlín, respectivamente, para tratar de identificar el patógeno y elaborar informes precisos sobre su contagio. Louis Pasteur, ya famoso por la producción de una vacuna para el cólera aviar basada en dosis atenuadas del bacilo —así como la curación de enfermedades que afectaban a dos de los productos de los que dependían tanto el orgullo como los ingresos de Francia: el vino y los gusanos de seda—, envió a su colega Emile Roux y a un asistente de veintisiete años, Luis Thuillier, a Alejandría. Thuillier confirmó la capacidad contagiosa de la enfermedad de la peor manera: la contrajo él mismo mientras examinaba especímenes de fluido intestinal de las víctimas y acabó sucumbiendo a la infección. Tras el regreso a París de la expedición de Pasteur, afligida y consternada, Robert Koch llegó a la misma ciudad portuaria e identificó por primera vez el *Vibrio comma* como el patógeno. Ya no había duda de que la eliminación de tales enfermedades surgiría de la nueva ciencia del examen minucioso de los patógenos microbianos. La lógica dictaba una puesta en común de recursos e investigaciones, más allá de las fronteras. Pero los franceses y los alemanes diferían incluso en los nombres que querían dar a su nueva disciplina. Koch y los alemanes llamaban a su trabajo «bacteriología»; Pasteur, Roux y sus colegas, por otro lado, eran «microbiólogos». Méchnikov, que era zoólogo, se sentía más próximo a Pasteur. Las líneas no eran estrictas, y las lealtades profesionales no eran necesariamente excluyentes. Los jóvenes científicos, en especial los japoneses, estaban ansiosos por trabajar tanto en Berlín como en París. A medida que crecía su interés por ese campo, era más probable que los británicos fuesen hacia Koch que hacia Pasteur, de quien sospechaban que era un imperialista microbiológico francés.

De vuelta en Odesa, Waldemar Haffkine, permanentemente vigilado y con tres detenciones en su haber, se las había arreglado para que lo readmitieran en sus estudios; es más, había completado su tesis doctoral sobre los protozoos y había publicado cinco artículos en dos años. En 1886 dio una conferencia sobre un organismo microscópico hasta entonces desconocido del tipo denominado rotífero o «animal rueda», que Méchnikov pensó que debía llevar el nombre de su incansable estudiante, *Pleurotrocha haffkini*. Era evidente que estaba más que cualificado para ser nombrado profesor de Química y Biología, pero, naturalmente, había una condición. El reaccionario Gobierno de Alejandro III había restablecido las prohibiciones de que los judíos ejercieran ciertas profesiones, y la instrucción universitaria era una de ellas. A Haffkine le quedó claro que la conversión a la Iglesia ortodoxa rusa era la condición necesaria para cualquier empleo académico. Incluso los Méchnikov lo habían comprendido. ¿Por qué no iba a seguir el alumno al maestro en una apostasía de conveniencia? Pero si, después de sus desgraciadas experiencias en la cárcel y de evitar un juicio por traición, Haffkine ya no era un luchador armado, los pogromos lo habían decidido a hacerse más judío, no menos. Así que, sin más, rechazó las lisonjas de los cristianos, igual que habían hecho innumerables judíos antes que él.

Alrededor de Haffkine, en la universidad, otros respondían de manera proactiva a las oportunidades que abría este nuevo mundo de salud pública impulsada por la bacteriología. Cerca de él había otro grupo de jóvenes investigadores nacidos en Odesa —Nikolai Gamaleya (uno de los escasos clínicos de hospital en aquella área) y el judío Yakov Bardakh—, ambos inspirados por el éxito de Pasteur en el desarrollo de vacunas para el ántrax y la rabia. En 1886, Gamaleya ganó un concurso que financiaba un viaje de investigación a París, donde no solo pudo trabajar junto a su héroe en la École Normale Supérieure, sino que plantó la semilla para crear una «estación bacteriológica» en Odesa que tratara a pacientes, tanto de forma profiláctica como terapéutica. No es de extrañar que Pasteur se sintiera halagado y proporcionara a Gamaleya frascos de vacunas antirrábicas para llevárselos de vuelta a casa. Solo había un director posible para tal institución: Iliá Méchnikov, el cual aceptó, para sorpresa de algunos, aunque a esas alturas todos debían de saber que no era garantía de que conservara el puesto mucho tiempo. La Estación Bacteriológica de Odesa —la primera de su clase para atender a víctimas de la rabia, que, tratándose de Rusia, incluía las mordeduras de lobo— abrió sus puertas en un hermoso edificio rematado por una cúpula de tejado abuhardillado y un grandioso pórtico clásico en julio de 1886, dos años antes de la inauguración del Instituto Pasteur en París.

Pero, aun con la vuelta de Méchnikov a Odesa, Haffkine siguió atrapado en su empleo sin futuro como *custos* del Museo de Historia Natural: todas las muestras de organismos unicelulares que podía necesitar, pero ninguna emoción experimental. Mientras rechazara la conversión, tampoco tenía perspectivas de un puesto remunerado como profesor. En 1887, a instancias de uno de los colegas de Méchnikov, se mudó a Ginebra para trabajar con el profesor Moritz Schiff, que estaba recibiendo ataques por parte de los antiviviseccionistas, ya que extraía glándulas tiroides caninas a fin de demostrar que aquello podía ser mortal tanto para animales como para humanos.

Ginebra estaba llena de jóvenes estudiantes rusos, incluido Hillel Yaffe. Habiendo abandonado el contrabando de armas, Yaffe figuraba entre los organizadores de reuniones antizaristas y protestas contra la represión de la libertad de expresión en las universidades rusas y la infiltración de redes de espías policiales. Aquella política apasionada en el exilio estaba muy bien, pero, a la sazón, la mayor de las pasiones de Haffkine era la microbiología. Sin embargo, pronto descubrió que

Одесса.—Odessa. № 104.
Бактериологическая станция.—La station bactérologique.

Estación Bacteriológica de Odesa.

la abrumadora carga de enseñar patología y ocuparse de la asistencia de laboratorio básica que Moritz Schiff le encargaba hacían que le fuera imposible efectuar investigación independiente alguna.[16] Al poco, tenía unas ganas terribles de marcharse. Su solicitud para un puesto en Noruega fue rechazada, pero su antiguo mentor salió de nuevo al rescate, aunque por última vez.

Con demora por su dependencia de los fondos privados, el Instituto Pasteur abrió finalmente sus puertas en 1888. Solo se envió una invitación fuera de Francia para encabezar su sección de investigación microbiana. Con la Estación Bacteriológica de Odesa funcionando por sí sola, Méchnikov aceptó, cosa que no sorprendió a nadie, sobre todo porque (ingenuamente) creía que en París podría liberarse de las trampas de la política. Casi de inmediato, hizo cuanto pudo para encontrarle un puesto a su estudiante frustrado, díscolo y políticamente incauto, aunque dotado. Pero en el Instituto nadie le ayudó. Méchnikov había traído consigo a varios jóvenes rusos y ucranianos, y artículos xenófobos y antisemitas acusaron al Instituto de albergar un nido de extranjeros indeseables. La presencia de Haffkine no hizo sino agravar las sospechas. Pero había un puesto vacante como ayu-

187

Waldemar Haffkine, Ginebra, 1889.

dante de bibliotecario. Era, de nuevo, un trabajo degradante, pero Méchnikov le prometió a Haffkine que, si lo aceptaba, volvería a disponer de tiempo y espacio para sus investigaciones. Waldemar aceptó con gratitud.

A sus veintiocho años, Haffkine ya no era un estudiante prometedor, aunque tampoco un profesor experimentado. Llegó a París a principios de 1889, y el momento fue una epifanía cultural, además de científica. Hacía tiempo que era un apasionado de la literatura francesa, y poco después de su llegada a París, empezó a transcribir largos pasajes de las novelas de Honoré de Balzac en un diario que también contenía cartas de Edward Jenner. En mayo se inauguró en el Trocadero una *Exposition Universelle* para conmemorar el centenario de la primera gran Revolución. Haffkine se propuso aprender todo lo posible sobre aquel acontecimiento histórico, copiando páginas relevantes de la historia de François Mignet.[17] El futuro de la técnica y la ciencia, así como el halo romántico de las insurrecciones del pasado, estaba a la vista de todos. Las luces eléctricas de Thomas Edison iluminaban uno de los pabellones. Dos de las patas de la torre Eiffel formaban la puerta de entrada al parque de la exposición, aunque si Haffkine quería subir al último piso, tendría que utilizar las escaleras, ya que el milagroso ascensor de Otis —que se mostraba en otro lugar de la exposición— aún no estaba operativo. Pero, si le apetecía dar un paseo por la exposición, Haffkine podía visitar los pabellones de Brasil o Japón, un espectáculo del salvaje Oeste protagonizado por Buffalo Bill, gamelanes de Java y «*danses nègres*». Entre tantas emociones exóticas, los ojos de los espías del Gobierno ruso seguían clavados en él. A San Petersburgo llegaron informes de que Haffkine había sido visto con expatriados notorios por sus puntos de vista radicales y subversivos: Ivan Vilbushkévich, un ingeniero de Moscú, y dos Georgis, Vavein, de San Petersburgo, y Tamashev, de Tiflis, ambos físicos.

Era solo uno de los grupos de jóvenes rusos que respiraban la embriagadora libertad de París, disfrutando del espectáculo y de las bebidas que lo acompañaban. Todos los bebedores serios de la exposición gravitaban hacia uno de los lugares más apreciados: un titánico barril de roble, más grande que la mayoría de las casas, que supuestamente tenía la capacidad de doscientas mil botellas de champán. La finalidad del monstruoso objeto era jactarse de la supremacía de la viticultura francesa. Pero Haffkine sabía que el mérito de salvar esa industria le correspondía a su nuevo *patron*. Cuando Napoleón III le pidió que investigara la contaminación del vino, Pasteur había identificado la principal toxina y recomendado el proceso de calentamiento a alta temperatura —que ahora denominamos pasteurización— que podía matarla. Asimismo, había aislado y analizado las dos principales enfermedades —hereditarias y contagiosas— que afectaban a los gusanos de seda de Francia, y había propuesto medidas para separar los gusanos infectados de los sanos. Pero Pasteur solía afirmar que, por importante que fuese su trabajo acerca de las enfermedades agrícolas y zoológicas, su verdadero objetivo era extender las revelaciones de la microbiología a las epidemias que afectaban a la humanidad. Fueran cuales fuesen las inquietudes de Haffkine por estar confinado en la biblioteca, estaba entusiasmado por la posibilidad de formar parte de esa misión.

El Instituto, situado en el número 25 de la rue Dutot, donde vivía y trabajaba Louis Pasteur, solo llevaba abierto unos meses cuando llegó Haffkine. Su existencia era posible gracias a las donaciones de admiradores tras la satisfactoria vacunación por parte de Pasteur, en 1885, de un niño de nueve años llamado Joseph Meister, al que había mordido gravemente el perro rabioso de un vecino. Las heridas del niño eran horribles, pero Pasteur lo inoculó antes de que aparecieran los síntomas de la enfermedad. Nada en la microbiología sucedía *de novo*. El profesor de Veterinaria Pierre-Victor Galtier ya había demostrado que las ovejas inyectadas con saliva de perros rabiosos sobrevivían a la infección. Pasteur confirmó que el patógeno mantenía su virulencia si se transfería al cerebro de un perro, pero fue la confirmación experimental de que podía debilitarse —o «atenuarse», como decían ahora los discípulos de Pasteur— al transferirlo a otras especies lo que abrió el camino a emocionantes posibilidades. Si se pasaba sucesivamente a través de una serie de conejos, la misma cepa de rabia altamente tóxica derivada de perros perdía poco a poco su capacidad letal. Según su creencia de que la oxigenación frenaba la facultad de crecimiento del patógeno, Pasteur secó porciones de la médula espinal infectada extraída de los conejos. El producto final se inyectó entonces a cincuenta perros sanos, los cuales sobrevivieron. Esa sería la vacuna inyectada trece veces a lo largo de once días al joven Joseph Meister.

A diferencia de las vacunas que Pasteur había desarrollado antes, únicamente para animales —cólera aviar en 1877 y ántrax, tal como expuso en una demostración pública en 1881 ante doscientos observadores en Pouilly le Fort—, el osado salto a los humanos provocó reacciones apasionadas en Francia. A pesar de todos los que veían en la vacuna contra la rabia la precursora de una derrota de las infecciones, había aún más personas indignadas y horrorizadas por lo que creían que era una apuesta. No todos los detractores eran reaccionarios chapados a la antigua. Algunos colegas de Pasteur, incluido Emile Roux, expresaron sus reservas, pero Meister sobrevivió y llegó a convertirse en conserje del Instituto Pasteur hasta la invasión alemana de París en 1940, momento en el cual se suicidó con una pistola de gas.

Al contrario de lo que dice la leyenda, no todas las mordeduras con rabia son mortales, pero el caso de Meister convirtió a Pasteur en un héroe médico y científico en la Tercera República. En octubre de 1885 presentó el caso ante la Academia de Ciencias. La publicidad atrajo a más víctimas de rabia al Instituto y al año siguiente fueron vacunadas trescientas cincuenta, con éxito en todos los casos excepto uno. La autoridad de Pasteur quedó garantizada; después de la fama llegó el dinero, y el Instituto de la rue Dutot abrió sus puertas en noviembre de 1888. Quizá no habría sido así si se hubiera conocido (como se encuentra registrado en el cuaderno de laboratorio privado de Pasteur) que antes de Meister había tratado dos casos, uno de los cuales desarrolló una rabia más grave y murió. Proféticamente, Pasteur vio el momento como el umbral de una nueva era en la que las enfermedades infecciosas que «han afectado una y otra vez a la humanidad y son una de sus principales cargas» serían conquistadas.[18] Aunque estaba equivocado en cuanto a la atenuación por oxigenación —en realidad, era el paso a través de especies distintas lo que tenía ese efecto—, Pasteur sí estaba en lo cierto acerca de la magnitud histórica de aquel momento.

A pesar de que no era más que un humilde ayudante de bibliotecario, Haffkine debía su traslado al Instituto Pasteur a Elie Metchnikoff, como quería que lo llamaran ahora. En 1889 continuó con el tipo de investigación zoológica que había aprendido a desarrollar bajo la influencia del científico de más edad. Publicó un artículo a principios de 1890 sobre las enfermedades infecciosas del protozoo *Paramecium*.[19] Pero, mientras se establecía, Haffkine se sintió atraído por Emile Roux, la otra estrella poderosa del Instituto Pasteur. Roux, que había trabajado con Pasteur en el cólera aviar, el ántrax y la rabia, era uno de los dos médicos del Instituto y un consumado especialista técnico de los cultivos bacterianos modificados para animales; se había comprometido a que el Instituto fuera percibido como el hogar de la innovación clínica, además de la investigación básica. Cuando llegó Haffkine, el colaborador de investigación y *préparateur* —ayudante de enseñanza— más joven de Roux era el suizo Alexandre Yersin. Pero la marcha repentina e inesperada de Yersin para convertirse en jefe médico de la naviera Messageries Maritimes, que explotaba rutas entre Filipinas, Vietnam y el sur de China, brindó a Haffkine la oportunidad de ocupar su lugar. Había realizado el Grand Cours de microbiología —el primer programa de esa clase en el mundo— y, tras la marcha de Yersin, se convirtió en el principal ayudante de docencia de Roux. Durante un tiempo, Haffkine siguió con el trabajo inspirado por su maestro, que también impartía clases en el Grand Cours de Microbie. Metchnikoff estaba observando la adaptabilidad variable de las bacterias, especialmente la de la fiebre tifoidea, a distintos ámbitos de la anatomía animal, y el segundo artículo publicado por Haffkine en París trataba de la adaptabilidad bacteriana.[20] Ambas rutas de investigación no eran necesariamente excluyentes. Pero no cabe duda de que Metchnikoff lo veía así, y observaba el trabajo del joven con frialdad, y a veces con desdén. Quizá no era la traición que Metchnikoff imaginaba, pero las relaciones entre ambos nunca volvieron a ser las mismas.

¿Cuándo dormía Waldemar? Su trabajo en la biblioteca del Instituto no era trivial, ni en tiempo ni en esfuerzo. A juzgar por sus notas de clase, que ocupan muchos cuadernos donde su caligrafía, minúscula y meticulosa, llena la página con dibujos intercalados en los que se registran observaciones de experimentos, su preparación para las clases que le había asignado Roux era casi sobrehumana.[21] Pero, al mismo tiempo, Haffkine se sentía atraído de manera natural por la fe casi religiosa de Louise Pasteur en que se podían crear vacunas para cualquier enfermedad infecciosa. El propio Roux trabajaba en la difteria. Y, a raíz de su colaboración con Roux, Haffkine empezó a valorar la posibilidad de que la metodología pasteuriana de atenuación pudiera utilizarse contra el cólera. Esto generó escepticismo. Era una empresa quijotesca, algo que intentaría un novato suponiendo que lo que había logrado Pasteur con el cólera aviar podía trasladarse a una vacuna viable contra la enfermedad humana.

No obstante, junto con las de la tuberculosis y la difteria, la del cólera era la vacuna que se necesitaba con mayor urgencia. La rabia mataba a cientos de personas al año, mientras que las víctimas del cólera, en un año grave, se contaban por centenares de miles. Aunque el cólera iba a menos en Europa Occidental, se calculaba que la quinta pandemia del siglo XIX iniciada en 1881, había matado a 267.000 personas solo en Rusia en 1892 y 1893, 60.000 en Persia, 90.000 en Japón y 72.000 en las provincias españolas de Valencia y Murcia. París no lo acusó tanto como en oleadas anteriores. Pero Emile Roux, el único médico del Instituto que había presenciado la muerte de Louis Thuillier durante la investigación experimental, nunca pudo quitarse de encima una sensación de responsabilidad trágica. A pesar de su pesimismo ante la posibilidad de que ese trabajo no generara una vacuna, animó a Haffkine a seguir adelante.

No fue el primero en intentarlo. En España ya se había probado una vacuna contra el cólera en la década anterior. Jaume Ferran i Clua, un bacteriólogo y médico catalán autodidacta (también oftalmólogo y experto en terapia de electroshock), que sostenía que había sido él, y no Koch, el primero en aislar el microbio del cólera (ambos se arrogaban méritos por el descubrimiento realizado por Pacini años antes), hacía tiempo que seguía el trabajo de Pasteur. En 1884, Ferran había creado un vibrio del cólera atenuado como base para la vacuna. Tras presentar los resultados en la Academia de Medicina de Madrid, se embarcó en una campaña de vacunación masiva, pero los resultados fueron tan dispares y los métodos tan celosamente secretistas que una comisión española llegó a la conclusión —después de tres días esperando con impaciencia alguna información fiable— de que no veía base científica alguna para la vacuna.[22] Una segunda comisión, esta vez internacional, formada por biólogos estadounidenses y europeos, declaró de manera aún más fulminante que la vacuna era más peligrosa que fiable. Dicha conclusión no era del todo exagerada. Cuando Ferran probó la vacuna en ochenta monjas sanas, treinta enfermaron y dieciséis murieron tras la inoculación.[23] Había otras razones para el escepticismo. Aparte de los informes de las academias españolas, Ferran nunca fue del todo claro en relación con sus experimentos. No encontró un vibrio vivo con una virulencia específica que luego pudiera ser atenuado de manera fiable, así que la vacuna obtenida era preocupantemente imprecisa. Ni siquiera se barajó la posibilidad de realizar ensayos con una población de control.

El laboratorio de Metchnikoff en 1890. Haffkine está de pie a la izquierda
del todo; Olga Metchnikoff está sentada a la izquierda con Elie Metchnikoff,
también sentado, segundo por la derecha.

Con el propósito de triunfar allá donde Ferran había fracasado
—al menos a juicio de la comunidad bacteriológica—, Haffkine siguió trabajando sin demasiados indicios de que sus experimentos
fueran a dar frutos en algún momento. Durante muchos meses se
enfrentó a uno de los principales problemas que habían afectado
también a la vacuna catalana: la inestabilidad de la virulencia del vibrio vivo. No se conseguiría nada a menos que se obtuviera una
virulencia fija medible, que, según la ortodoxia pasteuriana, sería atenuada mediante la exposición a una aireación caliente a 50 °C . Pero,
en 1890 y 1891, esa quimera le era esquiva, y resultaba deprimentemente obvio que tanto Metchnikoff como Roux creían que sería
imposible alcanzarla. Era frustrante que el vibrio se volviera inerte
dentro del estómago, y Haffkine aún no conocía la nueva técnica de
Richard Pfeiffer para inyectar los organismos directamente en la cavidad peritoneal de conejillos de Indias.

Había otros obstáculos en su camino: para empezar, escasez de
tiempo experimental. Agobiado por sus obligaciones como profesor,

Haffkine solicitó que se aligerara su carga docente y su trabajo en la biblioteca. Cuando la petición fue rechazada, tuvo claro que había sido el propio Roux quien le había dicho a Pasteur que se la denegara. Metchnikoff aún fue de menos ayuda, si cabe. A pesar de que los frutos del trabajo de Haffkine dependerían de que la maquinaria del sistema inmune funcionara como Metchnikoff había descrito, su protector ahora desdeñaba el trabajo de su antiguo discípulo, calificándolo de ingenuo y utópico.[24] El rechazo de su mentor debió de resultar muy doloroso. Pero siempre que Haffkine estaba a punto de desmoralizarse por completo, sucedía algo inverosímil que lo animaba. Porque había una excepción a los escépticos: el propio Louis Pasteur, que se había retirado de la investigación experimental, pero hizo todo lo posible por alentar al joven ruso y recordarle la máxima pasteuriana de que «solo mediante experimentos sutiles, bien planificados y persistentes podemos obligar a la naturaleza a revelar un secreto».

A principios de noviembre de 1891, Pasteur estaba ofreciendo al príncipe Damrouy, el hermano del rey de Siam, una visita por el Instituto. Cuando el príncipe mencionó el cólera, lo llevaron a ver a Haffkine, que describe el encuentro en su cuaderno de laboratorio:

«Aquí —y él [Pasteur] me señaló— está la persona que ahora se encuentra muy cerca, más cerca que nadie, de este descubrimiento. Esperamos incluso que sea este año. Este caballero es el que está más próximo a realizar el descubrimiento». Me sentí incómodo y no supe cómo actuar. El príncipe me dijo a través de su intérprete: «Si encontráis un remedio contra el cólera, Siam os erigirá una estatua». Y Monsieur Pasteur agregó a las últimas palabras del intérprete: «Una estatua de oro». [...] En fin, así están las cosas de momento. Veremos de qué somos capaces.[25]

Desconfiando aún de los mensajes contradictorios de Roux y del grado de compromiso de Pasteur, Haffkine siguió trabajando. En la primavera de 1892 se produjo un avance conceptual: si el cultivo muy atenuado del bacilo de Ferran era demasiado inestable o débil para desencadenar una respuesta inmune adecuada y predecible, ¿por qué no probar lo contrario: una concentración más virulenta, la cual era de alto riesgo? *Exalté* —exaltado— era el término pasteuriano, apropiado para el científico que, a diferencia del ateo Roux, seguía siendo un devoto católico. El procedimiento de Haffkine, cuyo objetivo era la máxima virulencia, seguía las directrices principales del trabajo de Pasteur sobre la rabia, pero, si acaso, era a un tiempo más osado y laborioso, y en última instancia requería no menos de treinta y nueve conejillos de Indias para obtener un resultado satisfactorio. Se inyectaba un cultivo del vibrio del cólera en la cavidad peritoneal del animal. Lo que los informes científicos describen recatadamente como «exudación» —materia fecal— era recogido con muchísimo cuidado mediante una pipeta, examinado para detectar la presencia de microbios viables y, mientras el conejillo de Indias 1 perecía, inyectado en el conejillo de Indias 2. El procedimiento se repetía de manera sucesiva, y Haffkine comprobó —tal como esperaba— que, con cada paso, el vibrio se volvía más abundante y virulento. Curiosamente, cuanto más pequeño era el animal, más se multiplicaban los microbios. Al llegar al conejillo de Indias número 30, la infusión presentaba unos niveles considerables de enfermedad. Y lo que aún era más esperanzador: no había pérdida de virulencia.

Luego vino el ensayo crucial. Se inyectó una dosis del cultivo altamente «exaltado» bajo la piel de otro animal, igual que en la vacunación. El resultado fue que no hubo efecto alguno, aparte del desarrollo de una herida con una costra necrótica en el lugar de la inyección. Y lo que era aún más extraordinario: cuando al mismo animal se le inyectó una dosis virulenta del vibrio del cólera —en cualquier lugar de su cuerpo, incluida la cavidad peritoneal—, su sistema inmunitario resistió la infección fatal. Por otra parte, no era probable que ese incremento de la inmunidad del animal fuera aceptado por los humanos si el resultado era una herida espectacularmente ulcerosa. Pero, según Haffkine, si se inyectaba una dosis atenuada, también de forma subcutánea, días antes de la concentración más intensa, la lesión aparecería, pero con un efecto mucho menor, y soslayaría la posibilidad de una necrosis más peligrosa o de cualquier otra complicación letal después de la segunda inyección. Y así fue. Se apreciaba un poco de hinchazón y luego la erupción de un nódulo con costra que desaparecía rápidamente. Todos los animales que recibieron la inoculación de doble dosis sobrevivieron.

Hay momentos de innovación clínica que, vistos *a posteriori*, parecen tan inevitables que no se salen de lo común. En comparación con Pasteur, Roux, Metchnikoff o Koch, Haffkine no era un bacteriólogo extremadamente original. No habría llegado a su vacuna sin el precedente del fracaso exploratorio de Ferran, la técnica de inyección de Pfeiffer en la cavidad peritoneal y la propia metodología de Pasteur del paso secuencial a través de animales para incrementar o reducir la virulencia microbiana. Pero Haffkine no solo perseveró ante el escepticismo desmoralizante hasta ser recompensado —después de treinta y nueve intentos— con un vibrio de virulencia fija, sino que también intuyó que una agitación preparatoria de la respuesta inmune con una dosis atenuada, seguida al cabo de cinco o seis días de una vacuna exaltada —reforzada—, podía garantizar una protección máxima con un peligro mínimo.

Sin embargo, dada la desconfianza ciudadana hacia la vacuna contra la rabia, así como la continua devastación provocada por el cólera, la propuesta de Haffkine, consistente en inyectar una dosis virulenta a los humanos, era un paso sobrecogedor, teñido por la posibilidad de desastre, tanto para él como para el Instituto Pasteur. Pero Haffkine sentía una confianza plena. El 9 de julio de 1892 presentó los resultados de los experimentos con conejillos de Indias, amén de explicar su método de trabajo y los resultados preliminares con un grupo de control, en una reunión semanal de la Sociedad Biológica de París.[26] Inyectados con la misma dosis letal del vibrio, los conejillos de Indias no vacunados murieron y los vacunados se recuperaron, lo cual provocó reacciones de asombro. Una semana después, el 16 de julio, Haffkine volvió para exponer que se habían observado resultados idénticos en conejos y palomas.[27] Ahora se antojaba razonable probar el procedimiento de doble dosis en humanos. Y, por supuesto, empezaría consigo mismo.

Aquel fue un golpe científico espectacular: la autoadministración de un patógeno que había matado a millones de personas. En 1885, Ferran se había inoculado a sí mismo y a un amigo su versión de la vacuna antirrábica de Pasteur. Pero el resultado fue trágico: tres de los hijos de su amigo enfermaron gravemente y uno de ellos murió. Así pues, el momento era aterrador, pero también muy típico de Haffkine: atrevido hasta la imprudencia, pero, movido por su conciencia, moralmente esencial. Dado que Haffkine había elegido un punto del costado izquierdo, entre la caja torácica y el hueso iliaco, y quizá porque quería que fuera un médico quien administrara la vacuna, Georgi Vavein hizo los honores, con un intervalo de seis días entre la dosis atenuada y la exaltada. Los efectos secundarios fueron mínimos. Al cabo de cuatro días, la hinchazón se redujo; después de seis días, no sentía dolor en el lugar de la inoculación. El 30 de julio de 1892, un día memorable, Haffkine pudo anunciar con aire triunfal a la Sociedad Biológica: «La inoculación de dos vacunas anticoléricas cuya protección se comprobó experimentalmente en animales no supone el más mínimo riesgo para la salud y se puede administrar a los humanos con total seguridad. Al mismo tiempo, creo que seis días después de la segunda vacunación el cuerpo humano habrá desarrollado inmunidad contra el cólera».[28] En un momento en que los casos de cólera en París se duplicaban cada mes, la noticia causó sensación, aunque no necesariamente la que buscaba el Instituto. Algunos de sus miembros no se dejaron convencer, entre ellos Metchnikoff, lo cual resultaba especialmente doloroso. En cambio, Emile Roux era un converso apasionado a los logros de su asistente. En cuanto al propio Waldemar, cuya sensibilidad romántica se imponía a su serenidad científica, había entrado en un estado de gracia.

El momento, tan atrozmente prolongado, acabó siendo providencial. En noviembre de 1892, Louis Pasteur, que había estado siguiendo los avances de Haffkine con creciente entusiasmo, le escribió a Jacques-Joseph Grancher:

> ¿Sabe que podría estar produciéndose un gran avance con el cólera? Pettenkoffer [sic] anuncia en una publicación de Múnich que ha ingerido un centímetro cúbico de un cultivo puro del virulento bacilo sin molestia alguna, salvo una ligera diarrea, y que ha observado la existencia de un cultivo muy abundante de este bacilo en su intestino. [...] Aquí, Metchnikoff, al enterarse de ello, se mostró triunfal, o al menos muy animado. De hecho, en las últimas semanas ha llevado a cabo ex-

perimentos con la convicción de que el bacilo coma no es la causa determinante del cólera, de que, cuando el cólera está presente, el bacilo debe de estar asociado a otro microbio responsable de los desenlaces fatales. [...] Pero el microbio puro es mortal en animales; muchos datos precisos lo respaldan. Cuando se entere Haffkine, quedará estupefacto.[29]

La carta de Pasteur se mofa, con impropio regocijo, del posible bochorno de su colega Metchnikoff. Pero, a pesar de las pruebas concluyentes que apuntaban a lo contrario, Metchnikoff se negó a abandonar su teoría sobre un segundo y de momento misterioso microorganismo desencadenante. Asimismo, la aceptación de la vacuna de Haffkine y la publicidad triunfal que la rodeaba no pudo más que empeorar la supervivencia de una buena relación entre el antiguo mentor y su discípulo.

Un joven y estudioso bacteriólogo inglés estaba observando de cerca el espectáculo y tomando abundantes y cuidadosas notas.[30] Hijo de un vicario de Hertfordshire y nacido seis años después de la aparición de *El origen de las especies*, Ernest Hanbury Hankin era justamente la persona que podía estar buscando una devoción más moderna: la ciencia. Dividido al principio entre una vocación médica y la emoción de la investigación básica, estudiar en la escuela del Hospital de Saint Bartholomew lo curó de sus ambiciones de ser médico. Un doble grado en Ciencias Naturales en Cambridge le dejó claro que era, como solía decirles a sus contemporáneos del Saint John's College, «un animal experimental». Puede que ello explicara por qué, como graduado y joven becario, tenía en su cuarto conejos inoculados con cultivos de bacilos del ántrax que había aislado para ver si conferían inmunidad.

Hankin no daba importancia a su impaciente inteligencia. Para sus amigos era una mente brillante y un excéntrico, el hombre que se pasaba bolas de cañón calientes sobre la barriga, pues afirmaba que le ayudaban a digerir los pasteles de carne y los pudines de la cocina de la facultad. Pero Hankin se tomaba muy en serio la microbiología, y sabía que tendría que salir de Cambridge para aprenderla adecuadamente. Consiguió una beca para trabajar en el laboratorio de Ro-

Ernest Hanbury Hankin.

bert Koch en Berlín, y después, en aquel verano memorable de 1892, aterrizó en el hogar de los adversarios de Koch: el Instituto Pasteur (a Metchnikoff le había dolido especialmente el rechazo público y teatral de Koch en una conferencia celebrada en Berlín en 1890). De hecho, es posible que Haffkine y Hankin se conocieran en el laboratorio de Koch, ya que Waldemar había pasado por allí tras un viaje a Rusia a finales de 1891.

En París, Hankin y Haffkine, el hijo del vicario de los condados limítrofes de Londres y el judío de Odesa, se hicieron muy amigos. Ambos sabían que estaban a punto de avanzar en la posibilidad de la inmunización humana. Hankin se presentó voluntario para ser uno de los siete conejillos de Indias que recibirían la vacuna contra el cólera después de Haffkine. Y fue Hankin quien notificó lo sucedido al *British Medical Journal* el 10 de septiembre de 1892:

> 16 de agosto. El doctor Roux me ha inoculado un octavo de cultivo de agar de veinticuatro horas con el virus atenuado en suspensión en un centímetro cúbico de caldo, en el costado izquierdo, unos cinco centímetros por encima de la cresta iliaca. 13.00 h: ligero dolor local. 16.00 h: hinchazón notable y dolor al moverme. 20.00 h: debido al dolor al moverme, tengo dificultades para caminar. 22.00 h: la tempe-

ratura ha empezado a subir; he tenido sensación de malestar. 00.00 h: se observa temperatura de 37,7 °C. Este ha sido el extremo más alto alcanzado.

El día 17, Hankin presentaba hinchazón en las glándulas. Igual que Haffkine, fue a trabajar al Instituto como de costumbre, «pero no tenía apetito y notaba una sensación de fatiga que una o dos veces me obligó a tumbarme un rato. [...] La hinchazón se extendió durante el día hasta la cresta púbica y a unos dos centímetros y medio del ombligo. [...] Sensación biliosa. He tomado cuatro cápsulas de aceite de ricino».

A partir de entonces, los síntomas disminuyeron, y el día 21, cinco días después de la primera inoculación, Hankin recibió la dosis «*exalté*». Al día siguiente no podía levantarse de la cama, durmió mucho y tomó un poco de polvo de regaliz para tratarse el estreñimiento. El día 25, la hinchazón había desaparecido por completo y le había dejado la piel amarilla. «En estos momentos, el único rastro de la inoculación es un pequeño nódulo duro de aproximadamente un centímetro de diámetro en el lugar de la inyección». Señaló que, aunque la hinchazón había sido «impactante» tras la segunda inoculación, ni él ni Haffkine creían que fuera a ser peligrosa. De hecho, tras la segunda inoculación, Haffkine trabajó ininterrumpidamente durante veinticuatro horas sin comer nada. ¿Y los demás? «Todos los caballeros que fueron inoculados experimentaron tan solo una elevación trivial de la temperatura y algo de malestar después de la segunda inoculación».

Fueron vacunadas sesenta personas, mujeres y hombres, del Instituto y otros organismos médicos y de investigación de París, y ninguna de ellas sufrió efectos secundarios graves ni prolongados. ¿Era un triunfo, pues? ¿Un nuevo amanecer para la vacunación? Quizá. Hankin reconocía que, incluso con un grupo de ensayo de sesenta personas, las vacunaciones experimentales, administradas a una población atípica y en un momento sin epidemia, no eran lo mismo que las condiciones en el mundo real, y que, aunque los resultados con bacilos vivos parecían extraordinarios, sería prudente iniciar un programa de vacunación para humanos con vibrios esterilizados por calor. También reconocía que algunos bacteriólogos de Inglaterra habían comentado que existían cepas distintas de cólera, y que la vacuna producida a partir de una de ellas no tenía por qué generar inmunidad a los sujetos infectados con otra. Es más, basándose en los ensayos de París, nadie sabía cuánto podía durar la inmunidad. Tampoco había habido un grupo de control, una de las críticas esgrimidas contra Jaume Ferran, y eso era esencial. De todos modos, Hankin llegó a la conclusión categórica de que «las pruebas [...] demuestran que el método de inoculación de M. Haffkine no va acompañado de ningún trastorno grave de la salud y que puede practicarse en seres humanos con absoluta seguridad».

Con solo veintisiete años, Ernest Hankin escribía con la autoridad de quien era algo más que un asistente de investigación temporal. Y así era, pues lo habían reclutado para el imperio médico del Raj británico. La descripción de su empleo era «analista químico» (nadie sabía exactamente qué significaba) y bacteriólogo (esto, en cambio, era apasionante) para una enorme franja de la parte norte de India, desde Cachemira, las provincias del noroeste y el Punyab hasta el valle del Ganges, y su oficina central se encontraba en Agra. A lo largo de una dilatada carrera, Hankin llegaría a preguntarse si el río sagrado no poseería algunos organismos destructores de patógenos que explicaran la relativa infrecuencia del cólera en las tierras que bordeaban sus orillas. Agra también lo convertiría en un estudiante serio de los patrones decorativos de la arquitectura del Imperio mogol. Pero en su decisión de ir a India había algo mucho más apremiante que la última tendencia del orientalismo intelectual. La primera cuestión —compartida por Haffkine— era que la vacunación contra el cólera debía ir allá donde se la necesitara más perentoriamente, es decir, a Asia. De hecho, la enfermedad no había desaparecido en Europa. Mientras la vacuna de Haffkine era presentada al mundo médico en el verano de 1892, estalló una brutal epidemia de cólera en Hamburgo.[31] La misma oleada mataría a más de un cuarto de millón de personas en Rusia.

En diciembre de 1891, convencido de que se había embarcado en un proyecto que mejoraría la historia del mundo, Haffkine imaginó una comisión internacional (del tipo que Adrien Proust habría reconocido) que verificara los resultados de sus experimentos. Pero, en la mente de Haffkine, esa misión debía ser intercontinental para poder alcanzar su benévolo potencial. Tras una aprobación oficial de la «comisión», Haffkine dijo con grandilocuencia que pediría «permiso para transferir temporalmente» su «laboratorio a las orillas de uno de los grandes ríos de India e intentar inmunizar a la población contra el cólera».[32] No se trataba de una declaración imperial convencional; si acaso, era todo lo contrario: un imperio de conocimiento científico desinteresado. Pero la vacuna solo podría demostrar su valor de manera fiable cuando los ensayos se trasladaran de un exclusivo laboratorio experimental de París a las empobrecidas multitudes de Asia, que podían ofrecer un grupo de control comparativo. Es más, haciéndose eco de Voltaire, Gatti y Holwell, Pasteur, que tenía un profundo interés en la historia global de la inoculación, pensaba que, mucho antes de que se creara algo en laboratorios experimentales, las culturas populares habían practicado ancestralmente el tratamiento. En 1880, en una conferencia en la Academia de Ciencias dedicada a la vacuna contra el cólera aviar, Pasteur señaló que «las prácticas de vacunación y variolación se conocen desde hace mucho tiempo en India».[33] ¿Por qué, entonces, iban a encontrar Haffkine y Hankin resistencia cuando llevaran la vacunación al sur de Asia?

En la actualidad, probar la eficacia y la seguridad con un grupo de control adecuadamente comparable es el procedimiento estándar: la condición indispensable de viabilidad. Pero Haffkine fue el primer científico que lo integró en un proyecto visionario desarrollado fuera de Europa. Una cuestión bien distinta era dónde podría poner en marcha un programa de vacunación en el que participaran esos grupos de control. A pesar del nombramiento de Hankin en Agra y del papel fundamental del inglés a la hora de llevar la vacuna de París al mundo real, la primera opción no era necesariamente ir a «las riberas del Ganges». Nadie en el Instituto había olvidado la visita del príncipe de Siam; y, una vez que Haffkine creyó haber fabricado una vacuna segura y potente contra el cólera, una de las primeras cosas que hizo fue decirle a Louis Pasteur que ya podía informar al príncipe de que había cumplido su promesa (obviando la estatua dorada). Pero el motivo para pensar que el sudeste asiático era un lugar prometedor para los ensayos de vacunación —la presencia activa de ambiciones coloniales francesas en la región— fue también uno de los principales factores que llevaron al rey de Siam y a su Gobierno a rechazar la idea. La creación por parte de Albert Calmette de un puesto de avanzada del imperio pasteuriano en Indochina, concretamente en Saigón, no podía percibirse en Bangkok como un acontecimiento políticamente inocente. Por puras que fueran las intenciones científicas y clínicas (y con frecuencia no lo eran), la vacunación y el imperialismo eran inseparables.

Y, si no era Siam, ¿dónde? ¿Había llegado la hora de irse a casa? Mientras Haffkine elaboraba su vacuna en el Instituto, la política exterior francesa estaba sentando las bases para la que sería una alianza formal franco-rusa, sellada en 1894. A pesar de su comprometido historial político, Haffkine había vuelto a Rusia en 1891, y con él llevó especímenes de cultivos de vibrio, aunque se desconoce lo que ocurrió en su breve viaje. Sin embargo, tras la explosión de una epidemia de cólera, ¿cómo no iba a querer Haffkine que Rusia fuera el lugar donde se llevaran a cabo los ensayos a gran escala? Solo tres días después de la última presentación de Haffkine ante la Sociedad Biológica, el Instituto envió tres cartas al duque Alejandro de Oldenburg, presidente de la Academia Rusa de Ciencia (y médico), solicitando permiso para efectuar vacunaciones en los dominios del zar. Una de esas cartas era de Louis Pasteur, y en ella daba la bendición oficial a la generosa oferta de «donar» el «método» a Rusia; otra iba firmada por Emile Roux, quien certificaba que el trabajo de producción de la vacuna se había realizado bajo su rigurosa supervisión (no era del todo cierto); y la tercera era del propio Haffkine, y en ella planteaba sus argumentos. Ajeno al grueso dosier de espionaje acerca de su paradero y actividades, Haffkine debió de pensar que el panorama era prometedor. En 1892, Rusia estaba sufriendo el peor brote de cólera en varias décadas, con casi un cuarto de millón de muertos para final de año. La escala de la epidemia indicaba la urgencia de una vacuna profiláctica, y también que no habría problema para encontrar una población de control numerosa y fiable. Evidentemente, lo primero que hizo el gran duque fue remitir la solicitud al Ministerio del Interior ruso, que a su vez envió consultas a la policía política acerca de

Waldemar Haffkine, de Odesa.[34] Un historial de múltiples arrestos y encarcelamientos, así como la pertenencia documentada a la organización terrorista que había asesinado al difunto zar, sirvieron para zanjar la cuestión. Pero la respuesta escrita de Oldenburg a las tres cartas del Instituto entró por la puerta falsa en la historia científica de las vacunaciones. El fracaso del trabajo de Ferran en España, señalaba Oldenburg, dejaba claro que una vacuna contra el cólera no era más que un sueño imposible. El hecho de que los procedimientos de Haffkine se hubieran diseñado específicamente para corregir lo que él veía como defectos en el trabajo de Ferran no sirvió de nada. La puerta rusa se cerró.

Pero se abrió otra en India. En el subcontinente, las últimas décadas del siglo XIX representaron un punto de inflexión en la historia del Raj. Las pretensiones británicas de que el Gobierno imperial estaba justificado por las mejoras cuantificables en las vidas de sus millones de súbditos se habían destapado como un chiste cruel, dada la escala de horrores letales que habían afectado a India: las hambrunas y las epidemias causaban estragos en las ciudades y el campo, mientras que elefantes pintados se abrían paso en las vanagloriosas ceremonias del Durbar. Con todo, su historial no era sistemáticamente inhumano. La creación de métodos de suministro de agua filtrada a finales de la década de 1860 había supuesto una diferencia en la vulnerabilidad al cólera de algunas grandes ciudades.[35] Hasta la década de 1890 no se volvió a ver una epidemia tan espantosa como la de 1817 a 1821. Así que hay motivos para creer que Ernest Hankin interpretaba su inminente trabajo como una prueba de que el Gobierno británico no era del todo hipócrita en lo referente a la mejora de la vida material de los indios.

Y, en el París de 1892, otra persona habría compartido ese sentimiento, a pesar de que sus motivos eran una incómoda mezcla de orgullo y culpa basada en una experiencia personal y directa. Frederick Hamilton-Temple-Blackwood, marqués de Dufferin y Ava (el último fragmento del título fue agregado triunfalmente como una guirnalda de flores sobre sus hombros por la anexión de gran parte del norte de Birmania) ocupaba entonces el enorme edificio de la rue Faubourg Saint-Honoré como embajador británico ante la Tercera República. Dufferin y su esposa, Hariot, ambos altos, honestos, atractivos y volubles, él con una recia nariz, ella con una mandíbula recia, eran primos lejanos irlandeses. Él procedía de la más sólida «ascendencia» protestante colonizadora, pero ella tenía entre su familia a nacionalistas irlandeses unionistas, y también a lealistas. Freddie se había abierto paso desde aquel mundo de verdes pastos y casas de piedra a través de los habituales viveros de los nobles victorianos: Eton y Oxford. Navegó hacia el Ministerio de Asuntos Exteriores después de capitanear un barco llamado Foam alrededor de Islandia y el Atlántico Norte. Ganó dinero con un libro acerca de esas hazañas, pero, como muchos de sus contemporáneos, el apuesto Freddie se vio acometido por un súbito e intenso espíritu de misión imperial. Fue lo bastante prudente como para descargar ese sentimiento en Siria y Turquía, y ascendió en la jerarquía hasta llegar a convertirse en gobernador general de Canadá en un momento en el que el equilibrio constitucional del país era frágil. Dufferin era inteligente y encantador, y se tomó la molestia de hablar un excelente francés con los intranquilos *quebecois* mientras vivió en la ciudad de Quebec. Le resultó útil que Hariot fuera querida a ambos lados de la fractura cultural por la independencia de su discurso y su pensamiento, que con frecuencia tenían prioridad sobre el protocolo.

Luego vino India, justo después de una crisis suscitada por el inesperado liberalismo del entonces virrey, el marqués de Ripon, uno de los favoritos de Gladstone, que no solo había cometido la desfachatez de crear consejos locales a los que podían acceder los indios, sino de permitir que jueces autóctonos procesaran a hombres y mujeres ingleses en tribunales indios, lo cual resultaba aún más escandaloso. Obviamente, el virrey se había vuelto loco, nativo o ambas cosas. En 1884, el insolente virrey Ripon fue sustituido por Dufferin. El hecho de que tanto la clase dirigente anglo-india, furiosa por el liberalismo de Ripon, como los incipientes nacionalistas, inspirados por él, esperaran inicialmente lo mejor del nuevo virrey era un tributo bajo mano a su capacidad diplomática para templar los ánimos entre partidos mutuamente hostiles.[36] El virreinato de Dufferin se desplegó

Izquierda: Frederick Hamilton-Temple-Blackwood, marqués
de Dufferin y Ava, hacia 1880; derecha: su mujer, Hariot,
marquesa de Dufferin y Ava, década de 1880.

ante las primeras reuniones del Congreso Nacional de India, obra de
indios liberales occidentalizados que ostentaban profesiones en el ámbito legislativo y el periodismo. Al principio no hizo nada para desa-
lentar el congreso, más bien lo contrario, pero las relaciones con su
principal instigador y organizador, el funcionario indio retirado A. O.
Hume, no tardaron en agriarse. En 1888, al final de su virreinato,
Dufferin pronunció un discurso inusitadamente desdeñoso en el que
despreciaba al congreso, del cual dijo que representaba solo a «una
fracción infinitesimal y parcialmente cualificada del pueblo de India».

El posible liberalismo que le quedara a Dufferin parecía haber
dado paso a un paternalismo imperialista que se imaginaba alineado
con la «verdadera» India —rajás, terratenientes y campesinos— más
que con los periodistas y abogados occidentalizados del congreso.
Pero, en agosto de 1887, Dufferin inició un estudio sobre la pobreza
y la falta de tierras que, aunque nunca fue publicado en su totalidad,
tendría consecuencias más allá de su cometido original. El «informe
Dufferin», cuya sección dedicada a Bengala se completó en mayo de
1888, no estaba libre de estrategia política. En 1882, Dadabhai Naoroji, el segundo presidente del congreso y más tarde representante
liberal por Finsbury Central en el Parlamento británico, publicó *The
Condition of India*, un ataque frontal a la pretenciosa obviedad de que,

fuera cual fuera el coste para la soberanía nativa, el Imperio británico en India había mejorado las vidas de sus millones de súbditos, al menos materialmente. Evaluando las fugas de capital y la destrucción de la industria de algodón indígena, Naoroji sostenía que, por el contrario, el dominio británico había sido un «sumidero» para la economía de India. Pero razonaba desde un análisis de costes y beneficios basado en agregados macroeconómicos de inversión y tributación. El estudio de Dufferin tenía un diseño distinto, una investigación estado por estado, ciudad por ciudad y, en algunos casos, poblado por poblado, de la experiencia social real: arrendamientos, salarios, dieta, vivienda, etcétera. En ciertos aspectos, ese ejercicio de recopilación de datos era análogo a la moda de la investigación social en Gran Bretaña acerca de las condiciones de «El Pueblo», en especial en las grandes ciudades y en las poblaciones con fábricas. Tales informes podían adoptarlos tanto los liberales, especialmente los del ala radical, como, siguiendo los pasos de Disraeli, los conservadores que gustaban de señalar las mejoras en las condiciones materiales y la salud pública como alternativa a la obsesión de sus rivales con la movilización política y el gobierno autónomo.

Eso no significa que Dufferin y los funcionarios de los ministerios de Hacienda y Agricultura a los que se encargó recopilar datos fueran totalmente cínicos en su proyecto. Las raíces irlandesas del virrey pudieron sensibilizarlo ante la espantosa envergadura de las hambrunas que padeció India en 1876 y 1878, y ante la discordante diferencia con el boato del Durbar. La finalización de las primeras partes del informe, dedicadas a Bengala y Bihar, dejó claro que la falta de tierras, la indigencia y la dieta empobrecida estaban empeorando y que, como había detectado Naoroji, la tradicional afirmación de que las condiciones sociales de los indios mejoraban constantemente bajo el gobierno firme pero benévolo de los británicos era una fanfarronada indecente.[37] A medida que se obtenían más datos, el informe se convertía en un bochorno cada vez mayor; solo vio la luz una parte fuertemente censurada del mismo. Y cuando, en 1902, se exigió que fuese llevado ante la Cámara de los Comunes, el secretario para India, George Hamilton, respondió que por desgracia era «muy voluminoso» y que «ya tenía quince años».

Los Dufferin se fueron de India (sin ver el final del estudio), pero India no los abandonó. El siguiente puesto de Frederick fue el de embajador ante el reino de Italia, donde el papa León XIII se había comprometido a crear un cuerpo de clérigos católicos en India, Ceilán y Birmania. Sin embargo, los misioneros protestantes del Raj tenían otra vocación poderosa: salvar cuerpos, además de almas. Años atrás, antes de abandonar Calcuta, los Dufferin habían sido informados acerca de los misioneros médicos —en especial las «damas médico» que ofrecían cuidados obstétricos y atención en el parto a las mujeres de casta superior confinadas en alojamientos separados conocidos como *zenana* y, por tanto, privadas de la medicina administrada por hombres— nada menos que por la reina Victoria. En 1881, en el castillo de Windsor, la reina había recibido a una de esas misioneras médicas, Elizabeth Bielby, que traía una demanda de una de esas pacientes, la maharaní de Puna, dentro de un gran medallón de plata. En ella «me rogaba», escribió la reina, «autorizar que las mujeres médico fueran enviadas a atender a las damas en las *zenanas* de India, muchas de las cuales morían por falta de asistencia médica adecuada, al no permitírsele a ningún hombre acercarse a ellas. Miss Bielby me ofreció un melancólico relato de esas pobres damas. [...] Yo expresé mi profundo interés y mi esperanza en que algo se pudiera hacer en ese sentido».[38] Dos años después, otra de las mujeres médico, Mary Scharlieb, a punto de convertirse en profesora de obstetricia en el Colegio Médico de Madrás, fue presentada a la reina por sir Henry Acland y le causó una honda impresión. A su vez, Victoria se aseguró de que el nuevo virrey diera su apoyo a la causa. Pero fue Hariot quien, en 1885 y con la ayuda de indios acaudalados, incluyendo una serie de maharajás, creó la Asociación Nacional para Proporcionar Ayuda Médica Femenina a las Mujeres de India, con la reina-emperatriz como mecenas.

El fondo, que atendía a mujeres de casta alta y clase media recluidas en la *zenana*, evidentemente era un proyecto conservador que imaginaba a mujeres médico británicas saliendo al rescate de lo que Elizabeth Bielby describió a la reina como el daño causado por comadronas nativas ignorantes (aunque, como se apostillaba siempre, bienintencionadas).[39] Pero la resistencia a los exámenes practicados por médicos varones, en especial durante las epidemias, no se limitaba a los más acomodados. Parte de la oposición más furiosa y violenta venía de los indios pobres, de manera que la aportación de mujeres médico, en especial nativas, sin duda tendría un efecto positivo, como esperaba Hariot Dufferin. Por desgracia, la financiación —que, sobre todo desde que se supo que la reina estaba personalmente implicada en el proyecto, había sido abundante— se agotó tras la salida de los Dufferin de India. Sin embargo, ante la oposición anglo-india al ingreso de mujeres en los colegios médicos de Madrás y Calcuta, por no hablar de pagar para enviar a mujeres indias a Inglaterra y Estados Unidos, la asociación apoyó la educación y formación de once mujeres médico, seis de las cuales —incluidas Kadambini Bose Ganguly, Anandibai Gopal Joshi y Rukhmabai— constituyeron la generación inicial de doctoras indias. Las ideas conservadoras pueden tener consecuencias radicales. Los nacionalistas del congreso elogiaron a la asociación, y uno de ellos propuso que, en lugar de la esperada estatua del virrey Dufferin en Calcuta, sería mucho mejor erigir una de lady Hariot.

Fuera cual fuera el rumbo de Dufferin entre el liberalismo diluido y el paternalismo conservador, no cabe duda de que comprendía muy bien que la epidemia ponía a prueba las pretensiones del Raj de haber mejorado materialmente las vidas de los indios. Tras llegar a la embajada en París en marzo de 1892, estaba claro que tanto él como su esposa estarían interesados en el trabajo que desarrollaba el Instituto Pasteur, sobre todo la posibilidad de una vacuna que pudiera cambiar la impresión de que India era, como había dicho un periódico británico, «el hogar del cólera». Un año antes, en una nota un tanto extravagante, Haffkine ya había imaginado el traslado de su laboratorio a «las orillas de los grandes ríos de India». Ahora, la invitación que había recibido Dufferin de llevar su trabajo a Calcuta dio en el clavo. Comentar el proyecto con Hankin, que ya tenía lazos con India, fortaleció la intuición de que aquel sería el ensayo definitivo de la vacuna. En cualquier caso, le pareció bien la idea de viajar a Londres en diciembre de 1892 y que el embajador organizara una reunión con el conde de Kimberly, secretario de Estado para India. Durante esa misma visita ofreció su primer informe oral sobre la vacuna contra el cólera a los profesores y cadetes de la Escuela Médica del Ejército en el Royal Victoria Hospital de Netley. El centro, que recibía visitas frecuentes de la reina cuyo nombre ostentaba, era una de las grandes instituciones del imperio médico y, como solían comentar los asombrados visitantes, era el edificio más largo, aunque no el más bello, de Gran Bretaña, situado en una zona costera cerca de Southampton. Haffkine fue escuchado diligentemente, pero aquel primer encuentro con las cerradas filas del Raj médico debió de ser abrumador. Allí estaba él, el judío ruso de Francia, que no era como aquellas personas esperaban: de pelo claro, bien vestido y elocuente, aunque con un marcado acento. Y allí estaban ellos, las hileras de bigotes, la mayoría escépticos en cuanto a la ciencia afrancesada que estaban escuchando. ¿Qué sabía aquel hombre de India? Ni siquiera era un verdadero médico. Generaciones de gente como él habían combatido la enfermedad: viruela, fiebre tifoidea, malaria, cólera y peste, junto con las tercas supersticiones que se interponían a los tratamientos y las curas. La vacuna de Jenner se había enfrentado a la veneración hindú de la vaca. Sus cementerios de Calcuta, Bombay y Madrás estaban repletos de hombres y mujeres jóvenes que habían caído víctimas de las enfermedades del país, la venganza de India ante su presencia. Pues bien, pronto aprendería.

La corporación municipal de Calcuta recibió instrucciones de prestar ayuda a Waldemar Haffkine, aunque no estaba claro si eso significaba que ocuparía un cargo. En febrero de 1893 se hallaba a bordo de un buque de P&O rumbo a India a través del cuello de botella epidémico de Puerto Saíd. Consciente de la práctica imposibilidad de conseguir refrigeración, se había llevado una reserva de vacunas contra el cólera «desvitalizadas» (estériles), y no tardó en probarlas: convenció al joven capitán-cirujano C. C. Manifold, que volvía de un permiso de seis meses, de que se sometiera a la vacunación cuando aún estaba a bordo. Haffkine tomó sus habituales y minuciosas notas. Manifold fue vacunado el 1 de marzo, poco después de que el barco atracara en Adén, donde el vacunador tuvo una epifanía bíblica. Paseando por la ciudad, tropezó con dos ancianos con harapos colgando de sus cuerpos huesudos. Al principio, Haffkine supuso que se trataba de árabes pobres. Pero, al mirar de nuevo, le llamó la atención algo completamente imprevisto y le trajo a los labios la oración judía del *Shemá*, que se recita tres veces al día, pero también en momentos de peligro mortal: «*Shemá yisroel, adonai elokeinu, adonai achad*». «Óyeme, oh, Israel, el señor es Dios, el señor es uno». En aquel momento, los judíos yemeníes se unieron a Haffkine para terminar la oración. Fue la iniciación de Haffkine en el contacto directo con judíos, en apariencia muy alejados, en apariencia tan distintos a él, y, sin embargo, inseparablemente semejantes. Nunca olvidaría aquel momento.

A cuatro días de Adén (la mitad del intervalo empleado en los ensayos de París) Haffkine suministró a Manifold su segunda y más intensa vacuna. El 5 de marzo desembarcaron en Bombay, y Haffkine inició su viaje hacia Calcuta, donde sería profesor del Colegio Médico.[40] Allí pudo informar de que el servicial Manifold no había sufrido efectos secundarios graves a causa del procedimiento. Aunque conocía la resistencia de algunos miembros del Servicio Médico de India a lo que todavía era una ciencia completamente nueva, Haffkine pensaba que sería recibido cuando menos respetuosamente. Pero —comprensiblemente, pues carecía de historial alguno— el Gobierno de India en Calcuta acogió su trabajo con reservas, como si fuera estricta y provisionalmente experimental. C. J. Lyall, secretario jefe del Gobierno de India en Calcuta, propuso «que unos pocos cirujanos civiles seleccionados en cada provincia ayudaran al doctor Haffkine mientras estuviera en su distrito».[41] Eso fue todo.

En marzo de 1894 se tomó una fotografía de Haffkine vacunando a una joven india. Si el Raj británico hubiera querido escenificar un retablo en el que representara su afirmación de que solo aspiraba al bienestar de los millones de súbditos de la reina-emperatriz, tendría precisamente ese aspecto. Es justo lo contrario de las espantosas fotografías, tomadas por los misioneros con sus nuevas cámaras de cajón, de las crueles hambrunas que afectaron a buena parte de India en la misma década. En aquellas imágenes brutales e implacables, los *sahibs* no aparecen por ningún sitio, mientras que los indios perecen por millones. Los cuerpos se pudren en las calles, donde los restos son atacados por aves carroñeras y perros salvajes. Esto es diferente. La imagen está compuesta como una pintura histórica del barroco, un

Caravaggio o un Rembrandt, repleta de amable benevolencia, con una carga de redención que la recorre desde la santa mano sanadora hasta los apóstoles y colaboradores nativos que observan y el receptor del toque sanador; unos cautivados, otros indiferentes, otros abiertamente desconfiados. Es también un documento inusual de colaboración médica entre europeos e indios. Detrás de Haffkine está William, uno de sus asistentes y defensor incondicional contra las legiones de miembros del Servicio Médico de India escépticos o directamente hostiles.[42] A su izquierda se encuentra el inspector médico de Calcuta, G. N. Mukerjee, y a su lado, el doctor Jagendra Dutt, analista del Departamento de Salud de la ciudad. Haffkine siempre reconoció que, sin los médicos indios, que actuaban como traductores, ejemplos (ya que también fueron inoculados en público, igual que Haffkine) y agentes de convicción, su programa habría sido un fracaso. Algunos de esos médicos, formados por Haffkine, actuaron luego por iniciativa propia para llevar la inoculación mucho más allá de la zona que él podía visitar personalmente. Uno de esos pioneros bengalíes, que no aparece en la fotografía pero que fue destacado por Haffkine en una carta de recomendación, era un tal doctor Chowdry, que ofrecía sus servicios en un momento en que no había perspectivas de promoción o ventaja personal que le impulsara a realizar tal esfuerzo.[43] Pero Haffkine era una persona implicada y ahí está, en el centro del retablo, San Waldemar, pálido salvador de los pobres, protector de los niños, vacunando a una chica joven mientras una figura de barba blanca, quizá su abuelo, trata de aliviar el temor de la niña con una mano amable sobre su hombro.

El entorno, con sus paredes de adobe, parece rural, pero en realidad es uno de los *bustees* (o *bastis*) donde, según Haffkine, trabajaba su pequeño equipo «bajo un sol abrasador, sin otro alivio que una sombrilla [que aquí no aparece], sin interrupción, desde antes del amanecer hasta media mañana, momento en el cual volvían al laboratorio para preparar vacunas para las siguientes inoculaciones, y desde las cuatro de la tarde hasta bien entrada la noche».[44] Los *bustees* eran (y aún son) franjas de tierra, tanto en las afueras como en el centro de la ciudad, alquiladas a intermediarios, que luego construían tantas viviendas baratas como podían para alojar a los trabajadores inmigrantes que invadían la ciudad desde las zonas rurales colindantes.[45] Los materiales eran rudimentarios; las cabañas, sin ventanas ni ventilación; el saneamiento, inexistente. En las casas se apiñaban familias numerosas, e incluso grupos de ellas. A partir de los informes escrupulosamente detallados de Haffkine sabemos, por ejemplo, que veinticinco personas vivían en la casa de Gopal Das, en el *bustee* de la calle Shampukar, en el barrio 1, y veintiuna en la casa de Chomilal Koormi, en el *bustee* de Joraghan. Y, al tiempo que la densidad de población de las casas individuales y de todos los *bustees* solía ofrecer un lugar de incubación perfecto para el *Vibrio cholerae*, también brindaba a Haffkine unidades ideales para los ensayos comparativos, pues podía dividir una casa en grupos inoculados y no inoculados, sabiendo que ambos compartían condiciones de vida casi idénticas. Diecinueve personas habitaban la casa de Mungo Jamadar, en el atestado *bustee* de Kathal Bagan; once fueron inoculadas, ocho no. Del segundo grupo, cuatro sufrieron ataques de cólera: tres de ellos, un hombre y una mujer, ambos de cuarenta años, y una niña de cinco años murieron, mientras que uno de veinticinco años se recuperó.

Una carta enviada en abril por Mohammed Ayub Khan a Haffkine, en la cual le da las gracias por inocularlos a él, a su familia y a sus sirvientes, amén de un regalo consistente en un jarrón de plata de artesanía cachemir, deja claro que Haffkine empezó a trabajar poco después de llegar a Calcuta en abril de 1893, al menos entre la sociedad bengalí más acomodada. Pero la inmensa mayoría de los 22.703 vacunados contra el cólera en su primer año en India recibieron la inoculación en los primeros meses de 1894. Las razones de esa demora eran numerosas: una multitud de variables independientes que, como reconoció Haffkine más tarde, no había previsto, y los patrones de migración eran una de ellas. A diferencia de lo que sucede en Europa, el cólera se cebaba, sobre todo, en los pobres del entorno rural, pero, a medida que la economía india se volvió más interconectada y las redes de ferrocarril acortaron las distancias, las enfermedades infecciosas llegaban con los migrantes a los abarrotados asentamientos urbanos de barracas. Además, India era un subcontinente que comprendía regiones muy dispares. En muchas de ellas, el cólera era endémico; en otras brotaba en forma de epidemias. Cuando un gran número de personas huían de las segundas a las primeras, era muy difícil establecer controles comparativos fiables. Casualmente, 1893 fue uno de esos años excepcionales en los que los brotes epidémicos eran relativamente raros en Bengala y en el valle del Ganges. Pero volvieron con furor redoblado al año siguiente, lo cual ofreció a Haffkine una población de infectados significativamente numerosa.

Aun así, parte de las comunidades indias y británicas de Bengala se resistían. La desconfianza entre los musulmanes de Calcuta a veces trocaba en violencia. En Serampore, en el oeste de Bengala, donde miles de trabajadores migrantes de los molinos de yute ocupaban unas colonias de barracas atestadas que eran zonas de reproducción óptimas para el vibrio del cólera, se rumoreaba que la vacuna mataba en lugar de proteger y que los «inoculadores merodeaban por las esquinas para abalanzarse sobre la gente y vacunarla a la fuerza».[46] Las cosas se pusieron feas, sobre todo entre la comunidad musulmana, donde algunos capataces de molino suscribían el alarmismo y otros temían que sus obreros causaran disturbios. Las amenazas di rigidas a Haffkine se volvieron tan airadas y siniestras que tuvo que retirarse.

Pero la obstrucción más frustrante no vino de comunidades nativas hostiles, sino de la atrincherada oposición de los altos estamentos militares y médicos del Raj. La mayoría de los médicos y cirujanos formados en Netley, cuya primera responsabilidad era garantizar que tanto los soldados europeos como los indios no se vieran afectados por la enfermedad, se aferraban a la convicción tradicional de que el cólera se propagaba por la atmósfera o surgía localmente de la materia orgánica en descomposición. En su informe de 1895 para el Gobierno indio sobre la efectividad de la vacuna, Haffkine recordaba las «increíbles dificultades» a las que se había enfrentado, refiriéndose a la resistencia institucional, la denegación de financiación estatal y la reticencia del servicio médico oficial a ofrecer cualquier clase de recomendación legal para la vacuna. El cirujano general W. Rice tenía un punto de vista típico: que la vacuna de Haffkine carecía del «siglo de experiencia que justifica que el Gobierno haga obligatorio el descubrimiento jennerista [viruela]».[47] Rice, que evidentemente no había leído los minuciosos informes publicados por Hankin y Haffkine, afirmaba que la vacuna no era tan inofensiva como el último pretendía, y que era sumamente antigubernamental «tomar parte activa en la propagación de ese sistema». Y, si Haffkine se preguntaba por qué el Raj médico se negaba a participar en su campaña a pesar de la elogiosa carta de presentación de Dufferin a su sucesor como virrey, el marqués de Lansdowne, no hacía falta que mirara más allá de David Douglas Cunningham, el médico honorario del virrey, cirujano mayor del Servicio Médico de Bengala y profesor de Patología en el Colegio Médico de Calcuta.

A diferencia de sir Joseph Fayrer y J. M. Cunningham (con el que no guardaba relación), David Cunningham, que había entrado en el Servicio Médico de India cuando tenía algo más de veinte años, no era un reaccionario científico. Aunque su oposición a la insistencia de Koch en que el bacilo coma era la causa exclusiva del cólera se hizo más furibunda en las décadas de 1880 y 1890, Cunningham, que tenía su propio laboratorio en el Hospital General de Calcuta, reconocía la realidad de los microbios, pero perseveraba en su creencia de que Pettenkofer tenía razón al reiterar que eran las condiciones locales de suelo y clima las que determinaban si el bacilo se volvería epidémicamente tóxico. Consideraba imposible que el bacilo coma fuera la causa única de la infección letal, como demostraba el hecho de que, por unas pocas rupias, convenció a un limpiador del hospital de que ingiriera muestras ricas en bacilos y no tuvo «efectos perjudiciales». Tales eran las oportunidades que ofrecía la ciencia imperial. Se llevaron a cabo otros experimentos fútiles para ver si las colonias de bacilos podían cultivarse en tipos específicos de suelo, en estiércol de vaca o en depósitos de heces humanas. También mantenía una gran confianza en los argumentos del micólogo suizo Ernst Hallier, quien afirmaba que el cólera, el sarampión, la fiebre tifoidea y la sífilis eran el resultado de esporas fúngicas que entraban en el cuerpo humano. Creyendo que lo que se había visto en las heces de las víctimas del cólera eran esas «zoosporas» o «micrococos» fúngicos, Cunningham ideó un dispositivo para atraparlas al que llamó «aeroconiscopio». Se trataba de un artefacto en el que se colocaban placas cubiertas de glicerina orientadas hacia el viento para recoger los patógenos aerotransportados. Cuando se demostró que la teoría fúngica no funcionaba, Cunningham cambió de rumbo. El bacilo de Koch no era un organismo único, sino polimorfo, algunas formas del mismo eran infecciosas y otras no.[48] Con frecuencia, la verdadera atención de Cunningham estaba en otra parte: era también conservador del jardín del Zoológico Real de Calcuta y naturalista oficial de la expedición de Sikkim de 1886.

Nada de esto significa que, cuando llegó a Calcuta en 1893, Haffkine esperara necesariamente indiferencia, y mucho menos oposición a su vacuna por parte de gente como Cunningham. Puede que fuera lo contrario, ya que, en 1892, Cunningham le había enviado especímenes de vibrio altamente virulentos mientras trabajaba en el Instituto Pasteur. Debió de ser sumamente decepcionante enterarse de que Cunningham creía que la vacuna «no prevendría en modo alguno la aparición de casos de la enfermedad, sino que [...] modificaría su carácter de forma parecida a lo que podían ofrecer las mejoras higiénicas en una determinada ubicación».[49] Poniendo al mal tiempo buena cara, Haffkine esperaba que, junto con las campañas localistas tradicionales, esa migaja de reconocimiento al menos brindara una posibilidad de apoyo para acabar con «la inmundicia».

Por suerte, Haffkine tenía aliados locales más entusiastas. Para empezar estaba Simpson, el director médico de Calcuta, que se arriesgó a apoyarlo y a veces lo acompañaba en sus largas campañas de vacunación.[50] Fue el informe de Simpson sobre el programa de inoculación el que, en última instancia, convenció al Gobierno indio para que diera a Haffkine «todas las facilidades» para su trabajo y para hacer que una junta local de dos funcionarios médicos y dos magistrados informaran de los resultados. No muchos lo hicieron. Al principio, cuando aún se le consideraba un simple forastero, la única ayuda sustancial fue la de Hankin, ya establecido en su laboratorio de Agra, donde contaba con personal formado en la preparación y almacenaje seguro de vacunas. El territorio de Hankin también era una región —en previsión de posibles movimientos militares rusos— de gran concentración de tropas. Cuando una nueva oleada de cólera empezó a circular a través de esos acuartelamientos, Haffkine logró convencer a las autoridades médicas del ejército de que ofrecieran vacunaciones voluntarias a soldados indios y nativos. En Lucknow, por ejemplo, los 640 soldados que permanecieron sin vacunar sufrieron 120 casos de cólera, de los cuales 79 murieron, mientras que de los 133 que se vacunaron solo hubo dieciocho casos, de los cuales trece fueron fatales (una de las conclusiones de esos ensayos fue que la vacuna era efectiva en la prevención de la infección, pero no tanto en impedir que los infectados muriesen). Cuando se propagó la noticia de las vacunaciones militares, hubo consultas parlamentarias acerca de la prudencia y legalidad de lo que parecían unos ensayos no autorizados, entre otras cosas porque se creía que la vacunación militar creaba desafección o incluso motines en los cuarteles, especialmente si se pensaba que incluía materias animales. Pero esto se basaba más en los recuerdos del gran levantamiento cipayo de 1857 que en la realidad contemporánea. El desconocimiento absoluto de los rudimentos de la bacteriología no impidió que se enviara una carta al *Pall Mall Gazette* argumentando que sería «una locura tolerar un experimento de esta naturaleza» en los cuerpos de soldados gurjas o cualquier efectivo de casta alta, porque ¿cómo podía explicar el ejército «el modo repulsivo en que habían sido inoculados con las "materias fecales" de hombres sin casta, leprosos y similares?».[51] En contraste con los habituales supuestos sobre sobre el «atraso» y la «superstición», las tropas indias a veces se mostraban más dispuestas a ser inoculadas que los soldados británicos. En Dinapur, donde se hallaba estacionado el segundo batallón del Regimiento Manchester, había habido trece casos graves de cólera en el verano de 1894, que incluyeron nueve muertes, pero solo 193 soldados británicos se presentaron voluntariamente para la vacunación, mientras que 729 la rechazaron. Después de que otros tres hombres fallecieran en un breve espacio de tiempo, el pánico surtió efecto y otros 387 se presentaron voluntarios para la aguja.

Esta mayor voluntad de algunos soldados nativos, sijs en particular, de aceptar la vacunación no era tan sorprendente para alguien que conociera las tradiciones médicas indias descritas por John Zephaniah Holwell un siglo antes. En la primavera de 1896, cuando Haffkine inoculó a prisioneros voluntarios en la cárcel de Darbhanga, en Bihar, el alcaide (y cirujano) E. Harold Brown afirmó que el deseo de ser vacunado se debía en gran medida a las asociaciones benignas con la *tika*, la inoculación para la viruela que habían conocido en sus poblados.[52] No obstante, aunque la inoculación de los brahmines pudo ayudar a aliviar el temor de los indios a lo que parecía un procedimiento profundamente ilógico, a los inoculadores brahmines no debió de gustarles la posibilidad de ser reemplazados por los vacunadores de Haffkine.

Otras consideraciones ralentizaron la campaña. Cuando Hankin y Haffkine hablaron por primera vez de la vacunación en Asia, se plantearon si, sobre todo en medio de una virulenta epidemia, no sería más seguro utilizar dosis estériles «desvitalizadas». Inicialmente, Haffkine estaba convencido de que la seguridad de la vacuna requería una dosis inicial viva pero atenuada que pusiera en marcha la respuesta inmune del cuerpo sin ocasionar efectos secundarios gravemente necróticos. Pero, con el paso del tiempo, se preguntó si eran indispensables dos inoculaciones, en especial dadas las dificultades logísticas para que los pacientes volvieran para su dosis de seguimiento. En su informe de 1895 al Gobierno de India, Haffkine observaba que, tal vez, la dosis inicial más débil era innecesaria. Como era habitual, nunca se arriesgaba a efectuar un cambio sin probarlo primero en sí mismo. Después de haberse inoculado con la dosis «exaltada» y no haber notado efecto negativo alguno, hizo lo propio con sus miles de sujetos-pacientes.

Aunque Haffkine siempre recalcaba que solo llevaría a cabo los ensayos con voluntarios, algunos de sus grupos experimentales en cierto modo eran cautivos. En julio de 1894, en la cárcel de Gaya, en Bihar, una de las provincias más pobres y propensas a la hambruna del norte de India, se produjo un súbito y violento brote de cólera, el peor en una década, según afirmó el comandante cirujano Macrae cuando solicitó el programa de vacunación de Haffkine. Aunque fue construida en la época de la Compañía de las Indias Orientales, la prisión de Gaya no era el agujero infernal y hediondo que se podía ver en otros lugares. La estructura original había sido sustituida por un edificio nuevo, que contaba con unas condiciones sanitarias modélicas de luz y aire. El agua provenía de un pozo, no de un depósito abierto. Pero los peregrinos que volvían del festival de Kumbh Mela, en Allahabad, donde millones de personas se reunían para el baño ritual en el Ganges, habían llevado la enfermedad a Gaya, en el sudeste. Durante el año anterior había habido 768 muertos por cólera en el distrito, pero en 1894 habían fallecido 6.005 personas solo en julio. En la segunda semana del mes habían muerto cinco de cada seis prisioneros infectados. «Muchos de los prisioneros, al hablarles de inoculación preventiva, expresaron su deseo de ser vacunados», declaró Macrae a *Indian Medical Gazette*, «y M. Haffkine [...] cuyo fervor y entusiasmo por la causa que defiende son tan dignos de elogio, llegó aquí el 18 de julio y, en presencia del coronel cirujano Harvey, que fue tan amable de asistir, inoculó a 147 prisioneros, y el día 19 a 68, lo cual suma un total de 215 de los 433 ocupantes de la prisión».[53] El propio Haffkine describió el procedimiento, diseñado para ser riguroso con el grupo de control aleatorio, seleccionado entre personas con condiciones de vida idénticas. «Se pidió a los prisioneros que se sentaran en el suelo formando hileras y se inoculó a uno de cada dos hombres o mujeres». Al principio del ejercicio, los resultados comparativos fueron diversos, en buena parte porque, en los cinco días previos a que la primera dosis hiciera efecto, los prisioneros no habían estado protegidos de la infección. Finalmente, Haffkine llegó a la conclusión de que los no vacunados tenían una probabilidad cinco veces mayor de contraer el cólera que los vacunados. «Por consiguiente, acepté esas conclusiones con confianza como pauta para futuros trabajos».[54]

Entre febrero y julio de 1895, Haffkine visitó cuarenta y cinco plantaciones de té en Assam, Sylhet y Chittagong —los «jardines» de Burnis Braes, de Gubber, Chargola, Kalain, Cachar, Pallarbund, Lungla y Kalaincharra—, y en uno de ellos contrajo la malaria, lo cual supuso el final de su primera misión en India. Al principio se intentó recurrir a personas indígenas locales —especialmente los naga— para despejar la selva y cultivar las cosechas, pero se habían resistido al brutal régimen de trabajo, ya fuera huyendo de los huertos de té o sucumbiendo a la enfermedad. Así, la industria del té pasó a depender de un gran número de campesinos importados y culturalmente familiarizados con lo necesario para cultivar y cosechar té. Alojados en cabañas abarrotadas y viviendo en condiciones próximas a la esclavitud, los culíes, en su mayoría migrantes indios, no eran prescindibles ni siquiera para los terratenientes del té más crueles y explotadores; de ahí que se aferraran a la posibilidad que ofrecía la vacuna para reducir las pérdidas de mano de obra. Para intentar prevenir la infección, Haffkine fue a los centros de reclutamiento de culíes —Purulia, en el oeste de Bengala, y Bilaspur, en el valle del Arpa—, donde inoculó a miles de futuros trabajadores.[55] En las plantaciones, Haffkine vacunó a largas colas de obreros y volvió para garantizar la correcta administración de la segunda dosis. Los resultados comparativos fueron concluyentes. En el jardín de Cachar solo hubo cuatro muertes entre los 2.381 inoculados, y 61 entre los 2.976 que rechazaron la vacuna.[56] En Assam se calculó que era diecisiete veces menos probable que los vacunados murieran de cólera.

Se mire por donde se mire, aquello fue un éxito merecido, y se había llevado a cabo no desde la distancia habitual de los gobernantes imperiales, sino mediante una profunda inmersión en las realidades sociales de India. Cuando los temblores y otros síntomas de la malaria obligaron a Haffkine a volver a Gran Bretaña, no se lo podía acusar de una actitud distante, de ver a India con los ojos de un *sahib* blanco. Su odisea, en compañía de solo uno o dos médicos, tanto indios como británicos, había sido heroica, casi tan mítica como las historias de los dioses con las que se encontró por el camino. En la falda del Himalaya había buscado a los peregrinos (una de las primeras cadenas de contagio) del camino de Haridwar, que se dirigían al festival que en 1872 había matado a cien mil personas en un terrible brote de cólera; en Mussoorie; y en Nainital, donde el lago llevaba el nombre del ojo de Sati, una de las cincuenta y dos partes de su cuerpo cercenadas por Vishnu, que en este caso había caído en sus límpidas aguas, convirtiéndolas en sumamente santas. Se había aventurado a entrar en poblados donde solo se hablaba kumaoni. Fiel a los temores británicos de que su poder en India podía debilitarse debido a las epidemias que se propagaban entre sus tropas nativas, Haffkine había inoculado a soldados en sesenta y cuatro regimientos, la inmensa mayoría de los cuales eran indios. Pero también había tratado a multitudes de indias cuyo bienestar no era prioritario para los gobernadores del Raj: castas inferiores rechazadas por los brahmanes, prisioneros, mendigos, habitantes de barrios marginales y culíes. En el valle del Brahmaputra, con el Himalaya brillando en el horizonte, había inoculado a 294 oficiales británicos, 3.206 soldados nativos y 869 funcionarios civiles, pero también a 31.056 personas indias de aldeas y poblaciones.[57] La odisea lo había llevado hasta Oudh, Punyab, a las provincias noroccidentales, a los campos de carbón de Jharia y a los molinos de yute del oeste de Bengala. También a algunas de las poblaciones más desamparadas y hambrientas de Bihar y Orissa. En 1893 y 1894 se vacunó a cuarenta y dos mil personas, y a otras treinta mil en 1895. En un solo viaje, desde Serampu hasta Haridwar, recorrió más de mil seiscientos kilómetros.

Los meticulosos libros de gastos de Haffkine registran pagos para toda clase de transportes: trenes (tanto en primera clase como en tercera), barcos y barqueros; *gharri*, unos carros tirados por caballos; y, para el equipaje, carretas de bueyes, mulas y ponis.[58] Vigilantes *chokidar*, barqueros, barrenderos, innumerables culíes para las tareas menores y *punkah wallahs* para mantenerlo tolerablemente fresco: todos ellos necesitaban cobrar. Y Dios no quisiera que olvidara los cereales

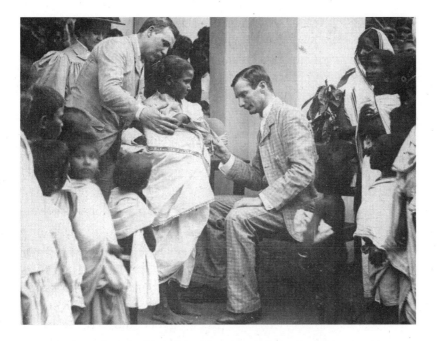

Inoculaciones del cólera en Chaibasa, Bengala.

que necesitaba el laboratorio de Calcuta para alimentar a los conejillos de Indias. Si su viaje se demoraba, como solía ocurrir, había pagos
para el alojamiento de aquella noche en bungalows. De camino, los
suministros para los trabajos cotidianos eran escasos, de manera que
se hacían pedidos de lacre, sellos de correos y papel de oficina, tinta
y papel secante, cordones de zapatos, jabón y cuerda. Además, estaban
los elementos que necesitaba Waldemar Haffkine para mantenerse
elegante y en forma: calcetines de seda negros, zapatos formales, «trajes de dormir» (sobre todo para los largos viajes en tren); litros de limonada y botellas de licor; y (en Srinagar) un importante antojo de
chocolate y avellanas.

Haffkine preparaba sus vacunas donde podía: en vagones de tren,
en salas de espera de estaciones y en refugios improvisados. No se
había visto nada igual —ni en organización ni en improvisación— en
toda la historia de la salud pública o la medicina, y mucho menos
en el corazón de los imperios europeos en Asia o África. Waldemar

había sentado en su regazo a niños semidesnudos, aliviado los temores de ancianas y tranquilizado a ladrones en la cárcel y a cabos del ejército con aliento a alcohol de mala calidad. En Lahore (también había estado allí), Rudyard Kipling oyó hablar del judío viajero, el misionero hipodérmico de la medicina moderna. Cabría pensar que era el personaje perfecto para uno de los violentos y disparatados relatos de Kipling, pero, por algún motivo, ni Haffkine ni nadie remotamente parecido pobló nunca sus páginas.

TERCERA PARTE

Poder y pestilencia: la peste

VI

LA MUERTE DE LAS RATAS

La conexión imperial acabó siendo la atadura imperial. La dificultad era la siguiente: los bigotudos de la oficina colonial (y, por ende, del Quai d'Orsay), la Oficina de India y la Casa del Virrey en Calcuta; los generales de brigada en sus acuartelamientos; los cultivadores de té en sus inmensos «jardines», contemplando las hileras de esforzados culíes; los magistrados entronizados bajo solemnes retratos de la *Kaiser-i-hind* Victoria, con su rostro de masa de pan; los inspectores de los almacenes de Cantón, examinando los baúles y las balas; los jefes de policía, con sus gorras picudas cubriéndoles los ojos, y sus subordinados de mejillas caídas y porra bajo el brazo; las *mensahibs* con sombrero cuidando parterres en Ooty, con sus tejados inclinados, y en Simla, con sus entramados de madera, o inclinadas sobre el césped; todos aquellos maestros de escuela, alegres por la mañana, declamando a Shakespeare —«¡La propiedad de la clemencia es que no sea forzada!»— mientras el *punkah* abanicaba a los alicaídos chicos; los jinetes de polo sosteniendo un vaso largo de gin-tonic mientras lanzaban risotadas en el club; todos pensaban, o eso decían, en la reciprocidad desinteresada de su Gobierno, en la benevolencia fundamental de su autoridad. Reconocían, eso sí, que el imperio se había creado en interés suyo. ¡Por supuesto! ¿Qué estúpido o hipócrita lo negaría? Pero (todos creían, o eso decían, que) lo que era bueno para los gobernantes blancos —su comercio, sus leyes, sus tropas— obviamente también era bueno para los gobernados. ¿Acaso no elevaba P&O todos los barcos? ¿Es que no había un *munshi* indio montando guardia junto a la puerta del dormitorio de la reina? El dinero depositado en bancos de Glasgow, Liverpool, Londres y Birmingham recorría su camino hasta llegar a Oriente en forma de inversión. Entonces, el esforzado agricultor, el conductor de *rickshaw*, el revisor de tren, con su camisa kaki almidonada y sus pantalones cortos, el pastor de búfalos, el cortador de yute y el leñador de teca se beneficiarían, tarde o temprano, de ese extraordinario engranaje de piezas, el distribuidor global sin precedentes de paz y prosperidad, el garante de un bienestar compartido. Pensémoslo así (como hacían ellos). El imperio era una invitación a modernizarse. ¿Por qué iba nadie, fuera cual fuera su color o confesión, a rechazar algo así?

Algo tan inconvenientemente medieval como la peste negra había asomado su feo rostro en los mismos lugares que andaban ocupados siendo modernos: Cantón, Hong Kong, Singapur y Bombay, sobre todo cuando todo el mundo esperaba con ansia la celebración del jubileo de diamante de la reina. ¡Qué manera de aguar la fiesta! De todos modos, la epidemia dio un respiro. Ahí fuera había, innegablemente, hambre, enfermedad, sacos de huesos ennegreciéndose o blanqueándose bajo el ardiente sol, montones de ellos pudriéndose en los campos de batalla (batallas que los amos imperiales no buscaban, pero tampoco evitaban). Aplastados o pisoteados por el ganado, yaciendo en campos y caminos, en ríos y en bosques en los años de escasez catastrófica. Y cuando, como acababa de suceder, aparecía la peste, llevados desde el barco hospital anclado en el puerto hasta una remota fosa común, o hasta los *ghats,* las piras funerarias, que ardían día y noche y despedían un mareante humo que cubría la ciudad como un manto oscuro.

Porque, como había tratado de explicar en 1897 el doctor Proust en Viena y Dresde, pero especialmente en Venecia, donde el programa de la Conferencia Internacional de Sanidad estaba dedicado por entero a la pandemia de la peste, los mismos medios que se utilizaban para conectar más estrechamente las diversas partes de los imperios —acortar las distancias, abreviar los horarios de transporte, reducir los costes, optimizar los beneficios, hacer las cosas con modernidad— se habían convertido en los conductos por los cuales circulaban la enfermedad y la muerte. El episodio más reciente de la peste negra llegó a Hong Kong en la primavera de 1894 al estilo moderno: en un barco de vapor procedente de Pakhoi, quinientos kilómetros al oeste. Junto con el té, la seda y el algodón, las cargas incluían opio de Yunnan, empacado en balas de cáñamo entre las cuales se alojaban los polizones habituales: *Rattus flavipectus*, la rata de pelo largo y pecho amarillo.[1] Si la bodega de carga contenía también arroz o grano, mucho mejor para ellas. Pero los roedores a su vez eran oportunidades alimenticias para sus propios huéspedes, *Xenopsylla cheopsis*, la pulga de la peste. Si la pulga se había alimentado de una rata anteriormente infectada, por ejemplo, en la provincia de Yunnan, donde la peste era endémica, el animal recién infectado moriría y la pulga saltaría a un anfitrión alternativo, ya fuera animal o humano.[2] En 1898, otro de los estudiantes del laboratorio de Elie Metchnikoff en el Instituto Pasteur, Paul-Louis Simond, que había sobrevivido a la fiebre amarilla en la Guayana Francesa, descubriría el bacilo de la peste en pulgas que saltaban desde las ratas muertas, determinando así el rol de las picaduras de insecto en la transmisión. Pero, aun sin la ventaja de la microbiología, los chinos, especialmente en Yunnan y en el sur, trataban la súbita aparición de multitud de ratas muertas como el precursor certero de la peste. En 1792, un joven poeta, Shi Daonan, se inspiró en las ratas que veía para escribir «De la muerte de las ratas»:

Mueren ratas en el este.
Mueren ratas en el oeste.
La gente observa a las ratas moribundas
como si fueran...
Días después de la muerte de las ratas,
la gente muere como las murallas de la ciudad.
No preguntes cuánta gente muere.
Nubes sombrías tapan el sol mortecino.
Tres personas dan menos de diez pasos juntas
y dos se desploman en el camino.
Muere gente de noche,
pero nadie osa llorar.
Sopla el fantasma de la peste.
La luz se vuelve verde.
De pronto sopla el viento y la luz se apaga,

dejando al hombre, al fantasma, al cadáver y al ataúd
en la misma habitación oscura...[3]

Solo unos meses después, el propio Shi se contagió y cabalgó el furioso dragón hacia el más allá.

Durante las décadas en las que la peste arrasó el sur y el este de Asia hubo polémicas predecibles acerca de su fuente y trayectoria, y cada nación trataba de identificar el origen en algún lugar que no fuera su patio trasero. Los observadores chinos creían que Yunnan se había convertido en la provincia de la peste debido a que hacía frontera con Birmania, donde, afirmaban, la enfermedad había sido endémica durante mucho más tiempo. Otros señalaban al norte de India, gobernada por los moralistas británicos, como lugar de origen de la infección, y aducían que había palabras tradicionales en las lenguas hindúes —*madhmari,* por ejemplo, o *poli*— que presuntamente denotaban una larga familiaridad con la enfermedad. Pero, cuando la peste llegó a Bombay en 1896 y 1897, era indiscutible que había venido del este en embarcaciones procedentes de Hong Kong y Singapur. Para la mayoría de los europeos y norteamericanos del siglo XIX, que miraban el problema desde sus casas, los contagios modernos predominantes eran el cólera y la fiebre amarilla. Por otro lado, la mayor parte de los europeos del norte creían que los horrores de la peste negra, descritos gráficamente en las páginas de Bocaccio y Defoe, habían quedado atrás, junto con las pelucas y las plumas de ganso. Pero aquello no era más que un espejismo. No es que hubiera habido una larga interrupción entre la segunda Gran Pandemia (se creía que la primera había tenido lugar en el siglo VI d. C) y la tercera, en la década de 1890, sino que, en realidad, la peste bubónica nunca había desaparecido. Entre 1720 y 1722 pereció más de la mitad de la población de Marsella, cincuenta mil personas en total, y otras cincuenta mil murieron en la Provenza, situada en el interior. Hubo otras epidemias en Escandinavia, Rusia, el Báltico y los Balcanes (Transilvania, Hungría, Moldavia) a lo largo de todo el siglo XVIII. En 1799 y 1800 estalló en Siria, donde provocó una letal alteración de los planes de Napoleón. En Constantinopla, la peste mató a la inmensa cifra de trescientas veinte mil personas en 1812, y de allí pasó al oeste, a Bosnia y Dalmacia, de nuevo a Egipto, Siria, Palestina, Mesopotamia y, para consternación de la Armada Real, a Malta y Gozo. En Anatolia, Persia y el Cáucaso, en las laderas tibetanas del Himalaya y en las costas del mar Caspio ya había persistido con obstinación durante casi toda la primera mitad del siglo xix. En 1878, nueve años después de que Adrien Proust visitara la ciudad, Astrakán fue castigada con un salvaje episodio de la enfermedad. Pero, en realidad, ¿por qué iba a haber desaparecido la peste? Ahora sabemos que los bacilos y los virus siguen en circulación entre las poblaciones animales hasta que tienen la oportunidad de colonizar poblaciones susceptibles, incluidos los humanos. La peste en Manchuria estaba confinada a las marmotas sibiricas, hasta que se descubrió que su piel era un sustituto barato pero rentable de la lujosa marta cibelina. Los tramperos manipulaban las pieles y se envolvían en ellas para dormir. Las pulgas eran felices. Más recientemente, en la segunda mitad de 2017, hubo un importante brote de peste en Madagascar, y el mismo laboratorio de Oxford que desarrolló la vacuna AstraZeneca contra la COVID-19 está efectuando ensayos para una vacuna avanzada contra el *Yersinia pestis*.[4] Y está bien que así sea, dado que *Live Science* anunció el 3 de agosto de 2021 que las ardillas —esos alegres visitantes de las zonas de pícnic y las playas— de los alrededores del lago Tahoe, donde mis hijos retozaban hace tres décadas, han sido diagnosticadas con peste.[5]

En Yunnan, la peste era tan conocida que recibía nombres coloquiales: *shi-i*, fiebre estacional (y la principal estación era la primavera); *shu-i*, la peste de las ratas; o, en un macabro homenaje al tamaño y la forma de los bubones que aparecían, *luan-tzi*, la peste de los huevos. Aun así, era posible imaginar que, en lo más profundo del territorio de gargantas cortadas por ríos y picos alpinos, uno podía estar a salvo de la amenaza. El tenaz misionero y botánico Père Jean-Marie Delavay, que recorrió en solitario los montes Tapintze, en el noroeste de Yunnan, tan lejos de la China urbana como era posible, contrajo la peste en 1888 mientras recogía especímenes de fritillarias de la peonía arbórea y la magnolia que resiste durante siglos en los jardines del templo de Yunnan y florece solo de noche. Aunque el índice de mortalidad solía ser del 90 por ciento, Delavay se recuperó, aunque parcialmente, y ya en Francia pudo catalogar sus cientos de miles de especímenes para Adrien Franchet en el Muséum National d'Histoire Naturelle. Con la salud quebrada, pero no el espíritu, Delavay regresó a Yunnan para continuar con su búsqueda de especies hasta entonces desconocidas y sumarlas a las ochocientas que ya había descubierto. Murió en 1895 trabajando en Yunnan, un año después de que las calles y callejuelas de Cantón quedaran cubiertas de ratas muertas.

Con toda probabilidad, ellas y sus pulgas infectadas llegaron allí desde Beihai, ya que el retorno de algo tan antiguo como la peste había sido propiciado por la rápida urbanización del sudoeste de China (hoy en día, Beihai y Kunming, la capital de Yunnan, siguen figurando entre las conurbaciones de más rápida expansión de toda Asia). Ello no obedeció necesariamente a la «diplomacia de los cañones», la apertura forzosa de China a la penetración comercial de Occidente. Carol Benedict ha demostrado que, mucho antes del asalto imperial europeo, la mejora de las comunicaciones en el sudoeste durante la dinastía Qing permitió que la enfermedad se moviera más rápido y con mayor frecuencia a lo largo de ríos y carreteras. Las sucesivas oleadas de desastres —hambruna, guerra y enfermedad— pusieron en movimiento a millones de personas. La rebelión Taiping —se mire por donde se mire, una de las grandes catástrofes de la era moderna (aunque con frecuencia ignorada en los textos de historia del siglo xix)— mató a veinte millones de personas, pero desarraigó a otros treinta. Yunnan, a la vez un lugar de desolación rural y de transformación urbana, tuvo que soportar más calamidades de las que le hubieran correspondido. La presión demográfica llegada desde el norte y un espíritu de oportunidad fronteriza habían atraído a una avalancha de migrantes de la mayoría étnica han a una provincia donde, aun siendo minoría, empezaron a tratar a la población local como a inferiores primitivos. Las agresivas inquinas en los campamentos mineros de cobre y plata se volvieron cada vez más crueles. En 1865, las peleas esporádicas entre mineros hui y han degeneraron en una insurrección a gran escala después de que el gobernador Qing invitara al pueblo han a exterminar a toda la población hui de Kunming. Miles de hui, incluidos ancianos y niños, fueron asesinados en una carnicería que duró tres días. La reacción ante esa espantosa masacre fue a más y, con los ejércitos imperiales ocupados en otros lugares, en particular contra los europeos, la revuelta consiguió instaurar un sultanato islámico independiente gobernado por un imán soberano al que los hui denominaban Solimán (y los han Du Wenxiu), con la ciudad de Dali como capital. El actual genocidio cultural de los uigures de Xinjiang está inspirado (aunque eso no lo justifica) en el recuerdo heredado de aquella increíble rebelión decimonónica. El mandarín fue sustituido por el árabe como lengua oficial del sultanato. Se construyeron cinco nuevas mezquitas y se abrió una madrasa. Aunque el liderazgo era hui, el sultanato toleraba deliberadamente otras religiones y aceptaba las numerosas etnias de la región (incluida la han), en especial pueblos fronterizos como los karen de Birmania y los bai y los yi, que vivían a ambos lados de la imprecisa frontera con Vietnam. Tuvieron que pasar otros dieciséis años para que los ejércitos Qing provocaran una segunda masacre genocida en Dali, en la cual murieron al menos cuatro mil mujeres y niños. Du Wenxiu se suicidó con una sobredosis de opio antes que rendirse ante el general Qing. El cadáver fue decapitado, y su cabeza conservada en miel y enviada a modo de tributo al emperador en Pekín.[6] Decenas de miles de hui huyeron a Birmania, recorriendo —y asentándose en— un país en el que la peste era endémica. Uno de los sustentos más importantes de los hui era el comercio de algodón, transportado en caravanas de mulas. Allá donde avanzaban las bestias de carga, las acompañaban las pulgas. Es muy posible que, cuando algunos refugiados volvieron a la región pacificada de Yunnan a mediados de la década de 1870, llevaran consigo la peste.

Así, no fue la llegada de los europeos al sur de China lo que despertó inicialmente a la peste de su letargo. Pero, como siempre, las nuevas vías comerciales hicieron que la aparición del brote y el progreso de la enfermedad infecciosa fuesen mucho más fáciles y rápidos. Los barcos de vapor, tanto fluviales como costeros, acortaron los tiempos de transporte, incrementaron la capacidad de carga y ofrecieron hospitalidad al bacilo viajero. Como de costumbre, cuando aparecían casos, los británicos eran reacios a imponer cuarentenas, pues creían que eran fútiles en un nivel epidemiológico y desastrosas en un nivel económico. Perdidos en el sueño febril de finales del XIX, en el que el imperialismo era una amarga medicina para los imperios tradicionales enfermizos (otomano, persa, chino), los europeos eran incapaces de imaginar que aquello que ellos consideraban la cura para los trastornos sociales e institucionales —la magia de la modernización— en realidad podía matar al paciente. Mencionarle a un funcionario armado con un mapa, o a un jefe de almacén fumador de cigarrillos, que sus negocios tendrían un socio inesperado —la enfermedad— suponía enfrentarse a miradas de incredulidad.

Sin embargo, algunos tenían una ligera sospecha. Robert Hardy —hijo de un trabajador de una destilería de Belfast que dominaba las lenguas de China, padre de tres hijos de una mujer china y ascendido al cargo de inspector general del Servicio Aduanero Marítimo Imperial (IMCS por sus siglas en inglés), que recaudaba en nombre del imperio Qing— fue el primero en encargar mapas de las rutas de las enfermedades, en especial la peste. Los médicos se unieron a los empresarios y los militares como parte integral de la implantación europea en China. El pretexto, al menos, era que no solo se trataba de la supervivencia de los europeos, sino de la preocupación por el bienestar de la población nativa, en especial en una cultura en la que tanto la nosología como la terapia eran tachadas sistemáticamente de «absurdas». Sin embargo, para algunos médicos y bacteriólogos de China, la pasión por traer la medicina moderna para combatir las enfermedades endémicas era genuinamente desinteresada y a menudo tenía consecuencias profundas. Tras una accidentada trayectoria juvenil que le había llevado a ser aprendiz de un herrero de Aberdeen, médico del sanatorio de Durham y encargado de la disección forense de los pacientes psiquiátricos, Patrick Manson, hijo de un director de banco escocés, siguió a su hermano hasta China, donde trabajó dieciocho años para el IMCS, empezando en Formosa y luego en el puerto de Amoy, en la costa continental. Manson aprendió mandarín y cantonés, trató a pacientes chinos y descubrió el papel de los gusanos filaria en la generación de la elefantiasis. En Hong Kong, trabajando en el Hospital de los Misioneros Baptistas, fue el primero en establecer una conexión causal entre las picaduras de mosquito y la malaria. Entre otras cosas, fue el fundador de la Escuela de Medicina Tropical de Londres.

Con frecuencia, la historia es paradójica. La implacable especulación colonial no evitaba las innovaciones en investigación biológica. Desde luego, había mucha hipocresía en la afirmación de los gobernantes de que se preocupaban tanto por el bienestar físico de los gobernados como por el suyo propio.[7] Los europeos residían en distritos separados de las calles densamente pobladas en las que la infección campaba por las viviendas, aunque no por ello dejaban de necesitar mano de obra culí, servicio doméstico, jardineros y barrenderos para hacer tolerables sus vidas tropicales. Pero el objetivo de llevar la medicina con base científica a las poblaciones vulnerables no era siempre espurio e interesado. Incluso cuando lo era, la obsesión por la observación escrupulosa hizo que los servicios médicos imperiales fueran acumuladores de datos, sin los cuales las medidas de salud pública eran imposibles de aplicar. En 1879, Hart anunció que su gabinete, aparentemente con el fin de recaudar ingresos, desempeñaría las funciones de centro de coordinación para los informes médicos procedentes de toda China, y que se imprimiría información actualizada sobre la propagación y gravedad de la enfermedad en publicaciones oficiales, así como en la prensa anglófona. El informe de Emile Rocher sobre la peste en Yunnan tras la eliminación del reino islámico de hui se publicó en 1879, seguido de otro que trataba específicamente sobre la peste en Beihai, redactado en 1882 por J. H. Lowry, un funcionario que trabajaba para el IMCS de Hart. De vez en cuando había informes de brotes locales en ciudades de rápido crecimiento en la provincia de Yunnan, como Kunming, y en las provincias vecinas de Guangxi y Cantón, cada vez más conectadas con el ajetreado mundo comercial del sudoeste. Igual que en Beihai y el centro de Yunnan, la peste era algo casi esperado. Lo que no se esperaba fue lo que sucedió después en Cantón y Hong Kong.

El 16 de enero de 1894, la misionera estadounidense Mary Niles, una de las dos únicas doctoras de Cantón, fue a examinar a la nuera de un general Qing a petición de este. Era impensable que lo hiciera un hombre, debido a la ubicación del bubón problemático: la ingle. La hinchazón inguinal y una fiebre de 40,4 °C eran señales inquietantes de peste bubónica. No obstante, a diferencia del 90 por ciento de las víctimas de la peste, la mujer se recuperó y Niles no dio un diagnóstico definitivo, creyendo que la enfermedad era tifus. Semanas después se contaron trece ratas muertas alrededor de una casa que había sido visitada por una chica que enfermó y murió poco después. Niles sabía a ciencia cierta lo que había llegado a Cantón. A finales de marzo, los cuerpos de las ratas cubrían los callejones de los distritos más poblados de una ciudad con casi dos millones de habitantes. El médico escocés Alexander Rennie, que en 1895 redactó el primer informe de lo sucedido en Cantón, describía el terror de los residentes de los distritos hasta el momento sanos al ver repentinamente que las ratas, «los heraldos del mal [...], salían de sus agujeros a plena luz del día, se tambaleaban aturdidas y morían».[8] Aunque el peligro era obvio, las autoridades municipales ofrecieron dinero a quien estuviera dispuesto a recoger los restos de los roedores. La aceptación fue asombrosa. Un funcionario recibió dos mil ratas muertas en un solo día, y treinta y cinco mil en un mes. En la puerta del oeste, veintidós mil fueron transportadas en carromatos desde la ciudad y enterradas en un agujero (aunque, desde luego, no antes de que las pulgas huyeran en busca de fuentes alimenticias alternativas). La inspección de los roedores muertos mostraba estómagos distendidos, pulmones congestionados, hígados y glándulas linfáticas dilatadas: algunos de ellos, aunque no todos, síntomas de la peste.

La peste pronto pasó a los humanos, especialmente rápido en los distritos más pobres de Cantón. Como había sucedido con cada visita desde el siglo XIV, la peste negra dividió a los ricos de los pobres, a los vivos de los muertos. Los que podían permitírselo huyeron por millares a las zonas rurales colindantes, muchos de ellos llevando la enfermedad a las poblaciones locales. La división del espacio doméstico era otro agente separador entre los que corrían más riesgo y los que corrían menos. Rennie observó que las personas que vivían en los pisos más altos de las casas atestadas, elevados sobre la población de las ratas, junto con los que vivían en embarcaciones y, obviamente, la colonia europea, tenían más posibilidades de evitar la infección. En cambio, incluso entre los pobres, las mujeres y los niños, especialmente las niñas, eran víctimas en una proporción desmesurada, ya que era más probable que estuviesen confinados en el interior durante la estación lluviosa de mayo y junio, cuando la peste alcanzaba su máximo apogeo.

El avance de la enfermedad en un cuerpo infectado era increíblemente rápido. Solía iniciarse con fiebres, que enseguida llegaban hasta los 40,6 e incluso 41,7 °C, a menudo acompañadas de vómitos y diarrea. Al cabo de uno o dos días aparecían hinchazones y nódulos bubónicos duros y dolorosos en cuello, ingles o axilas, o en los tres lugares a la vez. Tras su aparición, la muerte podía ocurrir de cuarenta y ocho a setenta y dos horas después. Si el infectado lograba sobrevivir cinco días, las posibilidades de recuperación eran buenas, pero eso solo sucedía en una minoría de los casos. La no aparición de bubones no era necesariamente una buena noticia. La peste neumónica, que se transmitía en gotitas, era casi siempre fatal y podía producirse solo veinticuatro horas después de que apareciera la fiebre.[9] Las tasas de mortalidad globales en Cantón eran, como lo serían en Hong Kong y Bombay, de casi el 90 por ciento.

Es comprensible que el pánico y la desesperación impulsaran a los habitantes de Cantón hacia la medicina tradicional china: ungüentos hechos de crisantemos silvestres que se untaban en los bubones y pociones elaboradas con maíz machacado y diente de león, ruibarbo, nueces de betel aplastadas o hierba khant'sao. Cuando era posible, se practicaba una incisión en los bubones para secarlos, una medida que ofrecía escasas esperanzas de supervivencia. Observando que otros animales distintos de las ratas se habían visto afectados por la peste, incluidas las aves de corral y el ganado, se prohibió el sacrificio de cerdos, los principales proveedores de carne. Con la esperanza de poder invocar al dios de la guerra Gung Wa para que combatiese a los demonios de la enfermedad, las calles de Cantón se llenaron de un estruendo ensordecedor: tambores, platillos, instrumentos de metal y petardos. Los barcos dragón, que normalmente se hundían en el lecho del río tras la celebración de los festivales del dragón, fueron recuperados del barro, dragando el río, para obtener la intercesión celestial. Cuando todo lo demás falló, se declaró arbitrariamente un segundo Año Nuevo, de manera que el terrible mal pudiera ser desterrado junto con el año viejo.

Nada funcionó. Según los cálculos de Rennie, se perdieron cuarenta mil vidas, pero informes posteriores elevan el total muy por encima, posiblemente hasta las cien mil en una población de un millón y medio. A pesar de su apasionada superioridad en cuanto a la insensatez de la medicina tradicional china, las ideas de Rennie sobre la fuente y la transmisión de las enfermedades infecciosas no tenían en cuenta las revelaciones bacteriológicas procedentes de París y Berlín. Aun después de que el bacilo de la peste fuera aislado en Hong Kong en verano de 1894 y de que la noticia se publicara rápidamente en revistas médicas como *The Lancet*, buena parte de las instituciones sanitarias del Imperio británico eran reacias a abandonar la materia orgánica en descomposición y el miasma que se elevaba de ella como origen de la enfermedad. En 1882, Osbert Chadwick, hijo de Edwin Chadwick, el patriarca de la reforma sanitaria británica, publicó un informe en el que detallaba de manera exhaustiva el estado de las letrinas públicas (25), el número de retretes (565), el número de usuarios diarios y el flujo, o falta de él, del alcantarillado abierto. Para Chadwick, el asombroso dato de que los 106.000 residentes de Hong Kong ocupaban no más de 6.402 casas, muchas de ellas compartidas con animales como cerdos, bastaba para señalar a la ciudad como principal centro de un contagio devastador.[10] Manteniendo la fijación de su padre y las obviedades transmitidas por la salud pública victoriana, dio por sentado que una buena limpieza de esas condiciones repugnantes e insalubres pondría fin al azote de la infección. Aunque seguía sin tener en cuenta la patogénesis (los descubrimientos de Robert Koch se publicarían en 1883), el régimen sanitario estándar no habría sido necesariamente perjudicial y, en cuanto a aliviar la superpoblación, habría convertido los pisos más bajos de los edificios en un lugar menos paradisiaco para las pulgas. Pero el Gobierno de Hong Kong no tenía entre sus prioridades esas medidas, ni dedicar su presupuesto a la demolición y la reubicación, de modo que no se hizo nada hasta que el terror golpeó.

Una de las zonas más abarrotadas, que demostró ser el criadero de la infección, era Tai Ping Shan, en el oeste de Hong Kong, el distrito al que se había trasladado a los chinos a mediados del siglo XIX, cuando la clase comercial y gobernante británica decidió reconstruir el centro urbano para adaptarlo a sus necesidades y gustos, cada vez más variados y caros. Tai Ping Shan —«la colina de la paz»— llevaba ese nombre debido a la rendición del pirata Chang Po Tsai ante el

Tai Ping Shan antes de la peste.

virrey Qing en 1810. Según el escritor, traductor y reformista occidentalizador Wang Tao, que llegó allí huyendo del Gobierno Qing en 1862, el distrito estaba repleto de salones de juego y burdeles, «casas llamativas con puertas pintadas de colores vivos y ventanas con cortinas de fantasía».[11] Era también un lugar de alojamientos baratos para los chinos que trabajaban en los muelles, que tiraban de un *rickshaw* o que cocinaban para los europeos. Los comerciantes guardaban sus artículos en espacios sin ventilar de las plantas bajas, y a menudo ellos también vivían allí. Los pisos superiores estaban divididos mediante particiones de madera en compartimentos en los que dormían familias enteras. Ese fue el lugar donde, el 7 de mayo de 1894, James Lowson, el director en funciones del Hospital del Gobierno Civil, identificó el primer caso inequívoco de peste bubónica en Hong Kong y aisló inmediatamente al paciente.

Para bien o para mal, casi todo lo que se hizo en Hong Kong durante aquella devastadora primavera y verano de la peste se volvió contra el joven médico escocés. Delgado como un fideo, con el rostro pálido y malhumorado, Lowson ya se había enfrentado —y sobrevivido— a una muerte casi segura, aunque no por enfermedad. En

James Lowson.

1892 era la estrella del Club de Críquet de Hong Kong (HKCC), tanto abriendo el bate como por su velocidad endiablada como lanzador, y fue especialmente decisivo en los encuentros con el Club de Críquet de Shanghái (SCC), su archirrival en la Liga Interpuertos. Tras lograr la victoria al principio de la temporada, estaba previsto que HKCC volviera a salir victorioso en el partido de vuelta en Shanghái. Pero Lowson fue lesionado de gravedad por su rival C. A. Barff después de haber sufrido ocho eliminaciones en sesenta y seis carreras en las primeras entradas, y el HKCC cayó en una derrota ignominiosa. Al final de la Semana del Críquet de Shanghái, el barco de vapor Bokhara de P&O, que llevaba al equipo de vuelta a Hong Kong, fue despedido con una fiesta en los muelles. A Lowson, totalmente recuperado, se le vio «tocando la corneta» mientras zarpaba el barco. El 9 de octubre, en isla Arena, parte del archipiélago de Pescadores, el Bokhara sufrió una terrible grieta a estribor. De los 148 pasajeros y tripulantes perecieron 123, incluido todo el equipo de críquet, salvo Lowson y el teniente Markham, que quedó tan malherido que tuvieron que extirparle un pulmón. El mar arrastró a los pocos supervivientes hasta la isla, donde al principio fueron atacados por habitantes armados con hachas y cuchillos. Al parecer, el material recuperado del naufragio sirvió para impedir más violencia, y los supervivientes acabaron siendo rescatados por el SS Thales.

Aparte de las aventuras, quedó claro, sobre todo para él mismo, que Lowson tenía lo que había que tener —incluyendo coraje físico— para enfrentarse al peligro y actuar de inmediato para dominarlo. El 4 de mayo de 1894 (un año en el que habría más tifones devastadores) tomó el barco nocturno hacia Cantón para ser testigo del espantoso alcance de la epidemia, y volvió tres días después a Hong Kong, mucho más circunspecto tras ver el caos y las muertes masivas. Con la peste a punto de caer sobre Hong Kong, Lowson era consciente de que, aparte del personal médico de los hospitales, en la colonia solo había tres funcionarios de salud pública a tiempo completo, uno de los cuales había vuelto a casa «de permiso» cuando las cosas se pusieron feas. Eso dejaba solos a Lowson y al veterano Phineas Ayres, que ya había servido veinticuatro años como coronel cirujano y, aun no siendo activamente oscurantista, no estaba dispuesto a sumergirse en aquella microbiología extranjera.

Dos días después de su diagnóstico inicial, Lowson visitó el hospital de Tung Wah, donde identificó otros veinte casos de peste. Tung Wah se había fundado en 1872 para tratar a los enfermos, especialmente los pobres, con medicina tradicional china. Pero también era una institución benéfica que gestionaba entierros y se encargaba del bienestar de la comunidad. Como en parte estaba financiada por donantes chinos adinerados y en parte por el Gobierno, al menos para aquellos miembros de la administración británica que la protegían era un símbolo de la presunta cooperación cultural mediante la que afirmaban gobernar Hong Kong. Para el impaciente Lowson, en cambio, no era más que un delirio ruinoso que perjudicaba a quienes afirmaba ayudar. Igual que Rennie en Cantón, despreciaba la medicina tradicional china, calificándola de broma pesada, y al hospital como propagador de la infección. «No tengo palabras lo bastante duras para denunciar este nido de vicios médicos y sanitarios», escribió a la Junta Sanitaria. «Me atrevo a decir que, si las autoridades sanitarias públicas de nuestro país tuvieran que decidir si se permite que esto permaneciera abierto, ordenarían su clausura inmediata».[12] Lowson

Soldados de la Infantería Ligera de Shropshire desinfectando casas
en el barrio chino durante la peste bubónica de Hong Kong, 1894.

criticó con toda la fuerza de su fervor calvinista a las alarmadas e in-
decisas autoridades del Gobierno. Y con el gobernador de Hong
Kong, William Robinson, de viaje en Japón, el joven médico, actuando aún como director en funciones del Hospital del Gobierno Civil,
pero con un temple que había demostrado en su infortunio de hacía
dos años, se convirtió en la fuerza motriz de las medidas para frenar
y combatir la epidemia.

El 10 de mayo, el día que Lowson anunció las malas noticias
acerca de Tung Wah a la Junta Sanitaria, Hong Kong fue declarado
oficialmente un «puerto infectado». Se aprobó una ordenanza por la
que se conferían a la Junta Sanitaria poderes de emergencia sobre las
vidas y los medios de subsistencia de los residentes de los distritos
afectados, lo cual abarcaba, por supuesto, Tai Ping Chang y otras zonas pobres y atestadas: Kau Yu Fong, Sin Hing Lee, Nga Choi Hong
y Mei Lun Lee. Si se juzgaba necesario, se podía entrar en las casas sin
permiso o autorización alguna, registrarlas, retirar y quemar su contenido, desinfectar y encalar el lugar o demolerlo por completo. No
se mencionaba qué debían hacer los ocupantes o adónde se suponía
que debían ir. Los pacientes infectados de Tung Wah debían ser desa-

lojados del Hospital del Gobierno Civil, que enseguida fue sustituido por el barco de aislamiento Hygeia, un buque enorme en desuso que se había utilizado para las víctimas del cólera y la viruela, y que se trajo al puerto desde su lugar de anclaje en la costa.

La tercera semana de mayo morían cada día más de trescientas personas a causa de la peste en Hong Kong. El día 23, trescientos voluntarios de la guarnición de Infantería Ligera de Shropshire, al mando de ocho oficiales, iniciaron patrullas y registros diarios. No es difícil imaginar lo que sentían los aterrorizados residentes de Tai Ping Shan o Mei Lun Lee cuando oían las botas militares doblando una esquina, seguidas de la visión de los salacots. Robert Peckham ha destacado con perspicacia la obsesión de los británicos con lo que ellos llamaban la «basura indescriptible» de los objetos domésticos de los chinos, en casa y fuera de ella, guardados sin orden ni concierto, utensilios de cocina y muebles tapizados en penosa proximidad.[13] Muchos de esos objetos, transmitidos de generación en generación como reliquias familiares —por ejemplo, un biombo—, se veían ahora como reservorios de infección. Las particiones de madera que dividían los espacios de los pisos altos solían figurar entre las primeras cosas que se sacaban a la calle y se quemaban. Las hogueras matinales se convirtieron en un espectáculo diario en Tai Ping Shan.

La búsqueda de personas era aún más terrorífica. El hecho de que los soldados británicos fueran acompañados de grupos de policías chinos que ejercían al mismo tiempo de intérpretes y ejecutores, no suponía diferencia alguna. Los miembros enfermos de la familia eran escondidos en armarios y baúles; otros seguían trabajando con normalidad para tratar de ocultar las señales de la enfermedad. Las separaciones eran especialmente traumáticas, sobre todo cuando se llevaban a los pacientes de Tung Wah, donde los familiares tenían derecho a visita, al Hygeia, del que se rumoreaba que era un «barco de la muerte» y «ni siquiera una de cada diez personas salía viva». Esto era cierto. Parientes chinos desesperados habían intentado sacar a los miembros de su familia de los transbordadores que los trasladaban al barco y llevárselos en sampanes. Corrían rumores de que algunas personas, en especial niños, habían sido secuestradas para practicar experimentos horrorosos y letales con ellas, incluida la recolección de órganos y otras partes del cuerpo como las cejas, aunque parezca extraño. Se decía que los británicos, sobre todo los soldados y los marineros, abusaban sexualmente de las chicas y mujeres secuestradas. Cuando las protestas se hicieron más frecuentes, se amarró el barco Tweed frente al sector chino de la ciudad con los cañones apuntando a la orilla.

Una vez se llenó el Hygeia, la comisaría de policía de Kennedy Town se reconvirtió en hospital de aislamiento y, cuando también estuvo a rebosar, el siguiente lugar de confinamiento fue una fábrica de cristal abandonada situada cerca de allí. El hospital de Kennedy Town se sumió hasta tal punto en la miseria y la desesperación que era percibido como una sala de espera para los muertos. Las hileras de casas infectadas no solo eran desinfectadas o completamente demolidas, sino rodeadas de muros para impedir el acceso. Barrios enteros fueron destruidos o convertidos en zonas prohibidas.

Es fácil imaginar al demacrado y taciturno Lowson como a un monstruo despiadado que dirigía con gesto adusto aquella catástrofe humana. Decir que no soportaba a los necios era un eufemismo. Desde su punto de vista, lo que él percibía como frívola autocomplacencia y una afectada actitud chapucera de la Junta Sanitaria era cuando menos tan nocivo para la seguridad de las personas como la estupidez de la farmacopea tradicional china. Tenía tendencia a reprender a figuras como Henry May, el comisario de policía, y James Stewart Lockhart, el secretario general (que era una de las pocas personas del Gobierno municipal que dominaban con fluidez el cantonés), tanto en su diario como en persona, tratándolas de «idiotas» incompetentes y «estúpidos odiosos».[14] Por draconianas que fueran sus medidas, las desinfecciones, quemas y demoliciones en zonas en las que la peste había afectado gravemente a la población tenían el objetivo de aniquilar el hábitat de las ratas, aun sin una verdadera comprensión de la patogénesis. Lo mismo ocurría con la obsesión de Lowson por hacer que los cadáveres de la peste no fueran enterrados a unos pocos centímetros, como sucedía a menudo, sino a gran profundidad. Desde luego, esa inquietud también podría atribuirse a una obstinada creencia en el miasma, pero el enterramiento profundo fue otra de las formas con las que pudo limitarse la infección transmitida por las pulgas.

Tanto si Lowson podía atribuirse la diferencia (y él mismo, por lo que sé, nunca hizo la comparación) como si no, las tasas de contagio y mortalidad en Hong Kong terminaron siendo sustancialmente más bajas que en Cantón. De hecho, Lowson no dejó de lado la bacteriología. El 12 de mayo, la misma semana en la que emitió su consternado diagnóstico en el hospital de Tung Wah, empezó a inyectar a ratones un fluido extraído de los bubones de las víctimas de la peste. Pero las urgencias inmediatas y su convicción de que la única persona capacitada y físicamente impertérrita (despreciaba la «cobardía» de sus colegas de la Junta Sanitaria, que no se acercaban a los hospitales) que podía gestionar la crisis de salud pública era James Lowson acabaron con cualquier intento de una investigación experimental sostenida y sistemática. «La cuestión», escribió en su diario, «de si se hallarán causas bacteriológicas o de otra índole para el cambio patológico quedará en suspenso durante un tiempo».[15] Aquel mismo día, otras veintiséis personas murieron de peste en Hong Kong.

Pero la iluminación estaba a punto de producirse. El primer avance llegó de la mano dos bacteriólogos japoneses, Kitasato Shibasaburo y Aoyama Tanemichi, que el 12 de junio desembarcaron juntos en Hong Kong procedentes de Yokohama. ¿Qué hacían allí unos científicos japoneses y con qué propósito? Inevitablemente, era tanto una cuestión de Estado como científica. La guerra con China por el control de Corea era probable, si no insalvable, y en caso de invasión, las autoridades japonesas querían saber más acerca de un enemigo microbiano que podía ser más mortal que los regimientos del ejército Qing. Era notorio que, en el este de Asia, la enfermedad se movía con las tropas. Quizá resultaba significativo que William Robinson estuviese en Japón, en principio de vacaciones, en aquel momento doblemente crítico de finales de la primavera de 1894. Pero, teniendo en cuenta el pronunciado interés de los británicos por la política del este de Asia y la inclinación del Departamento de Exteriores hacia el entendimiento mutuo con el nuevo y potente imperio, no sería de extrañar que unas conversaciones entre Tokio y Londres húbieran activado la misión bacteriológica.

Un telegrama enviado por el cónsul japonés en Hong Kong a la Oficina de Salud Pública en Tokio en relación con los contagios

activó una alerta. Se organizó un encuentro entre el Instituto de Tokio y el Gobierno (del que era teóricamente independiente) en el
que se movilizó una misión inmediata a la ciudad portuaria asolada
por la peste.[16] Dicha misión contó con el beneplácito y, sobre todo,
con financiación del protector más poderoso e influyente de Kitasato,
Fukuzawa Yukichi, encarnación y practicante más célebre de la paradoja japonesa: que el «conocimiento» occidental sería el arma más
potente en el arsenal de «autofortalecimiento» nacional puramente
japonés. Fukuzawa, hijo de un samurái empobrecido, era un erudito
del confucianismo convertido en traductor, primero del holandés y
después del inglés, precisamente a finales de la década de 1850, cuando el shogunato Tokugawa estaba empezando a abrirse tras siglos de
aislamiento autoimpuesto. A Japón se le forzaba a la apertura mediante intentos velados de diplomacia armada, pero Fukuzawa era la personificación de la occidentalización pragmática. En 1860, en la primera embajada en Estados Unidos, el indispensable traductor se hizo
retratar en San Francisco junto a la hija del fotógrafo. De vuelta a

William Shew, fotografía de Fukuzawa Yukichi con la hija
del fotógrafo, San Francisco, 1860.

Japón escribió *Todos los países del mundo para niños en verso* y la guía en diez volúmenes *Cosas occidentales: una síntesis para una teoría de la civilización.* Y lo que es más importante, en 1882 se convirtió en director de *Current Events,* la gaceta en la que sus compatriotas, tanto hombres como mujeres, podían conocer el extraño y nuevo mundo de los parlamentos y la política, modelado, al estilo selectivamente japonés, más por el falso liberalismo de la Alemania imperial que por el polo alternativo, esto es, Gran Bretaña.

Si había un principio rector para la misión de Fukuzawa, consistente en convencer a sus lectores de que podían adoptarse las formas de Occidente con fines puramente japoneses, era que el conocimiento es el arma más importante para la reconstrucción nacional, más formativa y potente que cualquier acorazado o artillería pesada. En el centro de ese conocimiento convertido en arma estaban, por supuesto, la ciencia y la tecnología. Aun durante los largos siglos de aparente aislamiento, existía un interés intenso, aunque selectivamente vigilado, por «los conocimientos holandeses», en especial las lentes ópticas, al tiempo que se confinaba a los europeos a un complejo estrictamente regulado en la isla de Dejima. Una vez que las puertas se abrieron ligeramente, los británicos se enorgullecían de poder actuar como mentores de los curiosos estudiantes japoneses. Además de los puertos, se abrirían las mentes. En 1863, cinco años antes del derrocamiento del Gobierno Tokugawa, cinco jóvenes de familias samurái de los han de Choshu, en el sudoeste de Japón, fueron sacados en un barco perteneciente a la empresa de tráfico de opio Jardine Matheson. En Yokohama los ocultaron entre la habitual carga de opio y luego los dividieron en dos grupos. Tres navegaron a Gran Bretaña como pasajeros del Whiteadder. Los otros dos, que subieron a bordo del Pegasus, supuestamente (ya que cualquier otra cosa era difícil de imaginar) buscaban trabajo como marineros, y se pasaron el viaje de ciento treinta días atrapados en una extenuante rutina. A modo de compensación, cuando llegaron a Londres, Robert Matheson les presentó a Alexander Williamson, profesor de Química del University College. No solo se inscribieron en sus cursos, sino que tres de ellos se alojaron con la familia Williamson en Camden; los otros dos se instalaron en Gower Street, a corta distancia del colegio.

El curso se vio interrumpido para algunos por las noticias del conflicto naval entre Japón y las potencias inglesas en el estrecho de Shimonoseki, pero durante un tiempo fueron hijos de samuráis, eruditos y campesinos convertidos en estudiantes de ciencias en Bloomsbury, como si hubieran dado un salto de finales de la Edad Media al mundo industrial sin apenas pasar por el lapso entre el pasado remoto y el bullicioso presente. Uno de ellos, Ito Hirobumi, sería el primer ministro inaugural de Japón.

Kitasato Shibasaburo, el bacteriólogo, fue producto del asombroso fenómeno que supuso la restauración Meiji de 1868. Actuando en nombre de los ideales tradicionales, incluso reaccionarios —un romance de honor samurái— y contra el coqueteo con Occidente, los que depusieron al shogun y convirtieron de nuevo al emperador en un objeto de devoción nacional adoptaron, casi de inmediato, la misma modernización contra la que se habían rebelado. La necesidad obliga. Los medios se transformaron en fines. En poco tiempo, la «restauración» se transformó en una revolución radical. No obstante, ese cambio drástico no estuvo exento de desafíos. En 1876 y 1877 se libró una cruel guerra civil en Satsuma entre líderes samuráis como Saigo Takamori, que creía que los ideales originales de la restauración Meiji habían sido traicionados, y los pragmatistas modernizantes cuyo modelo de *realpolitik* era Bismarck. Obviamente, los nostálgicos fueron aplastados por la artillería pesada del nuevo Japón. Pero su espíritu permaneció invicto, y no tardó en convertirse en terrorismo. El mecenas de Aoyama, el compañero de Kitasato en la misión de Hong Kong, era el genio de las finanzas Okuma Shigenobu, que también era uno de los enlaces con las potencias occidentales. Vilipendiado por tratar de reconciliarse con los europeos y los estadounidenses, una bomba terrorista le destrozó la pierna derecha. De hecho, los oligarcas Meiji nunca fueron usuarios acríticos de lo que Occidente les ofrecía. Por el contrario, tenían perfectamente claro el camino pragmático hacia la autoafirmación nacional. Japón tomaría de Occidente únicamente lo necesario para garantizar que no sufriría jamás el lamentable destino de la destrozada China imperial; nunca sería dominado por los instructores europeos y estadounidenses, que no eran más que preceptores temporales. El conocimiento occidental era el medio; el rejuvenecimiento del poder imperial japonés era el fin.

La ciencia y la tecnología formaban parte indisoluble de este renacer nacional. Como era de prever, desde el principio se dio mucha importancia a la ingeniería, tanto civil como militar. En la década de 1870, otro escocés, Henry Dyer, creó un programa de seis años en el nuevo Colegio Imperial de Ingeniería, en el que se combinaban cursos básicos de física y química con minería e ingeniería civil, lo cual podía aplicarse a la enorme empresa Akabane Works, que él ayudó a fundar. Pero la biología, incluida la microbiología, se convirtió súbitamente en una prioridad de Estado, sobre todo porque ni la antigua política de aislamiento ni la nueva apertura regulada habían evitado que Japón se viera azotado por diversas oleadas de cólera. Las visitas de la enfermedad reforzaron el punto de vista de uno de los líderes más impresionantes de los gobiernos Meiji, Okubo Toshimichi, según el cual el dominio sobre las enfermedades contagiosas debía preocupar al Estado tanto como las municiones y las minas. Antes de su asesinato en 1878, Okubo se encargó de la creación del Laboratorio de Higiene y de la Oficina de Salud Pública de Tokio.

Kitasato Shibasaburo.

Aunque los británicos, a los que nunca les han interesado demasiado las distinciones sutiles entre un asiático y otro, no se dieron cuenta de ello, Aoyama y Kitasato tenían orígenes y trayectorias distintos, aparte de sus importantes mecenas. Kitasato era hijo de un dirigente provincial del sudoeste de Kyushu, la región más cercana a la península de Corea, así que, durante todo el tiempo que pasó en Hong Kong, debió de ser muy consciente de la crisis militar. Aoyama era del área metropolitana de Edo, a la que se cambió el nombre por Tokio, y trabajaba como ayudante de patología en la universidad mientras obtenía su grado en medicina. Ambos coincidieron como estudiantes en el Instituto de Robert Koch en la Universidad de Berlín, así que parece impensable, dada la singularidad de los japoneses en Alemania, que no establecieran algún tipo de vínculo mutuo. Pero el estrecho colaborador de Kitasato no podía ser más diferente de este. El provinciano científico de Kumamoto compartió pupitre con el hijo de un director de escuela de un pueblo prusiano, Emile von Behring, en otra demostración de cómo la microbiología y la misión de comprender y dominar las enfermedades infecciosas era, desde el principio, una obra que prescindía de las fronteras culturales y nacionales, a pesar de que estas se consolidaban ominosamente en casi todos los demás aspectos de la vida moderna. Trabajando juntos, Behring y Kitasato lograron cultivar bacilos de tétanos y utilizarlos para crear un suero antitóxico. Pero también descubrieron que cantidades ajustadas de la toxina, extraídas de la sangre de animales infectados y luego inyectadas en animales sanos, ofrecían inmunidad a estos. Fue el valor de este trabajo, junto con su aplicación a la difteria, lo que permitió a Kitasato fundar el Instituto de Tokio en 1891. Cuando, tres años después, llegó el momento de su misión en el Hong Kong asolado por la peste, Kitasato ocupaba el centro de toda una red de investigación microbiológica en Japón, que lo conectaba con los resortes del Gobierno sin someterlo nunca a su autoridad. La apreciación general era que la Oficina de Salud Pública actuaba siguiendo sus opiniones e instrucciones.

Una vez en Hong Kong, las cosas se movieron con rapidez.[17] Advertido quizá por el gobernador Robinson de Tokio, James Lowson, el verdadero director de la Junta Sanitaria, fue atento con él. Los dos invitados japoneses se alojaron en el lujoso hotel Hong Kong. Pero, lo que era mucho más importante, se les ofreció un espacio de trabajo en los terrenos del hospital de Kennedy Town, donde se hallaban la mayoría de los pacientes y desde donde, lamentablemente, se podía ofrecer un suministro regular de cadáveres de víctimas de la peste. Se suponía que había una división del trabajo: Aoyama tenía asignada la dirección forense y Kitasato tomaba muestras de sangre y, como había hecho con el tétanos en Berlín, las inyectaba en roedores para ver si estos desarrollaban síntomas de la peste y morían, como así era. El segundo día de trabajo, el 15 de junio, Kitasato le dijo a Lowson a través de un intérprete que había visto una gran abundancia de microbios en su microscopio y que, en consecuencia, había aislado el bacilo de la peste. Entusiasmado, Lowson envió un telegrama a *The Lancet* en el que informaba de la importante noticia. Los conejillos de Indias y los ratones seguían muriendo por la bacteriología. Dos semanas más tarde, mientras diseccionaba un cuerpo, Aoyama se hizo un corte en un dedo y contrajo la enfermedad, aunque, a diferencia del 90 por ciento de sus víctimas, logró sobrevivir. Sin embargo, quedó incapacitado como colaborador durante las semanas posteriores al incidente. Una semana antes había estallado la guerra entre Japón y China a causa de Corea. Kitasato partió repentinamente de Hong Kong, pero ya era célebre en Japón, donde, en la atmósfera enardecida de la guerra de Corea, era considerado un héroe nacional. A modo de homenaje, el príncipe imperial Konoue declaró: «[El descubrimiento de Kitasato] es motivo de orgullo para la ciencia médica de Japón y hace que nuestra civilización brille en el cielo. Tales logros no pueden más que elevar el nivel de nuestra nación hacia el reconocimiento universal». Poco después, Kitasato se casó con una aristócrata *daimyo* y acabaría siendo barón. Aoyama permaneció en Hong Kong durante el mes de agosto de 1894, obviamente molesto por el monopolio del descubrimiento por parte de su colega. Su informe sobre la misión apenas mencionaba a Kitasato.

Ninguno de los dos estaba dispuesto a dedicar elogio alguno al científico europeo que llegó solo tres días después que ellos y les fue presentado el 15 de junio, cuando los bacilos hicieron su crucial aparición bajo el microscopio. Desde Lowson hasta Kitasato, pasando por

Alexandre Yersin con el uniforme de médico
de la Flota Postal Marítima, Nha Trang, Vietnam, 1890.

la mayoría de los miembros de la Junta Sanitaria, la respuesta general
a la llegada del suizo Alexandre Yersin a Saigón fue hostil. «Ha llegado
el francés» fue la lacónica entrada del día en el diario de Lowson.
Aunque Yersin había crecido en Aubonne, en el cantón de Vaud,
junto al lago Lemán y con los Alpes en el horizonte, era comprensible que lo consideraran francés. Se sabía que había trabajado en el
Instituto Louis Pasteur en París, y no era ningún secreto que había
participado —aunque no estaba claro de qué modo— en la creación
de una rama del Instituto en Indochina. Era, en definitiva, una figura
sospechosa, y encima no hablaba nada de inglés. Yersin fue recibido
con una llamativa falta de ayuda. Una vez presentado con desgana, se
quedó solo. No le ofrecieron cadáveres, no le asignaron un espacio
específico para su trabajo y Yersin se negó a compartir el cobertizo
de Kitasato.

Difícilmente podían ser más distintos. Alexandre Yersin —bajo,
delgado, con una apariencia engañosamente frágil para alguien que
había recorrido selvas impenetrables y atravesado sobrecogedoras
montañas en Vietnam— parecía, en todos los sentidos posibles, la

antítesis del estudioso, estirado y férreamente disciplinado Kitasato. Cada uno a su manera, para bien o para mal, eran constructores de imperios. Y también eran personificaciones reconocibles de dos tipos humanos de finales del siglo xix. El uno, creyente y practicante de la jerarquía institucional: científica, pedagógica, profesional y política; el otro, un artista de la vida, un lobo solitario, un aventurero tropical que acabó desarrollando ciencia en una choza de un poblado vietnamita a orillas del mar (que ahora es un inmenso complejo turístico), donde las casas se sostenían sobre pilones de madera.

Desde luego, es posible que esos contrastes pintorescos se hayan exagerado. Yersin no se desplazó a un Hong Kong azotado por la peste por puro oportunismo bacteriológico, sino porque se lo había ordenado Théophile Delcassé, el ministro francés ardientemente imperialista. De modo que era un instrumento de la ciencia imperial, igual que Kitasato y Aoyama. El 9 de junio había llegado un telegrama de París a la mesa del gobernador de Indochina, Jean-Marie de Lanessan, que se lo llevó a Albert Calmette, el jefe del recién creado Instituto Pasteur en Saigón. Como ha observado con perspicacia Aro Velmet, el Instituto, que había formado tanto a Calmette como a Yersin, estaba ocupado en la construcción de su propio imperio científico.[18] Es más, su misión bacteriológica no podía separarse de la investigación de las enfermedades tropicales. Calmette conocía perfectamente Hong Kong y su servicio médico británico, porque en la década de 1880 había colaborado con Patrick Manson en su trabajo sobre la filaria. Pero en París había sido alumno de Emile Roux, que era, a su vez, un viejo amigo de Delcassé. En Saigón, Calmette trajo a su laboratorio las famosas especializaciones del Instituto Pasteur —rabia, difteria y tuberculosis—, pero su propia especialidad era la necesidad típicamente asiática de un antídoto para el veneno de serpiente, en especial la toxina de la cobra. Todo esto concluyó en otro capítulo de la misión francesa —que se remontaba a Bonaparte en Egipto, Fauvel en Constantinopla y Tholozan en Teherán— para hacer sentir su presencia en el mundo no europeo a través de la ingeniería de la salud pública, aparte de las carreteras, los puentes y los puertos. De modo que el hecho de que enviaran de repente a Yersin a Hong Kong era una incursión en la gran partida del imperialismo médico competitivo. En muchos sentidos, era la proyección científica de la feroz rivalidad anglo-francesa que se disputaba por toda Asia y África: la caza de microbios era semejante a la carrera entre esas potencias para localizar y poseer las fuentes del Nilo, una competición que, cuatro años más tarde, los llevaría al borde de la guerra.

Sin embargo, nada de esto describe bien el carácter impredecible de Yersin, un rebelde en un mundo de incipiente institucionalización de la ciencia, reacio a cualquier tipo de jerarquía, en especial aquellas envueltas en protocolos imperiales y prejuicios raciales. Igual que Waldemar Haffkine en India, insistía en hacer las cosas a su manera, y pagó un precio por ello, ya que conseguía que los blancos se sintieran incómodos, porque prefería la compañía de los asiáticos con los que trabajaba, comía, viajaba y, con frecuencia, se alojaba. Asia le devolvió el cumplido: aún existe un Instituto Hakkinen en India, y la casa de Yersin en Nha Trang es ahora el Museo Yersin, donde una inscripción dice que el pueblo de Vietnam lo veneraba.

Los conoció rápido y bien; su trabajo como médico de barco en las rutas Saigón-Manila y Saigón-Haiphong de la compañía Messageries Maritimes fue formativo en las lenguas locales y en el mundo del Vietnam costero. Pero Yersin tenía la intención de sentirse como en casa, no solo en las ciudades portuarias, sino en la vida de los poblados de numerosas etnias que componían los pueblos de Camboya y Laos, así como Vietnam.[19] Es probable que lo inspiraran, o al menos lo provocaran, las famosas expediciones de la «Mission Pavie», una impresionante iniciativa de exploración etnográfica, geográfica y política impulsada por el exsoldado Auguste Pavie y que, cuando terminó, había cubierto casi cuatrocientos veinte mil kilómetros de Indochina, de la frontera con Siam a la costa y hacia el golfo de Tonkín. Yersin conoció a Pavie en Saigón en diciembre de 1893, pero siempre rechazó la invitación a unirse a esas expediciones, receloso de convertirse simplemente en otro miembro del equipo de Pavie, con algo más de cuarenta topógrafos, entomólogos, biólogos y diplomáticos itinerantes. Quería seguir siendo él mismo. Con el objetivo de llegar hasta el remoto pueblo moi, se puso en marcha con algunos guías nativos en marzo de 1892 desde su base en Nha Trang para cruzar la cordillera Annamita y llegar hasta el valle del Mekong. En M'Sao presentó sus respetos a un viejo y espectacularmente obeso jefe moi, rodeado por sus esposas, mientras prestaba atención a los tigres que salían de la selva y merodeaban por allí. En Kheung le ofrecieron arroz y vino de arroz sobre un mantel, pero solo si resolvía una disputa sobre impuestos en el poblado, lo cual era siempre un asunto delicado. En mayo había llegado al Mekong, donde las dos canoas de su expedición evitaron el contacto con los cocodrilos, que eran capaces de hacer zozobrar las embarcaciones. En tierra tuvieron que defenderse a manotazos de las nubes de mosquitos que, como sabía Yersin —antes incluso de que Ronald Ross lo demostrara—, eran portadores de enfermedades contagiosas, incluida la malaria. Yersin sería quien llevaría los árboles de cinchona peruanos a Vietnam para combatir la febril infección de la que él se libró. De vez en cuando se tropezaba con «consulados» aislados de algún comerciante-contrabandista semioficial de origen francés que había dejado allí mismo el Équipe Pavie, trabajosamente establecidos en claros cercanos al perezoso Mekong. En junio llegó hasta Phnom Penh, que en aquellos tiempos era una ciudad pequeña y animada que ya poseía la arquitectura de la «*mission civilisatrice*», generalmente en la forma de Beaux Arts o de oficinas de correos neobarrocas. La construcción más imponente de la ciudad, que ya casi se había completado, era el enorme puente de arco apuntado que cruzaba el Mekong, una construcción que en ambas riberas culminaba en torres espectaculares y que entonces y ahora llevaba el nombre del jefe local, Albert-Louis Huyn de Vernéville, quien recibió a Yersin con una condescendencia aristocrática perfectamente medida. Pero Metz, el lugar de nacimiento de Vernéville, había sido cedido a los prusianos tras la debacle de 1870. El emperador Luis Napoleón los había traicionado inconscientemente a él y a su país en el Mosela, así que lo menos que podía hacer la república para compensarlo era crear un nuevo imperio y cederle una pequeña parte para que lo gobernara.

En octubre de 1892, casi sin fondos, incapaz de convencer a Lanessan para que soltara algo de dinero, pero aun así rechazando unirse, junto con su equipo, a Pavie, Yersin regresó en barco a París. Aunque había partido de forma brusca e inexplicable de la rue Dutot y en sus registros figuraba solo como un «antiguo preparador» de experimentos, los pasteurianos recibieron a su hijo pródigo. Incluso el viejo Louis, «*mon maître*», como Yersin lo llamaba respetuosamente en sus cartas, fue generoso, como él esperaba, sobre todo porque, gracias a Calmette, parecía que se haría realidad un Instituto Pasteur en Saigón, el primer puesto avanzado en su imperio de la nueva ciencia y la medicina tropical. Cualquiera que tuviese una mínima historia indochina que contar podía contribuir a abrir las puertas. De manera que Yersin amplió sus fondos con dinero de Enrique, príncipe de Orleans, compró escopetas, electrómetros y termómetros y utilizó las redes que conectaban el Instituto con la Oficina Colonial para presentarse como agente del Estado, importante tanto desde el punto de vista científico como estratégico. De nuevo en Indochina, en el invierno y la primavera de 1894, y todavía negándose a unirse a Pavie, Yersin viajó por Laos, despegando sanguijuelas de sus piernas cada noche y cruzando la cordillera Annamita hasta llegar a Touraine en mayo, donde tomó un barco de vuelta a Saigón. No pasó mucho tiempo hasta que tuvo que embalar su microscopio y su autoclave y volver a Hong Kong.

No hablaba inglés ni cantonés. La frialdad de los peces gordos de la Junta Sanitaria, Lowson en particular, se acentuó aún más si cabe. Un sacerdote italiano, el padre Rigano, salió en su ayuda como intérprete cuando contempló la terrible escena en el hospital de Kennedy Town. El lugar, pensó Yersin, «carecía de humanidad. [...] Reinaba sobre todo una sensación de prisa espantosa y una desmotivación absoluta, tanto por parte de los médicos, que ya ni siquiera trataban de curar a sus pacientes, como entre los propios enfermos».[20] A Yersin le asombró también el desdén que Lowson y sus colegas mostraban por cualquier cosa asociada con la medicina tradicional china, otro de los aspectos de lo que era, según él, la crueldad de los británicos. Puesto que la medicina occidental era claramente incapaz de solucionar el problema de la peste, ¿con qué derecho los británicos arrebataban a las personas sus propias costumbres y prácticas e incrementaban así su desesperación? Yersin afirmaba incluso que los índices de mortalidad en Cantón, donde la medicina china se había practicado junto con las medidas occidentales, habían sido mejores que en Hong Kong. En eso se equivocaba, pero no en cuanto a la absoluta desmoralización de los chinos más pobres de Hong Kong. Apartado de cualquier trabajo significativo, Yersin recorrió las poblaciones rurales cercanas al puerto de donde habían huido los aterrorizados habitantes de Hong Kong, y en ellas vio el mismo desaliento, miedo y sensación de desamparo. Se quejó del trato recibido a la Junta Sanitaria, y luego a Robinson, al regreso del gobernador, y al menos no se le impidió construir un rudimentario cobertizo junto al hospital Alice Memorial, ni vivir y dormir en otra choza de paja erigida a su lado.[21] Pero se había dado la orden de no proporcionarle cuerpos. Con la ayuda del sacerdote italiano, Yersin pagó a los marineros y trabajadores portuarios responsables de transportar los cuerpos del Hygeia a las fosas comunes para que desviaran algunos de los cadáveres hacia su cobertizo. En su primera visita al cobertizo de Kennedy Town, se había dado cuenta de que Kitasato Shibasaburo trabajaba sobre todo en muestras de sangre. Yersin, por otro lado, se concentraba en los bubones, que contenían, como creía acertadamente, la máxima concentración de bacilos. El 20 y 21 de junio, menos de una semana después de que Kitasato hiciese su descubrimiento, Yersin vio grandes cantidades de bacilos en la materia pastosa extraída de los bubones y desarrollada en un cultivo. Cuando la materia se inyectaba en conejillos de Indias, ratones y ratas, los animales desarrollaban enseguida los síntomas de la peste y morían poco después.[22] Yersin observó también que, en el cultivo, los bacilos desarrollaban cadenas o «colonias» y «constelaciones» y, lo que era aún más prometedor, cuando se inyectaban en animales de laboratorio, esos organismos que acababa de crear parecían notablemente menos virulentos. Las palomas inyectadas con el bacilo de la «colonia» no murieron. A partir del trabajo de Pasteur con la rabia y el cólera, ello parecía presagiar la posibilidad de una vacuna profiláctica contra la peste.

La experiencia de Yersin con el servicio postal colonial francés a través de Messageries Maritimes le ayudó a llevar la noticia del descubrimiento a Francia. El 30 de julio de 1894 apareció una «nota» suya en el boletín de la Academia de Ciencias en París, y una descripción más extensa, junto con imágenes de los bacilos en humanos y animales, la siguió a principios del año siguiente. Esto abrió una amarga disputa sobre si el primer descubridor había sido el bacteriólogo japonés o el «francés». Con la guerra sino-japonesa en Corea y el amor propio nacional en juego, aquello era algo más que una cuestión puramente científica; de ahí la recepción imperial y los honores concedidos a Kitasato en Tokio. Pero las pruebas presentadas por Yersin eran decisivas. Las muestras del bacilo aisladas por Kitasato habían sido contaminadas por la presencia de neumococos, lo cual ponía en peligro su integridad. En 1884, el microbiólogo danés Christian Gram había creado un método para distinguir entre dos tipos distintos de bacterias; aquellas con una pared celular más gruesa y que retenían un tinte violeta se denominaban «gram positivas», mientras que aquellas con una pared celular más delgada, que se degradaba y perdía el tinte, eran «gram negativas». Por un error de identificación, Kitasato había descrito los bacilos como positivos cuando en realidad eran negativos. En Japón, esas diferencias reveladoras al principio fueron ignoradas y tratadas como un nuevo ejemplo de envidiosa condescendencia por parte de los europeos, una negativa a reconocer que una potencia asiática estaba tan avanzada como pretendían estarlo los estados occidentales. Pero, en 1896, otro joven bacteriólogo japonés, Ogata Masanori, que trabajaba con la peste en Formosa, tuvo la temeridad de sostener que lo que había descubierto Kitasato en realidad eran estreptococos que provocaban la segunda fase de la septicemia, no los bacilos de la peste que Yersin había identificado correctamente. En 1897, Ogata publicó su informe en alemán, y fue recibido con un clamoroso silencio en Japón.

Yersin regresó a París, dio charlas en el Instituto y la academia y fue tratado como un héroe de la bacteriología y como un científico patriótico, el mejor que podía aportar la clase dirigente colonial y política de la Tercera República. Pero el héroe era perfectamente consciente de que la identificación del bacilo de la peste era, a lo sumo, la mitad de la batalla. Una vez iniciada la infección, ya era demasiado tarde. Lo importante era el uso que se hacía del germen para desarrollar un profiláctico. Junto con Albert Calmette y Amédée Borrel, Yersin trabajó en una vacuna de suero sanguíneo y estimó que los resultados en animales demostraban su eficacia. Pero era imposible saberlo con certeza mientras no se llevaran a cabo ensayos reales donde atacaba la peste, esto es, en Asia. La peste, que había decrecido moderadamente en China, había entrado en Singapur e India. Y, en cualquier caso, la tolerancia de Yersin hacia París no solía durar más de un año. En 1895 se hallaba de vuelta en el cobertizo-laboratorio de Nha Trang. Aunque sabía que Calmette había creado un Instituto Pasteur en Saigón, Yersin no mostraba reparos en utilizar el nombre del patriarca para su puesto avanzado, modesto pero ajetreado, de la costa de Annam. Sin embargo, a finales de 1896 estaba muy claro que nunca había suficientes casos locales de peste como para realizar un ensayo convincente de su vacuna de suero. Quizá tendría que ir allá donde la enfermedad estuviera fuera de control. A India. Con los británicos. Otra vez.

VII

LA CALAMIDAD ATACA

El pequeño Jacky, «un niño negro» (según lo identifica el pie de foto), ha muerto. Es una de las diez mil personas de Bombay que sucumbieron a la peste bubónica entre septiembre de 1896 y la primavera de 1897, cuando se tomó esta imagen. A sus ocho o nueve años, Jacky yace en una pequeña mesa, entre una rudimentaria choza como aquellas en las que viven muchas personas de su pueblo, los sidi, y la tumba recién excavada en la que pronto será sepultado. Lleva unos calcetines blancos, y los pies sobresalen del borde de la mesa. Su cabeza está apoyada en una almohada blanca. Su madre se cubre a medias con una tela blanca. Para muchos africanos, el blanco es el color de la muerte.

Los sidi, a veces llamados «habshi» (o «abisinios», del árabe *Habash*) eran descendientes de esclavos de África Oriental, de la región donde se hablaba suajili, apresados desde el siglo XV y llevados por traficantes árabes omani a través del océano Índico hasta la costa oeste de India. Allí habían trabajado para amos gujarati como servicio doméstico, guardaespaldas, soldados y mozos de establo. En algunos enclaves aislados de Gujarat y Konkan, los soldados y marinos sidi se habían liberado de la servidumbre y convertido en potentados locales independientes. Uno de ellos incluso había establecido una dinastía dirigente, reivindicando que descendía de la aristocracia y el sacerdocio de Etiopía. Durante el reino del emperador mogol Aurangzeb, a finales del siglo XVII, un almirante sidi estaba al mando de una flota mientras una base fortificada en la isla de Janjira resistía los ataques de los príncipes indios marathas. En el siglo posterior, Janjira se convirtió en un microrreino musulmán autónomo. Como si fuera una ciudad Estado morisca del medievo, Janjira estuvo gobernada en el siglo XIX por un primer ministro judío con el extraordinario nombre de Gapuj Israel Wargharkan, de la comunidad Bene Israel de Maharashtra. En Janjira, los afro-indios musulmanes sustentaban una rica cultura de recuerdos religiosos y tribales heterodoxos. Se construían altares al santo sufí Bava Gor, en cuyo honor se desarrolló un repertorio de ritmos y cánticos. El ritual de baile, canto y ritmo del *goma* era una transcripción directa del *ngoma* de la cultura suajili, que se llevaba a cabo en el este de África.[1]

Cuando los británicos abolieron el comercio de esclavos en 1807 y movilizaron a la Armada Real para imponer dicha abolición, los comerciantes árabes y europeos, cuya base estaba en Mombasa, en la costa este de África, y en Zanzíbar, seguían teniendo permiso para enviar personas esclavizadas a India. Cuando la esclavitud fue abolida en el Imperio británico por una ley parlamentaria de 1833, la Compañía de las Indias Orientales ya dominaba el oeste de India, y los misioneros cristianos —con frecuencia, los primeros soldados de la cruzada abolicionista— ofrecían un territorio protegido para los sidi huidos de Nasik, en el norte de Maharashtra. Pero muchos sidi continuaron siendo sirvientes domésticos semiesclavizados para sus patrones indios, especialmente parsis, o bien encontraron trabajo —a menudo denigrante— en el enjambre de tareas relacionadas con el mar que abundaban en la portuaria Bombay. Cuando llegó la peste en 1896, había marineros, fogoneros, estibadores y porteadores que se alojaban en chabolas cercanas a los muelles en el lado oriental de la ciudad-isla, y otros que se adentraban en el submundo criminal del misterioso barrio de Dongri. Casi todos eran terriblemente pobres: se buscaban la vida, una vida de pura subsistencia, como podían, y vivían en chozas rudimentarias como la que aparece en la foto en que la madre y el padre de Jackie están sumidos en una rabia silenciosa.

Pero, en realidad, ¿qué estaba pensando el fotógrafo, el capitán Claude Moss de los Glosters —muy posiblemente, una persona decente—, cuando cometió ese acto de indecencia: hacer que sus sujetos posaran al borde de la tumba de su hijo? ¿Pretendía ser un gesto de etnografía sentimental, de empatía del *sahib* compensando la fría curiosidad del objetivo con su afecto? «El pequeño Jackie» no era más que una de las ciento cincuenta fotografías tomadas para un álbum sobre «la visita de la peste», encargado sobre todo como documento de la autocomplacencia imperial. La mayor parte de las imágenes muestran al Raj médico en su más eficiente benevolencia: enfermeras (sobre todo monjas) prestando sus atenciones con gorros y uniformes almidonados, la antigua Casa de Gobierno en Parel transformada en hospital para la peste, pacientes —hombres y mujeres— desayunando (por separado), etcétera. En las cuatro copias que quedan del álbum —tres en Londres, una en Malibú—, esas imágenes de aliento y confianza dominan las primeras páginas. En la copia de la colección Wellcome, la muerte del pequeño Jackie es la última imagen. ¿Quizá fue incluida allí como un trágico epitafio? Sin embargo, no deja de ser bochornosa, lo cual convierte en aún más desolador el hecho de pensar en cómo debieron de hacerla: el trípode plantado al otro lado de la tumba. La asimetría del poder entre el fotógrafo y el fotografiado es monstruosa. Quizá se convenció a los padres de que permitiesen aquella intrusión a cambio de alguna compensación mezquina que no podían rechazar. Puede que se estuvieran preparando para una indignidad aún más perturbadora: la inspección del cadáver, exigida por las más recientes regulaciones de gestión de la peste. Hicieron lo que pudieron para mantener el posado: el padre, de pie junto a la cabeza de su hijo muerto, la madre, agachada al borde de la tumba. Cualquier expresión de piedad adquirida de manera barata es devuelta con toda la doliente fuerza que pueden reunir: sus rostros se han convertido en máscaras de potente rencor y ultrajada aflicción.

El álbum, con su discordante portada ornamental, fue encargado por el presidente del Comité para la Peste, formado por cuatro hombres, todos ellos británicos. Cuando ya habían muerto diez mil personas a causa de la enfermedad, el general de brigada William Forbes Gatacre recibió, en marzo de 1897, el encargo de imponer un estricto régimen de inspección, segregación, desinfección y demolición de los distritos infectados de Bombay. Ese encargo no debía tomarse con ligereza, como quedaba meridianamente claro en la diligencia, procedente de Gran Bretaña y enviada nada más y nada menos que por James Lowson, que se había hecho célebre por las severas medidas que había impuesto hacía tres años en un Hong Kong asolado por la peste. De nuevo, el régimen médico se consideraba una operación militar urbana. Gatacre era un veterano de campañas en Afganistán y Birmania, y había estado al mando de fuerzas militares emplazadas en los alrededores de Bombay. Mientras llevaba a cabo ese servicio, un chacal acorralado lo había mordido durante una operación de cacería del Club del Chacal de Bombay. Enfermo y febril por la herida, había recibido el diagnóstico de «temporalmente trastornado». Cuando en 1895 participó en una expedición que iba a ayudar al fuerte británico de Chitral, en la frontera de Afganistán, durante el asedio a las tribus pastún, jandoli y chitrali, Gatacre fue testigo del uso exhaustivo de la fotografía para documentar la campaña. Así, para él era natural encargar un álbum análogo a fin de atestiguar la eficacia de otro compromiso imperial, esta vez librado contra el merodeador bacilo.

En una página que prologa el «álbum de la peste» se establecen las cifras del retroceso de la mortalidad a finales de la primavera de 1897, y se insinúa que esto se debió al éxito de las medidas del comité, aunque el número de víctimas —unas veintisiete mil— era aún funesto. A lo mejor las fotografías se concibieron como un apéndice ilustrativo a los tres volúmenes estadísticamente exhaustivos sobre la epidemia de 1896 y 1897, publicados también con el emblema de Gatacre. Pero la fecha de conclusión de aquella historia era engañosamente optimista. La peste bubónica regresaría con determinación en el invierno de 1897 a 1898 y en años subsiguientes, antes de languidecer, en cierta medida, después de alcanzar el pico del año 1903, en el que murieron más de dos millones de personas. Lo que sucedió en la primera oleada no fue más que el comienzo de una de las pandemias más devastadoras de la era moderna, que se cobraría más de doce millones de vidas antes de poder tratarla mediante el antibiótico estreptomicina a finales de la década de 1920. En el cambio de siglo, la peste se establecería, de una forma relativamente leve, en Australia (1900) y en el barrio de Chinatown de San Francisco (1900-1904). No obstante, dado que la inmensa mayoría de las víctimas estaban en India, la peste apenas copaba los titulares de la prensa europea. Solo Adrien Proust, en Venecia, donde se había reunido de nuevo la Conferencia Internacional de Sanidad, insistía en que la peste debía considerarse el problema crucial de salud pública de 1897.

En el prefacio de Gatacre al álbum se identifica a los fotógrafos. A juzgar por el enfoque imprevisible y la exposición errática de la mayoría de las fotografías, parece probable que el capitán Claude Moss fuera un simple aficionado, quizá contratado de forma ocasional y a corto plazo por el ejército, sobre todo con finalidades de archivo. Pero la espontaneidad de las pequeñas placas sobre gelatina de plata es exactamente lo que otorga al álbum su inmediatez documental. En cambio, el recopilador y diseñador del álbum de la peste en Bombay, Francis Benjamin Stewart, era un profesional, un «fotoartista», según su propia descripción, residente en Poona, a ciento cuarenta y cinco kilómetros al este, que se dedicaba fundamentalmente a los partidos de polo y a los retratos. El soporte que utilizaba Stewart era la copia en papel a la albúmina de gran forma-

Oficiales médicos, jueces de paz, grupos de búsqueda
y personal de desinfección listos para empezar su trabajo.

to, cinco de las cuales se muestran en la vistosa parte media del álbum: espectáculos cuidadosamente compuestos del Comité de la
Peste dedicado a sus tareas.

«Autoridades médicas, jueces de paz, partidas de búsqueda y personal de desinfección listos para iniciar su trabajo» muestra a un oficial con salacot comentando la ruta del día con un magistrado indio
mientras una compañía de soldados sij (probablemente la Octava
de Bombay) espera, en posición de firmes, junto a la «ambulancia de
mano» diseñada por el propio Gatacre. Se trataba de una camilla con
estructura de acero y ruedas de bicicleta con neumáticos de caucho
indio que, según se pensaba, minimizaban las dolorosas sacudidas. El
artefacto aparece listo para llevar a víctimas, vivas o muertas, ya sea a
hospitales de aislamiento o a zonas de enterramiento y piras funerarias. Cuando llegaban las ambulancias de mano, según los indios, era
como si hubiera aparecido un coche fúnebre. Los nativos de Bombay
son, por supuesto, el coro silencioso que acompaña toda esta reunión:
los que observan el destino de sus familias y sus vecinos.

«Bomba pulverizadora limpiando casas infectadas» muestra en el centro un temible motor de vapor Clayton, bombeando y enjuagando con agua de mar (que se creía especialmente eficaz como agente de desinfección) las calles, los canales de alcantarillado embozados y las fachadas de las casas. «Encaladores trabajando» parece tener una composición tímidamente artística, o quizá musical: una disposición en contrapunto de pintores indios, arriba y abajo, a la izquierda y a la derecha, encaramados a endebles andamios de bambú como notas en un pentagrama. Por encima y por debajo de los pintores hay figuras que supervisan la operación, igual que los ubicuos espectadores reunidos frente a sus tiendas y casas: gentes de las calles y de los precarios edificios. Es posible que algunos hayan sido desalojados de sus viviendas mientras se las limpia y se las encala. A veces miran a cámara, pero la mayoría contemplan la actividad con indiferente resignación. No es fortuito que la imagen tenga el aspecto estudiado de un fotograma cinematográfico. Stewart desarrollaría una trayectoria profesional en las primeras películas, contratado en primer lugar por la Warwick Trading Company para rodar cortos industriales y luego, más felizmente, para rodar la recepción de la coronación en Delhi en 1902.

Encaladores trabajando.

Jueces de paz, que prestaban sus servicios voluntariamente
para las visitas casa por casa.

Todos estos retablos de grandiosidad imperial están concebidos
de manera forzada para armonizar a los nativos con los gobernantes,
juntos en una calmada aceptación de la necesidad común de intervención decisiva. Otra de las fotografías de gran formato, «Juez de paz
con un grupo de búsqueda», muestra a Gatacre con casco de plumas
junto a un grupo de magistrados indios, alineados en una pose em-
blemática de cooperación escrupulosamente legal mientras inician su
trabajo. La pose no sirve del todo a una ficción imperial interesada.
Los jueces de paz eran voluntarios: una combinación auténtica de
comunidades religiosas, con frecuencia enemistadas entre sí. Es sorprendente, para el tiempo y el lugar, que haya al menos una mujer, la
cual, a juzgar por quienes la flanquean en otra fotografía de magistrados, debía de ser parsi.

El álbum de la peste en Bombay es una visión de la India británica idealizada al máximo: ordenada, responsable, benévolamente su-
pervisada, un Gobierno justo y escrupuloso en el que el sol apenas se
atrevía a ponerse. Pero lo que realmente desencadenó la peste bubónica en el año del jubileo de diamante de la reina-emperatriz fue el
principio del fin del Raj.

En el álbum de Wellcome, la conmovedora composición de «La muerte del pequeño Jacky» aparece bajo un retrato de un grupo de monjas enfermeras del convento de las Hijas de la Cruz de Bandora. Aunque desconocemos los nombres de los padres del pequeño Jacky, todas las hermanas están identificadas: de izquierda a derecha y de arriba abajo: Ceophas, Edith, François Xavier, Clara, Ursula, Julia y Hilda. Pero, sobre el telón de fondo de las imágenes que representan el benévolo cuidado a los pacientes, muchas otras fotografías muestran los rostros demacrados y los cuerpos delgados de los indios pobres, enfermos, moribundos, muertos o acongojados, saliendo de la masa anónima. Ya no son un coro pasivo de agradecido reconocimiento, sino algo completamente distinto.

Las «Viudas y huérfanos de culíes hindúes» —a los que no se dio la opción, incluso en esa situación extrema, de no posar para la cámara del capitán Moss— llenan el encuadre de una de las fotografías más desgarradoras. Esas mujeres y niños eran los más desamparados de entre los trabajadores migrantes desposeídos, muchos de los cuales venían de la meseta del Decán, una región árida y azotada por la hambruna, o del Gujarat rural, más al norte. Pocos eran los que tenían los medios o la oportunidad de abandonar la «ciudad de los muertos» después de que la mitad de su población de 850.000 personas hubie-

Hermanas del convento de Bandora,
que ofrecían cuidados en Parel y Mahim.

A Group of Widows and Orphans of
Hindu Coolies who died of Plague
at the Bombay Municipal Slaughter
House.

Huts at Bandora. The one on the
left had no less than nine deaths in
it. All the inmates died.

Karanja. Incantations by Women against the Plague.

Danda Village. Types of Native Fishermen who resisted Segregation.

ran huido en barco, en tren o a pie. El éxodo masivo hizo que los servicios de los obreros culíes fueran aún más indispensables para el funcionamiento de la ciudad; pero, apiñados en sus lugares de trabajo y alojados en cabañas escuálidas, los culíes eran de los más vulnerables a la peste, hasta el punto de que se había creado un hospital de aislamiento temporal en el matadero. Cualquier intento de separar a las familias habría sido contraproducente, así que no se llevó a cabo. Pero, a cambio, esa pobre gente no estaba en posición de negarse a que la fotografiaran. Sin embargo, tampoco tienen intención alguna de mostrarse complacientes ante el objetivo. Los niños, algunos de ellos desnudos, algunos un poco menos con sus andrajos lastimosos, devuelven la mirada, con ojos entrecerrados, a la cegadora luz del sol. Al más pequeño, situado a la derecha en brazos de su madre, se le ve llorando y berreando.

Otras imágenes de desolación también perforan la delgada capa de autosatisfacción oficial. Las rudimentarias viviendas de los pueblos se muestran sin sus tejados «para permitir la circulación de aire y la entrada de luz solar». En otra foto aparecen dos chozas de Bandora; una está medio derruida; la otra, a la derecha (las fotos están orientadas al revés de lo que indican las leyendas), donde «no menos de nueve personas» resultaron infectadas y fallecieron, está completamente derrumbada, y en los restos de una pared se aprecian las cruces negras que enumeran a las víctimas.

En las fotos transpiran motivaciones distintas —quizá el terror, quizá el espanto mezclado con un ápice de piedad— a medida que Claude Moss se adentra en las profundidades de la infección, con frecuencia en las aldeas situadas más allá de la ciudad metropolitana. En el antiguo fuerte en ruinas de Kolaba, en el extremo sur de la isla, personas sin casa, muchas de ellas pescadores, acampaban junto al portón de entrada. Moss fotografió a uno de ellos, con las piernas dobladas, desnudo en primer plano. Pero, para que no imaginemos lo peor, el tranquilizador título nos informa, como en una antigua película muda, de que la persona fue «abandonada a su suerte hasta que la descubrió el Comité contra la Peste».

En el poblado de pescadores de Karanja, una fotografía registra los «conjuros de las mujeres contra la peste», con las cabezas gachas,

Alibag, Kolaba. Left to die, until discovered by the Plague Committee.

tocando la tierra, mientras los niños deambulan por allí y un padre, rodeando a su hijo con un brazo protector, ambos desnutridos, frunce el ceño ante la intrusión. Otra imagen —curiosamente, solo conservada en el álbum de la Biblioteca Británica— muestra a funcionarios de distrito «advirtiendo a los jefes» de Karanja, obedientemente alineados para recibir instrucciones «contra la resistencia a las medidas». Esa oposición, unas veces tácita, otras no, penetra furtivamente en las otras fotografías. En Khar Danda, tres pescadores koli son descritos como «tipos nativos»; su primitivismo supuestamente explica la, por otro lado, inexplicable «resistencia a la segregación». Ante la perspectiva de ser conducidos al campamento temporal construido por el Comité contra la Peste, cuatrocientos aldeanos se habían marchado la noche del 28 de marzo, cruzando el riachuelo que separa Danda de Bombay. En otra foto se muestra el campamento que construyeron por iniciativa propia. Situado en la costa oeste de la isla de

Salsette, Khar Danda es, de hecho, uno de los lugares en los que resulta más fácil mantener el aislamiento, algo que se logró al principio de la actual pandemia de 2020, con la consecuencia de que el poblado fue declarado el primer distrito libre de COVID-19 en la totalidad del gran Bombay.

En otras fotografías se documentan las formas en las que distintas comunidades trataban de suavizar o evadir las medidas más severas. Otro de los títulos de una fotografía tomada en un distrito musulmán de Bombay, y con la misma inclinación hacia el drama peliculero, reza «Mahometanos, atentos a la llegada del grupo de búsqueda, se preparan para trasladar a los enfermos a una mezquita» Estos son solo algunos indicios de cómo los indios se enfrentaban a lo que el Comité contra la Peste imponía de repente en sus vidas. Pero lo que en realidad afloró en Bombay entre el otoño de 1896 y finales de la primavera del año siguiente fue un tormento mucho más implacable.

El 18 de septiembre de 1896, el doctor Acacio Viegas, un médico portugués de Goa, con consulta y dispensario en el atestado barrio de viviendas precarias de Mandvi, al oeste del puerto, fue llamado para que visitara a una mujer de mediana edad que sufría fiebre alta e inflamaciones en la axila y la ingle. Viegas no quedó inmediatamente convencido de que aquello fuera un caso de peste bubónica, pero la rápida muerte de la paciente —y el descubrimiento, cinco días más tarde, de otros casos en el mismo distrito— lo convenció de que, en efecto, se trataba de un brote de la terrorífica enfermedad. En otras visitas a casas de Mandvi trascendió que hasta cincuenta víctimas habían sucumbido a la enfermedad durante el mes anterior. Pero los cuerpos habían sido ocultados por miedo (justificado) a las separaciones familiares, a injerencias en los rituales de enterramiento tradicionales y a la destrucción de propiedades o incluso de la misma vivienda. Los infalibles precursores de la epidemia, esto es, las ratas muertas, habían sido vistos en ciertas cantidades por los callejones de Mandvi. De un día para otro, calles enteras se habían vaciado, y los residentes se habían dirigido a barcos del puerto o trenes que los llevaran lejos de Bombay. Corrían rumores de que la peste la habían traído peregrinos hindúes y jainistas —mendigos *sadhu*— que venían de las laderas del Himalaya, donde, según se creía, la enfermedad era endémica, para practicar sus ritos en el templo de Walkeshwar, en la colina Malabar. Muchos de ellos, en especial los jainistas, pedían limosna en las calles de Mandvi. No obstante, como el viaje a pie hacia hasta los templos de Maharashtra les habría llevado al menos dos semanas y no había pruebas fiables de brotes a lo largo del camino, era improbable que ese fuera el origen.

Lo más probable era que, como sucedía a menudo, fueran las rutas de comercio las que transportaban los microbios letales.[2] Comprimido entre los muelles y el mercado Crawford, Mandvi era uno de los distritos más pobres y densamente poblados de Bombay y, de hecho, de toda India. En Mandvi había 1.874 personas por hectárea, en comparación con las 548 de los distritos más pobres del Londres contemporáneo. En los precarios edificios alargados se agregaban pisos siempre que era necesario; en cada uno de ellos, las habitaciones se abrían a un pasillo central oscuro que recorría toda la envergadura de la construcción, similar a la estructura de una cárcel. En ninguna de ellas había chimenea; pocas tenían ventanas o ventilación de otro tipo. Podía haber una única letrina al final de un pasillo, o quizá ninguna. Una docena, o hasta una veintena, de personas podían ocupar una única habitación, ya que el sueldo que se pagaba en Bombay a los más míseros de los trabajadores —barrenderos, porteadores, jornaleros— no alcanzaba para alquilar una habitación entera para una sola familia. En cualquier caso, el alojamiento familiar era irrelevante para los migrantes jóvenes, hombres en una proporción abrumadora, que habían acudido a Bombay huyendo de las brutales hambrunas rurales de la década de 1890. Como sucedía en Hong Kong, los espacios de las plantas bajas solían hacer las veces de almacén, repletos del hábitat preferido por las ratas: sacos de cereales, arroz y azúcar. Cuando los roedores morían, las pulgas que viajaban en ellos como polizones transferían su sed de sangre a los habitantes de las atestadas viviendas. Como bonificación para el bacilo, muchos residentes de esos edificios eran jainistas, cuya religión les prohibía matar a cualquier ser vivo, incluidas las ratas y, por ende, las pulgas. Un frustrado funcionario del servicio sanitario se quejaba de que «cualquier iniciativa para cazar ratas era recibida con oposición y amenazas. Es difícil convencer de que es correcto matar o capturar animales, bien sea para controlar la peste, bien para obtener conocimiento acerca de la enfermedad, a personas que tienen mayor consideración por las vidas de los animales que por la seguridad de sus semejantes. Tan encarnizada era la oposición a la captura de las ratas que se inventaron perversas historias, según las cuales se arrojaban ratas vivas al fuego para el placer de los hombres».[3]

Durante algunas semanas, el Gobierno de Bombay esperó que la infección quedara confinada a Mandvi. Se plantearon aislar la zona del resto de la ciudad, aunque la proximidad del frente marítimo presuponía una investigación exhaustiva en la miríada de embarcaciones que llegaban y partían de allí día y noche. La sola idea de un cierre y cuarentena completos provocaba consternación en las autoridades británicas. Bombay era el centro comercial del Imperio británico; no solo era el mayor eje portuario del sur de Asia, sino un gigante de la fabricación, en especial de tejidos de algodón, que competía —y con frecuencia superaba globalmente, sobre todo en China— con lo mejor que podía producir la región de Lancashire (debido en gran medida a que el coste de la mano de obra era más barato). La hambruna en las áreas rurales de Maharashtra y Gujarat ya había interrumpido el suministro de alimentos a la metrópolis, y el monzón de 1896 había sido más violento de lo habitual, lo cual convirtió las zonas bajas de Bombay y los arroyos que separaban las siete islas originales en perezosas hondonadas de barro y aguas residuales. La peste no era más que la última gota en ese catálogo bíblico de desgracias. Se cerraría el puerto y los transportes se pondrían en cuarentena; nadie sabía durante cuánto tiempo. De manera que al principio hubo una cierta reticencia (como siempre sucede) a reconocer la gravedad de la situación, o incluso el hecho de que había una epidemia. Pero el 29 de septiembre, el gobernador de la presidencia de Bombay, lord Sandhurst, se resignó a la ineludible verdad y escribió al conde de Elgin, virrey en Calcuta, informándolo de que estaba teniendo lugar una huida en masa de la contaminada metrópolis, lo cual —se suponía— llevaba la enfermedad a las áreas rurales circundantes, a los poblados de costa y a ciudades como Poona, donde la peste, como era de esperar, se disparó un mes y medio después.

En el momento del estallido de la epidemia, Bombay solo tenía un hospital, en Arthur Road, en el distrito de Byculla, capaz de alojar, tratar y paliar los síntomas de las víctimas de enfermedades infecciosas. Hasta aquel momento, el hospital de Arthur Road carecía de enfermeras profesionales, aunque las monjas del cercano convento de Todos los Santos ofrecieron abnegadamente sus servicios y pronto se convirtieron en hermanas enfermeras indispensables. El alojamiento del hospital era rudimentario: cobertizos abiertos con suelos de tierra y drenaje superficial alimentado por las aguas del lago Vihar.[4] En aquel momento había un solo médico, aunque Nasarvanji Hormusji Choksy compensaba ampliamente —en capacidad de diagnóstico, incansable dedicación y humanitaria compasión— la falta de colegas de profesión. Choksy era ya un héroe local de la medicina de Bombay, nombrado para la cátedra de Anatomía en el Colegio Médico Grant por Henry Vandyke Carter, el espectacular ilustrador de *Anatomía de Gray*. Paladín de la vacuna contra la viruela en una región en la que esa enfermedad protagonizaba reapariciones periódicas, Choksy también era un apasionado defensor de la educación médica y del reconocimiento profesional de India. Como director de *Indian Medico-Chirurgical Review* y presidente fundador de la Unión Médica de Bombay, había librado una ardua batalla para que se reconociera a los médicos indios en pie de igualdad con sus colegas británicos. Durante la crisis de la peste se enfrentó a una situación imposible y, con frecuencia, abrumadora en Arthur Road. Lo más probable —y esto ya se hizo manifiesto en octubre de 1896— era que el edificio se llenara rápidamente de moribundos, sobre todo, como señalaba Choksy, porque a la mayor parte de los pacientes solo los traían cuando ya era imposible ayudarlos. Pero se construyeron más cobertizos temporales para alojar a los enfermos y moribundos, edificaciones cubiertas con toldos sobre postes de bambú.

Al mismo tiempo, el Gobierno municipal pensó que era imprescindible aislar, de ser posible, las calles y distritos de donde procedían las víctimas de la peste, disponiendo sin demora de los muertos al tiempo que se atacaban las condiciones físicas en las que, según se suponía, se había generado la enfermedad. Como suele suceder, las experiencias de la última epidemia guiaban las estrategias de la siguiente. El conocimiento obtenido de que el contagio lo generaba un saneamiento deficiente era herencia de las batallas contra el cólera. La bacteriología afirmaba algo completamente distinto, aunque pasarían otros dos años hasta que Simond descubriera de forma definitiva el vector intermedio de las picaduras de pulga. En Calcuta, H. H. Risley, que, como secretario del Departamento Financiero y Municipal de la ciudad, no era la elección más lógica para encabezar su Comité contra la Peste, se quejaba de que «toda la cuestión giraba alrededor de modernas investigaciones bacteriológicas que eran extremadamente confusas».[5] Sin tiempo ni disposición para adquirir un conocimiento básico de la nueva disciplina, los dirigentes sanitarios del Servicio Médico de India hicieron lo que mejor sabían hacer: declarar la guerra a la «inmundicia» (una palabra que aparecía repetidamente y con predecible vehemencia en los informes de James Lowson). Lo cierto era que había mucho que limpiar. Las cloacas de Mandvi y el resto del territorio de Port Trust, obstruidas con restos repugnantes, eran insalubres y nauseabundas. Las primeras instrucciones de combate contra la epidemia consistían en desatascarlas, barrerlas y limpiar la nociva suciedad con agua de mar. Se abrieron y bombearon las alcantarillas, y el ritmo de acción se hizo más frenético a medida que el Gobierno seguía temiendo la espantosa posibilidad de que los *bhigarris* y los *holkhadars*, los trabajadores, generalmente inmigrantes, que se encargaban de los trabajos más repugnantes —drenar fosas sépticas, vaciar los cestos de «suciedad nocturna» que colgaban de las paredes de los edificios, que dejaban en estas rastro de líquido—, pudieran huir masivamente al campo o morir por su proximidad a la infección. Una versión apocalíptica atormentaba a M. E. Couchman, que escribió uno de los informes más exhaustivos sobre la peste y fue también uno de los recopiladores del álbum fotográfico. «De su presencia o ausencia […] dependía la seguridad o la ruina de esta inmensa e importante ciudad. […] Si todos ellos desaparecieran de la ciudad durante una quincena, Bombay se convertiría en una enorme y putrefacta montaña de estiércol».[6]

Aunque C. P. H. Snow, el comisionado municipal (en términos efectivos, el mando del Gobierno local de Bombay), informó de que su oficina era «asediada a diario por nativos de todas clases implorando que no se actuara de forma drástica», el 6 de octubre su «terror extremo» se hizo realidad cuando entró en vigor el mismo régimen que se había impuesto en Hong Kong. En principio debía aplicarse tanto en la ciudad como en sus satélites costeros y rurales, pero, por supuesto, cayó con más prontitud y severidad sobre los distritos más pobres, donde ya se había identificado la presencia de la peste. Conocedores de que las familias, angustiadas por no poder enterrar a sus muertos mediante los rituales apropiados de su religión o casta, a menudo ocultaban a los enfermos y fallecidos, empezaron a realizarse batidas en las calles y los *chawls* sospechosos. Cuando se detectaba un caso, se pintaban en la puerta o la pared las letras «UHH» («Unfit for Human Habitation» o «No apto para asentamiento humano»), una sentencia de muerte para ese hogar y un motivo de vergüenza mortificante para quienes habían vivido allí. A veces, en el exterior de los edificios más grandes se colocaban unos aros de hierro que indicaban el número de casos que se habían descubierto y retirado. Los vecinos huían al verlos. La ropa de cama, las vestimentas y las tapicerías se sacaban a la calle y se quemaban, y también el contenido de los almacenes que estuvieran situados en la planta baja. Esto suponía la pérdida de todas las existencias de los comerciantes y tenderos, que veían arder sus mercancías junto con sus bienes personales. En un principio, el Gobierno municipal prometió que habría compensaciones por las pérdidas que fueran inevitables, pero, en el infierno de la emergencia, dichas promesas rara vez eran creíbles. Las castas de comerciantes —banias y bhatias— que vivían y trabajaban cerca de los muelles estaban entre las más afectadas, aunque, a diferencia de los habitantes más pobres de Bombay, muchas sí contaban con medios para abandonar la ciudad.[7]

Unos ojos extranjeros contemplaban con atención toda aquella desgracia. Eran los ojos de un francés corpulento de sesenta y dos años: el profesor Adrien Proust. Ni la edad, ni las responsabilidades paternas (Marcel tenía entonces quince años), ni el peligro físico lo habían disuadido de viajar para ver y registrar en persona las peores epidemias.[8] En marzo de 1897 iba a celebrarse en Venecia otra Conferencia Internacional de Sanidad, y Proust quería que se centrara exclusivamente en la peste. Llegó a Bombay en enero y quedó impactado por la magnitud de la desolación. Al tiempo que un tercio de la población huía, la gente de las zonas rurales, que igualmente estaba muriendo de hambre, empezaba a llegar a la ciudad afectada. Aquellos migrantes eran los más pobres de entre los pobres, y a Proust lo dejó profundamente consternado ver a los enfermos sin hogar, tendidos en las calles sin tan siquiera un mínimo de fuerza necesaria para mendigar. Muchos morían en aquellas mismas calles y callejones a la vista de todos, y allí los dejaban.

Mientras recopilaba escrupulosamente, como era su costumbre, datos estadísticos sobre el exceso de mortalidad, Proust detectó que, en el corazón de la sociedad hindú, las castas estaban dificultando enormemente la posibilidad de dar una respuesta médica eficaz contra la peste. La ira ante las violaciones de las normas sociales y religiosas tradicionales era generalizada, furiosa e instantánea. A las castas superiores, en especial la de los brahmanes, les horrorizaba la idea y la realidad de acabar en un hospital en el que tendrían que mezclarse con castas diferentes, posiblemente inferiores, e incluso compartir la misma dieta. La exigencia de que las mujeres fueran examinadas, sobre todo en los lugares más íntimos del cuerpo —las axilas y las ingles, donde solían formarse los bubones—, era un ultraje a la *purdah*, práctica común tanto entre las comunidades hindúes como musulmanas, más grave aún debido a la falta de doctoras indias que pudieran realizar dichas exploraciones. El requisito de que las mujeres se quitaran el *padar* de su sari para permitir la inspección de las axilas en busca de inflamaciones ofendía las sensibilidades tradicionales, igual que la inspección *post mortem* de las mujeres fallecidas, una grave violación de la decencia. El periódico *Kalpataru* hablaba por muchas personas cuando subrayaba que «las damas nativas preferirán la muerte a la humillación de que sus ingles sean examinadas por médicos varones que para ellas son completos extraños».[9] Otros consideraban intolerable que, aun con el objeto de tomar el pulso, sostuviera la mano de una mujer alguien que no fuera su marido. Las separaciones familiares encontraban resistencia, a veces violenta. En un episodio que amenazó con convertirse en toda una batalla callejera a gran escala, la madre de un chico sidi de dieciocho años, que había sido examinado y diagnosticado como víctima de la peste, impidió que lo sacaran de su casa, insistiendo en que lo que el chico manifestaba no eran más que los efectos de un baile nocturno. Cuando igualmente acabaron sacando al chico de la casa, se congregó de inmediato una multitud armada con palos y piedras decidida a atacar al equipo encargado del traslado. Solo la oportuna intervención del «rey de los sidi» local y de su reina impidieron que la situación pasara a mayores. Sin embargo, se extendió el rumor de que el ingreso en el hospital de Arthur Road equivalía a una sentencia de muerte, y la verdad era que, a pesar de los esfuerzos de Choksy y las Hermanas de Todos los Santos, la tasa de mortalidad durante la primera época de la peste fue del 71,4 por ciento.

No era solo la muerte lo que se decía que acechaba en Arthur Road, sino también el asesinato punitivo. Se creía que, en represalia por los ultrajes cometidos contra la estatua de la reina Victoria —un collar de zapatillas colgando de su real persona, la figura de piedra embadurnada de alquitrán—, algunos indios habían sido ejecutados. «Nuestra señora soberana, la reina, ha exigido quinientas vidas del pueblo de Bombay para aplacar la ira causada por los insultos a su estatua», afirmaba un panfleto. Se rumoreaba incluso que el hospital había recibido la orden de extirpar el corazón a los pacientes y enviárselos a Victoria para su vengativa satisfacción.[10] Los relatos del pánico familiar se extendieron por la ciudad: madres desesperadas amenazaban con suicidarse antes que permitir que les quitaran a sus hijos enfermos. La comunidad musulmana (aproximadamente el 20 por ciento de la población de Bombay) estaba especialmente consternada por el hecho de que los pabellones del hospital impidieran a los moribundos mirar hacia La Meca y escuchar, en sus últimas horas, una reconfortante recitación de los pasajes del Corán, por no hablar de la posibilidad de estar acompañados por la familia en sus momentos finales. «La *masjid* [mezquita] es nuestro hospital» se convirtió en un grito de protesta habitual en sus distritos. El 23 de marzo de 1897, Kazi Ismail Muhri presentó al gobernador Sandhurst una petición firmada por quince mil personas que se manifestaban contrarias a las medidas contra la peste, en especial la de la segregación.[11] El hospital de Arthur Road fue vilipendiado como un lugar de cruel iniquidad. Una mujer de la comunidad musulmana *khoja* (convertida siglos antes desde el hinduismo) murió al saltar por una ventana antes que ser trasladada al hospital de la peste.[12] En el matadero halal de Bandora, uno de los trabajadores, desesperado, amenazó con rebanarle el cuello a su mujer y después a sí mismo antes que verla ingresada en el hospital.

La manifestación de esta resistencia derivó de las protestas individuales a la acción colectiva. El 10 de octubre se lanzaron piedras contra el hospital, se rompieron algunas ventanas y, en su interior, cundió el pánico. Estalló una rabia que se alimentaba de sí misma. El 29 de octubre, una multitud de obreros estimada en unas mil personas escaló los muros de Arthur Road, invadió las chozas temporales que se habían erigido en los terrenos del hospital y agredió al personal usando piedras y palos en represalia por lo que aseguraban era el asesinato de pacientes. Pero, en el temible fragor del momento, fueron golpeados incluso los propios pacientes. Lo que debió de pensar Choksy al presenciar aquel trágico terror es inimaginable.

Más amenazador para las autoridades británicas fue que los musulmanes y los hindúes, a menudo comunidades enfrentadas, hicieron causa común en los disturbios y las protestas contra las medidas impuestas por el Gobierno municipal. Por primera vez se habló en ambas comunidades de un *hartal*: un paro organizado del trabajo. La ley y el orden parecían estar desintegrándose rápidamente. En los *chawls* había surgido una red de extorsión en la que delincuentes que se hacían pasar por policías o funcionarios municipales exigían un pago so pena de denunciar al *chawl* en cuestión ante las autoridades como una vivienda afectada por la peste.[13] Peor aún (y especialmente decisivo para determinar un giro político), el apocalipsis sanitario que tanto aterrorizaba a las autoridades parecía estar cerca. Así informaba el jefe sanitario de Bombay:

[Los] barrenderos, los conductores de carros [de residuos nocturnos] y los *halakhors* [*sic*] estaban muy inquietos. Hablaban de abandonar la ciudad, aduciendo que, si los *sahibs* se marchaban, ellos también necesitarían un cambio de aires. No tenía ninguna duda de que iba a producirse un motín y, por mucho que hubiera deseado llevar a los enfermos al hospital, reconocí de inmediato que, si se continuaba con aquella política, no tendríamos hombres ni para segregar a los enfermos ni para limpiar la ciudad, y que nos quedaríamos solos. [...] La interrupción total de las medidas sanitarias habría hecho que la ciudad fuera inhabitable y la peste habría causado estragos sin control.[14]

Así, los dos elementos fundacionales del nacionalismo popular indio, las fuerzas que finalmente romperían el Raj —la indignación social y religiosa, y las huelgas y manifestaciones de masas— tuvieron su nacimiento en la epidemia. Hubo quienes, dentro del Gobierno local, estuvieron alerta ante las señales de advertencia. Conmocionado por la magnitud y la ferocidad de la reacción, el Gobierno municipal dio marcha atrás y alivió la aplicación de las medidas de segregación de los hogares que había impuesto a principios de mes. Aún podía haber otra forma de acabar con la epidemia sin provocar más agitación religiosa y política, una medida profiláctica que evitaría la necesidad de tomar medidas de un brutal intervencionismo: una vacuna. Y, tras su éxito certificado con el cólera, la opción de quién podría ofrecer esa deseada alternativa era obvia.

La primera semana de octubre, en el punto álgido de la crisis, Waldemar Haffkine llegó a Bombay y se la encontró paralizada entre la turbación oficial y la consternación aterrorizada de los pobres. Aunque quien lo había enviado desde Calcuta había sido el virrey, lord Elgin, Haffkine no tenía muy claro el alcance de su autoridad. Había vuelto a India casi recuperado de la malaria, aunque no totalmente, y con las bendiciones del estamento médico británico. El mes de diciembre anterior (1895), el *British Medical Journal* lo había descrito no solo como un científico pionero, sino como un santo y salvador moderno.

> El trabajo del doctor Haffkine es el que posee mayor valor científico y promete conferir un gran beneficio a nuestro imperio indio. Lo ha desarrollado en circunstancias de un notable sacrificio personal y devoción por los intereses de la humanidad y la ciencia. Ha dedicado muchos de los mejores años de su vida a esta investigación, y con una laboriosidad infatigable y una transparente sinceridad ha trabajado en India todos los detalles que pueden poner a prueba el valor del nuevo regalo de la ciencia para la vida [...] preparado sin más pago ni re-

compensa que la de su propia conciencia, su amor por la humanidad y su devoción científica.[15]

Su convicción era plena; su sentido casi místico de la vocación personal jamás había sido tan firme. En algún momento de finales del verano o principios del otoño de 1895 había ido a visitar a Louis Pasteur «en su lecho de muerte», tal como Haffkine lo describiría más tarde, en la casa de Marnes-la-Coquette, un retiro boscoso en el extremo occidental de París. Pero, si Haffkine esperaba obtener algún tipo de bendición de despedida de su antiguo *patron*, debió de llevarse una decepción, ya que Pasteur había quedado profundamente incapacitado por una serie de derrames cerebrales que le provocarían la muerte el 28 de septiembre. Había algo un tanto deshonesto en la declaración que hizo Haffkine ante los Reales Colegios de Médicos y Cirujanos, según la cual, de concederse algún mérito por el éxito de las vacunas contra enfermedades contagiosas letales, este debía ser en última instancia para Pasteur y no para él, pues sentía que, al menos en India, estaba actuando como el principal apóstol y ejecutor de lo que había comenzado en el Instituto tres años antes.

El regreso de Haffkine a India en marzo de 1896 contrasta notablemente con su llegada a Calcuta tres años antes. A pesar de las cálidas cartas de presentación de Dufferin, en aquel momento había llegado como un don nadie salido de la nada. Para el Servicio Médico de India era un completo desconocido y promotor de una vacuna de dudosa fiabilidad desarrollada en Francia. Ahora llegaba acreditado por casi todos los grandes hombres de la medicina y la biología de la época victoriana tardía, los Colegios Reales de Médicos y Cirujanos lo recibían con agradecimiento y hasta en Netley lo escuchaban como el ejemplo de lo que podía ofrecer la nueva ciencia de la bacteriología a la salud pública del imperio. En lugar de ser ignorado, abandonado a su suerte, rescatado solo por la previsión y la camaradería de Ernest Hankin en Agra, esta vez Haffkine apenas había puesto un pie en Calcuta cuando se vio abrumado por solicitudes urgentes que reclamaban su presencia. Uno de los secretarios locales de sanidad, felicitándolo por «el triunfo y el éxito que han acompañado sus nobles esfuerzos en este país», reclamó su presencia de inmediato.[16] Existía una razón para este cambio de actitud. En el centro y noreste de India se había declarado una epidemia mortal de cólera. Para agravar la crisis, el contagio masivo coincidió con una hambruna brutal. La gente, famélica, se congregaba en aquellos lugares en los que se distribuían los limitados suministros de socorro, pero esa presión numérica no hacía más que acelerar el avance de la epidemia. Una carta a un periódico firmada por «Un afectado» declaraba amargamente: «Creo que en algún momento vendrá algún médico, probablemente cuando ya la última persona haya muerto. En muchos pueblos no queda ni una gota de agua disponible a un kilómetro o dos de distancia». En la primavera de 1896, las tasas de mortalidad se volvieron realmente aterradoras. En las inmediaciones de la estación ferroviaria del distrito de Narail murieron en un solo día veintidós víctimas de un total de cuarenta y siete casos.[17] En un grupo de aldeas vecinas habían muerto treinta y siete de las treinta y ocho personas que contrajeron el cólera. Había dos tipos muy distintos de población que se encontraban en situación de especial riesgo: los trabajadores inmigrantes, los culíes de las minas de carbón y los huertos de té; y los trabajadores confinados o los reclusos, como los marineros a bordo de los barcos que llegaban a Calcuta (donde Haffkine puso especial empeño en conseguir una vacunación general)[18] y los desafortunados que se encontraban encerrados en cárceles, hospitales o psiquiátricos. «Le estaría muy agradecido», escribió el secretario de sanidad responsable de uno de los manicomios, «si pudiera organizar lo antes posible la vacunación de todos los lunáticos que aquí se encuentran».[19]

Haffkine delegaba la vacunación en cualquier asistente que tuviera posibilidad de movilizarse con rapidez, pero casi siempre le pedían que acudiera él en persona. Las elaboradas instrucciones para el desplazamiento incluían trayectos por agua, carretera y tren. «Tendrá que [...] esperar en la estación hasta el amanecer», le informó un oficial que lo llevó a Jessore, «[pero] cerca no hay ninguna casa de descanso [...] en la estación hay una pequeña sala de espera». A veces, el impulso de Haffkine de emplear las emergencias como oportunidades mensurables para demostrar la eficacia del tratamiento generaba una comprensible inquietud entre el grupo de control que quedaba sin vacunar. En la cárcel de Dharbanga, en Bihar, donde los sedientos presos bebían de un depósito que, según se había descubierto años antes, estaba lleno de *Vibrio comma*, y desde la cual se había trasladado a un grupo numeroso a un campamento temporal, Haffkine y su asistente vacunaron a un preso de cada dos de entre los que se presentaron voluntarios para el tratamiento. Entre los ochenta y seis inoculados no se registraron casos; entre los no inoculados, los casos fueron seis, todos ellos letales. Como era de esperar, y según informó el director cirujano Harold Brown, este último grupo «no estaba contento de haber sido ignorado y, para nuestra sorpresa, se alzaron casi todos para rogar que se los vacunara, y tampoco se mostraron satisfechos cuando se les dijo que el medicamento se había agotado».[20]

Aprovechando su indispensabilidad, Haffkine volvió a pedir al Gobierno de India que creara un laboratorio donde los médicos pudieran formarse en bacteriología y en la tarea práctica de la inoculación. Se empezó en Purulia, en el extremo occidental de Bengala, ubicación elegida por Haffkine por encontrarse en la encrucijada de la migración laboral de los culíes. En Madrás y en Assam también se impulsaron laboratorios similares (el último financiado por los plantadores de té).[21] Haffkine incluso trató de convencer al Gobierno de que el mejor modo de celebrar el jubileo de oro de la reina en 1897 sería la creación de un gran Instituto de Salud Pública. Como cabría esperar, la idea cayó en saco roto tanto en Calcuta como en Londres. A pesar de las llamadas *ad hoc* que se le hacían y la admiración que recibía en Gran Bretaña, la posición de Haffkine en India siguió siendo precaria. No recibió ascenso oficial alguno y siguió siendo un «funcionario de salud de la Corporación Municipal de Calcuta».

Y, a pesar de lo convincentes que eran los datos de la campaña contra el cólera, aún seguía poniéndose en duda la seguridad y eficacia de la vacuna. Haffkine se sentía acosado por una prolongada investigación sobre el caso de Jajajit Mal, un cipayo de un regimiento destacado en las colinas de Lushai, al norte de Assam, que murió en un hospital militar cuatro días después de ser vacunado. Edward Christian Hare, el capitán cirujano de la localidad, insistió rotundamente en que era «inconcebible que el microbio del cólera inyectado por vía subcutánea pudiera llegar vivo a los intestinos» (donde se encontraron en las heces del muerto). Tampoco era posible que se hubiera producido ningún tipo de contaminación durante la preparación de la vacuna. Pero el caso de Jajajit Mal generó una extensa y prolongada correspondencia en el seno del Servicio Médico de India, con cuestionamientos acerca de si la inoculación única recomendada por Haffkine había comprometido de algún modo su eficacia. Haffkine confirmó que en ese mismo momento se había inoculado con el mismo protocolo a seis mil personas en Assam y veintidós mil en el Punyab y las provincias del noroeste sin que nadie hubiera contraído el cólera. Pero, aun defendiendo enérgicamente a Haffkine y la vacuna, Hare reconoció que en algunos círculos oficiales el caso podía presentarse de forma que pareciera «feo».[22]

Algunas de aquellas dudas persiguieron a Haffkine hasta Bombay. Pero, para los altos mandos, que debían hacer frente al repentino y aterrador brote de peste, las dudas cedieron ante la necesidad urgente. En particular, el gobernador, lord Sandhurst, se mostraba a favor de la rápida creación de un profiláctico que pudiera evitar la necesidad de aplicar medidas militares de evacuación y segregación. Su esperanza, y la de Elgin, era que esa estrategia alternativa funcionara también como vacuna contra esa otra plaga perturbadora: el nacionalismo político. Pero sus subordinados, en especial en el Servicio Médico de India, desconfiando de la nueva ciencia y viéndose ante una emergencia inmediata, no estaban tan seguros. A instancias del virrey, el gobernador Sandhurst había propuesto la creación de un comité de investigación sobre la peste en el que Haffkine debía desempeñar un papel importante. Su trabajo se llevaría a cabo con la ayuda de representantes médicos de las comunidades indias, en particular el doctor Nariman Bhalachandra Krishna para los hindúes y el doctor Ismail Mohammed para los musulmanes. Ambos estaban asesorando al Gobierno municipal. Lo mejor de todo fue un reencuentro con Ernest Hankin, que se trasladó desde su laboratorio de Agra. La misión que tenía encomendada el comité de investigación era informar sobre la etiología de la enfermedad, su infecciosidad, la posibilidad o imposibilidad de tratamiento y las consecuencias que dicho análisis arrojara para su contención y control. El aspecto etiológico de la tarea hace pensar que no todo el mundo estaba convencido de que la «suciedad» del agua y el fango excrementados fuera la explicación del brote de la peste; pero, desde el principio, la labor deliberada y escrupulosa de la ciencia estuvo enfrentada al pensamiento del empecinado IMS y el Departamento de Ingeniería Civil del Gobierno local, que siguió teniendo una orientación recalcitrantemente sanitaria. Además, para muchos de los bigotudos, Waldemar Haffkine seguía siendo, por muchas conferencias que hubiera dado en Gran Bretaña, un desconocido: un «ruso» sabelotodo y presumido, y ya se sabía las maliciosas trampas que «esos» estaban haciendo en el Gran Juego, hordas de cosacos acampados en algún lugar sobre el paso Khyber. Y lo que era aún peor: Haffkine parecía ser una especie de ruso afrancesado (podía oírse en su acento, exactamente en el momento en el que ambas potencias habían establecido una alianza militar); encima, un judío ruso afrancesado con, según se decía, un turbio pasado revolucionario, temporadas en prisión y ese tipo de cosas. No era imposible, afirmaba la prensa inglesa, que aquel antimédico al final resultara ser un espía ruso.[23] Y, aunque no lo fuera, sí era decididamente un bicho raro.

Por tanto, no es de extrañar que a Haffkine no se le otorgara más que una mínima asistencia profesional. Lo llevaron al Grant Medical College, que con sus torretas góticas y ventanas ojivales se asemejaba a una facultad de Oxford, y le asignaron una habitación y un pequeño tramo del pasillo contiguo. El personal de apoyo con el que contaba estaba integrado por un único empleado y tres sirvientes. «Ninguna de aquellas personas sabía nada de métodos bacteriológicos, y tuvo que formarlas el propio señor Haffkine».[24] Y tuvo que formarlas con sumo cuidado, pues la extracción de la materia patógena de los bubones de los afectados se realizaba expresamente en el momento de máxima sintomatología. Como pocos de los afectados sobrevivían más de cuatro o cinco días después de que se les detectaran las hinchazones, la extracción debía realizarse con la máxima delicadeza y cuidado humano. En un detallado informe puesto en circulación en diciembre, Haffkine hizo una descripción paso a paso —para aquellos colegas que, en otras ciudades en peligro, quizá desearan producir sus propias vacunas— del procedimiento que, dado que la extracción se realizaba con una aguja acanalada o mediante succión con pipeta, necesitaba seguirse escrupulosamente para evitar accidentes. Al finalizar la extracción de la linfa y, una vez transferida de manera satisfactoria la materia a un portaobjetos, había que destruir las pipetas físicamente, por lo general quemándolas. Dado que la peste bubónica (a diferencia de la neumónica) no se transmitía a través de gotitas respiratorias, muy pocas enfermeras, camilleros o médicos que atendían en los hospitales contrajeron la enfermedad. Pero, si ellos o los bacteriólogos se cortaban o rasguñaban, podía sobrevenir una calamidad letal. Uno de los colegas de Haffkine en el Comité de Investigación de la Peste, el cirujano Robert Manser («muy querido y devoto de su trabajo») murió a principios de enero de 1897, probablemente de un caso raro de peste neumónica, cuatro días después de haber sido llamado para tratar al rajá de Akalkot, que también falleció, al igual que una enfermera llamada Joyce que asistía a Manser. Muy consciente del terrorífico índice de mortalidad de la enfermedad, Haffkine concluyó que, a diferencia de la vacuna contra el cólera, en la que habitualmente había utilizado cultivos tanto atenuados como «exaltados», el bacilo de la peste requería una «desvitalización» antes de poder emplearse como vacuna de forma segura. En consecuencia, estableció un protocolo estricto: la materia debía calentarse en una llama de alcohol entre sesenta y noventa grados centígrados para garantizar su esterilización.[25] El medio de esterilización preferido del IMS era el ácido carbólico. A los nuevos ingresados en los hospitales de aislamiento se los bañaba de inmediato en una solución de ácido carbólico, las casas de los contagiados se rociaban por dentro y por fuera, y se indicó como la forma de esterilización estándar para las vacunas experimentales. Haffkine siguió casi todos esos protocolos, aunque creía que la esterilización por calor era igual de efectiva, si no más. Incluso ese ligero escepticismo, expresado de manera reticente, y su desviación independiente de las normas oficiales en respuesta a la explosión en la demanda de vacunas, terminaría dañando su carrera de manera irreparable.

En diciembre de 1896, los contagios y las muertes en Bombay estaban creciendo vertiginosamente, y la peste estaba colonizando las aldeas y zonas rurales en torno a la ciudad y más allá. La epidemia ya era virulenta en Poona, Surat, en la costa, Hyderabad e incluso Karachi, a más de ochocientos kilómetros de distancia. La presión sobre Haffkine para que diera con una vacuna iba en aumento, aunque esa ansiedad oficial no se tradujera ni en la ampliación de su laboratorio ni en la del número de asistentes. Con todo, en esos espacios limitados aún podía conseguir muchas cosas. Los procedimientos experimentales de Haffkine siguieron la misma línea de su trabajo contra el cólera, que, a su vez, debía mucho a los protocolos de Pasteur. El primer paso, como siempre, era generar un suministro viable y estable del microorganismo. El cultivo de la materia extraída de los bubones se hacía en un caldo de cabra con una capa superficial de ghee o agar. Se eligió la cabra para evitar cometer una ofensa contra musulmanes e hindúes ante cualquier sospecha de que la materia se hubiera extraído de cerdos o vacas. Pero, dado que las sospechas persistieron, uno de los colegas más jóvenes de Haffkine, Maitland Gibson, logró crear un cultivo empleando caldo de harina de trigo. Por lo general, en el marco de un periodo de cuarenta y ocho horas aparecían unos crecimientos filamentosos que se dieron a conocer como «estalactitas de Haffkine» y que, poco después, conducían a un rico crecimiento de los bacilos. Había que agitar el frasco periódicamente para reactivar el crecimiento. Una vez «desvitalizada» por el calor, la vacuna se administraba a conejos y palomas por vía subcutánea. Las tasas de supervivencia, incluso entre los animales que desarrollaron algunos de los síntomas de la peste, fueron lo bastante alentadoras como para que, el 10 de enero de 1897, Haffkine hiciera su teatrillo de inocularse con diez mililitros de la vacuna, casi el triple de la dosis que se administraba a la mayoría de los pacientes.[26] Igual que había ocurrido en el caso de la vacuna contra el cólera, la ocasión fue una actuación que se representó delante del director del Grant College, George Maconachie, profesor de Oftalmología y veterano de campañas africanas e indias, ninguna de las cuales lo cualificaba necesariamente para presidir una institución dedicada a la enseñanza e investigación en plena epidemia. Para Haffkine, el propósito de realizar esa demostración sobre sí mismo era generar confianza entre los estudiantes curiosos del colegio y el personal abiertamente escéptico del IMS. «Un gran número de médicos observaban los resultados [de sus ensayos en el mundo real] con gran interés», escribió en 1897, «muchos de ellos con una gran disposición a la crítica».[27] Pero, al actuar como su propio experimento humano, Haffkine también tenía la intención de impresionar al pueblo de Bombay y, más allá, a todos aquellos cuyas vidas amenazadas deseaba preservar. Tras la vacunación no se produjo ninguna complicación: un leve dolor en el lugar de la inyección que desapareció al cabo del segundo día, dolores de cabeza intermitentes y una fiebre de treinta y nueve grados que le duró un día.

Waldemar se adentró una vez más en las profundidades de India, en el tipo de lugares que habían servido como ensayo para la vacuna contra el cólera: prisiones, acantonamientos, aldeas, suburbios. Se aseguró de ir acompañado tanto por asistentes indios como británicos y goanos-portugueses, no solo como traductores que pudieran ejercer de intermediarios, sino también para tranquilizar a la población local con la certidumbre de que la vacuna era algo benigno y no el veneno que denunciaban los oradores en las calles y el mercado. El incansable aliado de Haffkine en esa campaña de tranquilización fue el médico

Haffkine administrando vacunas en las calles, Bombay, hacia 1898. A su izquierda, el capitán Milne, con Alice Corthorn debajo del paraguas.

parsi Nusserwanji Surveyor, cuyos servicios, tras una firme insistencia, fueron sufragados por el Gobierno municipal. Surveyor guio a Haffkine por el Bombay interior y exterior, lo cual posibilitó la cooperación de los directores de las prisiones y los supervisores de las fábricas. Los doctores Krishna y Mohammed resultaron igualmente vitales para la aceptación de la vacuna. Para Haffkine era una verdad innegable que, sin la colaboración activa de indios que fueran capaces de apaciguar los miedos y las sospechas de la población local, ninguna campaña de vacunación llegaría a cumplir su promesa.

Al igual que con el cólera, Haffkine vacunó tan solo a voluntarios. Pero, también como la vez anterior, eligió lugares en los que, debido al confinamiento y la aglomeración, los residentes tenían buenas razones para presentarse, independientemente de su inquietud. Cuando, en la última semana de enero de 1897, llegó al primer sitio donde se practicaban ensayos humanos, la cárcel de Byculla, no muy lejos de su laboratorio, ya se habían registrado nueve casos de peste, cinco de ellos mortales, por lo que no pudo ser muy sorprendente que se presentaran voluntarios 337 presos de ambos sexos. La mitad de ellos recibió la vacuna y la otra mitad no voluntaria actuó como control. Más adelante hubo momentos en los que Haffkine se debatió entre el éxito del experimento humano y el precio que podrían pagar por ello los no vacunados. En al menos una ocasión, la conciencia venció al rendimiento experimental y, tras una persuasión urgente, regresó para vacunar a todos los habitantes de un pueblo. En Byculla, los resultados, aunque alentadores, no pudieron ser más que provisionales debido a una serie de variables independientes: algunos de los inoculados ya habían contraído la infección y mostraban síntomas tempranos; algunos la habían contraído, pero permanecieron asintomáticos hasta días después. La vacuna se anunciaba como profiláctica, pero aún no estaba claro (como ocurre ahora con la COVID-19) si eso suponía una protección total contra la infección o contra una gravedad letal.

A medida que avanzaban los ensayos, fue esta última definición la que Haffkine utilizó en defensa de la vacuna. En una gira de seis semanas que emprendió con Nusserwanji Surveyor por el norte y el este, sus efectos se tornaron mensurablemente más fiables. En el pueblo de Undera, situado en el extremo norte de Baroda, la capital del estado principesco del mismo nombre, con una población de poco más de mil personas, treinta y cinco familias tenían uno o más miembros contagiados. De setenta y un pacientes vacunados, solo tres fallecieron; de veintisiete casos no vacunados, solo uno sobrevivió.[28]

Haffkine había sido invitado a Baroda por su gobernante, Gaekwad Sayajirao III. Aunque descendía de los más acérrimos enemigos marathas de la Compañía de las Indias Orientales, la encarnación actual era un maharajá fervientemente occidentalizador: se abrieron colegios y escuelas; se crearon hospitales; se abastecieron bibliotecas; brillantes novedades como las bicicletas (y, en 1898, uno de los primeros automóviles) se exhibían con estilo principesco.[29] Pero es probable que la iniciativa de llevar a Haffkine a Baroda viniera del juez Abbas Tyabji, presidente del tribunal, futuro militante nacionalista y estrecho colaborador de Gandhi, pero que en la década de 1890 aún creía en la liberalización gradual y a menudo era abiertamente leal al Raj. En el núcleo del reformismo de Tyabji se encontraba la emancipación y la educación de las mujeres indias, y su particular pesadilla era la *purdah*. Así que, cuando decidió que el maharajá y él mismo fueran vacunados por Haffkine a modo de ejemplo para el pueblo de Baroda, no solo se aseguró de que también fuera vacunada su hija Sharifa, sino de situarla en el centro de la fotografía que inmortalizó el acontecimiento. Haffkine sostiene una jeringuilla en la mano derecha y tiene la mano izquierda puesta en el hombro de la niña: exactamente la clase de contacto físico que provocaba indignación en Bombay, pero que, en ese contexto, era posible en Baroda. Por otro lado, también es reseñable que ninguno de los hombres de la imagen aparece sonriendo.

La libertad de acción de Haffkine siempre estuvo determinada por la política. Cada vez más, y para su consternación, se vio en medio de un acalorado debate oficial sobre la mejor manera de contener una peste que, para finales del invierno, se estaba cobrando cientos de vidas cada semana. La red de contagio se expandía por el territorio de la presidencia de Bombay y más allá. Pero, dado que estaban apareciendo casos en distritos de la propia Bombay que habían sido desinfectados de manera exhaustiva, por no decir fanática, los diri-

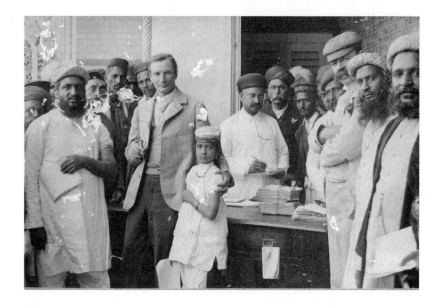

gentes médicos locales se estaban dando cuenta de que quizá los baños de cal y ácido carbólico no eran la respuesta más efectiva. Aunque James Lowson no desistió jamás de su convicción de que la indiferencia asiática por las normas sanitarias básicas era la responsable de la propagación —e incluso la causa de la enfermedad— y siguió lanzando invectivas contra las lluvias de escupitajos y los montones de heces que encontraba criminalmente horripilantes, él mismo estaba dispuesto a considerar que lo que estaba generando los gérmenes de la infección podía ser algo más que la suciedad.

Por tanto, se estaba poniendo de manifiesto que a Haffkine, que ofrecía la luz de la ciencia en lugar de la teología del saneamiento, debía concedérsele más ayuda y apoyo. A principios de la primavera de 1897 fue trasladado de sus exiguas dependencias del Grant College a la residencia Cliff Bungalow, esta más espaciosa y propiedad del Gobierno, en Nepean Sea Road, en la punta de una península que sobresale por el sudoeste de Bombay hacia el océano. Malabar Hill era azotada por ambos lados por brisas húmedas de un aire salado, algo más fresco. Había setos ornamentales que rodeaban los otros bungalows y casas y un jardín colgante (que aún sigue allí, cerca de las residencias valladas de los multimillonarios de Bollywood). Ahora tenía espacio para dos médicos y tres asistentes de laboratorio que también hacían las veces de empleados de oficina.

Pero Haffkine además pasaba tiempo en la que había sido la residencia de los gobernadores en Parel, que convirtió en un hospital de emergencia para la peste. Originalmente, el edificio había sido un monasterio jesuita erigido en el emplazamiento de un antiguo fuerte maratha, pero la Compañía de las Indias Orientales expulsó a los sacerdotes cuando desde el techo del monasterio se dispararon contra ellos armas portuguesas. En el siglo XVIII, los pabellones gemelos de Parel House, con sus almenas de juguete, sus ventanas en arco y su pórtico sombreado, formaban una fachada arquitectónica tras la cual crecían sin límite la codicia desenfrenada y el poder militar de la «John Company», como si se tratara de una cría monstruosamente insaciable. Después de la derrota de los marathas, los pabellones gemelos de Parel se cerraron por medio de una fachada continua de ladrillos centrada en torno a una torre neogótica estilo Strawberry Hill (más almenas y dentellones). A la forma de las ventanas y a los elementos ornamentales se les dio el toque «indo-sarraceno» que los arquitectos historicistas, cautivados por la etnología aria de moda, consideraban que reflejaban un supuesto acervo común imaginario para las tradiciones sajonas y orientales. En la visión de sir Bartle Frere, gobernador a mediados de la década de 1860 de una Bombay que iba a convertirse en una metrópolis comercial de talla mundial, también había espacio para una dosis enorme de protocolo ceremonioso. Parel quedó debidamente impregnada de los adornos y accesorios del boato a la carta, de modo que, cuando Frere regresó a India como mayordomo de la gira del príncipe de Gales en noviembre de 1875, Bertie sería recibido por los pináculos de cabeza de león de las balaustradas de una gran escalera ceremonial y por un majestuoso Salón del Durbar en el interior. Entre actividades como asistir a peleas de rinocerontes en Baroda, cazar guepardos, cenar en las cuevas de Elefanta, visitar la Academia Sassoon para jovencitas y admirar a las muchachas parsis e hindúes que bailaban y cantaban para él, el príncipe recibió a los maharajás con suntuosa grandeza. Para evitarle las molestias de viajar desde Bombay, se tendió un ferrocarril hasta Parel y se construyó una estación personalizada bien lejos de la polvareda, el bullicio, los olores y el griterío.

Poco después de la partida de Bertie llegó la muerte a Parel. En 1882, lady Olive, la segunda esposa del entonces gobernador, sir James Fergusson, murió de cólera en las instalaciones. La saga de la familia Fergusson fue una epopeya de fatalidad colonial. La primera mujer de sir James, Edith, «de constitución frágil», había fallecido en Australia tras el nacimiento de su cuarto hijo. El propio Fergusson perecería en el terremoto de Jamaica de 1907. Es posible que la muerte de lady Olive acelerara la decisión de trasladar la residencia del gobernador (también el centro de la administración) a un espacio más grande y salubre, más al sur, en la colina de Malabar, cerca del templo Walkeshwar de los reyes Sihara y del depósito de Banganga que, según cuentan, contiene el agua más pura del sagrado Ganges.

Cuando el gobernador se trasladó a su nueva residencia en 1883, Parel quedó como repositorio del vasto archivo de un siglo de administración británica: registros fiscales y militares; contratos comerciales y aduaneros; censos; y, no menos importante, registros de salud pública que documentan la sucesión calamitosa de epidemias y hambrunas. Pero, en febrero de 1897, las estadísticas cedieron el paso a los seres humanos aquejados por la peste. Una vez que el hospital de Arthur Road se quedó sin espacio, y también las improvisadas chozas instaladas en sus terrenos, Parel House proporcionó otras ciento cincuenta camas, con margen para aumentar el número hasta doscientas veinte. A todas horas llegaban víctimas de la peste; y de allí salían los muertos camino de los cementerios musulmanes o de las piras funerarias hindúes que ardían día y noche. El sur de Bombay se estaba convirtiendo en un infierno de dolor y terror, pero Claude Moss fotografió a las enfermeras posando con sus sombrillas, de pie frente al pórtico columnado, como si estuvieran a punto de jugar una partida de croquet en una elegante casa de campo.

Allí, en Parel, también estaba Waldemar Haffkine, vacunando a pacientes y a enfermos y haciendo el seguimiento de su evolución. En una sala contigua se encontraba Alexandre Yersin, que había llegado a Bombay, igual que llegó a Hong Kong, sin contar con el apoyo del Gobierno local pero sí con su bendición informal para hacer lo que pudiera con el suero elaborado en el Instituto Pasteur. Una tercera versión la ofrecía el profesor Alessandro Lustig, patólogo austro-italiano residente en Florencia cuyas raíces se encontraban en otro mundo cosmopolita: la Trieste judía.[30] La llegada a Bombay de epidemiólogos y bacteriólogos siguió a la décima Conferencia Internacional de Sanidad, que se celebró en Venecia en marzo de 1897.[31] Que aquella reunión de delegados de veinte países, entre ellos Proust, estuviera centrada exclusivamente en la peste obedeció en parte a sus informes como testigo ocular en Karachi y Bombay, publicados poco después de su regreso. También fue la primera vez que la conferencia reconocía explícitamente que el origen de la peste era microbiano: el bacilo específico identificado por Yersin y Kitasato en Hong Kong. Los delegados reconocieron que las medidas defensivas requerían coordinación internacional y que debían tener en cuenta las lecciones de la nueva ciencia, pero no tenían tan claro lo que eso podía implicar. La ortodoxia siguió siendo la desinfección, la segregación y la cuarentena.

No obstante, la conferencia de Venecia desencadenó una carrera casi indecorosa entre las grandes potencias para enviar lo antes posible equipos de bacteriólogos a India y que fuera su patria la que se llevara el mérito por haber salvado a la humanidad de la nueva peste negra. La delegación rusa en Venecia anunció que enviaría a Bombay al profesor Wissotkowitsch, al doctor Redrov y a Danilo Zabolotni, a quienes Haffkine conocía de su época de estudiante en Odesa, donde el joven científico había pasado tiempo en prisión por su activismo estudiantil.[32] Los alemanes respondieron de inmediato acelerando el envío de un formidable trío de científicos kochianos: Georg Gaffky, que había identificado el bacilo de la salmonela como origen de la fiebre tifoidea; Richard Pfeiffer, que había desarrollado la vacuna contra ella; y el médico militar Adolf Dieudonné. Y, una vez que el propio Robert Koch hubo completado su trabajo exploratorio sobre la peste bovina en Sudáfrica, también fue enviado sin demora a Bombay, lo cual, a juicio de muchos observadores internacionales, convertía a la Alemania imperial en el equipo líder al que había que vencer en la Gran Carrera por la Vacuna. A pesar de que siguieron trabajando principalmente con animales grandes, Koch y Pfeiffer son los únicos bacteriólogos cuyos retratos se incluyeron en el «Álbum de la peste». Hay una fotografía en la que se los ve sentados junto a Gaffky en el enclave portuario luso-indio de Daman, donde la vacuna cosechó unos resultados impresionantes (treinta y seis muertes entre los vacunados frente a 1.482 entre los no vacunados), y otra en la que Koch y Haffkine están sentados juntos como si, finalmente, el más joven hubiera sido aceptado como un igual.

La investigación científica rara vez ha sido inmune a los hábitos del poder. Tanto Yersin como Haffkine habían vivido históras dramáticas en el Instituto Pasteur. Ambos habían trabajado con Emile Roux, pero, para Haffkine, la oportunidad solo se presentó a causa de la abrupta y, para muchos miembros del Instituto, misteriosamente grosera partida de Yersin hacia Indochina. Sin embargo, en 1895 o 1896, Yersin fue reincorporado por Roux, precisamente para colaborar en la creación de un suero Pasteur contra la peste. Por muy entregados que estuvieran Yersin y Haffkine a la prevención y el alivio del inmenso sufrimiento que causaba la peste, también competían por el legado de su *patron* inmediatamente después de su muerte e inmortalización. Durante la lúgubre primavera de 1897 trabajaron en salas contiguas de Parel, vacunando a los recién ingresados y observando si lo que hacían suponía alguna diferencia en las posibilidades de supervivencia de sus pacientes.

La última semana de abril de 1897, en Parel ingresaron dos niños con tres días de diferencia.[33] Haffkine trató al niño, Ardesir Jijibhai, que tenía diez años; Yersin trató a la niña, Kasi Satwaji, de cuatro años. Sus hogares y sus jóvenes vidas estaban separados por no más de cinco kilómetros en el extremo sur de Bombay, y empapados de las aguas que drenaban por aquella punta de la ciudad. Ardesir, «el escolar», vivía con su padre en Pydhonie, nombre que significa «lavapiés»: no es la descripción de una ocupación laboral, sino que alude a la práctica de vadear el rápido arroyuelo que separaba originalmente dos de las siete islas de Bombay. Pydhonie rebosaba color tanto arquitectónico como humano. Allí acudían los pescadores de Koli desde sus chozas en Kolaba y Danda en busca de la bendición de la diosa madre Devi en su templo, construido en la época de los príncipes marathas. El templo de Mumbadevi se encontraba rodeado de casas altas, con cada piso ornamentado con los balcones y galerías *jharokha* tan del gusto de los inmigrantes gujarati y rajasthaníes que se habían asentado en el vecindario.

La infancia de la pequeña Kasi transcurrió en Sewri, una empobrecida aldea de pescadores a solo una mañana de camino desde Pydhonie. En enero, Ernest Hankin había visitado la aldea y afirmó haber encontrado el bacilo de la peste en una poza insalubre que los aldeanos usaban como letrina. No cabe duda de que las aguas estancadas no eran el lugar de aparición del *Yersinia pestis*, pero sí es posible que allí, en aquel caldo fétido, creciera un cultivo. También había compensaciones. Kasi creció entre otra clase de migrantes: bandadas de pájaros esplendorosos, flamencos en particular, decenas de miles de ellos, que anidaban y se paseaban por aquellos lodazales cuya superficie fangosa, de un gris opaco, establecía un marcado contraste con el ostentoso color rosado de las aves zancudas. Haciéndose hueco como podían entre los flamencos estaban los martines pescadores de color blanco y negro, las agujas colipintas y los ibis indios con sus picos curvados hacia abajo como dagas indias y un toque colorado sobre la cabeza, a modo de pequeño casquete. La niña los habría contemplado hurgando en el fango con sus picos en busca de camarones y cangrejos, o quizá, algún día de principios de octubre, habría observado con fascinación cómo explotaba en el cielo una nube de flamencos al alzar su elegante vuelo.

Pero Sewri era también un pozo de infección. Entre mediados de diciembre de 1896 y finales de enero de 1897 se registraron cincuenta y dos casos de peste, es decir, en torno a una doceava parte de toda la población. Kasi Satwaji fue una de las víctimas. Cuando llegó a Parel, estaba muy enferma. Dos días después de que manifestara los primeros síntomas, Yersin la inoculó con el suero Pasteur que había probado inicialmente en caballos. Debía de parecer un caso desesperado, porque la niña recibió una gran dosis en las regiones lumbares, mucho mayor de lo que normalmente se prescribe a los niños pequeños. Sería atendida por las religiosas enfermeras con incesante amabilidad; esto lo sabemos por los muchos indios de cualquier convicción religiosa que elogiaron la inagotable dedicación de las monjas. Pero la fiebre de Kasi subía, bajaba y volvía a subir, y las hinchazones dolorosas cada vez lo eran más.

En el ala infantil, al otro lado de la partición, Haffkine inoculó a Ardesir con su vacuna desvitalizada el mismo día de su ingreso, el 24 de abril. Al principio, el niño no pareció manifestar efectos secundarios más allá de una ligera fiebre y un leve dolor muscular, muy similar a lo que había experimentado el propio Haffkine. Pero, el día 30, las cosas se pusieron peor: a Ardesir le salieron bubones en la ingle y en la axila, y le subió la fiebre de forma alarmante. Cuarenta y ocho horas después, sin embargo, la fiebre cedió y, el 2 de mayo, el niño ya pudo sentarse, comerse unos huevos y beber una taza de té con leche; fue trasladado a la sala de recuperación. El día 7, su padre acudió a recoger a Ardesir para llevárselo a su casa en Pydhonie.

Dos días antes, Kasi había muerto. No es probable que fuera incinerada, pues ese rito estaba reservado a los hindúes de casta superior. Cualquiera que fuese el destino de sus restos, no sería el de ser enterrados en el pintoresco cementerio de Sewri, estrictamente reservado para los británicos y portugueses.

De los veintitrés casos que Yersin trató en Parel, trece fallecieron y diez se recuperaron, un resultado desalentador para la vacuna del suero Pasteur. Habría estado por debajo de la dignidad y vocación de los dos expasteurianos hacer de ello un burdo concurso, pero Gatacre no dudó en reseñar en su informe que el suero Pasteur había llegado con «la garantía de Monsieur Roux y Monsieur Yersin». De forma menos justificable, añadió que «la paciente [Kasi] no se benefició de manera alguna. [...] Por el contrario, aparecieron nuevos bubones» (después de la inoculación). Pero lo mismo había ocurrido con el paciente de Haffkine, que sí se recuperó. Con todo, no cabía duda de que, cuando la peste empezó a ceder finalmente en junio, quien estaba ganando adeptos entre los médicos del IMS, y lo que posiblemente era aún más importante, granjeándose la buena opinión del gobernador de la presidencia de Bombay, era Haffkine[34].

Lord Sandhurst y el virrey, lord Elgin, estaban depositando su fe en el programa de vacunación masiva de Haffkine como un intento de evitar la reinstauración del régimen de inspecciones, aislamientos y cuarentenas, mucho más duro, que se había abandonado a finales de octubre de 1896. Pero, en la inmediatez de la emergencia, según exponía defensivamente uno de los informes, «se comprobó que nin-

Arriba: estación ferroviaria de Bandora, inspección médica a la llegada de un tren; abajo: estación ferroviaria de Sion, inspección médica.

guno de los oficiales médicos empleados para prestar servicio durante la peste tuvo tiempo de atender a la inoculación».[35] En Londres, el
secretario de Estado para India, lord George Hamilton, un imperialista acérrimo, creía que la relajación de las medidas coercitivas había
sido un torpe error que había desembocado directamente en el doloroso crecimiento tanto de los casos como la mortalidad durante el
invierno. La incapacidad del Raj para contener y controlar la enfermedad, sumada a las hambrunas en India, no constituía solo una
vergüenza imperial en el año del jubileo de diamante, sino que también era un desastre económico y comercial, y no únicamente para
Bombay. El 21 de febrero de 1897, Hamilton envió un telegrama a
Calcuta y Bombay diciendo que «la continuación de la epidemia en
su estado actual constituye una amenaza constante para la salud de
todo el continente de India»[36]. Hamilton creía que el virrey y el gobernador estaban mostrando demasiadas contemplaciones para evitar
el peligro de ofender las sensibilidades social y religiosa musulmana e
hindú. El Raj no debía preocuparse por contentar la «superstición» y
los «prejuicios» (palabras que se repiten en todos los informes de los
servicios civiles y médicos indios) si estos interferían en la realización
de un trabajo urgente. A principios de febrero se había aprobado, con
la peste de Bombay especialmente en mente, la Ley de Enfermedades
Epidémicas, que, en términos efectivos, anulaba los procedimientos
regulares de la legislación y el consentimiento en caso de que cualquier emergencia local exigiera una intervención drástica. La negativa a evacuar una casa o un *chawl* en los que se hubiera declarado algún
contagio sería sancionada con su desalojo forzoso, y cualquiera que
recogiera trapos u objetos depositados en la calle mientras se llevaban
a cabo tales desalojos sería arrestado. Y, aunque se mantendría fiel-
mente un inventario de los bienes confiscados y destruidos a efectos
de una posible compensación, dicho reembolso quedaba a discreción de las autoridades, pues la ley añadía, ominosamente, que «ninguna persona tendrá derecho a reclamar compensación alguna». Poco
después, el 2 de marzo, Gatacre, que había estado al mando de las
fuerzas militares de Bombay, fue nombrado «presidente» de un comité de la peste integrado por solo cuatro miembros, ninguno de los
cuales contaba con formación médica. Dicho comité podía volver a

imponer las «visitas» con respaldo militar, la separación familiar, la creación inmediata de campos de segregación, las desinfecciones personales y de las propiedades y las demoliciones, además de estrictas inspecciones en las estaciones ferroviarias, los muelles y en el puerto a bordo de pequeñas embarcaciones. Todas esas medidas debían aplicarse, decía otro memorándum del Gobierno, «aun si se encuentran mala voluntad y oposición». Para demostrar que hablaba en serio, Hamilton envió a India a James Lowson, que por su labor en Hong Kong había sido designado para el nuevo puesto de director general médico en la Oficina de India, en calidad de comisionado especial para la peste, una fuerza de choque de un solo hombre para dirigir la campaña. Lowson llegó a Bombay el 1 de marzo, más que listo para entrar en acción. Esa era también la consigna de Gatacre (a menos que le hubiera sido dictada por la férrea voluntad del comisionado especial Lowson). Que otros se queden mirando; había llegado el momento de actuar, dijo Gatacre.

Los jueces de paz —tanto indios como británicos— que se habían ofrecido voluntarios para la tarea tenían autorización para llevar a cabo las «visitas» casa por casa, pero, a menudo, su presencia era una mera formalidad para lo que ya había sido determinado por la supervisión del Comité de la Peste. Desde marzo hasta junio de 1897, Bombay estuvo, en términos prácticos, bajo una ley marcial médica. Casi la mitad de su población huyó, pero el comité quería evitar que los infectados propagaran la peste por las zonas rurales y las ciudades costeras. En realidad, a finales de marzo la gente ya estaba regresando a la ciudad, pero las barreras de inspección que Lowson había instalado en la carretera principal Mahim-Sion provocaron una indignación máxima con un efecto de profilaxis mínimo. Lo mismo ocurría en las estaciones de tren, donde a los pasajeros de segunda y tercera clase, mujeres incluidas, se los inspeccionaba sumariamente en el mismo andén o junto a él y, en caso de que se les considerara sospechosos, se los trasladaba a hospitales de aislamiento o bien a los lúgubres campos de aislamiento que se habían montado apresuradamente en los espacios vacíos en torno a la ciudad.

Huelga señalar que a los pasajeros de primera clase se los examinaba en la intimidad de sus vagones con cortinas. En el puerto (siguiendo, de nuevo, el precedente de Hong Kong), se puso en servicio una barcaza médica, y se suponía que todas las embarcaciones, a vapor y a vela, debían amarrar cerca de su anclaje en uno de los muelles y ser sometidas a inspección. Esto era más fácil decirlo que hacerlo. Cientos de pequeños botes, cargados de frutas y verduras con destino a los mercados de Bombay, atracaban entre la medianoche y las primeras horas de la madrugada, y ello exigía la realización de inspecciones nocturnas. Pero ni los barqueros ni las autoridades municipales, preocupadas por el suministro alimentario, tenían demasiado interés en retrasar el abastecimiento de los mercados de la ciudad. Y la protección de la oscuridad ofrecía muchas formas de evadir las inspecciones. No era infrecuente, por tanto, que, cuando el sol se alzaba sobre el puerto de Bombay, la multitud de botes que habían estado dando vueltas durante la madrugada se hubiera evaporado en el acuoso horizonte.

Una vez movilizado, parece que el régimen del Comité de la Peste no se detuvo a tomar en consideración las pruebas que ofrecía la experiencia. La peste persistió, y se manifestó de nuevo en barrios que ya habían sido desinfectados exhaustivamente. Pero, en lugar de dar pie al cuestionamiento sobre la conexión causal entre suciedad y contagio, su respuesta automática era ordenar otra ronda de cal y carbólico. El humo que se elevaba sobre Bombay procedía de dos tipos de fuego: las piras de ropa de cama y la quema de los cuerpos en los *ghats* funerarios hindúes. En Mandvi, normalmente un bullicioso puerto marítimo situado unos quinientos kilómetros hacia el norte, la enfermedad se había extendido de manera terrible. Cuando Lowson llegó allí a finales de marzo, cada día morían setenta personas en una ciudad de solo veinticinco mil habitantes. El cirujano y teniente coronel James Sutherland Wilkins, que había crecido en el enclave comercial de Eye, en Suffolk, se encontró con un paisaje infernal de hogueras y vacas deambulando entre los cuerpos —algunos muertos, otros moribundos— abandonados frente a las casas. Sobre el hospital hindú de Brahmapuri, situado en el exterior de la ciudad amurallada y convenientemente cercano al emplazamiento de las piras funerarias, Wilkins escribió:

Es imposible describir con palabras el hospital y el panorama que presenta. Los dos largos pabellones, llenos de enfermos acostados unos junto a otros en todas las fases de esta terrible enfermedad; las enfermeras yendo de un lado para otro en su labor misericordiosa, los camilleros de sala y otros asistentes afuera; el ingreso constante de pacientes, traídos en carros y vagones de ambulancias; en una esquina de la plaza, los muertos yacen en gran número antes de ser trasladados a los *ghats* cercanos para su incineración. Un espectáculo lúgubre que contemplábamos cada mañana y cada tarde cuando teníamos que pasar cerca de los *ghats* ardientes y veíamos los numerosos fuegos que hablaban de la elevada mortandad.[37]

Ante tan desgarradoras escenas de padecimiento humano, tanto Wilkins, el médico militar, como Moss, el fotógrafo militar, abandonaron la orientación cosmética imperial. Sus informes e imágenes son *de profundis*, hablan desde las más hondas profundidades de la tragedia, y las figuras de aquellos que pueblan el universo de los azotados por la peste trascienden cualquier división gruesa entre gobernantes y oprimidos. Esto resulta especialmente cierto cuando dichas figuras son

Sonapore, interior de zona de incineraciones con cadáver en una pira.

mujeres, como las enfermeras del hospital de Brahmapuri: la hermana Elizabeth del convento de las Filles de la Croix, o la enfermera Horne, que fallecieron tras contraer la enfermedad. La urgente necesidad de mujeres para inspeccionar a las pacientes femeninas hizo que se enviaran enfermeras británicas a Bombay. En las fotografías de Moss están por todas partes: sonriendo mientras sostienen en brazos a niños indios recuperados o toman la temperatura a grupos de enfermas. En una instantánea profundamente conmovedora, la enfermera aparece junto a la cama de un niño muy enfermo, con su padre sentado al otro lado (pues ahora se daba espacio a los familiares en las dependencias de los hospitales más grandes como Parel). La enfermera está de pie, en actitud formal, como si acabaran de pedirle que posara, su rostro serio, el uniforme limpio con un nivel de pureza cegadoramente blanca, pero su lenguaje corporal cuenta una historia diferente. Tiene una mano en el bolsillo y la otra posada en la frente del niño, en un gesto que es al tiempo de vigilancia médica y tiernamente humano.

Hasta nosotros ha llegado al menos una fotografía de una doctora, ataviada con los típicos signos de identificación de la autoridad masculina: salacot, corbata tejida y monóculo para el escrutinio. ¿Podría ser la «Miss Cunha» que Gatacre destaca en su informe, elogiando su trabajo con los enfermos de la finca de Port Trust? En ese caso, también podría haber sido la hija del médico y científico de Goa, J. G. da Cunha, que escribió el primer tratado autorizado sobre la fiebre del dengue. De otras doctoras que menciona el informe y que trabajan en el mismo hospital del distrito —las señoras Van Ingen y Walker y la «estudiante», la señorita Ferreira (otro nombre de Goa)—, parece difícil, hasta ahora, saber nada más. Sin embargo, en conjunto, todos esos nombres y muchos otros que figuran en el informe de Gatacre representan un avance en lo que se consideraba apropiado y posible para las mujeres en lo relativo al trabajo con el cuerpo humano. La peste impuso sus propias exigencias, entre ellas la urgente necesidad de contar con doctoras que pudieran examinar, diagnosticar y tratar a las pacientes. Ello supuso, en sí mismo, una liberación radical.

En el centro de ese avance profesional se encontraba Edith Pechey-Phipson. A sus cuarenta años, y a pesar de que padecía una

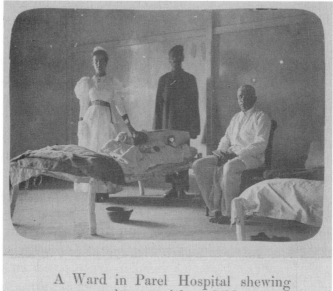

A Ward in Parel Hospital shewing plague-stricken child.

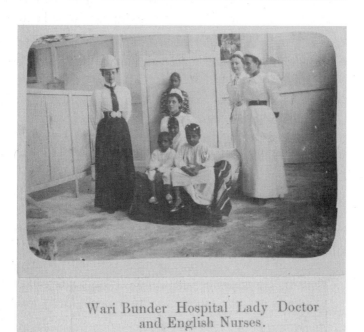

Wari Bunder Hospital Lady Doctor and English Nurses.

diabetes severa, había salido de su retiro por enfermedad y se había incorporado en el hospital para musulmanes sunitas Kutchi Memon, ubicado en un distrito depauperado de Bombay. Lo cierto era que toda la vida de Pechey había sido una epopeya de determinación feminista. Hija de un ministro baptista y de una mujer que aprendió griego antiguo de forma autodidacta, Pechey había sido una de «las Siete», un grupo de mujeres jóvenes decididas a derribar las barreras que se interponían en su educación médica. Cuando la solicitud de acceso a la Universidad de Edimburgo presentada por Sophia Jex-Blake fue rechazada de manera sumaria, esta pidió a otras que se unieran a ella para solicitar de nuevo el ingreso. Pechey fue la primera en responder. Como era previsible, la presencia de «las Siete» en el Edimburgo de la década de 1860, las primeras mujeres estudiantes de medicina de una universidad británica, se topó con una contundente resistencia. Las jóvenes se vieron sometidas a humillaciones destinadas a acabar con su determinación. Separadas de los estudiantes varones, se les obligó a pagar tarifas punitivamente más elevadas con el argumento de que habían obligado a los profesores a añadir clases personalizadas a su carga docente. Cuando Pechey consiguió la beca que se otorgaba cada año al mejor estudiante de química, esta le fue denegada con el argumento de que tal honor no podía sino despertar el resentimiento masculino. Al apelar al senado universitario, a las estudiantes se les otorgaron certificados de finalización de sus cursos de química, pero Pechey siguió sin recibir la beca que había ganado.

En ocasiones, las mujeres sufrieron episodios de violencia tanto física como verbal. El 18 de noviembre de 1870, al llegar a Surgeons' Hall para presentarse a los exámenes finales, una multitud vociferante de estudiantes varones les cerró las puertas de hierro en la cara, y «se pasaban entre ellos botellas de whisky [...] mientras nos insultaban con el lenguaje más grosero imaginable que, gracias a Dios, nunca había oído, ni antes ni después»[38]. Con los vestidos manchados del lodo que les habían lanzado, Pechey y sus compañeras consiguieron acceder al aula de exámenes gracias a un único estudiante varón comprensivo que les abrió las puertas. Pero el acoso no terminó ahí. Pechey se convirtió en objetivo de los acosadores, que la seguían a su casa por la noche gritándole «términos médicos en sus amenazas para

Edith Pechey.

hacer más inteligible su significado».[39] Aporreaban las puertas de los alojamientos de las mujeres, arrancaban los pomos y los aldabones y lanzaban petardos en la entrada. Las obscenidades que les gritaban día y noche se convirtieron en algo rutinario. Fue suficiente para que Pechey y sus camaradas se desesperaran de Edimburgo, en especial cuando quedó claro que la Facultad de Medicina iba a hacer poco o nada para defender su derecho a la educación o para protegerlas de aquel implacable acoso. Pechey, Jex-Blake y Annie Clark se marcharon a Suiza para completar sus estudios, se graduaron en la Escuela de Medicina de Berna y recibieron formalmente su licencia en Dublín. Después, Viena brindó a Pechey la oportunidad de tomar cursos de cirugía. Sin una licencia oficial inglesa, Pechey ejerció como cirujana interna en el Hospital de Mujeres de Birmingham y abrió su propia consulta privada en Leeds. En 1878, a los treinta y tres años, pronunció la conferencia inaugural en la Escuela de Medicina para Mujeres de Londres, fundada por Jex-Blake y Elizabeth Garrett Anderson, que fue la primera mujer inglesa en recibir una licencia médica (aunque de la Asociación de Boticarios).[40]

Cuatro años después, India convocó a Pechey mediante la persona de George Kittredge, un empresario estadounidense residente en Bombay que, en 1882, había fundado el Fondo Médico para Mujeres en India. Al igual que el fondo de la marquesa de Dufferin, que se crearía tres años más tarde, la iniciativa estaba destinada en primera instancia a servir a las mujeres *zenana* de casta alta recluidas, a las que se las desalentaba o prohibía buscar ayuda médica si esta era proporcionada por médicos varones.[41] Pero la ambición de crear un cuadro de mujeres médicas superó muy pronto esas limitaciones sociales. Un filántropo parsi, Pestonjee Hormusjee Cama, había proporcionado un generoso capital inicial (por una suma de diez mil rupias) destinado a construir un hospital para mujeres y niños, dirigido y atendido exclusivamente por médicas y enfermeras. Los fondos estaban recaudados y el emplazamiento identificado. Lo difícil era encontrar doctoras dispuestas a hacer su carrera en el Hospital Cama. Elizabeth Garrett Anderson recomendó a Pechey a Kittredge, pero le advirtió que también le habían propuesto un puesto en Viena, ciudad en la que había recibido su formación en cirugía. ¿Por qué iba nadie en su sano juicio a elegir el imperio tropical en vez del de la *Mitteleuropa*, el doble conservadurismo del trabajo en la reclusión *zenana*, sumada a la hostilidad del Servicio Médico de India, en vez de la experimental Viena? Pero eso fue exactamente lo que hizo Edith Pechey, que jamás se acobardó ante un reto. En sí misma, la elección ya resultaba sorprendente, y no solo para Garrett Anderson. Una cosa era que Waldemar Haffkine llevara a India su vacuna contra el cólera, allí podría probarse en ensayos a gran escala en el mundo real. Aun si debía hacer frente a la hostilidad del IMS, Haffkine podía contar con el apoyo de colaboradores científicos como Ernest Hankin, cuya reputación ya estaba consolidada en el subcontinente. Pechey, en cambio, estaba destinada a encontrarse con todo tipo de prejuicios: hacia su sexo, hacia su trabajo, hacia su escandalosa presunción. Y su determinación de no limitarse a los asuntos médicos, sino de adoptar una postura pública y

Rukhmabai Pandurang.

manifiesta en lo referente al destino de las mujeres en India le garantizaba la adquisición de toda una nueva serie de enemigos.

La donación de los fondos de Cama había sido a condición de que el Gobierno cubriera los costes operativos del hospital. Como era previsible, el Gobierno indio no mostró demasiado interés en apoyar una institución totalmente dirigida por mujeres y destinada a mujeres y niños. Pero el Hospital Cama podía recurrir a la filantropía adicional, gran parte de la cual provino de la comunidad parsi, incluida la ya prodigiosamente rica familia Tata. Mientras aguardaba a que el hospital se levantara en todo su esplendor gótico veneciano al este de Marine Drive, Pechey se sumergió en su nueva vida, trabajando en el dispensario Suleiman Jaffir, organizando cursos de capacitación para enfermeras indias y tomando clases intensivas de hindi. Su entusiasta compromiso, sin embargo, no impidió la habitual demora institucional. Su salario se había fijado en quinientas rupias, muy por debajo de lo que ganaban los médicos varones. Indignada, Pechey argumentó que aquello suponía, en términos efectivos, degradar a las profesionales mujeres al estatus de doctoras de segunda clase, lo que a su vez socavaría su estatus y su derecho al respeto, sin mencionar las probabilidades de que las pacientes buscaran su atención. Lo que, al fin y al cabo, había sido el objetivo del Hospital Cama.

Si alguien había imaginado que Pechey se contentaría con dirigir el primer hospital de mujeres en India, o un servicio para las mujeres en reclusión, se desengañó rápidamente. Pechey se volcó de lleno en el controvertido debate sobre el matrimonio infantil, pues lo consideraba inseparable del bienestar físico general de su sexo. La *cause célèbre* de los opositores al matrimonio infantil era la de Rukhmabai Pandurang, casada a los once años con un pariente de su padrastro, de diecinueve años. Apenas un año después, el marido de Rukhmabai reclamó el derecho a la consumación del matrimonio, momento en el que su padrastro, el doctor Sakharum Arjun, y la propia Rukhmabai se negaron rotundamente y, según los estándares contemporáneos, de manera escandalosa. Una serie de sentencias dictadas por jueces ingleses declararon que Rukhmabai había sido desposada «en infancia carente de juicio», planteando la cuestión de si debía determinar el resultado la ley británica o la hindú. Cuando, después de una serie de apelaciones, y a pesar de un artículo escrito por la propia Rukhmabai para *The Times of India* bajo la firma de «una dama hindú», se le ordenó «restaurar los derechos conyugales» bajo pena de una sentencia de prisión de seis meses, la niña declaró que preferiría enfrentar la prisión antes que cumplir la sentencia. En 1888, el marido abandonó sus pretensiones de consumación conyugal. Su precio por hacerlo fue de mil rupias. El resultado tuvo un largo alcance. En 1891, una ley del Parlamento elevó la edad de consentimiento de diez a doce años. Pechey había querido que se fijara en quince, pero esto, al menos, suponía una modesta mejoría. Por su temeridad, Pechey y Rukhmabai fueron demonizadas en la prensa, especialmente por el periodista Bal Gangadhar Tilak, de Poona, que acusó a las mujeres, y por extensión a la ley inglesa, de violar las «sagradas tradiciones hindúes». La respuesta de Pechey fue romper otro tabú, recaudando fondos para enviar a Rukhmabai a la Escuela de Medicina para Mujeres de Londres. A su regreso a India, completamente cualificada, Rukhmabai fue contratada inmediatamente como cirujana en el Hospital Cama.

En 1889, Pechey se había casado con un reformador de ideas afines, el comerciante de vinos Herbert Phipson, a quien había conocido en la Sociedad de Historia Natural de Bombay, que él mismo había fundado. Juntos abrieron una aldea de convalecientes, cerca de su propia casa de campo, al norte de Bombay, destinada a pacientes en recuperación procedentes de los barrios pobres de la ciudad. En 1894, el deterioro de su diabetes le imposibilitó seguir dirigiendo el Hospital Cama, pero Pechey designó en su sustitución a Annie Walke, que era un fenómeno por derecho propio, tanto más impresionante por haber partido de circunstancias modestas. Walke nació en 1865, una niña de los muelles que vivía encima de una tienda con su padre, Jonathan, que era piloto de puerto, su madre Laura y seis hermanos.[42] Mientras Jonathan Walke iba ascendiendo a maestro de muelle, Annie se convirtió en un prodigio. Aunque se le negó la educación médica en el Grant College, se graduó en mecánica, el tipo de formación que los hombres consideraban un desafío para la mente femenina. Igual que sus hermanas pioneras, Walke se vio obligada a obtener su educación médica en Europa (en su caso, en la Universidad de Bruselas) y después regresó a Bombay y al Grant College. Pechey la contrató como cirujana en el Hospital Cama en 1892 y, en 1894, la convirtió en su segunda doctora. Walke trataba a los pobres en Cama al tiempo que desarrollaba una práctica para las *begums* de cortes principescas como la de Baroda. Aunque Pechey había salido de su retiro en el campo para ayudar en la emergencia de la peste, Walke podía ver en su mentora las señales de una enfermedad debilitante. Sin embargo, el hecho es que Pechey sobreviviría a Walke, quien murió con solo treinta y cinco años, no de peste sino de otra fiebre infecciosa no clasificada. Una gran multitud de todas las castas, clases y religiones de Bombay asistió al funeral. Sesenta carruajes siguieron al coche fúnebre cubierto de negro hasta Sewri, el lugar de nacimiento de su padre, donde Annie Walke fue enterrada cerca de los nidos de los flamencos.

Las doctoras jóvenes y recién cualificadas tenían innumerables razones para no ir a India: peligrosas enfermedades infecciosas, la resistencia de la población nativa a la idea misma, y no digamos a la práctica, de las mujeres médicas y la condescendencia o la abierta hostilidad de la sociedad imperial británica. Y, sin embargo, siguieron acudiendo. En 1898, Alice Corthorn, de cuarenta años, llegó al distrito de Dharwar, desesperadamente invadido por la peste, en Karnataka.

Corthorn era la única mujer (identificada en los informes oficiales como «doctora Miss») en un equipo de cuatro médicos ambulantes que se enviaron a hacer frente a la epidemia.[43] Por verde que estuviera tanto en lo referente a la India Occidental como a la peste bubónica, Corthorn no tardó en convertirse en una leyenda local, y ostentaba, como Haffkine señalaría más tarde, el récord de número de vacunados en un solo día: mil.[44]

Corthorn era hija de un vendedor de vinos de Camberwell muy aficionado a degustar sus productos, tanto en el trabajo como fuera de él. La familia Corthorn tenía seis hijos, y la temprana muerte de su madre obligó a Alice a unirse a las legiones de mujeres jóvenes para las que la única escapatoria del trabajo doméstico o el servicio doméstico era la rutina de ser institutriz. Durante ese tiempo de degradante cautiverio (como ella misma lo consideraba), Alice se aferró con fuerza a la fe en que la educación le garantizaría una independencia liberada. Para furia y horror de su padre, se mudó de la casa familiar y se alojó en Great Russell Street, lo que, para su padre, la marcaba como una mujer degradada. Es posible que parte del atractivo de Bloomsbury fuera la cercanía tanto al Museo Británico como a sus visitantes habituales. Al final resultó que aquella no era una fantasía ociosa. Fuera del museo conoció a la feminista Olive Schreiner, quien se había visto privada de recibir una educación médica por problemas de salud y acabó financiando la de Corthorn. Dentro de la gran sala de lectura abovedada trabó amistad con el amigo y compañero radical de Schreiner, Edward Havelock Ellis. Aunque él era un erudito y notorio investigador de la sexualidad y estaba claramente enamorado de Alice Corthorn, es posible, tal como sugiere la hija de esta, Olive Renier, que las cosas no fueran más allá de cogerse de la mano. Sin embargo, justo antes de trasladarse a India, Corthorn hizo una hoguera con las cartas y los diarios que, según ella, no serían de interés para nadie, aunque también admitió que había «muchas cosas que no me gustaría que viera mi familia».[45]

En las ciudades asoladas por la peste de Hubli, Gadag-Betageri y la propia Dharwar, Corthorn se convirtió, tal como denotan los elogios de Haffkine, en una vacunadora omnipresente que recorría la ciudad haciendo visitas domiciliarias en un coche de caballos adap-

tado que conducía ella misma. Y, al tiempo que desarrollaba su práctica cotidiana, Alice Corthorn se mantenía alerta para detectar cualquier cosa que permitiera avanzar en la comprensión del origen y las formas de transmisión de la enfermedad. En Gadag, delante de su carruaje caían de los árboles, muertos, los macacos y las ardillas de tres rayas. Corthorn tomó muestras de los animales tras someterlos a un cuidadoso examen, realizó cultivos en su laboratorio improvisado y se los envió a Haffkine a Bombay. Aun comprometidos por las inevitables impurezas, los resultados seguían mostrando la inconfundible presencia del bacilo de la peste. La posibilidad de que hubiera un espectro de mamíferos más amplio que el observado hasta el momento que estuviera actuando como reservorio del microbio se convirtió en una conclusión ominosa e ineludible. Que «animales como los monos y las ardillas», escribió en un artículo publicado, «también sean susceptibles de contagio natural de la peste aparte de las ratas no es algo que se pueda sobrestimar, especialmente en lo tocante a la transmisión de la infección de un distrito a otro». Puesto que aquellos animales coexistían con los humanos en enormes cantidades en casi todas las ciudades de India, el mayor potencial de transmisión de mamíferos a humanos se volvió súbitamente más alarmante y la vacunación todavía más crucial.[46]

El *modus operandi* cotidiano de Corthorn era triple, factor que bien puede ser la explicación de sus impresionantes números. Por las mañanas, vacunaba en las clínicas habilitadas para tal fin en las tres localidades del distrito. Por la tarde, conducía su coche médico y realizaba las visitas a domicilio, cobrando una pequeña tarifa, y por la noche impartía una conferencia en la que promocionaba los beneficios de la vacunación y que se leía en traducción al marathi ante grandes congregaciones de indios, entre ellos trabajadores del South Maratha Railway, obreros y —cosa que no siempre se consideraba segura o aceptable— niños pequeños. Al final de la charla, Corthorn ofrecía la posibilidad de vacunarse allí mismo. En Dharwar, el número de personas que se beneficiaban de aquella oferta podría llegar hasta cien. En 1898 y 1899, en las tres principales ciudades del distrito llegaron a inocularse con la vacuna hasta 180.000 personas, y el éxito que obtuvo la campaña en la reducción de la mortalidad por peste —medible en términos estadísticos— ayudó a cambiar la actitud oficial, que se inclinó hacia la vacunación en vez de la desinfección y segregación.[47]

El éxito o el fracaso de una campaña de vacunación masiva dependía en gran medida de actos de persuasión como aquellos, lo cual suponía inevitablemente un reto. Por heroica que fuera aquella generación pionera de doctoras en India, se encontraban atrapadas sin remedio en una trampa cultural. Por mucho que Annie Walke fuera una chica de los muelles, tanto ella como Edith Pechey, Annette Benson, que cuidó de Pechey en su última enfermedad, y Alice Corthorn eran británicas. En la medida en que estaban creando una profesión que se mostraba comprometida con cualquier mujer india que necesitara su ayuda, y no solo con las que vivían recluidas en la *zenana*, corrían el riesgo de que se las acusara de insensibilidad tanto ante las tradiciones musulmanas como ante las hindúes. Lo que ellas imaginaban como un momento de cambio liberador podría ser, y de hecho fue, interpretado como otro gesto más de presunción imperial. Tampoco ayudaba que gran parte de su trabajo con la peste tuviera un carácter inevitablemente intrusivo: la detección de bubones en las partes íntimas del cuerpo femenino. Las doctoras y las enfermeras británicas bien podían ser ángeles misericordiosos, pero eran, no obstante, ángeles extraños; con sus uniformes inmaculadamente blancos y sus gorritos rígidamente almidonados.

Los vacunadores indios, aliados y defensores, dieron un paso al frente. Pero estos persuasores no médicos que actuaron como ejemplo para su comunidad vacunándose pública y ceremoniosamente (como Haffkine) eran también los más occidentalizados entre sus comunidades minoritarias. La joven Farha («Flora» para los británicos) Sassoon, que acababa de enviudar, y el veinteañero sultán Mahomed Shah, Aga Khan III, tenían mentalidad reformista, conocimientos científicos y educación liberal. Mantenían una clara oposición a la *purdah* y al matrimonio infantil, y eran también apasionados defensores de la educación de niñas y mujeres. Eso podría haberlos situado inmediatamente en desacuerdo con sus comunidades. Pero ni la millonaria judía ni el cuadragésimo octavo imán de los ismaelitas eran antagonistas de sus respectivas religiones, sino defensores y practicantes de sus tradiciones fundamentales. Lo mismo sucedió con el magnate parsi Jamsetji Tata, que organizó una ceremonia ejemplar de inoculación en la víspera de la boda de su hijo Dorabji con una mujer de la dinastía Bhabha, casi igualmente poderosa, en la que el novio recibió la vacuna. La vida de esos líderes comunitarios y empresariales estaba en gran parte comprometida con la posibilidad de reconciliar el saber moderno, especialmente los avances científicos, con la fe religiosa. Tras la muerte de su marido, Farha Sassoon se hizo cargo activamente de la gestión del negocio familiar, y de una empresa excepcionalmente ramificada, que abarcaba desde la industria principal del textil hasta el transporte marítimo, el comercio y la banca. Pero, al tiempo que trabajaba como mujer de negocios, Sassoon vivía como una judía estrictamente observante y, cada vez que viajaba, se hacía acompañar por un minyán de diez varones, de modo que la ley halájica que rige el número mínimo de hombres necesarios para los rituales diarios no pudiera interponerse en el camino de sus oraciones. Y, aunque era famosa en toda Bombay por la espectacular escala y magnificencia de sus banquetes y entretenimientos, el carnicero ritual que incluía su servicio doméstico se aseguraba de que todo fuera siempre estrictamente *kosher*. La devoción judía de Sassoon iba más allá de la observancia legal de los comentarios de los eruditos sobre el Talmud y el Midrash, el dominio del arameo y el árabe, así como del hebreo y el hindi, y la publicación de textos sobre comentaristas medievales como Rashi. De hecho, para los judíos indios Bene-Israel, más pobres y en su mayoría procedentes de Konkan, hubiera sido bastante fácil ver a Sassoon simplemente como una plutócrata bagdadí más, miembro de la dinastía de la que se hablaba como una versión iraquí-india de los Rothschild. Pero, en lugar de mantenerse alejada de los Bene-Israel, Farha Sassoon obedeció el precepto de la *tzedaká*, que significa los deberes de justicia y caridad. Gran parte de su trabajo entre los Bene-Israel era pastoral y unificador, apoyando el mantenimiento de la sinagoga Shaarei Rahamim (Puertas de la Misericordia), que había sido trasladada a Mandvi en 1860 y que entre sus vecinos no judíos se conocía como Juni Masjid. Más inmediatamente, Sassoon proporcionó los fondos para un pequeño hospital donde los judíos pobres podían recibir tratamiento de forma gratuita. Su devoción pública por la totalidad de los judíos de Bombay dio a Sassoon la credibilidad que necesitaba cuando defendía a Haffkine e instaba a sus correligionarios a seguir su ejemplo y vacunarse.

El cuadragésimo octavo imán de los nizaríes ismaelitas enfrentó un desafío similar. Tenía solo siete años y medio cuando su padre, el Aga Khan II, murió en 1885. La instrucción tradicional de su infancia musulmana, organizada por su madre, la *begum*, fue seguida por una educación muy poco tradicional en Eton y Cambridge, de modo que cuando regresó a Bombay (donde su padre había sido designado por el gobernador Fergusson para el Consejo Legislativo), el sultán Mahomed Shah ya estaba comprometido con la reconciliación del islam y el modernismo liberal. Ya existía una base cultural para la reforma islámica en el Colegio Anglo-Oriental fundado en 1875 por sir Sayed Ahmad en Aligarh (aunque, a diferencia del joven Aga Khan, Sayed Ahmad desestimó la importancia de educar a las mujeres). Pero, al igual que los judíos, los ismaelitas de Bombay estaban divididos no solo en función de su fortuna, casta y ocupación, sino también por los relatos sobre su origen y su memoria colectiva. La mayoría de

Farha Sassoon, fotografía
sin fechar.

Leslie Ward («Spy»), caricatura
de Aga Khan III, *Vanity Fair*,
10 de noviembre de 1904.

ellos eran *khoja*, descendientes indoiraníes de los *rajputs* hindúes, convertidos al islam chiita en la Persia del siglo xiv.[48] Originariamente concentrados en Gujarat, las adversidades de finales del siglo xviii y xix (guerras endémicas, brutales hambrunas) los habían llevado hacia la relativa seguridad y oportunidades económicas que ofrecía el Bombay británico. Algunos habían prosperado como comerciantes de arroz y de opio, e incluso en la industria textil del algodón. Pero muchos más eran modestos tenderos y vendedores de los puestos de mercado que se apiñaban en los callejones de Dongri, donde los faquires mendicantes se sentaban en los portales y los místicos sufíes trataban de elevar su cántico por encima del bullicio.

Igual que ocurrió con el resto de las comunidades de Bombay, los *khoja* más pobres fueron los que más afectados se vieron por la infección. Y, al igual que hizo Farha Sassoon, el Aga Khan, aunque apenas acababa de salir de la adolescencia y sus intereses estaban centrados en la sastrería fina, los caballos pura sangre y la poesía inglesa, reconceptualizó radicalmente su deber como una tarea al tiempo espiritual y científica. En ese momento, para él Pasteur significaba más que el polo. «Sabía que había que hacer algo», explica en sus memorias de 1954. «El impacto de la peste entre mi propia gente era alarmante. [...] Tenía que actuar rápida y drásticamente. [...] Conocía algo del trabajo de Pasteur en Francia [y] estaba convencido de que el departamento del cirujano general estaba trabajando en la dirección equivocada. Pasé por encima de él y me dirigí directamente al profesor Haffkine. Él y yo formamos una alianza inmediata y una amistad que no quedó circunscrita al sombrío asunto al que nos enfrentábamos. [...] Estaba en mi poder dar ejemplo. Me hice inocular públicamente y me aseguré de que la noticia de lo que había hecho se difundiera lo más lejos y lo más rápido posible. [...] Mis seguidores pudieron ver por sí mismos que yo, su imam, me había sometido, a la vista de muchos testigos, a este proceso misterioso y temido y que no había peligro alguno en seguir mi ejemplo. La inmunidad, de la cual mi salud y mi continua actividad eran pruebas obvias, se imprimieron en su conciencia y conquistaron sus miedos».[49]

Para el Aga Khan, «el ruso» representaba una tercera vía, ni obstructivamente tradicional ni represivamente imperialista. Fascinado por la bacteriología, podía ver, de un modo que el estamento del Servicio Médico de India no era capaz, que la fe inflexible en la higiene no tenía relevancia cuando se trataba de prevenir la peste o de mitigar su gravedad. «Con veinte años me alineé (con Haffkine, por supuesto) en contra de la opinión que era ortodoxa en la época, tanto entre los europeos como entre los asiáticos». De modo que, cuando el Aga Khan fue mucho más allá de la simple vacunación ejemplar y ofreció su «vasto y laberíntico palacio» de Khushru Lodge, ubicado justo al norte de Mandvi y, por tanto, cerca de los *khoja* pobres de Dongri, como laboratorio y espacio de producción de vacunas para Haffkine, era en la práctica un reproche a la obsesión por la higiene, rígida e incluso ignorante, de los británicos. Solo cuando los británicos vieron, con sorpresa, a Haffkine mudarse a sus nuevos y generosos aposentos, seguido por el éxito comprobable de la vacunación de los ismaelitas de Khoja, lo tomaron en serio y le dieron el respeto y, finalmente, el espacio que su trabajo necesitaba.

El Aga Khan describió su alianza con Haffkine como una «puesta a prueba» intencionada de su joven autoridad, una demostración

Haffkine en su laboratorio de Khushru Lodge, Mazgaon, Bombay, 1897.

de que el conocimiento científico y la solidaridad religiosa no tenían por qué estar reñidos. Y, según contaría después:

> Se vio justificada de forma nueva y, en cierto sentido, impactante. [...] Mis seguidores se dejaron inocular, no solo algunos casos aislados, sino como grupo. En poco tiempo, las estadísticas se mostraron firmemente de mi lado; la tasa de mortalidad por peste era demostrablemente inferior entre los ismaelitas que en cualquier otro segmento de la comunidad; el número de casos provocados por contagio se redujo drásticamente y, por último, la incidencia de la recuperación fue mucho mayor.

No era un alarde vacío. Los miles de ismaelitas de Bombay, tanto los inoculados como los del grupo de control, que se presentaron para ser vacunados a instancias del Aga Khan constituyeron, con mucho, el mayor ensayo de vacunación que se había realizado hasta entonces, no solo por parte de Haffkine, sino de cualquier otra persona en cualquier otro lugar. En febrero de 1898 se vacunaron 3.854 *khoja*, solo tres de ellos murieron posteriormente a causa de la peste, mientras que 77 de los 955 que rechazaron la vacuna fallecieron durante el mismo periodo. Los resultados fueron lo bastante decisivos como para consolidar la credibilidad de la «linfa Haffkine». El joven Aga Khan se sintió justificado en su confianza y, a cambio, Haffkine le agradeció su respaldo y el espacio de trabajo que le había brindado en Khushru Lodge. Pero no se sentía tan seguro, especialmente estando Yersin en Bombay, como para esperar que el Instituto Pasteur tomara nota de su éxito. Cuando el Aga Khan viajó de nuevo a París, llevó consigo una carta de presentación de Haffkine para Emile Roux.

Aunque fueran muchos miles, los ismaelitas seguían siendo una pequeña minoría de musulmanes en Bombay, y muchos menos en otros lugares de la presidencia y más allá. Haffkine viajó por toda la India Occidental, pero no podía estar en todos los lugares a los que había azotado la peste, y no siempre gozaba de la confianza de las autoridades británicas locales ni de los líderes comunitarios. En numerosos lugares, la única opción para los indios era sufrir los padecimientos diarios que suponían las inspecciones y las segregaciones o poner en marcha una resistencia a la violación de las costumbres que, según decían, se estaba infligiendo con el pretexto de las necesidades epidemiológicas. Farha Sassoon, el Aga Khan e, igualmente, Waldemar Haffkine, al margen, como estaban, de las grandes mareas de agitación de masas que se produjeron en India de finales del siglo XIX, no pudieron evitar que la bacteriología y la salud pública se contemplaran como un regalo envenenado del imperio. Así fue como la guerra contra la infección mutó en una guerra cultural en la que el nacionalismo militante asestó un primer y sangriento golpe.

Poona fue el campo de batalla. Cincuenta kilómetros al este de Bombay, la ciudad era la sede de la Residencia del Monzón del gobernador de la presidencia, desde la primavera hasta el otoño. De acuerdo con sus pretensiones imperiales, Poona era (igual que lo había sido bajo los marathas) una ciudad militar, sus cuarteles eran la base de decenas de miles de tropas indias y británicas: el 17.º de Caballería de Poona, los Fusileros de Lancashire, la Infantería Ligera maratha y demás. Aunque, como muchas otras ciudades de Maharashtra y Gujarat, Poona producía sedas y algodones de estampado tradicional, su principal industria no eran los textiles, sino las palabras: el papel y la impresión. Allí florecían las escuelas, periódicos y revistas ávidas de palabras. Y, precisamente por el hecho de que el ejército fuera tan visible en la ciudad, quienes odiaban lo que tanto las tropas nativas como las británicas representaban por igual expresaban su desprecio con una retórica amarga e intensa. La marea de palabras fluía libremente en diversos idiomas: sobre todo en inglés, marathi y gujarati, pero también en otras lenguas vernáculas, particularmente hindi. El 20 por ciento de su población de 150.000 habitantes eran brahmanes, por lo que Poona era una ciudad apasionada y desproporcionadamente alfabetizada. Dado que había sido la capital de la confederación maratha, sobre los escenarios del teatro popular que floreció en Maharashtra a finales del siglo XIX resurgió la épica historia de sus príncipes guerreros, en particular la de Shivaji, temible enemigo tanto de los portugueses como de los ingleses. Además de los teatros de la ciudad, por Poona pasaban también compañías itinerantes, los Sangeet Natakas, con sus espectaculares actos que combinaban música y narración y unían historia, mito y fantasía. Los romances de extravagante vestuario con representaciones de sangrientas batallas y emocionantes danzas sensuales hacían rugir a un público masivo que se congregaba tanto al aire libre como en interiores. Aunque las cámaras cinematográficas de Bollywood aún no habían empezado a rodar, en la ciudad de Poona la rápida modernización de los medios de comunicación dio una vida nueva, teatralmente vívida, a las fuentes del orgullo preimperial. Era un lugar donde cosas muy antiguas convivían con cosas muy novedosas, la medicina ayurvédica junto a la microbiología, donde las instrucciones de la modernidad, incluida la cuestión de qué hacer con la peste, chocaba con el desafío de la tradición rejuvenecida.

Nadie encarnó esta escisión de la personalidad cultural de forma más drástica que un antiguo profesor de Matemáticas convertido en profeta del nacionalismo indio: Lokmanya Bal Gangadhar Tilak. Exactamente en el momento histórico en que se estaba gestando el término «populismo» a miles de kilómetros de distancia, en Estados Unidos, no hubo nadie que entendiera con tanta astucia como él el modo en que la sensación de ultraje a las tradiciones podía convertirse en un arma útil para la política moderna. Fue con este espíritu como, en 1892 y mediante su polémico periódico, *Kesari*, Tilak se basó en el hinduismo para inventar un festival del dios con cabeza de elefante, Ganesha, que se presentó, por supuesto, como la restauración de una antigua tradición. Desde el principio, el Festival de Ganesha fue un acontecimiento tanto político como religioso. La reinvención religiosa iba de la mano de la historia. En manos de Tilak y de los escritores románticos hindúes, Shivaji se convirtió en el héroe nacionalista prototípico de la India hindú: el azote tanto de los mogoles musulmanes como de los imperialistas europeos.

Cuando la peste golpeó Poona a principios de 1897, Tilak en un principio criticó a las autoridades británicas por no hacer más para contenerla. Pero, cuando el antiguo ayudante del recaudador de Satore, Walter Rand, a quien Tilak calificaba de «oficial huraño, suspicaz y tiránico», puso en práctica las medidas intervencionistas que recomendaba el Comité de la Plaga, Tilak imprimió un giro en la dirección opuesta. El 15 de junio publicó dos artículos en *Kesari* denunciando el régimen de la peste como un pretexto para destruir el hogar y la familia india y la santidad hindú. «La tiranía del Comité de la Peste […] es demasiado brutal como para permitir que la gente respetable respire tranquila». Todo aquello que se tenía en más estima se estaba viendo ultrajado en el falso nombre del «saneamiento».[50] Los pobres se veía despojados de su único refugio; las familias, de sus hogares y posesiones; los suelos levantados, supuestamente con el objeto de destruir el hábitat de las ratas, o tan solo porque se afirmaba que la infección se reproducía en el suelo. Se profanaba los altares domésticos, se ultrajaba el culto doméstico de la puja; a veces, las figurillas de los ídolos acababan dañadas o incluso confiscadas. Lo peor de todo, la modestia de los cuerpos, en especial la de los cuerpos femeninos, afirmaba Tilak, se veía violada de forma rutinaria. Se escribieron columnas dedicadas a relatar historias sobre mujeres en la *purdah* que se veían sacadas a rastras de sus hogares, o de ancianos a los que se obligaba a desnudarse para la inspección y eran sometidos a humillantes ordalías en las que debían sentarse y levantarse repetidamente mientras los soldados aplaudían, reían e incluso bailaban. «La peste es más misericordiosa con nosotros», clamaba Tilak desde las páginas de *Kesari*, «que sus prototipos humanos».

Las acusaciones que más conmoción causaban, las violaciones por parte de los soldados, encontraron un eco inmediato en Gran Bretaña, donde fueron recogidas por un rival político y crítico de Tilak, Gopal Krishna Gokhale, que se encontraba allí para testificar ante una comisión parlamentaria acerca de pagos financieros a India. En la mayoría de los aspectos, Gokhale, también de Poona, era el polo opuesto a Tilak.[51] Al igual que muchos de los líderes del Congreso indio, Gokhale era un gradualista, creía que las injusticias graves podían corregirse y la causa del autogobierno indio podía avanzar, apelando a las normas liberales que entonces circulaban en la política británica. Pero los informes de los excesos del régimen de la peste tanto en Poona como en Bombay radicalizaron a Gokhale, que hizo causa común con Dadabhai Naoroji, el primer parlamentario indio en sentarse en la Cámara de los Comunes.[52]

Aunque tanto Naoroji como Gokhale creían en un camino liberal-constitucional hacia la igualdad, la justicia y la independencia, fueron cooptados por el socialdemócrata marxista radical H. M. Hyndman, para quien las apelaciones a la reforma social y la representación en el Gobierno local equivalían solo a mendigar las migajas de la mesa del Raj. La avalancha de felicitaciones a la reina Victoria por su jubileo de diamante llegadas de parte de los príncipes indios permitió a Hyndman dar la vuelta a la hipérbole. En los discursos y mítines que organizó en Londres y las ciudades industriales del centro y norte de Inglaterra para republicanos, sindicalistas y antiimperialistas, Hyndman calificó a Victoria de «reina de la hambruna y emperatriz de la peste negra»: un monstruo altivo e indiferente. Dejando de lado su habitual deferencia ante las normas del decoro político británico, Gokhale y Naoroji se unieron a Hyndman en la afirmación de que las violaciones (junto con el hurto y el asesinato judicial) eran el *modus operandi* habitual del Imperio británico. El parlamentario liberal de Banffshire, William Wedderburn, uno de los fundadores del Congreso Nacional Indio y su portavoz en Gran Bretaña, presentó a Gokhale en una sala de conferencias de la Cámara de los Comunes, donde este detalló todas las violaciones de la privacidad, la propiedad y la persona infligidas por los militares a la población india durante los registros de la peste. Gokhale repitió esas acusaciones en una entrevista con el *Manchester Guardian* el 2 de julio. Se produjo un escándalo a ambos lados. En Poona, donde la tormenta rugió con más furia, el informe de Walter Rand insistió en que todas las denuncias de mala conducta durante los registros habían sido escrupulosamente investigadas. Solo un puñado de casos resultó tener alguna sustancia, y ninguno de ellos implicaba ninguna clase de agresión física, sino que eran hurtos menores y sobornos aceptados por soldados. Entonces se pidió a Gokhale que proporcionara detalles y fuentes que corroboraran las acusaciones de las violaciones, pero, al regresar a Bombay, admitió: «No me llevó mucho tiempo descubrir que la corroboración estaba fuera de toda discusión». Por supuesto, es posible que la vergüenza de tales violaciones impidiera hablar a las víctimas. Pero estaba claro que el mortificado Gokhale creía que los informes de las violaciones eran inventados y, en noviembre, se disculpó abochornado ante la prensa por haberles dado crédito.

Para Rand ya era demasiado tarde como para que la retractación pudiera haberle proporcionado satisfacción alguna. La noche del 22 de junio, cuando lo conducían a su casa por la carretera de Ganesh Khind después de un festejo por el jubileo de diamante de la reina en la residencia del gobernador, una bala le agujereó los pulmones. Segundos después, otra bala le voló la nuca a su escolta militar. El teniente Charles Ayerst murió en el acto. Rand seguía vivo, pero por poco tiempo. El 3 de julio sucumbió, según se dijo, a su terrible herida, en una cama del Hospital David Sassoon.

Los asesinos eran hermanos: Damodar Hari Chapekar y Balkrishna Hari Chapekar, que en el momento del asesinato tenían veintisiete y veinticuatro años, respectivamente. Habían nacido y crecido en la localidad de Chinchwad, en las afueras de Poona (ahora una zona suburbana resplandeciente y exclusiva). Cuando Tilak maldijo el constitucionalismo inglés y a sus obsequiosos colaboradores en el Congreso, los hermanos aplaudieron. Pero, después de verlo haciéndose el gran hombre en una reunión política, les pareció que Tilak en realidad no era lo bastante hindú. ¿Cómo podía serlo si se mezclaba alegremente con musulmanes «comevacas» y creía, contrariamente a la estricta ley hindú, que a las viudas debía permitírseles que se volvieran a casar? Lo único que hacía era hablar. Ellos iban a actuar.

Cuando eran pequeños —niños de en torno a seis y ocho años—, su abuelo Vinayak Chapekar, que era hablante de sánscrito y vivía de riquezas heredadas, llevó a toda la familia, los veinte miembros más dos sirvientes y tres carros de peregrinación, al templo de Kashi Vishwanath en Benarés, donde se bañaron y bebieron las aguas sagradas del Ganges y trataron de superar el dolor por la muerte de una hermana durante el camino, en Gwalior. Poco a poco, la fortuna de la familia fue decreciendo; el abuelo, cada vez más excéntrico y descarriado, se fue a vivir a Indore y el padre de los hermanos, Hari, se convirtió por necesidad en un *kirtankar*, un intérprete itinerante de epopeyas religiosas, en su mayoría escritas por él mismo. A medida que crecía el rumor, y cosas peores, de que el *kirtan* no era el tipo de ocupación adecuada para su casta, los tíos se fueron alejando de él y los muchachos se hicieron cargo de la música. Balkrishna tocaba el armonio, Damodar una variación india de la zanfoña y su hermano pequeño, Wasudev, el tambor *tal* y cantaba con su voz de niño.

El *kirtan* no les daba para vivir. Pero otras ocupaciones les fallaron. Intentaron alistarse en un regimiento, pero fueron rechazados. Esa humillación, escribiría más tarde Damodar, les inculcó «un implacable odio» hacia los ingleses. Su padre les enseñó medicina ayurveda, para que uno de ellos pudiera convertirse en un médico *vaidya* tradicional, pero esa ambición se desvaneció. Hubo mendicidad de puerta en puerta; pequeños hurtos; prácticas con una marcial banda juvenil creada por ellos, pero con la que, de forma nada sorprendente, se pelearon. Obsesionados con los misioneros cristianos, a quienes imaginaban obligando a la conversión a los hindúes, intentaron incendiar misiones en dos ocasiones. No es solo que el Raj no tuviera nada que hiciera que los Chapekar se sintieran agradecidos por las bendiciones que decía haber llevado a India, sino que, cada vez más, les parecía una tiranía diseñada para erradicar el hinduismo de su suelo natal. Cuando la peste llegó a Poona a principios de 1897, los hermanos consideraron que las medidas tomadas para hacerle frente eran un complot destinado a destruir su religión. Nada alimentaba su indignación más poderosamente que las historias de soldados británicos que cometían sacrílegos allanamientos en las salitas de los ídolos y de la puja doméstica. Cuando las patrullas terminaron, a finales de mayo, a medida que la peste decaía, arreció el impulso de cometer un acto de retribución reivindicativa. Creyendo que Walter Rand, el principal comisionado de la peste, era el responsable de todo aquello, los Chapekar lo espiaron, con idea de que el descubrimiento de sus manejos manifiestamente malvados confiriera solidez a su determinación. Pero, tal como admitió Damodar (algo ufano) en su confesión autobiográfica, Rand resultó ser bastante distinto de la caricatura del tirano despótico dibujada por Tilak. Durante los tres meses en los que estuvieron siguiéndolo, los hermanos descubrieron que «no tenía vicio, ni mezquindad. [...] Lo vimos incluso jugar al tenis sobre hierba en Gymkhana», donde había manifestado su decoro «al no jugar con las damas», justo el tipo de mojigatería que agradaba a Damodar y Balkrishna. Pero, «como se había hecho enemigo de nuestra religión, consideramos necesario vengarnos de él. No pudimos evitarlo».[53]

Los hermanos ya sentían animadversión hacia la reina Victoria, a quien consideraban una madre negligente por no acudir en ayuda de los afectados por la hambruna y, en vez de ello, regodearse en la celebración imperial. Procedentemente, destrozaron una estatua. ¿Qué ocasión podía ser mejor para enfatizar todavía más sus argumentos que la celebración del jubileo de diamante? Lástima del cortés y simple señor Rand; tendría que desaparecer. No obstante, ¿cómo matarlo? Con sus revólveres de cinco cámaras, sin duda, pero en caso de que la situación lo exigiera —pongamos que las armas se atascaran—, los hermanos llevaron más equipamiento: una espada cada uno y una hachuela que portaba Balkrishna. Esa última fue una mala idea. En medio de la abarrotada multitud (entre la que, como observó Damodar, no había brahmanes), y con las hogueras iluminando la cima de las colinas, las voluminosas hojas hacían casi imposible caminar libremente. Estaban condenados a atraer sospechas. Arrojaron las espadas y la hachuela a una alcantarilla por si las necesitaban. Pero había otro problema. Aunque después de haberlo espiado durante meses sabían muy bien cómo era Walter Rand, lo tenue de la iluminación y el hecho de que los carruajes que entraban en la residencia estaban, desde su punto de vista, orientados al revés, hacía que los hermanos no estuvieran seguros de cuáles eran el transporte y el hombre correcto. Quizá fuera mejor actuar cuando el tráfico saliera de vuelta. Mientras se servía el champán, se proponían brindis y una banda militar tocaba *God Save the Queen*, los Chapekar se retiraron a uno de los campos para esperar.

El sol se puso sobre Poona. De los terrenos del Raj Bhavan comenzaron a salir los carruajes que transportaban a los alegres festejantes, educadamente borrachos: sombreros de copa, levitas, turbantes y saris. Damodar estaba apostado cerca de la puerta principal. El plan era que, al reconocer el carruaje de Rand y al hombre dentro de él, debía gritar «*Gondya ala re*» («Ha llegado Gondya») y echaría a correr detrás del carruaje, se encontraría con Balkrishna, que a su vez iría corriendo a su encuentro, y dispararían juntos sus armas, fraternalmente. Como suele ocurrir en este tipo de acontecimientos, las cosas no salieron exactamente como estaban planeadas. Rand fue reconocido; el grito de «Gondya», lanzado; Balkrishna se encaminó hacia la puerta, pero se quedó muy atrás, de modo que Damodar levantó la solapa trasera, disparó a Walter Rand por la espalda y lo atravesó hasta los pulmones. En el tumulto, sin enterarse demasiado, sin saber quién era quién, Balkrishna disparó a otro hombre en otro carruaje, y le reventó la cabeza a Charles Ayerst.

En mitad del pánico general, los Chapekar, quizá de forma sorprendente, lograron desaparecer entre la enorme multitud, ahora enloquecida, y escapar. Pasaron tres meses antes de que la policía diera finalmente con Damodar en Bombay, delatado por aquellos en quienes había confiado para mantenerlo a salvo. Pero, en su autobiografía confesional —suponiendo, por supuesto, que sea fiable—, Damodar da la impresión de ser alguien que espera ser atrapado para poder revelarse en su gloria impenitente. Después de escribir por extenso la historia de su vida, Damodar fue juzgado, condenado y ahorcado en abril de 1898. Balkrishna logró eludir la captura durante algún tiempo más, pero también fue arrestado y ejecutado en enero de 1899. Si deseaban mantener su libertad, probablemente no fue una buena idea la del hermano menor, Wasudev, y otros dos amigos, que intentaron matar a los informantes que habían traicionado a sus hermanos.

Aunque Damodar había llegado a despreciar a Tilak como un transgresor (que no es una acusación que se le suela hacer habitualmente), muchas de sus declaraciones sobre el desprecio británico hacia la tradición y la observancia hindúes podrían haber salido directamente de las fulminantes páginas de *Kesari*. Cuando llegó la noticia de otro asesinato exitoso el día del jubileo en Peshawar, los británicos atribuyeron los atentados directamente a las polémicas incendiarias de Tilak. Fue arrestado, juzgado por sedición —por, como él señaló de inmediato, un jurado de mayoría europea— y condenado a dieciocho meses de prisión. Por supuesto, el encarcelamiento no hizo sino reforzar la reputación de Tilak como un héroe del nacionalismo indio, en diáfano contraste con Gokhale, que se había humillado ante los británicos al presentar su consternada «disculpa» por las infundadas acusaciones de violación. A partir de entonces, habría dos vías de evolución para el nacionalismo indio nacido con la peste: la vía de Gokhale, de la aceptación de las normas del gradualismo liberal, o la vía del intransigente hinduismo militante de Tilak. Nathuram Vinayak Godse, que asesinó a Mahatma Gandhi el 30 de enero de 1948 en nombre de la defensa de la pureza del hinduismo, provenía de —y desarrolló su fanatismo en— Poona. Ambas vías dividen aún la política de la India contemporánea. En la época de Narendra Modi, los hermanos Chapekar han constituido grandes éxitos de taquilla de Bollywood: la última versión cinematográfica de su letal aventura apareció en 2016. En Chinchwad se ha fundado un museo que honra su memoria, el Chapekar Wada, y cada año, coincidiendo con el aniversario de la ejecución de Damodar, se celebra una marcha conmemorativa en la localidad. En 2021, la cárcel de Yerwada, en la que los hermanos recibieron su sentencia y escribieron sus historias confesionales de vida y muerte, fue seleccionada para desempeñar un papel estelar en un nuevo programa de «turismo carcelario» diseñado para familiarizar a los indios con la historia de los héroes encarcelados.[54]

No obstante, la resistencia violenta al régimen de la peste no fue exclusiva de los militantes hindúes. La expulsión forzosa de sus hogares de quienes se veían aquejados por la peste seguía siendo una fuente de turbación e ira para los musulmanes de Bombay, la gran mayoría de los cuales no eran ismaelitas. El 23 de marzo de 1897, enardecidos por la prédica de la oración del viernes, quince mil musulmanes se manifestaron en contra de las segregaciones y el aislamiento con el argumento de que dichas medidas violaban un principio islámico fundamental, el del cuidado de los enfermos por sus familiares. Más adversamente para las autoridades, las objeciones meramente religiosas se fueron tiñendo cada vez más de agravios económicos y sociales. El 9 de marzo de 1898, una multitud de tejedores musulmanes del distrito industrial norteño de Madanpura impidió que los buscadores de la peste se llevaran al hospital a una niña de doce años. La protesta degeneró rápidamente en un violento motín, en el que participaron tanto hindúes como musulmanes, a pesar de que solo cinco años antes, en 1893, ambas comunidades habían estado enfrentadas. Recurrir a las tropas para sofocar la violencia causó cuatro muertos en Madanpura y otros dos en un distrito vecino. Cuando empezaron a producirse ataques aleatorios contra europeos, la situación adquirió un tono distinto y, para los británicos, amenazante. Se reclamó el traslado de la caballería desde Poona, pero, durante toda una semana, gran parte de Bombay estuvo cerrada por huelgas.[55] Las tiendas especializadas en telas y cereal, los dos productos que más solían quemar los inspectores de la peste, cerraron sus puertas; los conductores de carretas de bueyes, los carniceros y los empleados municipales, así como los tejedores e hilanderos del algodón, abandonaron el trabajo y paralizaron la ciudad. Y lo que es aún más inusual: los trabajadores portuarios también se unieron al *hartal*. De esta forma, el contundente aparato del régimen militarizado de la peste acabó por unir a hindúes y musulmanes, religión y conflicto económico, en un acto clave de resistencia que condicionaría la historia.

El motín de Madanpura llegaba después de una serie de huelgas que se habían sucedido los años anteriores, especialmente entre los trabajadores de la manufactura que se hacinaban en los *chawls* y las chabolas del norte de la ciudad. Aditya Sarkar ha explicado cómo esta forma de acción laboral se fue volviendo progresivamente más militante debido a que, tal como argumenta de manera convincente, el hecho de que decenas de miles de trabajadores hubieran abandonado Bombay por temor a la peste había creado una severa escasez de mano de obra, situación en la que los industriales del textil, que ya sufrían la problemática de un mercado chino en retroceso, pocas veces tenían la sartén por el mango. Todos los días, los trabajadores se congregaban en las esquinas de las calles para ver cuánto podían aumentar sus salarios los agentes de fábricas rivales desesperados por contratar hilanderos.[56]

El asediado gobernador de Bombay, lord Sandhurst, tenía que afrontar una doble crisis: la de los ultrajes al sentimiento religioso y la de una grave escasez de mano de obra en la que, por una vez, los obreros fabriles, junto con los pequeños tenderos, estibadores y carreteros, fueron capaces de llevar la enorme maquinaria económica que era Bombay a un paro absoluto. La ciudad entera se alzó. Los dos elementos de las acciones de masas que acabarían, finalmente, haciendo que el Raj británico fuera insostenible (el *hartal* y las manifestaciones, y las protestas religiosas y culturales) se materializaron por vez primera gracias a la peste bubónica. Sandhurst informó al Gobierno de Londres, con optimismo pero a la defensiva: «Mantengo el convencimiento de que la agitación no es resultado de una severidad excesiva en las normativas ni en su administración, y estoy seguro de que cuando se restablezca el orden [...] proseguirá el trabajo de combatir la peste, y se hará todo lo posible para no ofender las costumbres o creencias del pueblo y para inducir a los caballeros nativos de buena posición e influencia a cooperar con el Gobierno en el cumplimiento de este deber humanitario».

Lo que Sandhurst necesitaba, sobre todo, era que se acabara la peste. Pero no se acababa. A cada una de las declaraciones que afirmaba que la epidemia había sido contenida o reprimida y que estaba a punto de desaparecer por completo le seguía un nuevo brote en otoño. Así ocurrió en 1897 y en 1898. La implacable guerra contra la suciedad; los baños de carbólico; las piras de bienes, inventarios y cuerpos; la segregación de contagiados y no contagiados; el acorralamiento de los primeros en lo que un médico del ejército llamó, sin ironía, «campos de salud»; el lanzamiento de una campaña de exterminio de ratas con incentivos monetarios por rata: ninguna de las acciones anteriores había frenado a la peste. Regresaba y, con ella, más ira, más odio, más muerte. Era hora, finalmente, y sin abandonar del todo las patrullas de la peste, de intentar otra cosa que pudiera evitar, o al menos mitigar, la furia y el caos; era hora de llamar a Waldemar Haffkine, no solo como un auxiliar a corto plazo, sino como productor y proveedor de vacunas respaldado oficialmente por el Gobierno. Al menos parte del estamento médico imperial estaba empezando a ver las cosas a su manera. En enero de 1898, Haffkine fue a Poona, el corazón de la resistencia contra la desinfección imperial y, bajo los auspicios del cirujano general local, pronunció una conferencia sobre los beneficios probados de la inoculación contra la peste. En el Grant Medical College, hablando ante la clase de graduados, en la que había mujeres, Haffkine comentó que «la actual calamidad que aqueja a Bombay» era una «ilustración de cuán ominosamente puede verse paralizada la energía por una falta de conocimientos». El conocimiento en el que estaba pensando era el de la bacteriología que tenía que haber hecho que las campañas de desinfección y segregación fueran innecesarias.[57]

La segunda semana de agosto de 1899, el vizconde de Sandhurst viajó desde el Raj Bhavan, en Poona, hasta la antigua residencia de sus predecesores en Parel House para presidir, el día 10 de ese mismo mes, «una asamblea de notables, tanto europeos como nativos». La ocasión era la inauguración de un nuevo Instituto de Investigación, dirigido por Haffkine, que se ubicaría en la antigua Casa de Gobierno y donde podría destinarse un espacio amplio al trabajo de laboratorio, producción y almacenamiento de vacunas. Haffkine, por supuesto, conocía bien el edificio debido a sus periódicas visitas e inspecciones del hospital. Y en el Khushru Lodge del Aga Khan se había mostrado felizmente productivo. Pero ese espacio adicional había sido una concesión de patronazgo. Aún seguía negándosele el reconocimiento oficial y Haffkine sospechaba, con acierto, que aunque estaba a punto de convertirse en un miembro oficial del Servicio Médico de India realmente nunca iban a aceptarlo como uno de los suyos. Pero el Gobierno se estaba desesperando. De modo que, al final, le entregaron las llaves de un espacio propio de trabajo mucho más grande, así como el reconocimiento oficial. El personal a su disposición ascendería a más de cincuenta personas. Se había convertido en una institución.

En la inauguración, se le colmó de elogios. Sandhurst se complació en decir que la peste parecía haber disminuido un poco (en agosto todos lo decían). Pero, en caso de producirse una infeliz recurrencia, creía que Bombay y cualquier otro lugar de India que fuera visitado por la *Yersinia pestis* se salvaría de unas horribles tasas de mortalidad. El motivo de su optimista pronóstico era la vacuna creada por Haffkine. En una minuciosa y gráfica descripción de lo que se hacía en el laboratorio, el capitán cirujano Charles Milne puso a prueba la compostura de algunos de los allí presentes explicando el procedimiento mediante el que se producía la vacuna. Ahí estaba el letal microbio, materializándose en su baño de caldo de cabra, desarrollando cadenas colgantes de «estalactitas largas y sedosas», que seguidamente coagulaban en una «semilla gelatinosa». Los abanicos aletearon un poco más rápido. Damas y caballeros nauseados buscaron con urgencia una segunda copa de champán. Pero el gobernador expuso con claridad que, aunque se diera el caso de que la gente de su clase parecía enfermar a un ritmo mucho menos letal que la población nativa, no debían pensar que eran inmunes. Recordó al pobre cirujano mayor Manser y a su enfermera asistente, la señorita Joyce, fallecidos mientras trataban a los pacientes. Si estuviera en un puesto de médico o de enfermera, afirmó, se apresuraría sin duda a ser vacunado. Torpemente consciente del gran número de indios entre el público, Sandhurst procedió, en su manera informal aunque involuntariamente insultante, a exhortar a las damas y caballeros «nativos» a no demorarse. «Si debiera dar consejo a ciertos individuos de una clase propensa a contraer la peste, diría sin duda: "¡Vacúnense!"». De la reunión se elevaron voces a favor, seguidas de una ola de aplausos de parte de quienes se encontraban debajo de los sombreros de ala ancha, los hombres patilludos con sus trajes de lino pulcramente planchados; a quienes se habrían unido los guardias y los miembros de la banda vestidos de blanco si no hubieran tenido ya las manos debidamente comprometidas, y quizá también las damas indias, si el protocolo al respecto no fuera poco claro. Pero los aplausos sí surgieron de entre las filas de aquellos que (a pesar de las huelgas) creían que eran quienes hacían que Bombay fuera Bombay: los comerciantes del textil y el té, los porteadores y los tenderos, los médicos y banqueros, los parsis, los musulmanes, los jainitas y los hindúes y, ciertamente, de los Sassoon allí presentes sobre la hierba. «Bien», prosiguió Sandhurst, el comandante Bannerman ha hecho adecuada referencia a la genialidad del profesor Haffkine. [...] Me dice el comandante Bannerman que ahora está haciendo pleno uso de la genialidad de ese distinguido científico. [...] Llegado el momento de escribir la historia de esta plaga, el profesor Haffkine ocupará el primer lugar. [...] Como todo el mundo sabe, el descubrimiento del señor Haffkine ha sido fundamental para salvar de la muerte a un inmenso número de nuestros súbditos en India.

En este punto, Haffkine debería haberse sonrojado con el rubor de la modestia. Pero Haffkine no estaba allí. Estaba de permiso, tan lejos de las ciudades azotadas por la peste de India como quepa imaginar: en la ventosa localidad de Boars Hill, siendo inmortalizado en una fotografía por Angie Acland, cuando no elogiado públicamente por la flor y nata. De hecho, como sospecharía más tarde, la condición de aquellos elogios, especialmente por parte de su segundo, el cirujano y comandante Bannerman, era que él no estuviera presente para escucharlos en persona. ¿Fue planeada aquella apertura *in absentia*? ¿De qué otra forma puede explicarse la extraña elección del momento? ¿Se estaba produciendo algún tipo de contemporización, una «reconsideración»? Antes de abandonar India, invitado por lord Lister a dar una conferencia en la Royal Society, se había sugerido que una vez que Haffkine estuviera satisfecho con el funcionamiento del laboratorio de Bombay sería nombrado director de un instituto de investigación para toda India. Pero, mientras estaba en Inglaterra, el nuevo virrey, lord Curzon, que Haffkine creía que aprobaba el plan, estaba teniendo serias dudas, obsesionado con la amenaza rusa y, posiblemente, consciente de que, durante el tiempo que Haffkine había pasado en Calcuta, algunos periódicos habían insinuado que el vacunador ruso podía ser, en realidad, un espía ruso.[58] ¿Sería prudente, por tanto, colocarlo en una posición de tanta autoridad? El 25 de mayo de 1899, Curzon escribió al subsecretario de Estado permanente para India, Arthur Godley, que, dado que Haffkine «es ruso [...] parece un poco extraño ubicar a alguien de su nacionalidad al frente de un instituto indio».[59] Para dar ejemplo, George Curzon —con diferencia el más imperialmente pomposo de todos los gobernantes de Raj— se hizo inocular tanto a sí mismo como a todo su personal de alto rango. Pero Curzon dejó claro que no había disfrutado de la experiencia. «Te bombean en el brazo un fluido repugnante, en la cantidad casi de una copa de vino, que inflama el miembro entero y produce fiebre. [...] Uno permanece en una agonía aguda durante veinticuatro horas y en algunos casos [la vacunación] lo deja aletargado durante al menos cinco días».[60]

Y luego estaba William Burney Bannerman, el epítome de la medicina militar del IMS: erguido como una flecha; nacido y criado en Edimburgo; destinado como cirujano del ejército a Baluchistán y Birmania; víctima de la malaria; estudiante de Henry Harvey Littlejohn e impulsor de la reforma sanitaria en Edimburgo. En la primavera de 1899, Bannerman era comisionado sanitario adjunto en Madrás. Su misión era también vigilar los brotes de peste en la ciudad, que nunca se manifestaron en un número importante. Más tarde, a la luz de lo que consideraba una traición por parte de su ayudante, Haffkine explicó que a Bannerman «lo saqué yo de las orejas» de Madrás, donde estaba «dedicado a la supervisión de desagües y alcantarillas»,[61] y lo llevó al Laboratorio de Investigación de la Peste en Bombay junto con su esposa Helen, que estaba a punto de convertirse en una autora superventas con la publicación del libro *Little Black Sambo*. El juicio condenatorio de Haffkine hacia Bannerman estaba teñido por las terribles circunstancias en las que este último asumiría el cargo de director del laboratorio. Si bien es cierto que hasta ese momento la carrera de Bannerman había sido la de un higienista convencional, para quien el enfoque marcial de la inspección, segregación y desinfección había sido la ortodoxia de la salud pública, también lo es que experimentó una genuina conversión a la alternativa de la vacunación de Haffkine. En 1899, publicó en *Indian Medical Gazette* el relato de «La inoculación de toda una comunidad con la vacuna contra la peste de Haffkine». La «comunidad» era un acantonamiento de cipayos próximo a la ciudad de Belgaum (Belagavi) al oeste de Karnataka. En diciembre de 1897, Haffkine vacunó a 1.665 hombres de un total de 1.761 (y posteriormente a sus familias), lo cual dio como resultado una población enteramente libre de peste mientras, a unos pocos kilómetros de distancia, la ciudad vivía el azote de la enfermedad. «Los anteriores resultados», escribió Bannerman, «parecen apuntar a

la veracidad de la opinión expresada por Haffkine de que en su profiláctico tenemos un medio para controlar una epidemia de peste y
convertirla únicamente en una manifestación de casos esporádicos».[62]
La precaución de Bannerman al elegir sus palabras es reveladora. No
estaba dispuesto a secundar la afirmación de Haffkine sobre que la
recurrencia de los brotes de peste en aquellos pueblos y aldeas que ya
habían sido exhaustivamente desinfectados —y en ocasiones más de
una vez—, volvían inútil la ortodoxia. Haffkine estaba empezando a
hacer explícito ese desafío. «La evacuación», escribió, «aunque puede
contener un brote en una localidad específica, no es una medida que
sirva para controlar la extensión de la peste de una localidad a otra.
[...] La desinfección [a diferencia de la inoculación] es igualmente
una medida que puede no resultar eficaz».

Para los higienistas del IMS, hasta para los que toleraban o apo-
yaban la vacunación como una estrategia auxiliar, esas opiniones eran
una herejía. Según su parecer, expuesto en los volúmenes de la Comisión de la Peste bajo la presidencia de otro médico y toxicólogo de
Edimburgo, T. R. Fraser, ambos enfoques eran más complementarios
que alternativos. Parece probable que fuera la comisión la que influyó
en la decisión de designar a Bannerman como director interino del
Laboratorio de Investigación de la Peste durante el tiempo que Haffkine pasó de permiso en Inglaterra, pero también es posible que planteara la posibilidad de que el escocés fuera un director mucho más
adecuado que el «ruso». Hasta donde Haffkine sabía, Bannerman solo
estaba guardando el fuerte hasta que él volviera de su permiso. Fue,
por tanto, de un devastador impacto ser informado, a su regreso a
Bombay, por un telegrama del Gobierno de India fechado el 27 de
noviembre, de que el comandante Bannerman «permanecerá a cargo
del laboratorio», dejando a Haffkine «libre para el trabajo científico».[63]

Waldemar no era un incauto; entendió de inmediato que «libe-
rarlo» para la investigación era una forma engañosa de desplazarlo
como director general del laboratorio. Consternado e indignado, buscó una aclaración inmediata. De entrada, el cirujano general Harvey
en Calcuta se disculpó por el mensaje bruscamente engañoso del
telegrama. Había sido «emitido en ignorancia del acuerdo entre el
virrey y lord Sandhurst por el cual se aseguraba su posición como jefe

del laboratorio de Bombay mientras estaba pendiente de un empleo adicional en una rama más importante de la investigación científica».[64] Harvey, que se dirigía a Waldemar como «mi querido Haffkine», proponía seguidamente una solución en forma de títulos laborales. Haffkine sería el director jefe; Bannerman, superintendente, y estaría a cargo de la administración diaria. Estaba implícito que Bannerman debía informar a Haffkine. Pero Haffkine seguía desconfiando de que su autoridad pudiera estar viéndose comprometida. Estaba cada vez más convencido de que, cuando aquellos a los que se refería como «los caballeros» deseaban tener vigilado a alguien menos «peculiar», menos «susceptible», lo hacían de manera sibilina, inventando nuevos cargos y títulos de puestos de trabajo. Podían haberlo nombrado Compañero de la Orden del Imperio Indio en los honores del jubileo de oro, pero eso no significaba gran cosa, pues esa misma condecoración también le había sido otorgada a alguien «cuyo único trabajo era revisar las ingles y las axilas de pasajeros en el muelle de Bombay». En 1900, se había convertido en súbdito naturalizado de la reina. Pero eso no era garantía de aceptación social y profesional. Ya podía escribir lord Lister en *The Lancet* que «incluso los oponentes se han visto obligados por la lógica y los hechos a admitir el triunfo del sistema de Haffkine»;[65] y, en Berlín, Robert Koch cantar sus alabanzas. Pero, en India, en el imperio de los caballeros, era evidente que, después de todo, y a pesar de lo que había logrado, Waldemar Mordekhai Wolff Haffkine seguía siendo considerado un cuerpo extraño. Su lucha, escribió, no era «solo con las reglas, sino también con los hombres a los que no les gusta el éxito».[66]

En algún momento del verano de 1899, cuando en Inglaterra todas las miradas estaban puestas en él, Waldemar Haffkine recortó algunas noticias aparecidas en los periódicos que hablaban de un caso judicial francés en Rennes que le llamó la atención y, como era su costumbre, las archivó cuidadosamente junto con el material sobre la vacunación. El caso era la celebración de un nuevo juicio contra un oficial del ejército francés acusado y previamente condenado por espionaje y traición. Se llamaba Alfred Dreyfus.

VIII

CARBÓLICO

En los primeros años del siglo xx, el Punyab era, en ciertos aspectos, lo mismo que había sido siempre, pero en otros —las apremiantes preocupaciones de la vida y la muerte, por ejemplo— no tenía nada que ver. Seguía siendo el fondeadero en el camino hacia la frontera noroeste, las tropas avanzando penosamente a lo largo de la Grand Trunk Road. Eran raras las veces en que en los andenes de las estaciones del ferrocarril no repiqueteaba el sonido de las botas militares, los vagones atestados de soldados sij de infantería, sus *dastars* dando algo de color al mar de cascos color caqui que coronaban los rostros cocidos de los soldados británicos. En la frontera noroeste de Waziristán y Baluchistán, las rebeliones tribales eran cada vez más frecuentes. Y la cuestión de lo que pudiera o no hacer el Imperio ruso en la siguiente ronda del Gran Juego nunca estaba demasiado alejada de la agenda del día en Calcuta o Simla. Más allá de las palpitantes ciudades, Lahore y Amritsar, más allá de villas bulliciosas como Hoshiarpur y Ludhiana, se extendían los campos de trigo, cebada, mijo y caña de azúcar, regados por los afluentes de la cuenca del Indo que aseguraban a los agricultores su subsistencia, salvo cuando fallaba el monzón, claro, y la sequía agrietaba la tierra. A finales del siglo xix, esto sucedió dos veces en cinco años, en 1896 y de nuevo en 1899, no tan catastróficamente en el Punyab como más al sur y al oeste, en la presidencia de Bombay y la meseta de Deccan. No obstante, sí tuvo la gravedad suficiente como para convertir a hombres, mujeres y niños en descarnados esqueletos ambulantes. El Raj, en el momento álgido de su pompa autoimpuesta, fue también una epopeya de la miseria

339

humana. Los virreyes, lord Curzon en especial, se rasgaban las vestiduras y proferían expresiones de pesar, al tiempo que dejaban claro que la asistencia pública no debía desequilibrar jamás las finanzas del Raj o ¿adónde conduciría eso? Mientras las sutilezas contables se cumplían con gran escrúpulo, los perros salvajes y los chacales roían las cajas torácicas del ganado, las cabras y los humanos muertos, que yacían al borde de las carreteras.

Como gran parte de la India occidental y noroccidental, el Punyab estaba en peligro. «Después del hambre llega la fiebre», rezaba un dicho popular. Y cuando, en 1900, volvió el monzón, los zumbadores enjambres de mosquitos anofeles se reprodujeron, dieron picotazos y causaron una epidemia de malaria. Después llegó la peste bubónica, resurgiendo de lo que ya había sido un brote grave en 1897 y 1898. La primera oleada de contagios viajó hacia el norte por la costa desde Bombay, pasando por Gujarat hasta Ahmedabad y Karachi. Pero después, a medida que el vector formado por ratas y pulgas se desplazaba junto con los sacos de grano, penetró en las aldeas del interior y ruralizó la epidemia. Los cuerpos debilitados por años de escasez eran especialmente vulnerables a la peste. El exceso de mortalidad, que había disminuido un poco en 1900, se disparó con fiereza el siguiente año.

En el Laboratorio de Investigación de la Peste de Parel se incrementó rápida y espectacularmente la producción de vacunas para satisfacer la urgencia de la demanda. Haffkine, nominalmente director general, seguía preocupado por el verdadero alcance de su autoridad, pero fue él quien creó la primera línea de producción de vacunas a gran escala del mundo. Para el otoño de 1899 ya se había entregado medio millón de dosis; en junio de 1902, la cifra era de 2.877.038.[1] Más de dos millones de esas dosis se habían inoculado a indios, mientras —cosa que a menudo se pasa por alto— 200.000 se habían exportado a África y 110.000 a Mauricio, donde la peste había asolado la isla en 1899. Entre abril de 1902 y junio de 1903 se produjeron otros tres millones de dosis, 1.373.880 solo en el mes de febrero de 1903.[2] Fue un logro asombroso y sin precedentes. El Laboratorio de Investigación de la Peste había comenzado con una plantilla de solo cincuenta y tres miembros, que en dos años se había ampliado

Departamento de envíos, Laboratorio de Investigación de la Peste, Parel, 1902-1903.

Servicio de preparación de medios, Laboratorio de Investigación de la Peste, 1902-1903.

hasta en torno a doscientos, aunque al menos veinte de ellos eran niños, empleados en el trabajo no menor del etiquetado de botellas.[3] En ningún otro lugar en el mundo se había conseguido nada parecido, y mucho menos en tan poco tiempo. Pero para Haffkine era solo el principio. Aunque no había esperanza de que el Gobierno le concediera el equipo de siete mil personas que él juzgaba necesario para la ampliación, en 1902 se elaboró un plan para suministrar seis millones de dosis adicionales en los siguientes años: una ambición impresionante para principios del siglo XX.[4] Albert Calmette, director de la sucursal del Instituto Pasteur en Lille, produjo el suero que Yersin había creado en Bombay, el cual resultó más eficaz terapéuticamente que como profiláctico, y se utilizó en un brote de peste que padeció Oporto en 1899.[5] El propio Haffkine recomendó el suero de Yersin-Calmette como «curativo» en caso de que la acción profiláctica de la vacuna no tuviera éxito con algunos pacientes. Pero la producción de Lille fue modesta en comparación con la de Haffkine en Parel. Otros laboratorios y estaciones bacteriológicas —el Pasteur en París, la versión rusa en San Petersburgo, el laboratorio de Koch en Berlín— estaban fabricando vacunas contra la rabia, el ántrax y, en fechas más recientes, la fiebre tifoidea, mientras trabajaban en una posible vacuna contra la tuberculosis. Un pequeño laboratorio de Kasauli, en las estribaciones del Himalaya, estaba produciendo antídotos contra la rabia y se arrogó el derecho a darse a conocer como Instituto Pasteur. Pero ninguna de esas instituciones era comparable en escala y propósito a lo que había creado Haffkine en Bombay. A finales de 1902 se producían diez mil dosis al día en Parel. Una fotografía de la época muestra una gran sala sin las pilas de archivos burocráticos que antaño trepaban por las paredes —informes de ingresos arancelarios e impuestos territoriales, dragado de puertos, ampliación de carreteras y vías férreas, movimientos de tropas y alivio del hambre—, ahora sustituidas por largas mesas en las que había miles de matraces con los cultivos a partir de los cuales se preparaba la vacuna contra la peste. Otras imágenes, evidentemente encargadas por Haffkine, documentan la producción ininterrumpida.

Y, aunque los directivos eran, como cabría esperar, funcionarios blancos del IMS (Bannerman, Liston, Gibson), Haffkine también con-

Directivos del Laboratorio de Investigación de la Peste, 1902-1903: William Bannerman, tercero desde la izquierda, de pie; M. K. Pansare, de pie a la izquierda del todo; R. J. Kapadia, de pie a la derecha del todo; J. P. Pocha, sentado a la izquierda del todo; Nusserwanji Surveyor, primera fila a la derecha; Haffkine, fila central, segundo por la derecha.

trató a cuatro indios. Eran M. K. Pansare y tres parsis: J. P. Pocha, Nusserwanji Surveyor y, como cirujano principal, su adjunto científico, R. J. Kapadia. Si se hubiera salido con la suya, Haffkine habría capacitado a más colegas indios, sobre todo porque serían valiosos para convencer a los reticentes y porque, como en el caso de Surveyor, los consideraba de forma instintiva aliados ante la presencia autoritaria de los hombres del IMS. Psicológicamente, nunca perdió la inquietud del forastero. No obstante, bajo su dirección, Parel se estaba internacionalizando. Los envíos de la «linfa Haffkine» se dirigían a puertos del océano Índico, el mundo del sur de Asia donde había estallado la peste: Ceilán (Sri Lanka), Zanzíbar, Sudáfrica, el Caribe, Port Arthur, Japón, Hong Kong, Australia, Nueva Zelanda y Hawái. Ante la noticia de un brote de peste en el este de Siberia y Manchuria y la ansiedad de que pudiera viajar al oeste con los comerciantes de pieles, el médico y dramaturgo Antón Chéjov le escribió a su amigo Aleksei Suvorin en agosto de 1899: «La peste no es tan terrible aquí. Ya tenemos inoculaciones que han resultado eficaces y por las que estamos agradecidos a un ruso, el doctor Haffkine. En Rusia es de lo más impopular, pero en Inglaterra es tenido por un gran benefactor».[6]

La propagación geográfica de la enfermedad en 1901 y 1902, los años de mayor intensidad, y su atrincheramiento en la India rural otorgaron valor a la producción de Parel. Las comunidades afectadas no solo eran más difíciles de alcanzar, sino que también podían ser más resistentes a la persuasión, especialmente en el Punyab. Las prohibiciones temporales de peregrinaciones, festividades y ferias en las que se podía acceder a los curanderos tradicionales, o *hakims*, engendraron más temor e ira. En aquellos años abundaban los remedios populares, sobre todo en el campo, donde a menudo se creía que los médicos que practicaban la medicina occidental traían la peste en lugar de curarla y sacaban provecho de las ansiedades locales para ganar dinero.[7] Las comunidades más tradicionales colocaban un círculo de estacas alrededor del perímetro de sus aldeas y remataban las puntas de madera con cabezas de demonios, o pintaban animales en las paredes y las puertas mientras quemaban hojas de alcanfor y nimbo a modo de fumigación exorcizante. La medicina popular iba desde las *vaidyas*, que ofrecían remedios ayurvédicos, incluyendo estiércol de vaca u orina como desinfectantes, hasta la aplicación de ranas cortadas transversalmente sobre los bubones hinchados. El caso más notorio de terapia carismática, suficientemente exitosa como para convertirse en un pequeño culto en 1903, fue el de una mujer conocida como Bhagirathi, que afirmaba ser una encarnación de la diosa Kali y trataba la peste mordiendo los bubones y presionando con fuerza la herida con los dedos de los pies. Su número de seguidores era tal que la arrestaron por constituir una amenaza para la salud pública, a pesar de que al menos un periódico indio la defendió como practicante de su particular arte tradicional de la sanación.[8]

Consciente de que la trascendental labor de persuasión podía verse saboteada si se achacaban los remedios caseros al atraso indio,

Haffkine se esforzó en resistir los estereotipos y las caricaturas habituales. «Por supuesto, los nativos de aquí no son los prodigios de imbecilidad, superstición e ingratitud que describen algunas buenas personas. [...] A veces, las historias de supersticiones e invenciones atribuidas a la gente son falsas, en ocasiones favorecidas y exageradas».[9] En la medida en que lo permitía el régimen del IMS, para el cual ahora trabajaba formalmente, el personal de Parel era en su mayoría indio. Lo mismo ocurría en las misiones de inoculación en regiones y distritos alejados de Bombay, sobre todo porque la diversidad de idiomas indios requería asistencia local. Pero también era crucial contar con mediadores sobre el terreno que pudieran tranquilizar a los lugareños respecto de la seguridad de las vacunas. La persuasión era el factor esencial, y se presentaba la aceptación de la vacuna como lo opuesto a los regímenes draconianos, acientíficos y, en última instancia, fútiles de evacuación y segregación. En abril de 1900, el campo de segregación de Cawnpore había sido atacado violentamente y hubo cinco muertos antes de que se reprimiera el motín. También estallaron disturbios en Sialkot y Gurdaspur contra la segregación y la evacuación. En Shahrada se produjo una batalla campal entre soldados cipayos, reforzados por la policía, y una multitud de trescientos jat sijs armados con espadas y cuchillos. En Sankhatra fueron asesinados un oficial médico y dos asistentes de hospital y el campamento de personas segregadas fue pasto de las llamas.[10]

A la luz de lo que se estaba convirtiendo en una guerra civil médica, Haffkine hizo todo lo posible por defender que solo una campaña de vacunación masiva podría evitar aquellos enfrentamientos incendiarios. «La inoculación es la única medida que puede animar a la gente a adoptar [medidas] en una escala adecuada a la situación. La inoculación puede ponerse al alcance de aquellos a quienes debemos proteger de la peste».[11] Haffkine hizo cuanto estuvo en su mano para inculcar ese espíritu a los equipos de vacunación que trabajaban sobre el terreno. En 1901, batiendo el récord permanente de Alice Corthorn en Dharwar, el cirujano-capitán Edward Wilkinson vacunó en un solo día a toda una población, compuesta por 3.200 personas.[12] Por tanto, había buenas razones para confiar en los resultados de la campaña en el atribulado Punyab. Las evidencias comparativas de la epidemia de 1897 y 1898 eran irrefutables. En el distrito de Jullundur, por ejemplo, de 134 inoculados hubo un solo caso, mientras que de 1.357 no inoculados 42 habían contraído la enfermedad (aún había como mínimo una tasa de mortalidad del 70 por ciento). En otro pueblo, Maral, de los 865 inoculados hubo solo seis casos, ninguno de ellos mortal.[13] El cirujano general que presentó esas estadísticas, C. H. James, también empezaba a mostrarse escéptico con el sistema habitual de contención de la peste, sobre todo porque, como otros miembros del servicio médico, se dio cuenta de que, si acaso, la desinfección intensiva desencadenaba un éxodo de ratas infectadas a las aldeas vecinas. «¿De qué sirve segregar y mantener bajo estricta supervisión policial a unas pocas personas infectadas cuando las ratas transmiten la enfermedad a casi todos los rincones de un pueblo?», escribió.[14] Se creía incluso (y no era del todo fantasioso) que las ratas podían comunicarse entre sí para evadir el peligro. Cuestionando otra de las principales ortodoxias de la desinfección, Haffkine pidió a sus investigadores de Parel que examinaran cortinajes, ropa y muebles en calles y edificios afectados por la peste en busca de la presencia del bacilo y, huelga decir, no lo encontraron en ningún caso. En 1907, durante un discurso en la Escuela de Medicina Tropical de Liverpool, Haffkine desechó fulminantemente la obstinada suposición de que la desinfección y la segregación podían ser una forma efectiva de contener la plaga y afirmó que no eran mejor que un «placebo».[15]

¡Qué temeridad! Las pruebas negativas no harían que el IMS revolucionara las prácticas de salud pública establecidas como dogma de higiene a lo largo del siglo anterior, reemplazando la desinfección militar con misiones de inoculación masiva. La jerarquía colonial también se mantuvo firme en otros aspectos. Siempre estaría presente un director médico británico y, a menudo, otro médico local del IMS. Y, en 1901, otros tres médicos británicos formados en Netley se unieron a William Glen Liston y Maitland Gibson. «Los caballeros que ostentan el poder dejarán fuera a todo aquel que no pertenezca a su grupo», escribió Haffkine más tarde.[16] También sabía que las propuestas de los gobernantes de dos estados principescos, los maharajás Rana Ram Singh de Dholpur, en Rajastán, y Bhupinder Singh de Patiala, para crear un instituto independiente y bien financiado con Haffkine como director habían sido recibidas por las autoridades británicas como una prueba de que el científico «extranjero» estaba impaciente por hacer las cosas a su manera.

El dramático aumento de la peste en el invierno de 1901 a 1902 significaba que Haffkine tenía cosas más urgentes en las que pensar que la autoridad de su cargo. Aunque fuera capaz de producir diez mil dosis diarias, la demanda en aquel momento era de ochenta mil. «La población me ruega a diario ser vacunada», escribió. Había algunos elementos del procedimiento que evidentemente pensaba que podrían mejorarse sin poner en peligro la seguridad o la eficacia. Siguiendo los protocolos del Instituto Pasteur, el bacilo ahora se cultivaba en un medio de agar y agua en lugar de caldo de cabra. Pero, más significativamente, la desvitalización de la vacuna añadiendo solución carbólica al 0,5 por ciento fue reemplazada por la esterilización por calor. El procedimiento de Pasteur —a quien, pese a sus diferencias con Alexandre Yersin, Haffkine seguía considerando el profesional de referencia— había demostrado de manera concluyente que calentar el cultivo a unos sesenta grados centígrados durante quince minutos era suficiente para una esterilización fiable. Había que lograr el grado exacto de calor. Si era excesivo, la capacidad de la vacuna desvitalizada para generar una reacción inmune podía verse comprometida; si era insuficiente, la vacuna podía ser peligrosa. La desventaja de depender del fenilo era el tiempo de espera: al menos quince días para que su efecto antitóxico fuera lo bastante seguro como para completar la preparación de la vacuna. Después de cuidadosos ensayos con animales de laboratorio, Haffkine decidió seguir los protocolos de Pasteur establecidos en 1900 y prescindir del fenilo. Posteriormente, el IMS consideraría esto último un indicio de procedimientos poco estrictos. Y lo que era aún peor: las autoridades sanitarias de Bombay afirmaron que el cambio no les había sido notificado. Dicha acusación era falsa. De hecho, Haffkine había informado de ello, pero, al no recibir noticias, interpretó el silencio como un consentimiento.

Para los devotos de la iglesia del carbólico, tales alteraciones eran una herejía, un síntoma de conducta descarriada. Desde que, en 1864,

Joseph Lister lo aplicó por primera vez a las fracturas abiertas para prevenir una sepsis (hasta ese momento considerada una etapa intrínseca al proceso de curación), el carbólico había sido reverenciado, especialmente en Gran Bretaña, como un milagro médico. Existían otros antisépticos —percloruro de mercurio, por ejemplo—, pero ninguno ocupaba un lugar tan destacado como el ácido carbólico en lo que Lister, uno de los primeros conversos a la teoría de la infección por gérmenes de Pasteur, llamaba su «sistema antiséptico». Antes de Lister, el carbólico se había utilizado para atenuar el olor de los cadáveres de animales y humanos y las aguas residuales sin tratar, las cuales provocaron arcadas a los londinenses en el Gran Hedor de 1857. Pero, cuando se demostró que el sistema antiséptico salvaba vidas, se creía que su ingrediente indispensable, producido a partir del alquitrán de hulla, era una indemnización involuntaria de la industria por el mundo de aguas residuales que había creado. En Lever Brothers, quienquiera que ideó la marca «Lifebuoy» [Boya salvavidas] para el jabón comercializado por primera vez en 1894, sabía lo que se hacía. Aquello no consistía únicamente en prestar atención a la higiene; según la campaña publicitaria, Lifebuoy podía ser la diferencia entre la vida y la muerte. Siempre que lavarse las manos se convierte en un asunto de urgencia social y médica, el «jabón con una misión» (como fue bautizado en su reciente reintroducción en Reino Unido) cobra nueva vida.

En India, el reluciente jabón carbólico de color coral nunca ha desaparecido del todo, y sobrevivió a la caída del imperio, a pesar de que su tono bermellón era el sello de la arrogancia *sahib*. Aún es puramente indio, y las estrellas incipientes de Bollywood cantan sus virtudes saludables, inhalando un aroma tonificante que dice limpio. En los primeros años de su llegada a Asia, era presentado como el regalo por excelencia del hogar imperial a sus súbditos lejanos, que subsistían en medio de una suciedad insalubre. Antes de que se entendiera correctamente la etiología de la infección, se creía que la inmundicia asiática era la matriz en la que se criaba la peste, no solo el agua contaminada con heces que provocaba el cólera. Por tanto, había que acabar con ella enjuagándola con carbólico. Lo primero que les ocurría a los pacientes infectados, o incluso a los sospechosos de albergar la infección, cuando llegaban a los campos de segregación era un baño de rojo carbólico, y los supervivientes recibían el mismo tratamiento al partir. Mientras tanto, las casas y los almacenes eran rociados, por dentro y por fuera, con ácido carbólico y, una vez secos, se completaba la desinfección con cal. Incluso las cuadrillas de desinfección que habían trabajado en una calle o distrito eran tratadas con carbólico al final de la jornada y luego despedidas.

Prescindir del carbólico, por tanto, sobre todo en favor de alguna alternativa francesa promovida desde París, no solo era visto como un protocolo irresponsable por los guardianes del sistema antiséptico, sino que constituía una herejía higiénica, un coqueteo con un experimento extranjero dudoso. Sin duda, provocaría víctimas.

En el otoño de 1902, alrededor de mil almas vivían en el pueblo punyabí de Malkowal. Los campesinos cultivaban los cereales típicos del norte de India (trigo, cebada y mijo), regados por el río Beas y sus arroyos y acequias afluentes. Las casas de adobe, con una sola planta, estaban muy juntas y formaban pequeños recintos en los que las cabras y las gallinas deambulaban entre los niños de la aldea. Las casas estaban concebidas para ofrecer más sombra que luz o ventilación, y las ventanas no eran más que simples aberturas, sin cristales y en su mayoría sin postigos. Las puertas dobles de madera a menudo estaban pintadas de azul pálido y equipadas con manetas de hierro. Dentro y fuera había vasijas de barro de diferentes tamaños, las más grandes muy grandes, que contenían cereales, un verdadero reclamo para la población local de ratas. Ello prácticamente garantizó que la peste visitara aquel rincón del noreste del Punyab, como sucedió en 1897 y 1898, cuando el distrito de Hoshiarpur, en el cual se encontraba Malkowal, sufrió uno de los brotes más graves de la provincia.

En octubre de 1902, mientras la epidemia arrasaba una vez más el centro y el norte del Punyab, un equipo del IMS supervisado por el capitán A. M. Elliot, excirujano civil de Bijapur pero con dos años de experiencia practicando inoculaciones, llegó a Malkowal para ofrecer dosis a tantos habitantes como aceptaran. Como ocurría casi siempre en comunidades tan pequeñas, hubo cierta renuencia inicial, pero, movidos por la disposición de los ancianos de la aldea a dar ejemplo, recibieron la vacuna ciento siete personas. El 30 de octubre, en un campo sito a las afueras del pueblo, Elliot empezó la inoculación.

Una semana después, a partir del 6 de noviembre, algunos vacunados empezaron a presentar los inconfundibles síntomas de la intoxicación por tétanos: violentos espasmos musculares que fijaban la espalda en un arco de hierro, brazos rígidos, rostros congelados en *risus sardonicus*, el rictus de tétanos, y, al cabo de un día o dos, la parálisis cardiaca que acababa con su vida. Cuando apareció el último caso el 9 de noviembre, diecinueve habitantes de Malkowal estaban muertos. Elliot se percató inmediatamente de que todas las víctimas mortales habían recibido la vacuna de un solo frasco con la etiqueta «53N». Ninguno de los otros inoculados había sufrido efectos nocivos, pero el pueblo entero estaba atenazado por el miedo y el dolor. Elliot supo al instante que el desastre podría haber matado no solo a diecinueve campesinos, sino a toda la campaña de vacunación india.

Pasó una semana más hasta que la noticia de la calamidad llegó a Parel y cayó como un rayo sobre Haffkine y su personal. A pesar de que el 80 por ciento de los inoculados en Malkowal estaban sanos, se suspendió inmediatamente la vacunación. El gran plan para inocular a otros seis millones de personas fue abandonado abruptamente. Se creó un comité de investigación compuesto por solo tres miembros, todos ellos pertenecientes a las clases dirigentes británico-indias. Dos de ellos, sir Lawrence Jenkins, presidente del Tribunal Supremo de Bombay, y el cirujano Gerald Bomford, director del Grant Medical College, no poseían conocimientos bacteriológicos, ya fueran teóricos o prácticos. El tercer miembro, el teniente coronel David Semple, era el jefe del laboratorio de rabia de Kasauli. Semple había estudiado en Netley y había trabajado en una vacuna contra la fiebre tifoidea. Pero su vacuna contra la rabia, desarrollada a partir de cerebros de oveja batidos, tenía efectos secundarios tan alarmantes, incluida la parálisis, que acabaría siendo calificada de peligrosa.

Lo que había sucedido en Malkowal adquirió los inevitables tintes políticos. Quienes siempre se habían mostrado escépticos ahora pensaban que la «linfa Haffkine», que había salvado cientos de miles, si no millones de vidas, era dudosa o incluso letal. El Gobierno y el IMS concluyeron que, dado que siempre había sido difícil convencer a los indios de la seguridad y eficacia de la vacuna, ahora sería una tarea prácticamente imposible. Incluso podía fomentar descontento político en todos los sectores de la comunidad india que desde el principio abrigaban dudas sobre la gestión británica de la peste. Lord Curzon se enfureció como si Haffkine fuera el responsable de socavar no solo su defensa de la vacuna mediante el ejemplo, sino la afirmación del Raj británico según la cual se preocupaba por el bienestar de sus súbditos indios. «Haffkine», escribió a Arthur Godley, de la Oficina de India, «debería ser ahorcado por su locura. Si esta terrible catástrofe sale a la luz, podría suponer el final de la inoculación, e India y la causa de la ciencia sufrirían un revés. [...] En mi opinión, merece ser juzgado».[17]

Pero la propagación de la peste en el Punyab fue tal que, en 1903, se reanudó la vacunación y se organizó una «Exposición de salud» en Bombay para tranquilizar a los ansiosos. No obstante, se necesitaba un chivo expiatorio para el desastre de Malkowal y, por supuesto, la presunción de culpabilidad recayó de inmediato en Waldemar Haffkine. Incluso antes de que el comité empezara a recabar pruebas, un funcionario escribió que «muy probablemente sería necesario destituirlo». Tras escuchar con gran detalle a Elliot, la Comisión Jenkins informó al Gobierno indio en abril de 1903 y concluyó que «la contaminación se produjo antes de que se abriera el frasco». Su razonamiento era que si las vacunas habían infectado a diecinueve víctimas era necesario que hubiera abundancia de la toxina «durante un tiempo considerable». Los frascos, incluido el 53N, habían sido preparados y cerrados herméticamente cuarenta y un días antes de las inoculaciones de Malkowal y veintiséis días después de que la vacuna comenzara a enviarse desde Parel. La deducción obvia era que la contaminación había tenido lugar en la fuente y, aunque el informe no pretendía juzgar quién debía ser considerado responsable de aquel error mortal, señalaba que la adopción del cultivo de agua en agar y la omisión del ácido carbólico en la esterilización habían sido decisión del director en jefe. Nadie pareció preguntarse, al menos en voz alta, por qué otros frascos con una forma y un tiempo de preparación idénticos fueron inofensivos en Malkowal.

En su testimonio ante la comisión, Haffkine había cuestionado esas suposiciones frívolas y, como evidentemente pensaba, ignorantes.[18] Ante el abrumador desafío que suponía aumentar la producción de vacunas de diez mil frascos por día a ochenta y cinco mil, se adoptaron los medios de fabricación más rápidos, pero sin poner en peligro la seguridad, como recalcó una y otra vez. El medio de cultivo a base de agar era «el más simple, fácil y rápido». Carbolizar la vacuna tras la esterilización por calor a 70 grados centígrados, explicó pacientemente, no solo era gratuito, sino que «habría implicado abrir frascos», lo cual retrasaría la producción y podría exponer la vacuna a un mayor riesgo de contaminación, y no a la inversa. El suero contra la peste desarrollado por Albert Calmette había utilizado de manera fiable la esterilización por calor, una observación que, como era de esperar, no impresionó a los comisionados de Jenkins.

¿Qué pasaba con los demás testimonios de colegas en Parel? Según descubrió Haffkine, solo Maitland Gibson había defendido firmemente la probabilidad de que la contaminación hubiera ocurrido en el pueblo y no en el lugar de producción. Liston y Bannerman se mostraron ambiguos y, para sorpresa de Haffkine, aceptaron el juicio prematuro de la comisión. Pero Bannerman, que no hacía mucho era su protegido y asistente de viaje, al menos en la mente comprensiblemente agitada de Haffkine, había pasado de ser un colega a un usurpador. En mayo y principios de junio de 1903, las relaciones entre ambos descendieron rápidamente a una amarga y poco edificante guerra dentro del laboratorio. Ante la sospecha de que Bannerman quería aprovechar su situación para ascender en la jerarquía, Haffkine lo invitó a explicar cuáles pensaba que eran las especificaciones de su trabajo. Bannerman respondió preguntando qué tipo de detalles se suponía que debía especificar: ¿horas, inspecciones, paradero? Luego se puso irritable cuando Haffkine no respondió a tres notas adicionales. «¿Debo entender que no tiene intención de contestar o que se está tomando su tiempo para pensar las cosas? [...] Ni siquiera ha acusado recibo. [...] Me veré obligado a exponer mis argumentos ante el cirujano general señalando la naturaleza impracticable de la situación actual».[19] Cuando lo hizo, Bannerman dejó claro que asumiría un «control total» de todo lo que no fuera pura investigación: «disciplina» del personal, finanzas, pedidos de material, supervisión de procedimientos y protocolos, suministro de animales de laboratorio y, lo más importante de todo, la última palabra sobre los nombramientos. En ese momento desapareció el último remanente de confianza mutua. Haffkine acusó al superintendente de ningunearlo al comunicarse directamente con el cirujano general en Calcuta. A su vez, Bannerman acusó a Haffkine de minar su autoridad al decirle al personal que ignorara cualquier cosa que saliera de la oficina del superintendente y lo informara a él. En vista de la insistencia de Bannerman en el «control total», Haffkine le escribió al cirujano general Harvey que, además de la investigación y producción de vacunas, se consideraba un profesor comprometido con la capacitación de toda una cohorte de indios. Pero, mientras todos sus movimientos fueran limitados por directivos como Bannerman, no podría impartir sus enseñanzas adecuadamente. En cuanto a la insistencia de Bannerman en el «control total», «no solo no se puede contemplar ninguna de las [peticiones] anteriores, sino que la presencia en el laboratorio de un hombre con las exigencias y aspiraciones del comandante Bannerman ha tenido un efecto desorganizador y paralizante, como podrá apreciar cualquiera. [...] Espero que el Gobierno vea con claridad que hay que poner fin a esta situación».[20]

De hecho, así fue, pero no de la manera que Haffkine deseaba. Malkowal había socavado fatalmente su autoridad y no estaba en posición de plantear exigencias. A finales de 1903, desesperado por exponer su versión de los hechos ante el Gobierno de Bombay, Haffkine escribió al secretario militar del gobernador solicitando una «entrada privada» a la «*levée*» formal que se celebraría el 22 de diciembre, tal vez para intentar hablar largo y tendido con lord Lamington.[21] Suponiendo que esto sucediera (y habría sido poco probable), fue inútil. A Haffkine le pidieron que cogiera la baja un año, durante el cual percibiría la mitad de su salario, a la espera de las conclusiones de la investigación. Pero las autoridades anglo-indias ya habían tomado una decisión. Lord George Hamilton, el secretario de Estado para India, empezaba una carta dirigida a Curzon afirmando que «lamentaría que se separara de Haffkine. Es un genio con unas habilidades bastante extraordinarias para la investigación». Pero luego agregaba, como si el científico díscolo hubiera aprendido la lección por las malas y pudiera ser más respetuoso con las convenciones del IMS: «Creo que se sentirá tan humillado y deprimido a causa de su propia locura que en el futuro le parecerá un sirviente valioso, ya que tiene que borrar el descrédito que durante años estará ligado a su suero asesino».[22]

Hamilton tenía razón en una cosa: Haffkine sentía que su autoridad y reputación estaban en ruinas. Solo dos años antes había sido una figura que inspiraba admiración, casi hasta el punto de la reverencia: invitado a ocuparse de la creación y dirección de una universidad de investigación para toda India, financiada por la dotación de Tata. El Gobierno de India estaba de acuerdo, e incluso le pidió que elaborara planes detallados para su funcionamiento.[23] Ahora, el virrey quería que fuese juzgado, condenado y ejecutado. Pero aquel golpe personal no fue nada (o eso se decía a sí mismo) comparado con la destrucción de la misión de su vida: salvar a un número incalculable de personas mediante las vacunas. En todo momento, su batalla había sido sustituir un tipo de autoridad por otra. Lo que había encontrado en India era el imperio de la desinfección drástica, aplicada en buena parte de forma invasiva, indiscriminada y coercitiva. Tenía la esperanza de reemplazarlo con la autoridad de la ciencia, más concretamente la bacteriología, propagada a través de la inoculación a quienes consintieran en recibirla. La persuasión en lugar de la coerción, junto con la demostración mensurable de protección y mitigación, transformaría las vidas de los más vulnerables a las aterradoras oleadas de infección: los pobres de Asia.[24] Ahora, a pesar de la reanudación de la campaña de vacunación en el Punyab, el destino a largo plazo de la vacunación masiva corría grave peligro. Y no por un solo desastre, por terriblemente fatal que hubiera sido, sino por el razonamiento erróneo y las conclusiones injustificadas de la investigación que había atribuido las muertes de Malkowal al laboratorio que producía la vacuna.

Esto resultaba aún más mortificante porque las pruebas facilitadas al comité de investigación parecían apuntar abrumadoramente a que la contaminación no se había producido en el origen, sino durante la inoculación en la aldea misma. Para empezar, ninguna de las otras cuatro botellas de las que se extrajo la vacuna provocó efectos nocivos, pero todas procedían del mismo lote. En segundo lugar, la toxina del tétanos que había podido desarrollarse durante un periodo prolongado —sin duda, los cuarenta y un días desde que se completó el lote 53N en Parel— siempre desprendía un olor fuerte y revelador. Pero Elliot, que solía examinar los frascos recién abiertos en busca de signos de contaminación, había declarado que la botella tóxica no desprendía ese olor. Después, algún miembro del comité dijo que, como de los frascos de la vacuna emanaban olores distintos, no era de extrañar que Elliot no percibiera nada desagradable. Sorprendido por la torpeza, que debió parecerle intencionada, Haffkine tuvo que señalar (tres años más tarde, en sus largas cartas a Godley) que no se trataba de diferencias en los olores. El frasco 53N no presentaba olor alguno. Por tanto, era imposible que la toxina se introdujera en Parel y creciera constantemente durante los más de treinta días transcurridos hasta que se administraron las inoculaciones. En tercer lugar, el hecho de que las víctimas tardaran una semana en presentar signos de tétanos denotaba que su crecimiento había comenzado en el lugar donde se efectuó la campaña de vacunación. Si se hubiera cometido un error en Parel, el crecimiento abundante de bacterias habría ocasionado una aparición inmediata de los síntomas y, ciertamente, no más de un día después de la inoculación.

Pero la evidencia que debería haber corroborado que el percance fatal ocurrió en los campos de Malkowal, y no en el laboratorio de Haffkine, trascendió durante el detallado relato que hizo Elliot sobre la preparación de las vacunas antes de la inoculación. Entre la apertura del primer frasco y el llenado de las jeringas, tuvo lugar algo que podía parecer un percance menor. Al asistente de preparación, Narinder Singh (encargado de agitar, abrir y llenar la jeringa), se le habían caído las pinzas de disección utilizadas para abrir la botella antes de quitar completamente el tapón. Luego las recogió y las enjuagó superficialmente con carbólico antes de continuar extrayendo el tapón de goma. Aunque pocos tenían formación médica o científica, los preparadores indios como Narinder Singh eran parte indispensable del equipo itinerante de vacunación. No solo ejercían de ayudantes del teniente o el capitán cirujano, sino también de intérpretes. La voluntad de los ancianos de la aldea local, los *tahsildars* y los *qadis*, de aceptar la inoculación para su aldea y dejarse convencer de que los rumores aterradores estaban fuera de lugar, dependía en gran medida de aquellos hombres y de su familiaridad con la comunidad local. Y, de hecho, no había ninguna razón para que Narinder Singh supusiera que estaba haciendo algo malo, ya que estaba siguiendo las instrucciones del *Manual de la peste para el Punyab*, que abordaba tales sucesos. Quienquiera que redactó aquellas instrucciones no podía saber que se necesitaban al menos quince horas de inmersión en ácido carbólico para que un objeto contaminado se desinfectara de forma segura. El librito azul de instrucciones de Haffkine, que había de ser repartido a todo el personal de inoculación, no podía ser más claro (o detallado) en cuanto a la importancia crucial de la esterilización *in situ*. Especificaba que las pinzas «deben calentarse en una llama de lámpara de alcohol inmediatamente antes de su uso y protegerse de cualquier contacto con un objeto no esterilizado». Asimismo, «el tapón y el cuello de la botella deben pasarse a través de la llama de la lámpara para causar una ligera chamuscada en el tapón, que luego se retira con las pinzas calentadas. [...] Después de abrir la botella, debe evitarse todo contacto entre la abertura y cualquier objeto no esterilizado y, si se produce un contacto involuntario con la abertura, debe calentarse nuevamente en la llama».[25] Pero más tarde se supo que el libro azul de Haffkine no siempre era repartido a los equipos de inoculación e, incluso cuando estaba disponible, a menudo se ignoraba en favor del manual más antiguo emitido por el Gobierno, el cual insistía en su confianza absoluta en el carbólico. Después de recoger las pinzas de la tierra de Malkowal, no habían sido esterilizadas con la llama de la lámpara de alcohol. Sin embargo, Haffkine no conoció ese detalle crucial hasta pasados tres años.

Para disipar cualquier duda sobre las conclusiones de la Comisión Jenkins, se encargó una segunda investigación al Instituto Lister de Medicina Preventiva de Inglaterra. Los experimentos se llevaron a cabo en Inglaterra utilizando animales de laboratorio y los restos de la botella original contaminada, aunque, cuando el Instituto se hizo con ella, otras impurezas viciaron cualquiera de sus conclusiones. Tampoco importaba. En noviembre de 1904 anunciaron al Gobierno que, en los aspectos cruciales, coincidían con el informe de la Comisión Jenkins y que, «con toda probabilidad, el tétanos [ya] estaba en el frasco en el momento de la inoculación». Sin embargo, no supieron decir cómo o cuándo llegó hasta allí. En una nota curiosa, aunque reveladora, dada la convicción del IMS de que la omisión del carbólico tuvo algo que ver con el accidente, o quizá todo, al Instituto Lister también se le pidió que juzgara si la adopción del medio de agar y la esterilización por calor por parte de Haffkine era tan segura y eficaz como el procedimiento «estándar» (así lo llamaban). El Instituto escribió —de manera insatisfactoria para los detractores de Haffkine— que sus experimentos con animales denotaban que, efectivamente, lo era.

Esa concesión era demasiado cautelosa y tardía para afectar al destino de Haffkine. El 24 de noviembre de 1904 fue destituido de su cargo como director en jefe del Laboratorio de Investigación de la Peste. William Bannerman regresó de Madrás y retomó su puesto como superintendente, pero, sin duda para disgusto de Haffkine, eso significaba que era el jefe indiscutible del laboratorio. Incapaz de defenderse en India, Haffkine volvió a Inglaterra y se instaló en el hotel St. Ermin's, una mansión reconvertida cerca de St. James's Park. No pensaba rendirse. Al año siguiente regresó a las dos cunas de su especialidad científica. En París dio varias conferencias en el Institut Pasteur sobre la vacuna contra la peste, como si nada hubiera comprometido su valor o su reputación. A finales de 1905 viajó a Odesa y visitó la universidad donde había comenzado su andadura como científico. Pero el motivo más convincente de su presencia allí fue el terrible pogromo que se había producido en octubre, en el cual fueron asesinados seiscientos judíos, miles fueron brutalmente asaltados y casas y propiedades fueron quemadas o demolidas. Haffkine debió de recordar trágicamente el papel que había desempeñado en la autodefensa comunal de 1881.

Ya en Inglaterra, en febrero y marzo de 1906 escribió dos cartas extensas a los directores del Instituto Lister, en las cuales señalaba las flagrantes discrepancias entre las pruebas de sus investigaciones y las conclusiones del propio Instituto. De hecho, este ya había empezado a dar marcha atrás en su apoyo a la Comisión Jenkins, si bien de la manera más equívoca y discreta. Aunque seguían manteniendo que el fluido de la vacuna «probablemente se contaminó de tétanos antes de la apertura», no podían «descartar la posibilidad» de que hubiera ocurrido en la aldea. En mayo, respondiendo a la exposición detallada de Haffkine sobre esas inconsistencias, el órgano rector de Lister retrocedió aún más, aunque sin repudiar del todo su veredicto original. «Aunque opina que la impureza del tétanos estaba principalmente en el líquido [es decir, antes de abrir la botella], el órgano rector no tenía justificación para afirmar esto como un hecho probado». Así es. Además, «el órgano rector lamenta que en su informe del 24 de noviembre [de 1904] se describiera inadvertidamente su conclusión como la misma que la de la comisión». Estaban dispuestos a tener en cuenta la posibilidad de que las esporas del tétanos se hubieran asentado entre el tapón y el borde de la botella (sin mencionar las pinzas que se habían caído), aunque tales consideraciones, insistían, eran «neutralizadas» por otras (no mencionadas). Dadas las circunstancias, pensaban que «el señor Haffkine tenía razón al reclamar el beneficio de la duda».

Tres series sucesivas de conclusiones, cada una de las cuales se retractaba de algún elemento de la anterior, resultaron vergonzosas para los investigadores del Instituto Lister, pero su última concesión estaba todavía muy lejos de la exoneración y no sirvió de mucho a la causa de Haffkine, aparte de animarlo a reivindicarse aún más. Ahora sabía que las instrucciones oficiales que ordenaban a los inoculadores abandonar los protocolos de esterilización por calor de Parel-Pasteur en favor del carbólico no solo habían sido inútiles, sino que en realidad habían provocado el desastre.[26] En vista de la casi retractación del Instituto Lister, Haffkine envió cartas a la Oficina de India, una de las cuales provenía del Instituto Pasteur de París. Se trataba de una extensa *apologia pro sua vita* que incluía una conmovedora declaración de vocación sobre «la salvación de vidas que he podido presenciar», pero aun así «insignificante en comparación con la enorme mortalidad que podría evitarse si se le dieran los recursos, la confianza y el poder para nombrar a científicos y médicos jóvenes que él juzgara aptos para la gran tarea».[27] Como era de esperar, ese tipo de llamamientos altruistas y apasionados chocaron contra el muro de la imperturbabilidad oficial. Cuando Arthur Godley, de la Oficina de India, declaró que debería bastar con que el Gobierno publicara los hallazgos de la Comisión Jenkins, Haffkine respondió asombrado que dicho informe respaldaba los descubrimientos en su contra y lo acontecido. Así pues,

¿cómo iba a sentirse satisfecho con su publicación? Godley no se inmutó. Las cosas empeoraron cuando Haffkine, aceptando que era poco probable que le permitieran volver a Parel, dejó claro que esperaba dirigir cualquier institución a la que pudiera ser transferido. Además, «en caso de que mi trabajo necesite asistentes y el Gobierno me los permita, es importante [...] que su recomendación provenga de mí».[28] Rápidamente le quedó claro que nada de eso sucedería. Godley escribió que Haffkine recuperaría su salario; era libre de investigar y publicar, siempre que informara de los hallazgos al Gobierno indio y solicitara su consentimiento. Pero «no pueden aceptar que usted sea un asesor científico en comunicación directa con ellos o mejorar su salario, estatus y posible pensión, ni facultarlo para nombrar e intercambiar a sus asistentes».[29]

Todo esto —el destierro del laboratorio de Bombay y las instalaciones de producción de vacunas que había creado, la cancelación de cualquier posibilidad de que dirigiera un instituto, su degradación al estatus de investigador adscrito al Hospital General de Calcuta— era lo máximo que Haffkine podía esperar del Gobierno, incluso cuando la política de segregación y desinfección coercitiva a la que había vuelto no estaba haciendo nada para detener la propagación de la peste. Visto desde la Casa Virreinal, era útil que un extranjero, incluso un naturalizado (ya que algunas personas solo se naturalizan en apariencia), fuera responsabilizado la calamidad.

Pero entonces las autoridades cometieron un grave error. El 1 de diciembre de 1906, el mismo día que la carta de rechazo de Godley, se publicó también, tal como se había prometido, la colección de documentos relacionados con Malkowal, incluido el informe Jenkins, como suplemento especial de *Gazette of India*. Sentado en su despacho de la Oficina de India, Arthur Godley debió de imaginar que eso zanjaría el asunto de una vez por todas. Pero fue la primera vez que Haffkine supo de la caída de las pinzas, y ese detalle dramático e instantáneamente reivindicativo lo sacó de la desmoralización que lo invadía cada vez más. Ahora, la injusticia parecía más imperdonablemente escandalosa que nunca, sobre todo porque había sido muy minucioso con los protocolos de esterilización y había reemplazado los tapones de corcho de las ampollas con caucho de India precisamente porque el primero no podía esterilizarse de manera fiable.[30] A principios de febrero de 1907, esos mismos trabajos se publicaron en *The Journal of Tropical Medicine and Hygiene*, prologados con una crítica feroz del director, James Cantlie, a cómo se había tratado todo el episodio. El *British Medical Journal* adoptó un tono diferente, haciéndose eco de la exasperación del IMS por que el asunto aún estuviera siendo impugnado. «Es difícil imaginar», comentaba el *BMJ*, «que el asunto hubiera podido investigarse de manera más exhaustiva e imparcial, y creemos que el señor Haffkine haría bien en permitir que se olvide el incidente».[31]

Las nuevas revelaciones tuvieron el efecto contrario. William Ritchie Simpson, quien, como director médico en Calcuta, había sido defensor, amigo y compañero de viaje ocasional de Haffkine en la campaña de vacunación contra el cólera de 1894 y 1895, y ahora era profesor de Medicina Tropical en el King's College de Londres, escribió al *BMJ* que las pruebas aportadas por el informe Lister dejaban claro que la suposición de que era necesario un crecimiento prolongado de la toxina para la contaminación fatal era errónea. Asimismo, añadió que, dado que ese error era la única base para afirmar que había comenzado en Parel, se había cometido una «grave injusticia» con Haffkine.

Probablemente fue Simpson quien propuso que Haffkine escribiera a su amigo sir Ronald Ross, que en 1902 se había convertido en el primer ganador británico del Premio Nobel por su trabajo sobre el ciclo vital del parásito de la malaria y su transmisión a través de la picadura de mosquitos. Haffkine no era un desconocido para Ross. En 1895, cuando estaba luchando para contener un brote de cólera en Bangalore, sabía, como escribió en sus memorias, que «W. M. W. Haffkine había llegado a India en 1893 desde el Instituto Pasteur y trajo consigo su famosa vacuna anticólera, y ahora la estaba probando a gran escala en India». Pero, por más que le hubiera gustado utilizar la vacuna en Bangalore, «no pude […] porque mi laboratorio y mi personal no estaban suficientemente desarrollados para administrársela a gran cantidad de personas, y esas mismas personas habrían planteado objeciones en su momento».[32] Las relaciones entre los dos no eran fáciles. En 1897, cuando Ross luchaba por obtener el apoyo del

Sir Ronald Ross.

Gobierno indio para su trabajo con la malaria y creía (sin mucha justificación) que Haffkine contaba con el respaldo de las autoridades, sospechaba que las reservas por parte del bacteriólogo significaban que no podía pedirle apoyo. Pero, si existía cierta frialdad entre ambos científicos, desapareció a fines de la primavera de 1899, cuando Haffkine fue a Liverpool para la inauguración de un Departamento de Enfermedades Tropicales en el University College, donde Ross fue su primer profesor.

A finales de 1904, Haffkine le había escrito a Ross, evitando cualquier referencia a Malkowal y su destino posterior. Cuando planteó el tema a principios de 1907, procuró hacerlo en el tono más respetuoso. ¿Le importaría a Ross «contribuir» al debate «dando a conocer la opinión que pueda tener sobre el asunto?». En efecto, podía. Y todo cambió con esa «contribución».

Gran parte de lo sucedido a continuación obedeció a que Ross había llegado a ver en Haffkine a un compañero de lucha por la causa de la ciencia y contra lo que él denominaba «barbarie administrativa». La suya, pensaba, era una camaradería natural de forasteros, gente cuyo trabajo se había visto asediado una y otra vez por la indiferencia, la

ignorancia, la ingratitud y la franca hostilidad de las autoridades imperiales: una tiranía de los mediocres. «A los Gobiernos», escribió en sus
memorias, «les encanta nombrar a Fulano, Mengano y Zutano para sus
puestos científicos más importantes y luego considerarlos verdaderos
profetas [...] [pero], con mucha frecuencia, no poseen el cerebro necesario para hacer descubrimientos profundos, o ni siquiera para com-
prenderlos cuando los hacen otros».[33]

Sin embargo, a primera vista, la carrera de Ross parecía un progreso imperial ejemplar. Había nacido en 1857 en Almora, situada en
las colinas de Kumaeon que bordean Nepal, tres días después del
estallido de la gran insurrección de los cipayos que durante un tiempo parecía que iba a acabar con el poder de la India británica. Su
pedigrí era Clan Ross de Ayrshire; un conde ancestral había muerto
en el campo de batalla en 1333. Más concretamente, como tantos
miembros de la alta burguesía escocesa, las fortunas de la familia Ross
habían disminuido drásticamente en el siglo XVII y principios del
XVIII, de modo que, cuando surgió la oportunidad de repararlas en India, los Ross se convirtieron en *condottieri* de la Compañía de las Indias
Orientales. Uno de sus abuelos había servido en los ejércitos de John
Company y, gracias al habitual botín conseguido a base de derrama-
mientos de sangre, había vuelto a comprar parte de sus tierras en
Ayrshire. El padre de Ronald, el general Campbell Claye Grant Ross,
era comandante de un regimiento gurja que se enfrentó a los pastu-
nes. La familia era famosa por su mal genio. Un tío abuelo había sido
abatido por su primo en un duelo en Blackheath.

Es posible que los Ross indios fueran imperialistas sanguinarios,
pero no incultos. Cuando no estaba montando a caballo, disparando
y recibiendo disparos de los indios, Campbell Claye andaba ocupado
dibujando su paisaje nativo (las figuras, apostillaba su hijo, no eran el
fuerte de su padre). Por la noche había música familiar: tríos de flau-
ta. Ronald era el mayor de diez hijos y precozmente dotado en todos
los sentidos. Cuando rememoraba su infancia en el interior del país,
evocaba de manera idealizada el sabor del pescado *dal* y *mahseer*, el
suave silbido de los *punkahs*, los rododendros en flor y el sol del amanecer evaporando la niebla en el valle situado a los pies de las colinas
mientras un leopardo dormitaba en el porche.

Inevitablemente, el idilio indo-alpino tocó a su fin, en su caso a la edad de ocho años, cuando fue enviado a la isla de Wight para vivir con unos tíos suyos y asistir a una escuela cercana, seguida de una sucesión de instituciones en las que se hizo amigo de chicos llamados Dashwood y Binns. Las lecturas de Ronald, una vez que hubo despachado la Biblia, fueron Shakespeare y Marlowe, seguidos de *Don Quijote*, Milton y Homero. También empezó a pintar. Una acuarela de un velero en el estrecho de Solent, pintada cuando tenía unos doce años, está inundada de una luz marina nacarada. En su segunda escuela, Springhill, cerca de Southampton, Ronald tenía acceso a un recinto en el que, ya fascinado por la zoología, observaba los hábitos de los lagartos, las ranas y las serpientes. A pesar de que sus maestros lo consideraban un loco, sabían que apenas había nada que se le diera mal, con la posible excepción del álgebra. En cambio, era tan bueno en geometría que le regalaron un libro titulado *Las esferas del cielo*, el cual, redescubierto muchos años después, lo llevó a creer que su auténtica vocación era resolver los grandes enigmas matemáticos. A los catorce años ganó el premio de dibujo en los Exámenes Locales de Oxford y Cambridge, presentando una copia de un «portador de la antorcha» que en aquel momento se creía que era de Rafael. ¿Un artista, entonces? ¿Un escritor de romances? ¿Un poeta?

El general tenía otras ideas. La música y la pintura estaban muy bien; él mismo las practicaba, pero la vida debía estar hecha de un material más duro. Muy bien, respondió Ronald, ¿qué tal el ejército o la armada? Pero el general se mantuvo firme en su opinión de que Ronald debía ser médico del servicio indio. Ross padre sufría episodios periódicos de malaria, y su hijo había presenciado con angustia cómo temblaba y ardía en sudores. Ronald no deseaba ser médico. Las musas lo estaban llamando. Pero no era él quien había de decidir. En 1874, el joven de diecisiete años ingresó en la Escuela Hospital de Bart, donde, según su propio relato, pasaba gran parte del tiempo escribiendo poesía y romances en prosa, dominando las sonatas *Claro de luna* y *Pathétique* de Beethoven y dibujando todo lo que se le ponía por delante, incluido un camaleón que le regaló su apuesto tío Charles, cuyas seductoras volutas de humo de puro introdujeron de por vida a Ronald en la adicción al tabaco. Aprendía por repetición y estudiaba para los exámenes en el último minuto, una arrogancia que lo llevaba a aprobar un examen del IMS y a suspender otro. Escapar del trueno paterno supuso una temporada en el mar como cirujano en el SS Asata, que hacía la ruta del Atlántico Norte entre Inglaterra y Nueva York. En primera clase viajaban pasajeros adinerados y, en tercera, inmigrantes pobres, muchos de ellos judíos. No importaba que no tuviera el título de medicina ni experiencia alguna. Rara vez era necesaria una cirugía entre las olas, tan solo alguna que otra dosis de creosota para calmar un estómago agitado. Nadie podía resistirse al inteligente y creíble joven Ronald, ni los hombres que frecuentaban bares en busca de mujeres, ni «los millonarios estadounidenses adictos a las drogas», ni los «reverendos de diversas creencias», ni «las damas dudosas». Tenía veinticuatro años y era guapo e inteligente, pero no un verdadero trotamundos. Otra intentona con los exámenes del IMS le valió un aprobado raspado que lo situó en el puesto diecisiete de un total de veintidós. Con eso bastaría.

Las estrellas del servicio normalmente eran enviadas a Calcuta o Bombay. A Ross lo destinaron a Madrás. Después vinieron siete años de tedioso aprendizaje, incluida una temporada en Birmania, una vez que la expedición del general Harry Prendergast hubo destruido el antiguo reino, un logro que incluso para los criterios imperiales británicos fue un espectacular ejercicio de cinismo asesino y desencadenó una insurrección que se prolongaría una década. Ross no era un gran detractor del imperio, tan solo de la arrogancia desmesurada que lo presidía, ya fuera desde las ceremoniosas oficinas de Whitehall o desde los acantonamientos y clubes de India. A ratos obediente y a ratos desdeñoso, llevaba a cabo las rutinas habituales de forma mecánica, sobre todo al velar por el bienestar de los *sahibs*: examinando lenguas sucias y córneas ictéricas, y recetando dosis de quinina para los temblores de la malaria y otros remedios para la gonorrea. Siempre que era posible, hacía viajes al campo, donde pescaba, dibujaba y encontraba plácidos escenarios en los que escribir sus poemas y «*dramettas*», ni muy buenos ni muy malos. Pero se debatía entre el hastío y la alienación, y en los momentos de reflexión se preguntaba: «¿Qué estaba haciendo yo para perfeccionar el motor de la vida humana?».

Cansado de todo, lanzó la primera de muchas amenazas de renuncia a menos que se le concediera un permiso. En 1888 estaba de vuelta en Londres, donde exigió una prórroga de dos meses por razones que el IMS difícilmente podía negar. Ross se inscribió en el primer curso británico en salud pública y regresó a la Escuela Hospital de Bart para estudiar bacteriología con Emanuel Klein, el científico judío croata que en 1885 había publicado el primer libro en inglés sobre bacteriología. El año anterior, Klein había confirmado la identificación que había hecho Koch del *Vibrio comma*, aunque manifestando cierto escepticismo sobre su acción causal, si bien de forma reciente había tenido que defenderse de los furiosos ataques de los antiviviseccionistas por su uso de animales de laboratorio. Estudiante y maestro se hicieron lo bastante amigos como para que Klein facilitara a Ross cajas de cultivos bacterianos para que se las llevara a India.

En 1892 murió el general Campbell Claye Ross. La imagen del padre enfermo de malaria nunca había abandonado al hijo. De vuelta en Bangalore un año después, empezaba a preocuparle lo que él denominaba «el Gran Problema». En 1893 expresaba en verso su recién descubierto compromiso.

«Fiebres indias»

Cede en esto, oh, Naturaleza, ruego para mis adentros.
Camino y camino y pienso y pienso, y tomo
las manos febriles y anoto todo cuanto veo,
que aparezca alguna luz mortecina y lejana.

Los rostros dolorosos preguntan: ¿No podemos sanar?
Nosotros contestamos: No, todavía no, buscamos las leyes.
Oh, Dios, revela a través de toda esta oscuridad
la causa oculta, pequeña pero asesina de millones.

Ross sabía del descubrimiento realizado en 1889 por Alphonse Laveran de un parásito de la malaria, un organismo protozoario unicelular de la familia de los plasmodios, pero no estaba convencido de que pudiera ser el agente de la enfermedad. Mucho más tarde escribió que era la falta de claridad de los dibujos de Laveran lo que le provocó un escepticismo excesivo. Por otro lado, también sabía lo absurdo que era que la ortodoxia del IMS aún supusiera que la malaria —como se pensó durante mucho tiempo con el cólera— se transmitía en vapores miasmáticos que surgían de la materia orgánica corrupta, o que se manifestaba como una suerte de envenenamiento gástrico. En la primavera de 1894 trabó amistad en Londres con Alfredo Kanthack, un joven profesor brasileño de Patología y Microbiología que había regresado a Bart desde Berlín, donde había estudiado con Koch. Sorprendentemente, con la presencia de Klein y Kanthack, el antiguo hospital universitario se estaba convirtiendo en el epicentro de la investigación microbiológica. Al conocer el interés de Ross por la etiología de la malaria, Kanthack lo llevó a ver a Patrick Manson, quien se había convertido en una leyenda de la parasitología tras identificar el gusano filaria que causaba la elefantiasis.

Lo que le mostró Manson a Ross supuso una revelación para el joven: los gametos con forma de medialuna que había identificado en el tracto intestinal de los mosquitos contagiados de malaria. Y lo que era aún más importante: señaló los «flagelos», similares a un hilo, que durante el desarrollo se desprendían de la medialuna y, según afirmaba Manson, eran los responsables de un mayor crecimiento celular y de la capacidad de contagio. Llevó a Ross al Seamen's Hospital y al Charing Cross Hospital, donde había recogido muestras de sangre de pacientes de malaria y, mientras recorría Oxford Street, cerca de su casa en Cavendish Square, Manson se preguntó en voz alta si, igual que se había demostrado que los mosquitos infectaban a los humanos de filariasis, también podían ser portadores del parásito de la malaria en fase de desarrollo (de hecho, Laveran ya había propuesto esto mismo). Menos correcta era la convicción de Manson de que, como las hembras morían poco después de depositar los huevos en agua, una suposición errónea, la malaria se transmitía a los humanos cuando bebían esa agua. Ross invertiría mucho tiempo y esfuerzo en ese camino equivocado, bebiendo agua en la que habían perecido insectos contagiados —y pidiendo a otros que hicieran lo mismo— antes de llegar a la conclusión de que Manson andaba errado.

Surgió otra posibilidad: que los parásitos que se desarrollaban en el intestino de un mosquito pudieran migrar a la glándula salival, desde donde transmitirían la enfermedad durante una segunda alimentación en el cuerpo de un humano. Utilizando un pequeño microscopio que había adaptado para poder llevarlo donde quisiera, pudo comprobar que, poco después de una comida infectada, los parásitos se convertían en formas esferoides con la capacidad de migrar e implantarse en otra zona del mosquito huésped, potencialmente el tórax o incluso la glándula salival. Pero no observó que esto ocurriera invariablemente en muchos de los mosquitos recogidos para su examen. Así pues, Ross empezó a creer que ese desarrollo podía producirse solo en una especie en particular, tal vez la variedad marrón que describió de manera muy poética como «alas moteadas»: el *Anopheles*.

Sin embargo, había escasez de humanos con los que probar esas hipótesis. Dando por sentado que lo que sucedía con la infección en las aves sería aplicable también a los humanos, decidió arreglárselas con lo que era más fácil de obtener: pájaros, en particular alondras y gorriones expuestos en jaulas a la picadura de los insectos. El periodo concentrado de experimentación en 1897 se convirtió en una dura prueba personal, llevada a cabo en una «pequeña oficina oscura y calurosa» en el distrito de Begumpett de Secunderabad durante el calor abrasador del verano y sin poder contar con abanos para que no dispersaran el preciado criadero de mosquitos. Uno de los resultados de esa abnegación fue que Ross se vio torturado por enjambres de diminutos insectos voladores empeñados en enterrarse en sus oídos y ojos, lo cual dificultaba enormemente la observación con el microscopio. Por si eso no bastara, «los tornillos del microscopio [estaban] oxidados a causa del sudor de mi frente y mis manos», y el último ocular intacto ahora presentaba una grieta alarmante, posiblemente terminal. Frustrado y exhausto, Ross estuvo a punto de darse por vencido. «Estaba cansado y ¿de qué servía? Debí de examinar mil mosquitos». Pero, el 20 de agosto de 1897, en lo que él llamaría el «Día del Mosquito», «el Ángel del Destino apoyó su mano sobre mi cabeza». Ese mismo día le escribió a Manson con gran entusiasmo. «La disección [del mosquito con malaria] fue excelente. […] Revisé cuidadosamente los tejidos […] buscando cada micrón con la misma pasión y cuidado con el que uno buscaría un pequeño tesoro escondido en un gran palacio en ruinas». Encontró lo que estaba buscando en unas células pigmentadas que acechaban en el estómago del insecto, inconfundiblemente hinchadas a medida que se desarrollaban. «El mejor lugar donde empezar a buscar», anotó en el dibujo de la disección de aquel día. El insecto era, por tanto, el vector intermedio que, a lo largo del ciclo de vida del parásito, transfería los organismos que a su vez se alojaban en su glándula salival, listos para contagiar a otro humano cuando ingiriera su próxima dosis de sangre.

Por supuesto, aquello merecía un poema.

> *Este día diseñando*
> *Dios me puso en la mano*
> *una cosa maravillosa y Dios sea alabado.*
> *Siguiendo sus designios*
> *he descubierto los actos secretos*
> *de millones de muertes asesinas.*
> *Sé que esta pequeña cosa salvará a un millón de hombres.*
> *Oh, muerte, ¿dónde está tu aguijón,*
> *tu victoria, oh, sepulcro?*

Pero aún quedaba un problema no científico: la confusa e irritante indiferencia que mostraba el IMS hacia su labor, las risas durante las comidas a costa del viejo «Mosquito Ross» y la exasperante costumbre de sabotear su trabajo una y otra vez, ya fuera con órdenes perentorias de viajar a regiones de India donde no había malaria o, como en este caso, pidiéndole que trabajara en una enfermedad completamente distinta: el kala azar. Según escribió más tarde, era como si «a Colón, después de avistar América, le hubieran ordenado irse a descubrir el Polo Norte». Ese sabotaje sistemático (en opinión de Ross) se mantuvo incluso después de que sus innovaciones obtuvieran el reconocimiento profesional de sus compañeros. En la primavera de 1898, Manson leyó los resultados de Ross en la primera reunión del Departamento de Enfermedades Tropicales de la Asociación Médica Británica en Edimburgo, donde fueron recibidos con una ovación. Acto seguido, afirmaba Manson, los miembros aprobaron

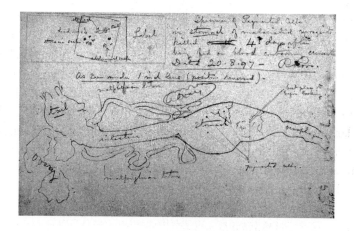

Dibujo realizado por Ross el 20 de agosto de 1897
de su disección de un mosquito con malaria.

una resolución en la que lo felicitaban por «su gran descubrimiento».
Ello no tuvo efecto alguno en el IMS, ni tampoco las amenazas de
dimisión si su trabajo con la malaria no mejoraba y recibía un apoyo
más consistente. Así que cumplió esas amenazas.

En 1899, el año en que publicó su «romance», *The Child of Ocean*
(naufragios, piratas), a Ross le ofrecieron un puesto en la nueva Escuela de Medicina Tropical de Liverpool y aceptó. El cargo estaba algo
por debajo de lo que podría haber esperado: en primera instancia, un
lectorado en lugar de una cátedra (eso llegaría más tarde), y un salario
nada espléndido de doscientas cincuenta libras anuales. La oferta era
por tres años, renovables si todas las partes quedaban satisfechas. Ross
opinaba que el trato recibido era un ejemplo de cómo explotaban «a
los médicos los comités de empresarios» como el que financiaba su
cargo y el nuevo departamento. No obstante, el suyo fue el primer
trabajo docente en la nueva escuela y merecía una celebración. Fue
allí, el 22 de abril de 1899, donde Ronald Ross conoció a Waldemar
Haffkine, entonces en el apogeo de su fama y honor. Por distintas que
hubieran sido sus vidas, carreras profesionales y destinos, tenían mucho en común: se veían a sí mismos como forasteros que libraban una
batalla por la bacteriología contra el conservadurismo miope del IMS
y su búsqueda de respuestas «sanitarias» a enfermedades infecciosas en

lugar de una inmersión amplia de miras en la investigación científica. Las misiones de ambos eran a un tiempo educativamente convincentes y socialmente prácticas, y sus conocimientos, ganados con gran esfuerzo, salvaron un número incalculable de vidas.

Cuando, ocho años después, Haffkine escribió pidiéndole ayuda para denunciar ante la ciudadanía y la profesión la injusticia que se había cometido y la destrucción de su trabajo, Ross comprendió de inmediato quién era el enemigo común: «la barbarie institucional», la irrespetuosidad hacia la ciencia y la inadmisible falta de atención a sus esclarecedores conocimientos por parte de los dirigentes de la salud pública y de esos señores superiores que se erigían en guardianes del deber imperial. Haffkine era la víctima inocente de un síndrome que Ross conocía de sobra: la soberanía de los ignorantes y los holgazanes sobre los perseverantes y los eruditos. «Generales y civiles fueron convertidos en dictadores de asuntos sobre los cuales no poseían conocimientos y, cuando fallaban sus tácticas, culpaban a sus subordinados, los médicos cuyos consejos a menudo habían ignorado y cuya ciencia habían despreciado de forma habitual».[34]

Desde el último encuentro, sus estrellas habían seguido rumbos totalmente distintos. Haffkine no tenía trabajo y, para casi todo el mundo, había caído en desgracia. En febrero de 1903, el *Poverty Bay Herald* de Nueva Zelanda describía lo sucedido en Malkowal como «la historia de un gran error». Ross había sido elegido miembro de la Royal Society en 1901 y, con diferentes resultados y grados de apoyo, había sido enviado a Sierra Leona e Ismailía, en el canal de Suez, zonas donde la malaria estaba causando estragos, para verificar aún más el trabajo que había desempeñado en India y elaborar recomendaciones sobre cómo contener la enfermedad. Lo esencial, afirmaba desde hacía mucho tiempo, era deshacerse de los charcos de agua estancada en los que criaban los *Anopheles*. En India, aquello fue recibido con incredulidad. ¿Qué? ¿Los depósitos, los embalses? ¿En serio? Un año después, en 1902, Ross ganó el Premio Nobel de Fisiología o Medicina, dotado con ocho mil libras. Se había quejado durante mucho tiempo de que quienes efectuaban el arduo trabajo del conocimiento revelador eran excluidos de cualquier remuneración. Ahora, por fin, tenía algo parecido a una recompensa. Como primer Nobel británico (aunque, estrictamente hablando, era anglo-indio), su reputación estaba por las nubes. Tenía intención de aprovecharlo en nombre de Haffkine, pero también de esgrimir el error judicial para atacar al Gobierno por su desinformada irrespetuosidad hacia la ciencia.

A partir de febrero de 1907, Ross y William Simpson se pusieron manos a la obra y sorprendieron al exultante Haffkine con su elocuente determinación. Empezaron con opiniones profesionales, extensas cartas médicas y científicas remitidas a *The British Medical Journal*, *The Journal of Tropical Diseases*, *The Lancet* y *Nature*. Entonces, Ross sacó la artillería pesada y disparó tres cartas «calientes», como él las describía, a *The Times* el 15 de marzo, el 13 de abril y el 1 de junio. A lo largo de toda la campaña de reivindicación —porque eso es lo que era—, la voz de Simpson siempre fue la más mesurada, detallando escrupulosamente las pruebas recabadas en Malkowal, aportando razones convincentes de por qué el accidente se produjo allí y no en el laboratorio de Bombay y expresando un fingido asombro por que alguna investigación desapasionada hubiera llegado a una conclusión diferente. Para ambos activistas, lo que estaba en juego era la integridad y la autoridad de la ciencia misma. «Es un mal día para la ciencia», había escrito Simpson en 1906, «cuando la verdad está dominada por la pasión y la conveniencia». Ross se hizo eco de esa opinión, pero como correspondía al escritor romántico, él era más militante. Por tanto, sus acusaciones no solo iban dirigidas a quienes habían agraviado a su amigo, sino también a la ignorancia institucionalizada de los gobernantes del Raj. Pensando tanto en sus propias batallas como en las tribulaciones de Haffkine, Ross escribió: «Al hombre que puede hacer no se le permite hacer porque el hombre que no puede hacer tiene autoridad sobre él».

La intervención más mordaz de Ross se publicó en *Nature* el 21 de marzo. Empezaba achacando una interrupción catastrófica de las vacunaciones contra la peste a la precipitación de la Comisión Jenkins a la hora de emitir un dictamen. El resultado de ese juicio prematuro y erróneo fue la percepción generalizada de que «la contaminación no se debió a un accidente local, sino a un descuido en el laboratorio», y había provocado «un rechazo repentino y total de la valiosa vacuna». A consecuencia de ello, «es posible que se hayan perdido miles de vidas a causa de la plaga». Luego estaba el grave error judicial infligido a Haffkine. Habida cuenta de que el comité conocía el incidente de la caída de las pinzas, «¿por qué [...] fueron acusados el laboratorio y su director?». Pero lo más grave del asunto, apostillaba Ross, no era el sufrimiento de unos pocos, por trágico que fuera, sino «una pérdida mucho mayor que probablemente sobrevino tras las sospechas dirigidas al profiláctico por el criterio desacertado de la comisión y, más aún, cierta ingratitud de India hacia un hombre que es uno de los más grandes benefactores que jamás haya tenido».

Después, Ross pasó de las acusaciones a los elogios. Por si la gente lo olvidaba,

Haffkine no solo elaboró el método de inmunización por medio de un cultivo muerto, sino que, donde muchos hombres de ciencia se habrían contentado con escribir un artículo sobre el tema, él abordó la verificación práctica más difícil. Recuerdo bien cuando llegó a India con su vacuna contra el cólera y, gracias a su energía y perseverancia, impuso gradualmente sus ideas al pueblo y al Gobierno. [...] Cuando la espantosa calamidad de la peste se abatió sobre el país en 1896 [...] y, viendo que fallaba una medida tras otra y que la gente moría por cientos de miles, Haffkine fue el único que logró contener la tormenta, inventando rápidamente su profiláctico contra la peste y obligando a las autoridades a seguirlo. Aunque no pudo controlar el desastre, al menos lo atenuó salvando a miles, si no cientos de miles de seres humanos que ahora le deben la vida únicamente a él. [...] El hecho de que se hayan fabricado más de seis millones de dosis de profilácticos solo en India atestigua el éxito y la magnitud de su trabajo. Sin embargo, ha recibido menos de lo que reciben otros por unos servicios que, comparados con los suyos, son insignificantes; funcionarios de toda índole obtienen [...] pensiones, ascensos y condecoraciones. Él no solo no ha recibido el debido reconocimiento por su inmenso servicio, sino que se le ha culpado de un accidente que no pudo ser responsabilidad suya. [...] Dudo que vuelva alguna vez a un país que lo ha tratado de manera tan desagradecida. Al conocer esta historia, uno no puede evitar sentir indignación. Al parecer, India empieza a ser tristemente famosa por el trato que dispensa a los trabajos científicos, lo cual denota una ignorancia tanto de la ciencia como de su importancia. [...] Aunque todo tipo de gente se encarama sin dificultades a sus asientos de honor, parece que los hombres de verdadero mérito tienen suerte de poder escapar sin censura.[35]

No obstante, el tiro de gracia fue desmontar los desagradables estereotipos y la arraigada desconfianza hacia una persona que no había tenido la gran suerte de nacer en Gran Bretaña. «Me parece absurdo que una nación trate a los grandes hombres como a veces hemos tratado a los nuestros, y el caso del señor Haffkine —a quien, por ser extranjero, estamos doblemente obligados a mostrar gratitud nacional— parece un claro ejemplo de ese trato». En su tercera carta a *The Times*, el 1 de junio, Ross señalaba que Haffkine había sido privado del salario y el ascenso que podía esperar justificadamente y afirmaba que, de hecho, debería percibir regalías sobre los millones de dosis de la vacuna que a fin de cuentas había creado. Con su habitual preocupación por no exagerar las cosas, Haffkine le escribió a Ross que, por bueno que fuera, no tenía patente de la vacuna.

Sin embargo, se sintió profundamente conmovido por la vehemencia de Ross. Tras la aparición de la primera carta de su defensor en *The Times*, le escribió: «Ha causado gran sensación entre toda la gente a la que he visto hoy. No me cabe ninguna duda de que tendrá consecuencias muy importantes. Personalmente, me resulta imposible expresar mi deuda con usted».[36] Haffkine tenía razón al creer que bombardear a todos los medios de opinión posibles —profesionales y públicos— haría casi imposible que el Gobierno, tanto en Calcuta como en Londres, ignorara las pruebas exculpatorias, aunque predijo que, si se planteaba el caso en el Parlamento, solo generaría declaraciones «insustanciales». Pero, aun así, fue tema de debate en la Cámara de los Comunes, lo cual suscitó una impresión incómoda sobre el Gobierno liberal. En aquel momento, el secretario de Estado para India era John Morley, cuya monumental biografía de William Gladstone lo había convertido en el guardián de la llama del liberalismo moderno y moralizante. Junto con el nuevo virrey, el conde de Minto, Morley se enfrentó a la arrogancia proconsular de Curzon. Él sería el portador de la reforma y (hasta cierto punto) de la representación política a India. Con su agudo olfato para la sensibilidad política, Ross sabía que un caso controvertido no era lo que querían Morley o el Gobierno. Por tanto, defendió su postura con firmeza; en el extremo opuesto, Morley estaba cada vez más a la defensiva. Incluso Arthur Godley, todavía secretario permanente y personificación del circunloquio institucional, le confesó a Ross que, «a título personal, sentía una gran simpatía por el señor Haffkine», aunque, por supuesto, sin mencionar que fuera a producirse una exoneración pública inequívoca. En respuesta a las preguntas planteadas en la Cámara de los Comunes, en junio se presentó ante el Parlamento y la ciudadanía una «Devolución de documentos» gubernamental (un compendio de 108 páginas). Esta contenía todo tipo de pruebas relacionadas con el incidente, incluida la admisión de Narinder Singh de que, efectivamente, se le habían caído las pinzas al suelo en Malkowal, aunque añadía que sucedía con bastante frecuencia y, que él supiera, no había muerto nadie más a consecuencia de ello. Entre la ciudadanía en general, el «asunto Haffkine» se había convertido en algo parecido a un caso Dreyfus de la medicina, sobre todo porque, ante las pruebas concluyentes de un grave error judicial, las autoridades se resistían a reconocer abiertamente su mala conducta. John Maynard Keynes lo entendió muy bien. En una carta a Lytton Strachey, escribió que era un ejemplo clásico de Gobierno que daba «una pátina tolerable» a las cosas, lo cual le permitía no retirar nunca nada, un hábito que Keynes consideraba «bastante incorrecto y muy peligroso». Al parecer, Haffkine «es censurado por una negligencia en su laboratorio de la cual es demostrablemente inocente. Pero el Gobierno mantiene esa postura porque una razón completamente diferente hace indeseable que [Haffkine] ocupe de nuevo su antiguo cargo. Para mí está bastante claro que, hagan lo que hagan después, lo primero que debería retirarse es la censura por algo de lo que es inocente». El hecho de que incluso Keynes se sintiera ahogado por el mismo síndrome que había diagnosticado quedó ejemplificado cuando le dijo a Strachey que en público no debía mencionar nada sobre sus posturas.[37]

Sin ese dramático reconocimiento de irregularidades, habían dado comienzo las conversaciones oficiales sobre qué se podía ofrecer a Haffkine para zanjar la vergonzosa controversia. Empezaba a ser un asunto urgente, ya que Ross y Simpson estaban movilizando incansablemente a los buenos y los grandes de la bacteriología en nombre del científico agraviado. La institución en la que trabajaba Ross, la Escuela de Medicina Tropical de Liverpool, otorgó a Haffkine la Medalla Mary Kingsley por sus logros pioneros en la batalla contra las enfermedades tropicales y organizó un banquete para celebrar el premio. En el discurso de aceptación, un emocionado Haffkine definió el acontecimiento como el más importante de su vida. Luego, Ross preparó una nominación para el Premio Nobel y una medalla de la Royal Society, asombrado de que Haffkine no fuera ya miembro (nunca lo sería). La Asociación de Medicina e Higiene Tropical eligió a Haffkine para su consejo. En julio llegó una cuarta misiva a *The Times*, pero esta iba firmada por diez de los bacteriólogos más eminentes del momento, incluidos el primer director de la Universidad Rockefeller de Nueva York, Simon Flexner; Albert S. Grunbaum, profesor de Patología en Leeds; G. Sims Woodhead, de Cambridge; y, no menos importante, Emanuel Klein, el todavía controvertido profesor de Ross en Bart. Redactada por Ross, era la más condenatoria hasta el momento, insistiendo en que «los argumentos contra el laboratorio del señor Haffkine se han desmoronado; no solo no se han demostrado los cargos, sino que han sido claramente refutados».[38] Y lo que era aún más serio: cuando Simpson y Ross les preguntaron a los cosignatarios si constituirían un «comité Haffkine» el tiempo que fuera necesario para arreglar las cosas, todos respondieron afirmativamente. Esto garantizó que el caso no fuera ignorado.

El Gobierno empezaba a ponerse nervioso. Godley volvió a escribir a Ross, reconociendo los hechos pero negándose a reabrir el asunto con otra investigación independiente, tal como exigía la carta enviada por los pesos pesados a *The Times*. Morley tardó un mes y medio en responder con una carta que hizo pública. Incluso tratándose de la burocracia británica, era una obra maestra de tergiversaciones y evasivas, y empezaba: «Aunque las opiniones sobre este asunto no son unánimes», para luego reconocer a regañadientes que «un importante sector de la opinión científica es favorable» a Haffkine en cuanto al «desastre de Malkowal». Morley añadía que la oferta que le había hecho a Haffkine de un puesto favorable en India dejaba clara su postura. ¿Cómo iba a reconocer un ministro del Gobierno que se había cometido un error judicial imperdonable?

Aunque no era exactamente la exoneración inequívoca que estaba buscando, bastó para que Haffkine se tomara en serio la oferta presentada por Morley, un puesto equivalente al que había dejado y al salario que percibía en 1903. Esto también resultó ser engañoso. Era imposible que Haffkine regresara como director en jefe del Laboratorio de Investigación de la Peste en Parel, ahora liderado por Liston. En lugar de eso, le ofrecieron el puesto de director en jefe del Laboratorio Biológico de Calcuta, adjunto al Hospital General. A principios de ese año, en una carta dirigida a Ross, Haffkine había insistido en que no podía someterse «a ningún cambio desfavorable en las condiciones de mi trabajo en India ni a la más mínima degradación o pérdida personal que se me imponga».[39] Pero es muy posible que, en el verano de 1907, dejara atrás la lucha y la furia de la campaña de reivindicación, que ya casi había ganado, y se consagrara a una reflexión más sobria sobre cómo pasaría el resto de su vida profesional. La comunidad científica de Gran Bretaña lo había premiado generosamente, pero, por alguna razón, nadie hacía cola para contratarlo; había pocas o ninguna posibilidad de que obtuviera plaza docente en una universidad británica. Y todavía se sentía tan atraído por India como lo estaba quince años antes, cuando escuchó a Dufferin y Hankin decir que la nueva ciencia podía salvar millones de vidas. Poniendo su mejor cara, aceptó la oferta de Morley y añadió: «Es un orgullo que se haya reconocido la utilidad pública de mi labor». Asimismo, dijo, su nuevo trabajo daría resultados que podían «suponer más beneficios para la gente de India».[40] Consciente de que aquello distaba mucho de la restitución que ambos habían pedido, Ross le escribió a Haffkine que, si bien la carta de Morley «podría haber sido más generosa», le aseguraba que no sería considerado culpable y, por tanto, lo liberaría de la necesidad de reivindicarse. «Ahora regrese y prospere», añadió. «¡Volverá a llevar a India por la senda de la ciencia!».[41]

Eso no sucedió. Justo antes de regresar a India, hubo un momento en que volvió a animarse y ofreció una conferencia en la Royal Society of Medicine en la que afirmaba que todas las pruebas apuntaban a una reducción del 85 por ciento en la incidencia de infecciones entre la población vacunada contra la peste. Pero tan pronto como llegó a Calcuta y fue nombrado director en jefe del Laboratorio de Biología, descubrió que su grandilocuente título significaba poco. Los fondos eran escasos y el personal mínimo. Tampoco estaba claro qué investigaciones podría realizar. Lo que resultaba dolorosamente evidente era que lo mantenían bien lejos del negocio de la producción y distribución de vacunas. Cuando solicitó permiso para fabricar una versión desvitalizada de su vacuna contra el cólera con el propósito de afrontar el resurgimiento de la infección, le fue denegado más de una vez. Lamentablemente, esa «reivindicación» de la que hablaba Ross se había quedado en Inglaterra. En enero de 1908 le escribió a Ross que «lamento decir que la carta de Morley no altera la posición en lo más mínimo. El castigo injusto por Malkowal [...] permanece en mí como antes; ya sea en forma impresa u oral, en todo momento se repite y mantiene vivo que yo fui el responsable del caso». Todavía era un hombre condenado. Los caballeros habían ganado. Ross respondió con pesar que lamentaba que su lucha no hubiera «conseguido exonerarlo», y añadía sentimentalmente (y, desde la perspectiva de 2022, proféticamente): «Es curioso que la ciudadanía siempre odie a sus benefactores».

Waldemar Haffkine tenía solo cuarenta y ocho años. Estaba en la flor de la vida, pero era una fuerza exhausta. La catástrofe de su ignominia y la batalla por la reivindicación habían consumido sus hasta entonces inagotables reservas de energía mental. Como el joven novato de Odesa, el prodigio de Méchnikov, dentro y fuera de la cárcel, había publicado cinco grandes artículos en dos años. En los seis años transcurridos entre su regreso a India y su jubilación anticipada en 1914 publicó solo uno. Su mente no se había cerrado por completo. Hay cuadernos de esa época repletos de observaciones relacionadas con la eficacia de los profilácticos a base de suero y el desarrollo de una vacuna contra el tifus, sobre la cual le consultaría el Gobierno cuando estalló la Gran Guerra en 1914. Pero su mente también estaba en otras cosas, como el vuelo de los pájaros, por ejemplo, entre otras preguntas casi aleatorias. De manera bastante patética, el otrora director en jefe del Laboratorio de Investigación de la Peste ahora anhelaba la aceptación de la entusiasta sociedad del Raj. En 1910, tras superar una prueba de aptitudes que evaluaba sus conocimientos sobre cuándo y cómo limpiar su carabina y qué hacer cuando viera una patrulla enemiga acercándose a la suya, fue admitido como oficial de la Caballería Ligera de Calcuta y pertrechado de espada, pistola, bandolera y, presumiblemente, montura.[42]

Pero los *tiffins* del soldado de caballería Haffkine, como se presentaba ante el resto de los oficiales, ahora eran *kosher*. A medida que decaía su vida como científico experimental, crecía su obsesión por reconciliar la devoción y la ciencia. Pensaba cada vez más en Moisés Maimónides, quien, en el siglo XII, había aunado en una sola persona el saber médico y la filosofía del judaísmo. Pero la vocación práctica de Haffkine como vacunador evangélico estaba menguando. En su discurso a los Macabeos en 1899, había invocado una vieja pregunta, planteada en algunas liturgias durante el Yom Kipur, el Día de la Expiación, cuando los judíos hacen frente al juicio del Todopoderoso: «Nuestro viaje en la Tierra es muy breve y, antes de que sepamos quiénes somos, llegamos al final y somos llamados a responder a una voz interior: "¿Has terminado el trabajo que tenías que hacer?". Dichosos aquellos que pueden decir que sí».[43]

Aunque merecía otra cosa, Haffkine no estaba destinado a figurar entre los dichosos.

IX

PARTIDAS

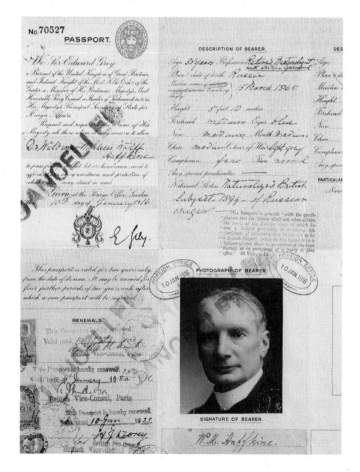

Pasaporte de Haffkine.

El verano de 1926 encontró a Haffkine en la Odesa soviética, la ciudad en la que había visto la luz en dos ocasiones: la primera cuando llegó al mundo sesenta años antes; la segunda, cuando el microscopio de Iliá Méchnikov reveló un universo hasta el momento oculto: la rebosante horda de microorganismos. Pero también era el lugar donde, treinta y cinco años antes, había salido del laboratorio armado con una pistola, dispuesto a hacer lo que fuera necesario para contener un pogromo. Entendía aquel entusiasmo; había frecuentado a hombres y mujeres a los que el Estado llamaba terroristas. Pero su propio fervor estaba con su gente. Lo que querían ahora los bolcheviques para los judíos era un interrogante.

En 1917, al principio todo fueron buenas noticias. El Gobierno provisional de Petrogrado, formado después de la Revolución de Febrero, había abolido todas las leyes restrictivas que confinaban geográficamente a los judíos a la Zona de Asentamiento y los excluían de muchas ocupaciones y profesiones. Pero, para los bolcheviques, la idea de que hubiera que alentar la vida autónoma de los judíos equivalía a nacionalismo burgués contrarrevolucionario. No debían creer que su destino no sería el de las masas proletarias; por el contrario, debían disolver su identidad y pasar a formar parte de ese grupo común. La condición de la emancipación judía, por tanto, era la desaparición cultural y legal. Así pues, el hebreo, el vehículo de ese separatismo reaccionario, que había renacido en Odesa (Haffkine fue uno de sus primeros promotores), estaba prohibido. Se incentivaría el yidis, el único idioma aceptable de los trabajadores judíos, pero no para perpetuar la singularidad, sino como herramienta para educar a los judíos retrógrados en el socialismo. Periódicos y revistas como *Emes* («La verdad») fueron creados para difundir ese mensaje. El sionismo, otro callejón sin salida nacionalista, fue decretado enemigo del comunismo, y el judaísmo era casi igual de reprobable. Por el momento, sus prácticas retrógradas y esotéricas no fueron totalmente prohibidas, pero tampoco serían protegidas, y mucho menos subvencionadas por el Estado. La sección judía del Partido Comunista, la Yevséktsiya, fue la más ferviente ejecutora de ese programa de liquidación cultural. Con su apoyo, se cerraron muchas escuelas y seminarios hebreos, se clausuraron numerosas sinagogas o fueron convertidas en centros deportivos, gimnasios o clubes para trabajadores, y algunos cementerios pasaron a ser parques. Enseñar o incluso estudiar la Torá y el Talmud podía suponer una pena de cárcel o un destierro al otro lado de los Urales.

Haffkine se sentía consternado por aquella opresión, y su nueva vocación tendría que ser encontrar la manera de ayudar a que la lengua hebrea y la educación y la fe judías sobrevivieran en la Unión Soviética. Aunque sería presentado en Varsovia y Moscú como uno de los científicos más famosos del mundo, y aun habiendo ganado el prestigioso Prix Bréant en 1908, la llama de la investigación, encendida hacía tantos años en Odesa, se había apagado. Los caballeros se habían ocupado de que así fuera. Trabajos como los que se habían realizado en Calcuta habían resultado intrascendentes, y sus esfuerzos por crear una nueva vacuna contra el cólera producida con mayor facilidad se habían visto frustrados por el Gobierno. En lo tocante al desarrollo de una vacuna contra el tifus que pudiera proteger a los soldados atrapados en unas trincheras pobladas por ratas y piojos, le pidieron que juzgara el trabajo de otros. Había llegado el momento de preocuparse del futuro de los judíos y, en particular, de una cuestión que se había vuelto existencial, sobre todo en Israel: la controvertida relación entre el conocimiento científico y el aprendizaje religioso.

En 1915, ante los informes sobre judíos de Polonia y Ucrania atrapados entre los ejércitos ruso y austro-húngaro en el frente oriental y, como cabría esperar, sufriendo una nueva oleada de pogromos, Haffkine ayudó a recabar fondos para acoger y ofrecer tratamiento médico a las víctimas. Pero, cada vez más, pensaba qué podía deparar el futuro a los judíos, si es que había futuro. La autodeterminación colectiva había nacido en Odesa en 1882 con la fundación de Hovevei Zion, los Amantes de Sion, dedicada a devolver a los judíos a la tierra en la que se habían formado el judaísmo, el hebreo y la identidad judía. Leon Pinsker, escritor del manifiesto *Autoemancipación*, era médico. Haffkine compartía con él la idea de la autodeterminación, pero mostró reservas hacia el sionismo político cuando Theodor Herzl lo creó a finales de la década de 1890. En 1909, Hillel Yaffe, el contrabandista de armas en los días más agitados del pogromo en Odesa, propuso a Haffkine que siguiera su ejemplo, emigrara a Palestina y fundara un instituto de investigación bacteriológica allí. Yaffe, que originalmente era un especialista en enfermedades oculares, trabajaba como médico en el hospital de Jafa, pero había iniciado el trabajo que condicionaría su vida y la de Palestina: la erradicación de la malaria. Había participado en una conferencia internacional en París y le debía su posterior misión de drenar marismas en las tierras bajas palestinas a las lecciones aprendidas de Ronald Ross. En 1902, el Gobierno turco le había encargado contener un brote grave de cólera. Su vida empezaba a eclipsar la de Haffkine, pero solo hasta cierto punto. Haffkine barajó la posibilidad de irse a Palestina con él, pero no llegó a embarcar. En 1915, Haim Mordechai Rabinowitz, que vivía en Palestina y era cuñado de Yaffe y también camarada de Odesa, volvió a plantearle el tema a Haffkine, que esta vez parecía más abierto a esa posibilidad. El instituto de investigación podía formar parte de una universidad hebrea, cuya construcción estaba prevista en el monte Scopus de Jerusalén. Pero la guerra que había llegado a Turquía y Oriente Próximo descartó esa idea por el momento, y a Haffkine no se le pasó por la cabeza nunca más.

En lugar del este, Haffkine fue en dirección opuesta y recorrió Estados Unidos informando sobre cooperativas agrícolas creadas por la Jewish Colonisation Association, fundada por el barón Maurice von Hirsch. Los Amantes de Sion de Odesa fueron los artífices de la idea de que los judíos podían labrarse una nueva vida individual y colectivamente, lejos de la pobreza de los *shtetl*, volviendo a conectar con la tierra de la cual los había apartado el exilio. Hirsch, junto con Edmond de Rothschild, a los cuales Haffkine conocía personalmente, habían fundado asentamientos en la Palestina otomana, pero también en Brasil y Argentina. Compraron tierras en Canadá y Estados Unidos: en Saskatchewan, Alberta y Ontario; en New Jersey, Nueva York, Delaware, Dakota del Norte, Utah y California. La agricultura —el aire, el suelo, el ganado, las cosechas— se consideraba el antídoto social para la aglomeración insalubre de los talleres de explotación laboral de la Zona de Asentamiento. A veces, las pequeñas colonias echaban raíces, pero con frecuencia no era así; en ocasiones, los agricultores se quedaban, pero a menudo volvían al hormiguero urbano.

Haffkine viajó a asentamientos de los condados de Cumberland, Salem y Gloucester, en New Jersey, y a granjas de aves de corral en Utah y Portersville, en el valle de San Joaquín, California, donde los judíos trabajaban en campos de naranjos y arrancaban colinabos de la tierra margosa. Había días en que todo resultaba absurdamente utópico y otros en que parecía una inspiración tangible. Pero lo que inquietaba a Haffkine, mucho más que la inverosimilitud de los agricultores judíos estadounidenses, era lo que él percibía como la mutación del judaísmo tradicional en las grandes metrópolis de Nueva York, Chicago, Cincinnati y San Francisco. Algo que él juzgaba un oxímoron —reformar el judaísmo— estaba enseñando que la adherencia estricta a los 613 mandamientos de la Torá debía ser racionalizada para las necesidades de la vida moderna y que sus más arcanas exigencias habían de ser desechadas. No pasaba nada porque hubiera aparcamientos en las sinagogas, pero, si el futuro judío debía verse modelado por una reconciliación entre el conocimiento laico y religioso, Haffkine no quería que fuera una cuestión de conveniencia, sino de principios.[1]

Se había convertido en un judío practicante. Es difícil saber cuándo, pero sí sabemos que, al abandonar Bombay tras ser destituido como director del laboratorio, guardó en la maleta sus *tefillin*, las filacterias que llevan los judíos practicantes durante la oración matinal, para su viaje a Inglaterra. Sus padres habían sido judíos ilustrados en una Odesa frenéticamente modernizada y comercial. Waldemar había aprendido los rudimentos del judaísmo tradicional de su abuelo materno, oriundo de Landsberg, y sabía hebreo. Pero, en algún momento, había experimentado una *tshuva*, un término hebreo que significa acto de arrepentimiento y retorno. ¿Qué había sucedido en India? Es posible que la considerable comunidad judía de Bombay, tanto indios nativos (Bene Israel) y gente de Bagdad como los Sassoon, alentaran su observancia. Sin duda, no faltaban las sinagogas a las que asistir. Farha Sassoon, con su matarife *kosher* personal y su minyán formado por diez hombres siempre listos para la oración, era un sorprendente ejemplo de empresaria judía que no tenía dificultades para conciliar las exigencias de la religiosidad con los calendarios mundanos del comercio. Es menos probable que, en sus innumerables campañas de vacunación en la India rural, Haffkine pudiera ser *kosher*, aunque el vegetarianismo de los bráhmanas también le habría servido. A menudo invocaba la similitud entre las normas dietéticas musulmanas, hindúes y judías como ejemplo de un interés común en la salud, además de la religiosidad. Aunque casi siempre se había mantenido alejado de las organizaciones judías de Bombay, en la cúspide de la epidemia de peste en 1896 y 1897 había ayudado a fundar un pequeño hospital para judíos.

Aun así, nada en ese historial disperso denota el fervor del panfleto de diez páginas que empezó a escribir en Nueva York como contraataque a la reforma del judaísmo y que terminó en su piso de Marylebone en la primavera de 1916. Publicado en el semanario *Jewish Chronicle* con el título de «La resistencia de los judíos» y en la revista estadounidense *Menorah Journal* con el de «Alegato a favor de la ortodoxia», el ensayo era una apasionada afirmación de la idea de que la supervivencia judía no se fundamentaba en una adaptación laica, y mucho menos en creerse las promesas vacías de trato igualitario de las sociedades gentiles una vez que habían considerado que los judíos habían sido adecuadamente asimilados, sino en aferrarse a los textos y rituales ancestrales plasmados en la Torá y elaborados a lo largo de los siglos por codificadores y comentaristas. Nada de todo esto tenía un ápice de originalidad, pero viniendo de un científico era inusual. No se trataba de que Haffkine estuviera repudiando la ciencia, ya fuera por una herida personal o no; por el contrario, aseguraba que la ciencia y la Torá no tenían por qué ser mutuamente excluyentes. De hecho, como demostraban la vida y la carrera del médico, rabino y filósofo medieval Moisés Maimónides, eran mutuamente fortalecedoras. Lo que exponía la Torá, afirmaba, con frecuencia era confirmado por la ciencia moderna. Según esta visión, el conocimiento del mundo natural presuponía algún tipo de Creador protocientífico e infinitamente complejo. Una sección del ensayo titulada «La *kashrut* anticuada y el microscopio actualizado» argumentaba que la orden de purgar la carne de cualquier rastro de sangre se había anticipado al descubrimiento microbiológico de que, «inmediatamente después de morir», el cuerpo de los animales sacrificados es «invadido por gérmenes microbianos» que propagan «infecciones al resto de los tejidos». Y lo que era aún más importante: la observación de las leyes dietéticas y el recitado de oraciones en hebreo garantizaba la conexión comunal de los judíos en el espacio, el tiempo y las generaciones. Los argumentos no eran toscamente instrumentales. Haffkine construía una declaración desafiante, según la cual,

> de todas las religiones y concepciones filosóficas del hombre, la fe que une a los judíos no se ha visto perjudicada por el avance de la investigación. Al contrario, se ha visto justificada por sus dogmas más profundos. De manera lenta y gradual, pasando por innumerables fases en un análisis de la vida de los animales y las plantas y de los fenómenos elementales del calor, la luz, el magnetismo, la electricidad, la química, la mecánica, la geología, la espectroscopia y la astronomía, la ciencia ha tenido que reconocer la existencia en el universo de un poder que no tiene principio ni fin. [...] Esta suma total de descubrimientos de todas las tierras y las épocas es una perspectiva sobre el pensamiento del mundo respecto de nuestro Adón Olam, el sublime cántico mediante el cual el judío ha trabajado y seguirá trabajando en los cambios más trascendentales del mundo.[2]

Cabe afirmar que no muchos científicos ni, de hecho, muchos científicos judíos, habrían estado de acuerdo. Un célebre ejemplo es que el referente judío de Albert Einstein era Baruch Spinoza, que había refutado casi todo lo que aseveraba Haffkine en su panfleto, con la posible excepción del acto creativo original, para explicar el origen por lo demás incomprensible del universo. Pero nada de lo sucedido en los turbulentos años posteriores a la guerra mundial había minado las convicciones de Haffkine, según el cual, la supervivencia judía dependía de la preservación, que no del descarte, de las prácticas tradicionales. Por supuesto, su insistencia en que el judaísmo y el modernismo, la ciencia y la espiritualidad, no eran mutuamente excluyentes, sino mutuamente estimulantes, era un ejercicio autobiográfico; las dos mitades de Waldemar Haffkine formaban un todo. Pero esa apuesta personal solo hacía que su defensa resultara más intensa. A liberales como el filósofo social Horace Kallen, cuyo padre había sido un rabino ortodoxo en Alemania pero había acuñado y predicado el «pluralismo cultural» y argumentaba que el judaísmo de la Torá podía modificarse sin temor a perder su esencia, Haffkine les respondía que, por contra, era la esencia irreductible. Les decía lo mismo a otros Grandes Hombres del Estados Unidos Judío, quienes, personificados por Louis Brandeis y Felix Frankfurter, se habían convertido en jueces del Tribunal Supremo y en confidentes presidenciales. Lo que desanimaba a Haffkine era la aparente facilidad con la que ese éxito se concebía como un premio de buena conducta por la pérdida de rituales onerosos o hábitos socialmente excéntricos. Así pues, los judíos iban en automóviles relucientes a sus sinagogas suntuosamente decoradas y las oraciones se entonaban en inglés o alemán al son de los acordes imponentes de órganos grandiosos. Comían lo que les apetecía. Y, en su opinión, ese judaísmo híbrido era ahora el modo en que la comunidad más poderosa del mundo expresaba su identidad judía.

En Francia, Haffkine se volvió aún más inflexible. Viviendo en Boulogne-sur-Seine, en la parte oeste de París, fue uno de los firmantes de la Conferencia de Paz de Versalles para salvaguardar los derechos de las minorías en todo el mundo. El orden liberal sin duda ofrecería eso a los judíos de su misma ideología, pero no era un ingenuo. Cuando las garantías formales de protección religiosa y social concedidas a los judíos en la Polonia del mariscal Piłsudski no solo no lograron impedir, sino que alimentaron otra oleada de violencia antisemita, Haffkine se mostró afligido pero no sorprendido. Los judíos de Rusia y Ucrania habían sufrido enormemente durante la Gran Guerra y de manera aún más brutal en las prolongadas y sangrientas guerras civiles posteriores, atacados mayoritariamente por los blancos, pero, durante las últimas batallas decisivas en Crimea, por algunas unidades rojas y sobre todo por los irregulares violentamente antisemitas de Néstor Majnó. Los depredadores blancos saqueaban y quemaban un *shtetl* y atacaban físicamente a los habitantes que huían. Los rojos podían ofrecer protección, pero a condición de que la gente dejara de ser judía. ¿Eran campesinos, trabajadores o al menos artesanos? ¿No? Pues, sobre todo si tenían negocios, grandes, pequeños o minúsculos, o si su único sustento era enseñar o estudiar textos religiosos, eran clasificados por la Constitución soviética de 1918 como *lishentsi*, personas privadas de derechos legales, civiles o políticos, esto es, no personas.

Al margen de calibrar la angustia y movilizar ayuda humanitaria, nada de eso era motivo para que Haffkine viajara a la Unión Soviética. Pero, aunque en 1924 había rechazado una invitación para asistir a una conferencia bacteriológica en Moscú, el retorno era una tentación para él. En 1925, ese sentimiento difuso pero insistente cristalizaría en una invitación a repetir su gira por cooperativas agrícolas judías de Estados Unidos, pero esta vez en Ucrania y Crimea. La oportunidad surgió porque, durante la Nueva Política Económica, una alternativa a la erradicación cultural total que exigía la Yevséktsiya había sido debatida por algunos círculos del Partido y el Gobierno soviético. En «El destino de las masas judías en la Unión Soviética», un texto del ensayista Mijaíl Koltsov publicado en 1924, el agrónomo judío Anatole Bragin propuso al Politburó una ambiciosa reubicación de cien mil judíos de pueblos y *shtetls* en los que subsistían en unas penurias desesperadas. La propuesta de Bragin y Koltsov consistía en transformar a esos residuos sociales en trabajadores productivos llevándolos a la tierra, en particular a Crimea y algunas regiones del sur de Ucrania, donde se creía que había suficientes hectáreas no cultivadas para absorber a una población numerosa. De manera aún más sorprendente, si ese experimento de ingeniería social triunfaba, podría crearse una república judía autónoma en el litoral del mar Negro que uniera a los campesinos ucranianos y judíos de Crimea. Por un tiempo parecía que esa posibilidad contaba incluso con la bendición de uno de los pocos bolcheviques de origen agrícola: Mijaíl Kalinin, presidente de la República Socialista Federativa Soviética de Rusia, el jefe titular de la URSS.

Originalmente, Bragin había propuesto Bielorrusia como región adecuada para la colonización agrícola judía. Pero la objeción lógica, esto es, que la población rural de la zona no aceptaría de buen grado esa intrusión, dio al traste con el plan. Por otro lado, se consideraba que Crimea estaba mucho menos poblada y contaba con grandes extensiones de terreno no cultivado. Pero si ambas valoraciones eran acertadas (y no completamente erróneas) sería porque el suelo era básicamente una estepa árida. Y eso no significaba que la región estuviera deshabitada. Allí, los tártaros crimeos podían llevar la misma vida pastoral migratoria que sostenía a su pueblo en Asia Central.[3]

Por otro lado, era posible una agricultura sostenible con inversiones en las perforadoras y los pozos necesarios para proporcionar irrigación. ¿Y de dónde saldrían esos fondos? Del corazón del capitalismo: Estados Unidos y, más concretamente, del doble pilar de la banca judía, Felix Warburg y Jacob Schiff, que en 1914 habían fundado el poderoso Comité de Distribución Conjunta (JDC, por sus siglas en inglés) como organización benéfica para los judíos pobres y perseguidos. En 1923, el dinero del JDC ya había contribuido a la creación de dos granjas en Crimea destinadas a formar emigrantes que viajarían a Palestina para trabajar en cooperativas y *kibutzim*.

Era asombroso lo rápido que había cobrado forma el proyecto. En 1925 se creó Agro-Joint, un departamento especial del JDC para gestionar, junto con sus homólogos de la URSS, el asentamiento de cien mil judíos a lo largo de diez años en tierras que rodeaban el mar Negro. KomZET, un organismo gubernamental soviético, aportaría las tierras. El coste de todo lo demás —alojamiento, perforación de pozos, tractores, maquinaria, transporte— lo sufragaría Agro-Joint. ¿Por qué iban a rechazar los soviéticos tan fantástica idea? A pesar de la furiosa oposición de dos actores —los sionistas, que veían el plan de Crimea como un desvío perjudicial del asentamiento en Palestina, y la Yevséktsiya, que lo consideraba otro tipo de separatismo judío peligroso—, el plan se puso en marcha. Asimismo, se creó otro organismo, con el poco atractivo título de Asociación de Trabajadores Judíos de la Tierra (OZET), para promover el plan en centros de población judía. En 1927, un equipo creativo de renombre —el director Abram Romm y los escritores Vladímir Mayakovski y Víktor Shklovski (más conocido como teórico literario)— produjo un documental titulado *Evrei na zemle* («Judíos en la tierra») para vender el sueño del bucolismo judeo-soviético en clara competencia con el original sionista. También ayudó que, en aquel momento, los sionistas fueran arrestados por centenares. En los carteles de la película y del plan en general aparecían las habituales caricaturas de judíos con nariz aguileña, sombrero grande y espalda curvada, transformados por el trabajo geórgico en camaradas heroicamente musculosos que conducían tractores en la tierra fértil. En 1925 dio comienzo el nuevo asentamiento, y 346 familias con un total de 1.116 individuos se trasladaron a las aldeas que les habían sido adjudicadas, en su mayoría inexistentes, con nombres yidis como Naybrod (Nuevo Pan), Gartenshtadt (Ciudad Jardín) y Beys Lechem (Casa de Pan), aunque el pan escaseaba. Como cabría esperar, la realidad distaba mucho de la bucólica idea comunista. El agua debía ser transportada a mano desde muy lejos y los alojamientos eran tiendas de campaña o casetas con techo de lona. Les proporcionaron semillas, pero romper la tierra seca de Crimea, antes de que acudieran al rescate el dinero y la experiencia de Agro-Joint, era agotador.

¿Por qué, aparte del hecho de que Odesa y el sur de Ucrania eran su lugar de nacimiento, iba a implicarse Waldemar Haffkine en semejante plan a sus sesenta y seis años? Es cierto que poseía experiencia relevante gracias a la gira estadounidense de 1915 y 1916, pero no iba en calidad de agrónomo. Atraído por la posibilidad de que las regiones agrícolas judías gozaran de un grado considerable de autonomía —aunque una república judía no estuviera sobre la mesa—, y, a pesar de la guerra de Yevséktsiya contra la enseñanza del hebreo y la religión, tal vez sería posible implantar en las colonias agrícolas los ingredientes de una vida auténticamente judía como la concebía Haffkine. El comisario de Educación para el Pueblo, Anatoli Lunacharski, había anunciado que tal vez no se ilegalizaría algún tipo de libertad religiosa, incluida la instrucción en hebreo. Así pues, Haffkine ejercería de representante de la Alliance Israélite Universelle, fundada en la Francia de mediados del siglo XIX para crear escuelas para judíos en todo el Levante y Europa del Este. La misión de la alianza era modernizadora, laica y técnica y, durante un tiempo, Haffkine había sido miembro de su consejo. Pero, cada vez más, esperaba aprovechar su estatus como científico —la personificación de la excelencia de la alianza— para argumentar que la instrucción moderna no tenía por qué excluir la enseñanza religiosa, que los dos tipos de educación podían alimentarse mutuamente. Dicha cuestión sigue viva en los mundos de los judíos contemporáneos.

El 12 de junio de 1926, Waldemar Haffkine se apeó del tren de París a Moscú y recorrió el andén de la estación de Kurski. Entre convoyes que aminoraban la marcha, lo saludó una joven a la que nunca había visto en persona. Era su sobrina Moussia. Junto a ella estaba el rabino Samuel Kalmanovich, al que Haffkine había conocido en Londres. Al enterarse del plan de Haffkine para viajar a Rusia como representante de la alianza, Kalmanovich se puso exultante y le escribió una efusiva carta. Se abriría una ventana y, a través de ella, llegaría ayuda de los judíos de Europa y Estados Unidos, no solo para tractores, sino también para la Torá. Y necesitaban esa ayuda. Cuatro años antes, tres estudiantes del Talmud habían sido arrestados, interrogados, físicamente intimidados y encerrados en prisión por el mero hecho de llevar a cabo estudios privados: tácticas de la Yevséktsiya. Kalmanovich temía por el futuro. Haffkine y la alianza ayudarían a encontrar la manera de que sobreviviese el aprendizaje del hebreo, como había sobrevivido a incontables penurias durante la larga historia de los judíos.

Mientras paseaba por Moscú un día de verano, a Haffkine le vino a la mente un perenne axioma judío: «Podría ser peor». «En Moscú», escribió en su diario, «la vida es intensa», pero las calles estaban más limpias y la gente era más abierta de lo que se esperaba o le habían hecho creer. Haffkine, que siempre valoraba la educación, se sorprendió al descubrir que esta no había abandonado del todo la capital. Los muchos vagabundos que dormían en bancos o en la acera los atribuía a una escasez comprensible de viviendas. Aunque sabía que muchas sinagogas habían sido clausuradas o convertidas, las Gran Sinagoga estaba llena de fieles. En una visita posterior, Haffkine se quejaba alegremente de que le había costado encontrar asiento para el oficio matinal del *Sabbat*. Todo era reconfortantemente familiar: melodías del *chazanut* compitiendo con el murmullo constante de los cotilleos, barbas que olían a tabaco y a sopa vieja y *schnorrers* merodeando los umbrales, acorralando a quienes salían y entraban y afirmando tener parientes allá donde les dijeras que era tu procedencia.

Las reuniones con los hombres serios del KomZET y la OZET devolvieron a Haffkine a la tierra. Estaba recibiendo mensajes contradictorios. Yuri Larin (nacido Mijaíl Lurie), recientemente nombrado jefe de la OZET, era economista, pero su padre, Schneur Zalman Lurie, había sido un escritor de elegantes ensayos en hebreo, además de un sionista acérrimo. Sin duda, el hijo de un padre así lo entendería. Larin parecía estar alentando la idea de que, una vez asentados en la tierra, los koljós judíos gozarían de un grado limitado de autonomía. Pero, cuando Haffkine aventuró que eso incluiría la práctica de la religión, un silencio gélido le indicó que estaba tentando a la suerte.

El 26 de junio de 1926, Haffkine, el viajero perpetuo, iba camino de Ucrania, situada al sudoeste. Esta vez lo acompañaba un pequeño equipo, cuyos miembros debían estudiar las posibilidades de la agricultura como salvación para las multitudes de judíos urbanos desamparados y legalmente indefensos que en ese momento vivían solo gracias a la caridad. El viaje a Odesa, que, según decía, le llevaría treinta y ocho horas y media, empezó en tren. Los vagones y los pasillos estaban llenos de soldados. Haffkine se fijó en lo que había sido abandonado: locomotoras en las vías muertas e incluso andenes en desuso en Konotop; niños —los golfos *besprizornye*— en Kiev; y algunas sinagogas. En Yitómir, Haffkine fue a ver el hermoso edificio y lo encontró en un lamentable estado de abandono: «Puertas colgando de un travesaño y ni una sola ventana que no estuviera rota». Quisiera o no, en Odesa lo escoltaron dos comunistas «*farouche*» que, aun así, fueron buenos compañeros mientras Haffkine recorría el camino de la memoria. La experiencia fue emotiva, pero no del todo alegre. Los parques y pasajes comerciales de la hermosa ciudad tenían un aspecto lúgubre. «No había animación» en el puerto, donde recordaba bosques de grúas y cargas y descargas continuas. Ahora «apenas había barcos». Algunas de las grandes mansiones de la calle Deribasovskaya, con sus tejados operísticamente italianizados, permanecían intactas, pero en Moldavanka, la madriguera de los pobres, se apreciaba deterioro junto a la suciedad habitual. Los *besprizornye* también formaban bandas, sus rostros manchados de hollín, su cabello apelmazado y sus cuerpecitos envueltos en harapos. Pero, de algún modo, pensó Haffkine, parecía que habían logrado encontrar algo para comer. Haffkine se abstuvo de preguntarse a sí mismo o a ellos cómo y por qué, pero se contentó con disfrutar del circo de los granujas, los niños haciéndose hueco en bosques de piernas adultas, gritando y saltando, igual que en cualquier otro sitio en cualquier otro momento, pero en la Odesa soviética era pura fuerza vital. Haffkine no se divirtió tanto cuando más tarde asomó un brazo por una ventanilla entreabierta de su lado del vagón y le agarró el abrigo. Estuviera donde estuviera, sabemos por su historia fotográfica que a Haffkine le gustaba vestir así.

Cuando la procesión inició su avance hacia el campo, hubo más sorpresas, en especial los cerdos. Las dos granjas de formación creadas en Crimea en 1923 eran social-sionistas, y no les preocupaban demasiado las formalidades de las leyes dietéticas judías. Si existía un mercado para la carne de cerdo, había que aprovecharlo. Haffkine no sabía si, además de venderla, los trabajadores se la comían, pero decidió no saludar a nadie con un abrazo, como era habitual en Rusia, para que su rostro *kosher* no se viera contaminado por un beso con restos de cerdo. Le resultaron menos desconcertantes los valores que regían la gestión de las colonias agrícolas: un economato de ropa en el cual se vestían los campesinos y sus hijos; ganancias y comidas compartidas, muy en la línea de los *kibutzim* palestinos; y una colectivización no forzada que con los años degeneraría monstruosamente en una ruina y hambruna tiránicas.

Las granjas «pioneras» habían recibido nombres hebreos que se hacían eco de sus homólogas de Palestina: Tel Hai y Mishmar (donde los cerdos gruñían por las colinas a causa del celo). En algunos casos, los nuevos asentamientos, que pretendían ser antishtetls, llevaban nombres yidis, los cuales, como Beys Lechem (Casa del Pan), también tenían connotaciones bíblico-palestinas. Otros eran tributos yidisificados a benefactores soviéticos; de ahí Kalinindorf o, todavía inocentemente, Stalindorf. Algunos campos parecían ser un buen presagio. Pero existía la política consciente de que las nuevas granjas judías debían innovar, evitando los cereales corrientes y plantando cosechas experimentales como el sorgo y pasto del Sudán. Todo ello estaba muy bien, pero de momento no había agua, ni para regar ni para beber; los alojamientos eran tiendas de lona o cabañas de lo más rudimentarias; y varios colonos sin experiencia agrícola se habían guardado las espaldas no vendiendo las casas que habían dejado en las ciudades. Además, Haffkine no estaba tan alejado de su vida anterior como para no ver que los colonos padecían numerosas enfermedades. Entre otras, registró anemia, tuberculosis, tracoma, malaria y algún que otro caso de tifus. Si los asentamientos pretendían sobrevivir, escribió al jefe de la alianza en París, necesitarían médicos residentes, dispensarios, baños públicos y un hospital regional casi tanto como necesitaban profesores y aulas.

Abundaban las ironías. Aunque la región del mar Negro había sido elegida por su relativa proximidad con zonas de la Ucrania rural en las que los judíos habían vivido durante siglos, Haffkine descubrió que Crimea había acogido a una comunidad de emigrantes judíos mucho más antigua, ahora conocidos como crimchacos, que se remontaban como mínimo al siglo I a. C. En Simferopol también existía una comunidad de caraítas, fundamentalistas bíblicos cuyo judaísmo acababa con la Torá y rechazaba la «ley oral» de los rabinos y todo el corpus del comentario talmúdico. Por si aquello no era suficientemente revelador, se propuso incluir en la mezcla de colonos rurales a los judíos de las montañas de Azerbaiyán, que no hablaban yidis, sino judeo-tártaro. No estaba claro cómo congeniaría ese Arca de Noé de judíos del mar Negro y el Cáucaso, no solo entre ellos, sino con los tártaros, los griegos y los romaníes que ya estaban en Crimea, además de los rusos y los ucranianos étnicos.

De vuelta a Moscú en el mes de julio, Haffkine redactó los informes para la alianza, que aparecerían en el número de primavera de su revista. Fue a la animada Gran Sinagoga y buscó la compañía del rabino Yosef Yitzhak Schneerson, líder de la comunidad ortodoxa de Lubavicher, que hacía peligrosos malabarismos para que pareciese que respetaba las restricciones soviéticas a la vez que mantenía una red secreta de *yeshivas*, seminarios para el estudio del judaísmo rabínico.

Su labor en la Unión Soviética había concluido, pero Haffkine estaba recibiendo señales de su corazón —fibrilaciones y alguna punzada de dolor— que indicaban que su tiempo también podía estar agotándose. Como siempre le recordaban los británicos, no era médico, pero tampoco idiota. ¿En qué punto de su vida se hallaba? ¿Qué le quedaba por hacer? ¿Adónde podía ir? ¿A quién podía recurrir?

Le vino una respuesta a la mente cuando viajaba en ferry de la orilla norte del Dniéper a la sur, entre Berislav y Kajovka, un tramo en el que el río se ensanchaba rumbo al mar Negro. La escena acabó convirtiéndose en un recuerdo familiar. Sus hermanastros, Alexander y Salomon, habían vivido en esas ciudades a finales del siglo anterior. En mi opinión, el sentimiento familiar de Waldemar es cambiante. Al fin y al cabo, había podido estudiar con Iliá Méchnikov en Odesa gracias a la ayuda de Alexander, pero sus vidas se habían distanciado. En su diario escribe que quería ver a Yanina, la hija de Alexander, en Kiev, pero iba tan justo de tiempo con sus visitas de trabajo a escuelas y hospitales que el encuentro acabó reducido a una mera conversación telefónica. Lo mismo ocurría con el hermano de Moosia, el doctor Paul Haffkine, el otro microbiólogo de la extensa familia. Había llamado a Waldemar cuando este se encontraba en Moscú para intentar concertar una cita, pero ninguno de los dos pudo. Todo ello resulta extrañamente inquietante.

Todavía quedaba una de las tres hermanas, Henrietta —Ietta—, que vivía lo más lejos que uno pudiera imaginar: en la ciudad de Barnaul, al oeste de Siberia. Era agosto y la canícula del verano se cernía sobre Rusia. No era necesario volver a casa todavía y, en cualquier caso, Haffkine ya no estaba seguro de cuál era su hogar. Nunca había conseguido formar uno. En una ocasión dijo: «La soledad es mi estado». Incluso en Inglaterra, en el apogeo de su popularidad, lord Moynihan se había percatado de lo «solo» que parecía en su atractivo aislamiento. No solamente no se había casado, sino que no parecía haber estado a punto de hacerlo en ningún momento.

En Odesa había habido una chica, Justine, que al parecer lo rechazó y a la cual, en todo caso, dejó atrás cuando se fue a Ginebra. Circula otra historia según la cual fue rechazado una vez más en 1902, coincidiendo con la época de sus grandes problemas. Cuando le preguntaban por su vida de soltero, Haffkine respondía de manera poco convincente que su trabajo era tan peripatético y lo exponía a tantos peligros diarios que habría sido injusto someter a una posible esposa a esas pruebas de incertidumbre.

¿Era asexual, por tanto? ¿Era gay? Nunca lo sabremos. No tengo ninguna corazonada que ofrecer y, a menos que se me haya escapado algo, el archivo es mudo en ese sentido. Pero Haffkine decidió ver a la familia que había sobrevivido, pues el corazón le estaba anunciando, con sus ocasionales saltos, tropiezos y punzadas, que algo no iba bien.

Aun así, en el Transiberiano nada resultaba demasiado agotador. Ocho días de viaje hasta el río Obi. Samovar desfilando por los pasillos; noches agitadas por el ritmo del coche-cama; centinelas de abedul común custodiando las vías; y, a través de los bosques boreales, cortinas de abetos y alerces. A la postre, el tren se adentró en las llanuras polvorientas de las estepas más allá de los Urales y, una semana después, como si fuera un sueño, aparecieron los extensos y deslumbrantes mantos de flores silvestres —amapolas, margaritas y acianos— mientras el tren se dirigía hacia el plateado Obi. Barnaúl, donde se apeó Haffkine, también era plateada, y los minerales que se fundían allí permitían al imperio comunista de los soviéticos mandonear en el centro y el norte de Asia igual que habían hecho sus predecesores zaristas. El aire era metálico y, al respirarlo, recubría la lengua como un medicamento de mal sabor. Durante las guerras civiles había habido terribles enfrentamientos en el oeste de Siberia, y edificios destrozados y calcinados desfiguraban las calles. Por todas partes se veían signos de pobreza: vagabundos y heridos sin sanar. Cuando volvieron a encontrarse, Ietta le dijo a su hermano que había sufrido mucho. El Ejército Blanco había impuesto pogromos y ella y sus hijos habían sido expulsados sumariamente de casa. La comunidad judía de Barnaúl, en su día próspera, había quedado diezmada, y sus cuatro sinagogas, prácticamente destruidas. Ante aquella devastación y las penurias de su hermana, el diario de Haffkine es frustrantemente exiguo para un historiador en cuanto a lo que podría haber dicho. Como escribía en otra ocasión, no le interesaba la gente que mostraba abiertamente sus sentimientos. Por tanto, sabemos muy poco sobre lo que se dijeron ambos hermanos, separados por muchos miles de kilómetros y treinta y ocho años, durante el tiempo que pasaron juntos, tan solo que la conversación estuvo llena de recuerdos y que se prolongó varios días.

Ietta tenía un hijo, Leonid, que vivía en Tomsk. En el centro urbano había una universidad, y Leonid estaba realizando los exámenes de acceso. Evidentemente, formaba parte del futuro. Pero el tío Waldemar no quería lo que fuese que deparaba el futuro soviético a expensas de la tradición de su pueblo. Pasaron tres días juntos en Tomsk y, en ese tiempo, sin apabullar a su sobrino, Waldemar intentó hablarle del judaísmo y le mostró su *tallit*, el chal de oración. Había (y hay) un emblema conmovedor del destino que corrieron los judíos rusos en Tomsk: la Sinagoga de los Soldados, destinada a «cantonistas» que durante veinticinco años habían formado parte del ejército del zar y quienes, al concluir el servicio, habían vuelto al judaísmo. Ignorados por la comunidad judía residente, los chicos abandonados por todos habían construido con sus propias manos la elegante estructura de madera, en cuya entrada tallaron el Magen David, o escudo de David. Inevitablemente, fue una de las muchas sinagogas requisadas, clausuradas y destinadas a otros fines por los soviéticos.

El otoño cayó sobre el oeste de Siberia. La luz del día estaba en retirada y Haffkine subió al tren para emprender el viaje de una semana hasta Moscú. Es una lástima que no continuara en la dirección opuesta, el este, hasta Harbin, en Manchuria, donde residía una notable comunidad judía y su sobrino Paul era director del Instituto de la Peste. Tío y sobrino habrían tenido mucho de que hablar. En 1911, un violento brote de peste neumónica se había cobrado sesenta mil víctimas en Manchuria y no decayó hasta final de año. Regresó en 1921 y de nuevo en 1928. El hecho de que el número de muertes fuera inferior en las epidemias subsiguientes probablemente obedeció a la labor de Paul Haffkine. En 1911, en el momento álgido de la primera epidemia, el científico malayo Wu Lien-teh, el primer chino que se licenciaba en Cambridge y más tarde alumno de Ronald Ross en Liverpool y el Instituto Pasteur, había organizado una Conferencia Internacional sobre la Peste en Mukden, Manchuria, la primera dedicada a la enfermedad desde la Conferencia Internacional de Sanidad celebrada por Adrien Proust en Venecia en el año 1897. Fue Wu quien descubrió que la peste de Manchuria era neumónica, transmitida entre humanos por gotas y más letal debido a esto último. Ese fue el motivo por el que modificó la mascarilla quirúrgica estándar añadiendo tela y gasa y la ofreció para uso diario durante la pandemia. Actualmente, la N95 no solo se fabrica especialmente en China, sino que fue inventada por un científico de dicho país hace un siglo.

Se tomó una fotografía de los delegados. Paul Haffkine aparece en segunda fila, pálido y con la cara redonda. En los puestos de honor situados más al frente, Kitasato Shibasaburo, ahora barón Kitasato, está sentado junto a Wu Lien-teh. En 1931, el imperio de Kitasato (sobre el cual tenía sentimientos fuertemente encontrados) invadiría Manchuria y su ejército haría prisionero a Wu. A su izquierda está Danilo Zabolotni, que afirmaba que el vector del bacilo de la peste manchú era la marmota siberiana. Zabolotni había sido un estudiante modélico de Méchnikov durante el breve periodo entre 1886 y 1888 en que fue director del Instituto Pasteur de la Rabia en Odesa. Allí estaban todos: italianos, estadounidenses, franceses, chinos y japoneses (pero ningún británico), una improvisada Liga de las Naciones epidemiológica, años antes de que el mundo se viera devorado por una guerra y de que otra pandemia —la gripe— matara a millones de personas.

En 1911, Metchnikoff estaba viviendo en Sèvres, en la parte oeste de París y cerca de Boulogne-sur-Seine, donde se instalaría Waldemar Haffkine a su regreso de Estados Unidos. Pero 1916, el año en que Haffkine volvió a la capital francesa, también fue el año en que Metchnikoff se mudó a las que habían sido las dependencias de Louis Pasteur en el Instituto. Metchnikoff tenía setenta y un años cuando se lo llevó un infarto, una edad decente pero probablemente no la que él esperaba, ya que, desde que ganó el Premio Nobel en 1908, había pasado gran parte del tiempo investigando y pensando en las causas de la demencia senil. Estaba convencido de que las descubriría en las guerras microbianas que se libraban en las profundidades del organismo humano. Concretamente, los agentes de la senectud eran bacterias putrefactas alojadas en el sistema gástrico, las cuales, si no eran tratadas, con el tiempo afectarían a la función de todos los órganos vitales. Según su mentalidad de gladiador, Metchnikoff creía que ese desgaste metabólico podía ser revertido por los caballeros blancos del mundo gastromicrobiano que él denominaba «probióticos». ¿Por qué, se preguntaba en voz alta (aunque ya conocía la respuesta), los campesinos búlgaros tenían una esperanza de vida muy superior a otros europeos y estadounidenses? ¡El yogur! En particular, el yogur agrio y ligeramente fermentado que consumían a diario. Metchnikoff seguía su ejemplo e insistía a otros en que hicieran lo propio, aunque es posible que el hábito del yogur búlgaro llegara demasiado tarde para alargarle la vida. Los «probióticos» desaparecieron con Metchnikoff, pero regresaron en la década de 1990, aunque, por desgracia, ya que es hermosamente memorable, su rostro aún no ha aparecido en ningún envase de yogur.

Metchnikoff había cosechado casi tanta fama como Pasteur. En *El dilema del doctor*, representada por primera vez en el Royal Court Theatre de Londres en 1906, George Bernard Shaw hace que uno de sus personajes responda cuando es informado grandilocuentemente de la acción de los «corpúsculos blancos»: «Eso no es nuevo [...] es lo que un hombre llamado Metchnikoff denomina fagocitos». La concesión del Premio Nobel de 1908, compartido no con total satisfacción con Paul Ehrlich, que tenía opiniones bastante diferentes sobre el sistema inmunológico, no hizo sino amplificar más la fama de Metchnikoff. En lugar de viajar a Estocolmo para la ceremonia, el anciano emprendió una gran gira triunfal que, por una vez, incluyó una parada en Rusia, a pesar de que el país le despertaba recuerdos ambivalentes. Uno de los principales motivos de su viaje era visitar al escritor León Tolstói, que murió un año después. Allí estaban, dos genios gruñones en Yásnaia Poliana, cada uno a su manera y negándose a sonreír para la cámara.

Tolstói había sido uno de los detractores más mordaces de Metchnikoff, a quien calificaba de fetichista de la ciencia que desestimaba la vertiente espiritual de la vida, la cual era la salvación de una mera existencia mecánica. En *Resurrección*, la última novela de Tolstói, aparece una versión de Metchnikoff para ejemplificar esta forma elevada e inmadura de estrechez de miras. Pero, cuando se conocieron, Tolstói —como muchos otros— quedó desarmado por la pasión juvenil de Elie y se dio cuenta de que, para él, la ciencia era una especie de sublimidad. «Cree en la ciencia», escribió Tolstói, «como en las Sagradas Escrituras. Es un hombre dulce y sencillo, pero, igual que algunos hombres débiles se emborrachan con alcohol, él se emborracha con la ciencia».[4] Pero la ebriedad permanente de Metchnikoff estaba justificada. Sus conocimientos sobre la función de las inflamaciones, el descubrimiento de células capaces de engullir organismos invasivos, cambió decisivamente la patología y la ciencia médica que dependía de su sabiduría. Y lo que era casi igual de importante: hacia el final de su paso por el Instituto Pasteur, Metchnikoff demostró que la sífilis, hasta el momento considerada una afección exclusiva de los humanos, también podía estar presente en monos. Eso significaba que podían utilizarse experimentos con animales que afectarían a los resultados en humanos. El descubrimiento, pronosticado por Alice Corthorn, también atestiguaba lo que en nuestra época se ha convertido en un dogma de la epidemiología: que la mayoría de las enfermedades infecciosas devastadoras son de origen zoonótico y, asombrosamente, como sabemos que ocurrió con la COVID-19, puede ser una transmisión bidireccional en la que los humanos contagien al reino animal.

A pesar de la ingesta diaria de yogur búlgaro y de sus *Essais optimistes*, que celebraban la prolongación de la vida, algo murió dentro de Elie Metchnikoff cuando estalló la guerra en 1914. Un año antes, a la que se consideraba una edad avanzada, le habían ofrecido la dirección del Instituto de Medicina Experimental de San Petersburgo. Se sintió «profundamente conmovido» por la invitación, pero tuvo

León Tolstói y Elie Metchnikoff, 1909.

que rechazarla. Había florecido en la Tercera República francesa, por imperfecta que fuera su democracia. Y, «aunque me opongo a cualquier política, no podría ver con indiferencia esa destrucción de la ciencia que prefieren con tanto cinismo en Rusia». Puede que Metchnikoff tuviera en mente un ejemplo especialmente flagrante de esto, pero también debió de recordar cuando, treinta años antes, tenía a Haffkine en su laboratorio, lo que tuvo que hacer para sacar a su protegido de la cárcel y la incesante presión política que sufrió durante años. Si acaso, la vigilancia autocrática del conocimiento había empeorado. Cuando su afección cardiaca se agravó, se instaló en el piso de Pasteur para expirar. A fin de cerrar el arco biológico, le dijo a Emile Roux que, cuando llegara el momento (y lo hizo el 15 de julio de 1916), quería ser «incinerado en el gran horno en el que arden nuestros animales muertos». Roux dedujo que se trataba de una muestra de humor ruso tétricamente jocosa. Pero Olga confirmó que esas instrucciones figuraban en el testamento de Elie. Tal como especificó, sus cenizas fueron introducidas en una urna y guardadas en un armario del Instituto.[5] Olga, que también era bióloga experimental, lo sobrevivió muchos años y publicó la biografía de Elie en 1921. Hasta la fecha ha tenido cincuenta ediciones en varios idiomas.

La guerra proyectó una sombra profunda sobre otro compañero de Haffkine. El 26 de agosto de 1914, cuando apenas hacía un mes del comienzo de las hostilidades y después de unas derrotas desastrosas en Mons y Charleroi, se ordenó a varios regimientos del Segundo Cuerpo de Ejércitos de la Fuerza Expedicionaria Británica que cambiaran de rumbo en Le Cateau y se enfrentaran al avance alemán. Contener al enemigo fue un sacrificio, y funcionó, pero a un precio sangriento, en especial para los Royal Scots, en los que servía como subteniente Ronald Campbell Ross, el hijo de Ronald Ross, que en aquel momento tenía diecinueve años. Tras dos agonizantes años desaparecido, a los padres les confirmaron su muerte. Después, Ross empezó a impartir clases en Liverpool, pero su carácter combativo se agrió. El parasitólogo italiano Giovanni Battista Grassi había demostrado el ciclo vital de la malaria en 1898, justo un año después que Ross. Originalmente, la intención era conceder el Premio Nobel a los dos, lo cual indignó a Ross, que fue el único ganador, y los antagonistas siguieron enfrentados hasta bien entrada la década de 1920. A Ross le molestó no recibir una compensación económica adecuada por su descubrimiento sobre la malaria y siempre estaba discutiendo con compañeros y supervisores de la Escuela de Liverpool, de la cual amenazaba periódicamente con dimitir. Y, a pesar del título de caballero y los honores, nunca consideró que se le hubiera otorgado un verdadero reconocimiento. Siguió escribiendo poesía mediocre y novelas fantasiosas como *El espíritu de la tormenta, fábulas y sátiras* y *Lyra Modulatu*. Sus memorias de quinientas páginas sobre el «gran problema» de la malaria lo retratan, no sin razón, como un luchador contra la gente ignorante, complaciente e ilegítimamente poderosa que dirigía las instituciones del Imperio británico, las cuales no apoyaron su campaña para eliminar las áreas de reproducción de los mosquitos *Anopheles*, hecho que costó un número incalculable de vidas.

Ross y Haffkine —el uno desmedido, el otro extremadamente reservado— se hicieron aliados porque ambos concebían su vida y su trabajo como una historia de lucha: combatientes por la integridad y utilidad social de la ciencia frente a los hábitos interesados del poder. El uno caballero, el otro miembro de la Orden del Imperio, en su opinión seguían siendo La Oposición. Pero ¿alguien podía trabajar y vivir para explotadores manifiestos del poder imperial y considerarse a la vez un defensor del bien ciudadano? Después del desastre de Malkowal, William Simpson pasó casi todo el resto de su vida trabajando en África, primero en Sierra Leona y después en la Costa de Oro (la actual Ghana), sobre todo intentando proteger a los africanos de la malaria. Pero en 1929 fue a las minas de cobre Chester Beatty Roan Antelope del norte de Rodesia (la actual Zambia), donde unos trabajadores brutalmente explotados estaban sucumbiendo a enfermedades infecciosas terribles, entre ellas el cólera. Simpson hizo lo que pudo, separando a los enfermos y contagiosos de los sanos e instituyendo limpiezas sanitarias adecuadas para el cólera e inadecuadas para la peste. Logró reducir drásticamente la mortalidad entre los mineros africanos. Por tanto, ¿el resultado propició de manera reprobable la explotación imperial o era una mitigación desinteresada de los males más graves del sector de la extracción? En cualquier caso, Simpson nunca perdió su lealtad a Ross y falleció de neumonía en

1931, por supuesto, en el Instituto Ross de Putney que él mismo había ayudado a fundar. ¡Cómo les gustaba a los hombres de la microbiología morir entre los suyos!

En realidad, no todos lo hacían, y no todos se consideraban cruzados, incluso cuando lo habían sido. En la playa de Brighton, a finales de la década de 1920 y en los años treinta, se podía ver a un anciano haciendo volar planeadores en miniatura con un reducido grupo de ayudantes. Desde hacía mucho tiempo, la aerodinámica, ya fuera en pájaros o en máquinas, era una obsesión de Ernest Hanbury Hankin. Pero no era la única; de todos sus compañeros y amigos, Hankin era el menos monotemático en sus fascinaciones. Una cosa era interesarse por las toxinas que producían la cobra y el opio en India y descubrir que el Ganges contenía bacteriófagos que consumían bacterias perjudiciales, y otra ser un estudioso serio del indio, en especial el mogol, la arquitectura y la red matemática y geométrica que gobernaba la decoración ornamental. Sobre todo esto (y más), tanto en India como en Inglaterra, primero en Norfolk, después en Torquay y finalmente en Sussex, Hankin completó una profunda investigación, escribió y publicó de manera prolífica. No había nada que le llamara poderosamente la atención en lo que no intentara organizar sistemáticamente sus pensamientos. De ahí su papel en los «vientos que levantan polvo y las corrientes descendentes» para el Departamento Indio de Meteorología. Puesto que había ahondado en las religiones indias, Hankin valoraba formas de pensamiento y epistemologías normalmente estigmatizadas en el Occidente imperial como «primitivas» o «inferiores».

En 1921 publicó *The Mental Limitations of the Expert*, que afirmaba que el pensamiento intuitivo era igual de válido, creativo y productivo que los procesos de obtención de conocimientos impartidos normalmente en la tradición occidental. Y lo hizo medio siglo antes de los modelos de pensamiento rápidos y lentos descritos por Kahneman y Tversky.

Y en 1931, teniendo en cuenta las respuestas populares al terror epidémico, publicó «El flautista de Hamelín y la llegada de la peste negra» en *Transactions and Proceedings of the Torquay Natural History Society*. Las sombras acechaban. En un momento en que la brutalidad política y militar empezaba a arrollar Europa, Hankin reflexionó sobre la clase de criatura que era realmente la humanidad: hasta un punto que no se reconocía del todo, pensaba, decididamente salvaje. El contenido de *Nationalism and the Communal Mind* [El nacionalismo y la mente comunitaria], publicado en 1937, contradice su convencional título. Sus páginas están llenas de paleocanibalismo: consumo de corazones, asesinatos rituales de reyes e ingesta de sangre en calaveras humanas, lo cual había descubierto el apacible Ernest Hankin en los archivos de antepasados remotos, y no del todo erróneamente. Seguimos siendo esas criaturas, afirmaba, a medida que los gritos se intensificaban y empezaban a caer bombas de la panza de grandes aviones. Existía una diferencia, escribió, entre «respeto nacional» (bueno) e «imposición nacional» (mala); si el primero resultaba herido, afloraba la segunda. Pero, como muchos otros miembros de su generación, pensaba que herr Hitler era un buen ejemplo de ello y tenía razón. Dos años después, la bestia salió de su guardia con una actitud impositiva. Y Ernest Hanbury Hankin murió.

Cuando su vida como científico dio un giro a peor, Waldemar Haffkine no volvió a ver nunca más a Ross, Simpson y Hankin. Es posible que cuando, en mitad de sus penurias, humillado y sin trabajo, volvió al Instituto Pasteur para dar sus conferencias sobre la vacuna contra la peste, se encontrara con su viejo mentor Metchnikoff. Pero es improbable. Hacía tiempo que se había instalado la frialdad entre ambos; el anciano hizo saber que tenía serias dudas sobre la eficacia de la famosa «linfa de Haffkine», aunque nunca las hizo públicas. Ambos echaban de menos ser casi vecinos. Pero en los últimos años de vida de Haffkine reapareció alguien de su pasado lejano.

En 1927, Hillel Yaffe, que había facilitado pistolas a los chicos de Odesa en 1881, se reunió con Waldemar en París coincidiendo con el *Jahrzeit* de su amigo común Alexander Marmorek, otro bacteriólogo que había cruzado espadas con una institución consagrada, aunque en su caso, y esto no ayudó, se trataba del Instituto Pasteur. Cuando Haffkine estaba en India, Marmorek se encontraba en París tratando de validar su convicción de que Robert Koch se equivocaba cuando identificó la tuberculina como el origen letalmente tóxico de la tuberculosis. Por el contrario, argumentaba, la tuberculina era un activador —«la llave en la cerradura», según su formulación—, pero la verdadera toxina se hallaba en otro lugar del suero y él, Marmorek, la había encontrado, cultivado y convertido en una vacuna contra la tuberculosis. Sus experimentos con conejos demostraron su eficacia, pero no de manera concluyente. Cuando el Instituto desaprobó sus ensayos, Marmorek se rebeló. Leyó un artículo ante la Asociación Biológica de París, dimitió de su puesto en el Instituto Pasteur y creó un laboratorio propio a las afueras de París. Murió a principios de 1923 mientras se seguía debatiendo su vacuna contra la tuberculosis. Pero también era un sionista ardiente, amigo de Theodor Herzl y, a juicio de Haffkine cuando regresó a París, un buen judío, una persona cuyo recuerdo era una bendición.

Yaffe era cuatro años más joven que Haffkine. Rondaba los sesenta y cinco cuando volvieron a encontrarse y seguía luciendo la barba recortada que constituía el uniforme facial de los estudiantes radicales, algunos de los cuales llevarían una vida revolucionaria y perecerían en las prisiones de los tiranos. Igual que Haffkine, tenía antecedentes policiales en Rusia, había sido sometido a un agresivo interrogatorio y se trasladó a Ginebra, donde organizó protestas contra la vigilancia a los estudiantes por parte de los espías del zar. De sus días en Ginebra, recordaba a Haffkine como una persona claramente atea o al menos fríamente indiferente, al punto de que su amigo ignoraba por completo las fechas de las festividades religiosas y los días sagrados y no se molestaba en aparecer por la sinagoga. Así pues, treinta años después, en París, a Yaffe le pareció divertido ver a su viejo amigo llevando una kipá y bendiciendo el pan con un *hamotzi* antes de dar un bocado.

Al fin y al cabo, fue Yaffe quien siguió su concepto de la historia judía hasta Palestina, donde cambió su formación médico-biológica por la oftalmología en una región azotada por el tracoma. Pero en los pantanos de Hadera, en el oeste de Samaria (Shomron), encontró su verdadera misión: la erradicación de la malaria, que no hacía distinciones entre judíos y árabes. Yaffe descubrió los hallazgos de Ronald Ross y supo que había que drenar las áreas de reproducción del mosquito *Anopheles* y llenar el terreno recuperado con eucaliptos. Hacia el final de sus respectivas vidas, podían afirmar razonablemente que sus días en la tierra no habían sido en vano.

Ambos se reencontraron un año después, en 1928. La enfermedad de Haffkine había empeorado mucho. Los dolores de pecho eran
más frecuentes y a veces escupía sangre. Sabía que le quedaba poco
tiempo y temía morir antes de haber conseguido un último objetivo:
la creación de una fundación benéfica para financiar la educación
religiosa judía en Europa del Este. Había vendido su casa de Boulogne-sur-Seine y destinó las ganancias a la institución. Se había trasladado a Lausana, en principio para buscar tranquilidad a orillas del lago
Lemán, pero su determinación de ponerlo todo en orden legal era tal
que siempre estaba viajando en tren a Berlín —donde el Deutsche
Hilfsverein trabajaba en las condiciones de los judíos de Europa del
Este—, después a París y de nuevo a Suiza. Cuanto más le decía su
corazón que parara, más parecía desafiar sus advertencias. Hillel Yaffe
se reunió con él en uno de sus viajes y, por un momento, Haffkine
paró. Pero solo por un momento. Junto al lago hablaron de sus días
en Ginebra. Deberíamos ir, dijo Haffkine, y fueron, visitando algunos
de sus lugares favoritos, los laboratorios y las cafeterías. En todo momento, comentaba Yaffe, vio que Haffkine no le tenía miedo a la
muerte. A fin de cuentas, era algo natural e ineludible. Solo lo inquietaba lo que la muerte pudiera interrumpir.[6]

El último año de Haffkine personificó su argumento de que adoptar el judaísmo no significaba abandonar la ciencia. En Lausana, y gracias a un amigo científico, pudo encontrar un pequeño espacio en un
laboratorio donde dedicarse a la tuberculosis, la cual, a pesar de las actividades de Marmorek, seguía desafiando a una vacuna demostrablemente eficaz. Durante los descansos en ese último laboratorio, hablaba
con un joven rabino residente en Montreux y, cosa curiosa, lo llevó al
remodelado Château de Chillon, románticamente encaramado a su
roca en el lago. Pero, cuando murió el 25 de octubre de 1930, todos los
miembros de su familia estaban desperdigados, y tampoco estaba allí
ninguno de los verdaderos amigos de su vida y época. Se fue en el estado en que, como él decía, había vivido casi siempre: en soledad.

Hubo necrológicas: malintencionadas en el caso de William
Bulloch y, por supuesto, generosas en el de William Simpson. Muchos
escritores comentaron la discreta dignidad con la que solía compor-
tarse Haffkine. Pero, a diferencia de las grandes figuras de la bacterio-

logía, tanto teórica como aplicada, su historia pronto cayó en el olvido. Existían un Instituto Ross, una Universidad Méchnikov y un
Centro Médico Hillel Yaffe, pero nada que llevara el apellido Haffkine. Excepto un lugar.

En 1925, el cirujano del ejército Frederick Mackie, director general de lo que todavía se denominaba Laboratorio de Investigación
de la Peste en Parel, le escribió a Haffkine. Mackie trabajaba allí cuando Haffkine fue director entre 1899 y 1902, y seguía siendo un gran
admirador suyo, una rareza en el Servicio Médico Indio. Pero Mackie
también era extraordinario: había descubierto los insectos vectores
del kala azar y la enfermedad del sueño. Durante dos años había liderado una campaña tranquila y más tarde no tan tranquila para rebau-
tizar el laboratorio de Parel como Instituto Haffkine, acosando al
Gobierno de Bombay hasta que lo logró y pudo escribir a su antiguo
jefe. Haffkine se sintió profundamente conmovido, le expresó su gratitud y le dijo que aquellos años luchando contra la peste en Bombay
habían sido los más felices y satisfactorios de su vida.

En 2021, el Instituto Haffkine, junto con la Corporación Biofar-
macéutica Haffkine, su departamento estatal de desarrollo comercial
en Maharashtra, y la gigantesca empresa farmacéutica india Bharat
Biotech, con sede en Hyderabad, anunciaron que el Gobierno de
India los había contratado para producir miles de millones de dosis
de Covaxin para combatir la COVID-19. Al principio, la vacuna iría
destinada a India, pero sería exportada a bajo precio a países en vías
de desarrollo. La Organización Mundial de la Salud adoptó el Covaxin como una ayuda crucial para ampliar la vacunación contra la
COVID a zonas del mundo en las que los índices de inoculación eran
bajos o inexistentes. A principios de 2022, se decía que Covaxin
ofrecía un 80 por ciento de protección contra los contagios y una
mitigación significativa de la mortalidad. Pero, en abril de ese año, la
OMS suspendió la distribución de la vacuna, citando irregularidades
en las prácticas de fabricación. En noviembre, un directivo de Bharat
reconoció discrepancias preocupantes entre el número de sujetos que
habían participado en los ensayos clínicos y las cifras anunciadas. Y lo
que era más desalentador: al parecer, un grupo de control con placebo había abandonado la fase 2 de los ensayos.

Haffkine, que llevó a cabo ensayos escrupulosos en India y siempre prestaba especial atención a la necesidad de un grupo de control, habría quedado estupefacto. Pero las largas salas de Parel en las que creaba y almacenaba sus cultivos de la peste ya no podían desarrollar gran parte de ese trabajo. Actualmente, el Instituto está especializado en la producción de antídotos para el veneno de serpiente, uno de los campos de investigación originales mientras Haffkine fue director y una cuestión grave, generalizada y mortífera en la India contemporánea. Los visitantes pueden observar una muestra de serpientes no venenosas. Quienes recorran sus frondosas instalaciones encontrarán reliquias del viejo lugar: los pináculos con forma de león en los pasamanos de la escalera ceremonial que dieron la bienvenida a Bertie, príncipe de Gales, en 1875, y la Sala Durbar, que aún conserva su esquema original verde y dorado. Pero hay más: maquetas enormes de microbios como rabia, *E. coli*, VIH, gripe y bacteriófagos, el organismo más común del planeta. En un descansillo se ve una instalación de figuras a tamaño natural, una traducción al yeso de la fotografía que por un tiempo hizo famoso a Waldemar Haffkine: el vacunador inoculando a una niña india rodeado de gente de las chabolas de Calcuta, con un asistente indio y otro británico a su lado.

La exposición no es ninguna obra de arte, pero, sin querer, una fotografía —la última en la que aparece Haffkine vacunando— podría serlo.

Un día abrasador en el yacimiento de carbón de Jharia, a medio camino entre Patna y Calcuta, en mayo de 1908. Ha habido un brote de cólera en la comunidad minera, como sucede con temible regularidad. La mitad de los mineros ya han huido con sus familias y muchos gestores europeos también están preparándose para marcharse. Mueren al menos cien mineros en una semana, y el campo, tal como afirmaba un testigo, «está cubierto de cadáveres». Pero la mano de obra escasea tanto que no hay nadie que pueda llevarse los cuerpos para incinerarlos: yacen en pantanos y arrozales, donde los devoran los buitres y los perros callejeros. Circulan historias sobre perros que han llevado restos humanos a las casas.[7]

Waldemar Haffkine está tan horrorizado por la miseria que se ofrece voluntario para inocular contra el cólera a mineros y gestores,

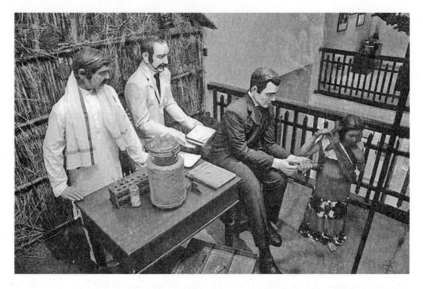

Diorama de Haffkine, Museo del Instituto Haffkine, Bombay.

tal como hizo en la década de 1890. Pero, igual que su reputación había ido a menos, los prejuicios contra la inoculación en el Servicio Médico Indio habían revivido y la práctica había sido abandonada en algunas de las comunidades más vulnerables y pobres. Cuando les pide a dos auxiliares médicos que lo ayuden con esas operaciones urgentes, lo rechazan. Una petición para crear un centro de inoculación en las minas es descrita por uno de los muchos funcionarios sanitarios indolentes como el típico «acto de audacia. [...] Veo que Haffkine ha estado ocupado haciéndose publicidad en varios periódicos». Ya sabes. Ese tipo de gente. Otro advierte: «Me temo que habrá problemas si se atienden las peticiones del señor Haffkine».

En vista de ello, Waldemar tiene que hacerlo él mismo. Antiguos alumnos que han almacenado suministros le han proporcionado vacunas, jeringuillas y otros materiales en esta emergencia, pero, aun así, dice, está «poco preparado para la operación: tubos de cultivo, etc.». La naturaleza de la vacuna significa que hay que reabastecerse constantemente con animales de laboratorio, y no está seguro de que lo que le han proporcionado sea eficaz. Asimismo, las autoridades de Calcuta se han cerciorado de que no pueda acercarse a la producción.

Los gestores de la mina —tienen sus motivos— están desesperados y ansiosos por que inocule, como también lo están los mineros, así que sigue adelante con «incertidumbre y ansiedad».

Y creo que es eso lo que leo en uno de los dos rostros de Haffkine captados por la cámara. El inspector de las minas que toma la imagen, el cual evidentemente no es un fotógrafo experto, ha calculado mal la velocidad de obturación y ha realizado una larga exposición durante la cual su sujeto, que está a punto de cumplir cincuenta años y está un poco más grueso pero tan impecable como siempre, sale movido. Pero ¿cuál de las dos caras fue primero: la que está trabajando de perfil o la que se rinde a regañadientes al objetivo? A mí me gusta pensar que concedió la pose, cargada como estaba de urgencia solemne, pero la abandonó para volver a lo que al final siempre importaba más: salvar a la gente de una «temible mortalidad». Fuera cual fuera el orden, lo que queda después del destello de la cámara es una especie de conciencia, escrita en su expresión, de que, ante la calamidad y la obstinación de los poderosos, hay límites a lo que puede hacer, pero lo hará de todos modos, una expresión similar a la tristeza que acecha nuestra complacencia.

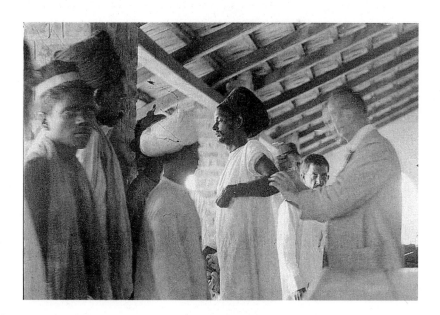

X

Y AL FINAL…

Esta historia no se extinguirá pronto. El 12 de diciembre de 2022 se enviaron 1,7 millones de dosis de vacuna oral del cólera a Haití, donde eran una necesidad acuciante para contener una epidemia. Por primera vez en una década, a finales de 2022 aparecieron casos en Siria, pero la enfermedad no respeta fronteras. Ha azotado Líbano y, en noviembre de 2022, el vibrio fue identificado en el embalse del río Yarmuk que satisface las necesidades domésticas y agrícolas del norte de Israel. El desastre es el aliado del cólera en el Pakistán inundado y algunas zonas de África Occidental: Camerún y Nigeria. A principios de enero de 2023, Malawi informó de un terrible repunte de casos. En la primavera de 2023, la epidemia se había extendido a Mozambique. Pero las reservas globales de vacunas contra el cólera están tan diezmadas que actualmente se está aplicando una especie de doble protocolo de intervención. Son intentos de dar prioridad a los países y regiones cuyas necesidades son más críticas. Y, evocando el mismo debate que abrumó a Haffkine en la década de 1890, la marcada escasez global ha resucitado la pregunta de si una única dosis sería suficiente para una inmunidad eficaz.[1]

En la actualidad, tales decisiones solo pueden gestionarse mediante el tipo de colaboración internacional ideado por Adrien Proust. Pero son exactamente esos organismos los que se han convertido en la bestia negra de los nacionalistas militantes. Por supuesto, sería útil que las dos crisis interconectadas de nuestra era —la salud de nuestro cuerpo y la salud de la tierra— pudieran liberarse del espejo distorsionador de las políticas populistas. Pero, si has llegado hasta aquí en esta historia, ya sabrás que eso ocurre raras veces o nunca. Los avances visionarios de la ciencia, incluidos los de la virología y la bacteriología, se producen a un ritmo cada vez más rápido y salvan vidas. La verdad ganada con esfuerzo y ensayada exhaustivamente, como esperaban Thomas Nettleton, Angelo Gatti y Waldemar Haffkine, siempre parece estar a punto de imponerse al error, pero su trepidante progreso se ve obstaculizado por la indignación ante sustancias extrañas introducidas taimadamente en nuestro cuerpo. ¿Qué podría ser, dicen, sino la invasión de nuestras venas autorizada por «expertos» remotos que afirman ejercer el monopolio de la sabiduría médica, pero que en realidad imponen la obediencia clínica aduciendo que es por nuestro bien? A aquellos para quienes el conocimiento es transmitido en forma de revelaciones, la jerarquía aceptada de la sabiduría es errónea. El discernimiento empieza con los juicios de Dios, seguidos de las necesidades del sentido común (sobre todo enunciadas por quienes afirman hablar en su nombre en televisión y redes sociales), y solo entonces es iluminado por la ciencia, siempre teniendo en cuenta que gran parte de lo que se presenta como hechos irrefutables es, en realidad, otra serie de opiniones.[2]

Para los alarmistas más frenéticos, los defensores de la vacunación son demonios que se pasean entre nosotros con batas blancas, disfrazados de científicos políticamente neutrales.[3] Haciéndose pasar por funcionarios públicos desinteresados, se infiltran en los silos inexpugnables del Estado profundo y salen a la superficie para posicionarse cerca del poder. En ocasiones aparecen en público, detrás o al lado de cargos electos a los que, mediante alguna arte oscura, han convencido de que coarten libertades, reduzcan el espacio de la vida diaria e interfieran en decisiones que corresponden a los individuos y a las familias: la escolarización de los niños o decidir si llevan ropa protectora o no.

Los Anthony Fauci de este mundo.

Algo en los inoculadores, vacunadores y epidemiólogos molesta a las tribunas públicas para las cuales nada, y desde luego no la epidemiología, está desligado de la política. Su furia degenera en una vehemencia colérica hasta el punto de que es habitual que deseen ver a los inoculadores desterrados, encarcelados o muertos. Gatti fue acusado de propagar la enfermedad que aseguraba combatir y lord Curzon manifestó su deseo de que Haffkine fuera ahorcado por lo que el virrey consideraba una irresponsabilidad criminal. Pero ningún epidemiólogo ha sufrido insultos más violentos que Anthony Fauci. Para sus adversarios, la longevidad de su carrera —director durante treinta y ocho años del Instituto Nacional de Alergias y Enfermedades Infecciosas (NIAID, por sus siglas en inglés) y asesor de presidentes de los dos grandes partidos políticos estadounidenses— es una prueba más de que ha creado un feudo en el que es ajeno al escrutinio público. El hecho de que George W. Bush le concediera la Medalla Presidencial a la Libertad, especialmente por su labor en el desarrollo de un programa global para combatir el VIH/sida que, según se calcula, ha salvado más de veinte millones de vidas, se convierte en una historia de cómo pudo cegar a unos republicanos que no deberían haber sido tan inocentes. La preeminencia científica y los años de investigación son obviados en las caricaturas mordaces y, para Tucker Carlson, en su día el presentador más visto del programa de opinión de Fox News en Estados Unidos, Fauci es «un bufón hipócrita»; y, como si la estatura fuera un claro indicio de intenciones malignas, «una versión más baja de Benito Mussolini», «un enano estalinista» y «una versión más diminuta del Dalai Lama». Así pues, no te dejes engañar por la apariencia sincera de los científicos menudos, ya que, según Carlson, que mide un metro ochenta y tres, Fauci es «un fraude peligroso que ha hecho cosas que en casi todos los países y en casi todos los momentos de la historia se habrían interpretado como delitos muy graves».[4] En uno de los *obiter tweeta* que regala periódicamente al mundo (en una mala interpretación no solo de la ciencia, sino también de las categorías gramaticales), Elon Musk hizo saber que sus «pronombres personales» eran «imputar a Fauci».

Al parecer, este archimalvado no es un delincuente al uso, sino un criminal de guerra genocida. En noviembre de 2021, Lara Logan, una de las compañeras de Carlson en Fox News, acusó a Fauci de provocar un «sufrimiento inmenso» y declaró que «no representa a la ciencia; a lo que representa es a Josef Mengele», el médico de los campos de exterminio nazis que llevó a cabo experimentos con judíos en Auschwitz.[5] Un mes después, Jesse Watters, también de Fox

News, animó a los «activistas» a acorralar a Fauci con preguntas que serían «el tiro de gracia... ¡Bum, bum! ¡Muerto!». Fox lo describió como una metáfora, pero como mínimo algunas de las personas que consideran a Fauci el enemigo no son tan sutiles. Uno de los siete correos electrónicos enviados anónimamente a Fauci, aunque en realidad los escribió Thomas Patrick Connally en abril de 2021, expresaba la ardiente esperanza de que «a ti y a toda tu familia os saquen a la calle, os maten de una paliza y os prendan fuego». Finalmente, Connally fue juzgado y condenado, pero otro hombre desequilibrado salió de Sacramento, California, con un AK-15 en el coche y una lista de gente a la que mataría en Washington, entre la cual, por supuesto, Fauci ocupaba un lugar destacado. Las amenazas de muerte han persistido lo suficiente para que Fauci requiera seguridad las veinticuatro horas del día.

La obsesión con Fauci se ha convertido en un tic que retuerce la cara enfurecida del conservadurismo populista. Su ira no puede permitirse prescindir de él. Su jubilación como director del NIAID a finales de 2022 no lo ha librado de una investigación por parte de dos comités de la Cámara de Representantes, donde el Partido Republicano ostenta la mayoría, según sus portavoces para arrojar luz sobre «los orígenes de la COVID-19». Los organismos de la cámara encargados de llevar a cabo esa investigación son el Comité de Supervisión y el de Energía y Comercio.

El escarnio dirigido a Anthony Fauci obedece a que los medios no solo lo califican de «fraude», sino de personificación del «Estado profundo médico», según el término acuñado tendenciosamente por Laura Ingraham, otra presentadora de Fox. ¿Qué podría ser menos estadounidense que un epidemiólogo empeñado en arrebatar la libertad de movimientos a sus conciudadanos, la soberanía sobre su persona física, el derecho a descubrirse la cara cuando y donde quieran? En las mentes conspiratorias más febriles, alimentadas por una ciencia ficción de tercera, el acto mismo de la vacunación, que conlleva una punción en la superficie defensiva de la piel, se convierte en una ruta por la que pueden introducirse subrepticiamente cuerpos extraños —por ejemplo, un nanochip inventado por Bill Gates— para esclavizar a los ciudadanos libres sin que sean conscientes de su cautividad. Pero la resistencia a los mandatos de vacunación, la orientación de las instituciones de salud pública gubernamentales y las ofertas de las empresas farmacéuticas van mucho más allá de las comunidades de las teorías de la conspiración. Lo más preocupante es que la descripción retórica de la ciencia como el enemigo de la libertad ha generado dividendos populistas para aquellos que buscan poder. Ron de Santis, el gobernador de Florida, quien se cree que aspira a la nominación republicana a la presidencia en 2024, ha hablado de un «Estado de seguridad biomédica».[6] En febrero de 2023, el Partido Republicano del condado de Lee aprobó una resolución contra la vacuna a fin de «acabar con el genocidio, porque existen entidades no gubernamentales extranjeras que están utilizando armas biológicas contra el pueblo estadounidense». En la cultura del libertarismo y el conservadurismo se ha afianzado un «movimiento por la libertad sanitaria», y no solo en Estados Unidos, donde es más poderoso. Dicho movimiento insiste en que las decisiones que afecten a la salud y la supervivencia deberían ser únicamente «derechos soberanos del individuo». La arbitrariedad y poca fiabilidad de las decisiones en materia de salud pública en Estados autoritarios como China, que pasan abruptamente de confinamientos obligatorios con el objetivo de erradicar por completo la COVID a todo lo contrario, solo han hecho que reforzar las sospechas de que las cuarentenas y otras medidas fueron impuestas por intereses del poder estatal y no por la seguridad de los ciudadanos.

La retórica libertaria de Libertad Sanitaria pide que se desenmascare a funcionarios públicos que, en su opinión, han abusado de su presunta autoridad científica para violar los derechos naturales de individuos y familias, pero también una galería de héroes médicos populistas decididos a desafiar esa autoridad usurpada. Como cabría esperar, al poco tiempo se empezó a buscar a un oponente de Fauci en Estados Unidos, un médico del pueblo que defendiera un fármaco, o un cóctel de medicamentos, que obviara la necesidad de vacunas. Y ahí entra el doctor Vladimir Zelenko, descrito como «un simple médico rural», aunque en realidad se trataba de un doctor de las afueras cuya consulta se encontraba en la comunidad judía ultraortodoxa de Kiryas Joel del estado de Nueva York. La última semana de marzo de

2020, Zelenko publicó una carta abierta al presidente Donald Trump en la que afirmaba que un cóctel de hidroxicloroquina —un medicamento utilizado para enfermedades del sistema inmunitario como el lupus—, azitromicina y zinc impedía la aparición de enfermedades graves y potencialmente mortales en pacientes portadores de la COVID-19. Si bien Zelenko afirmaba que entre los aproximadamente seiscientos pacientes que tomaron el medicamento había habido «cero» casos de intubación, ventilación o muerte, no había efectuado ensayos comparativos ni había publicado ninguno de sus «estudios». No obstante, su promoción totalmente anecdótica no impidió la adopción de la hidroxicloroquina como profilaxis y tratamiento preferidos para algunas personalidades de los medios de comunicación más derechistas, entre ellas Ingraham y Joe Rogan, que la publicitaron incesantemente como el antídoto de los estadounidenses libres contra la COVID. Para Trump, el fármaco que describía como «la mayor revolución de la historia de la medicina» evitaría la agotadora espera de vacunas que podía reducir sus posibilidades de reelección. Aunque era irracional, también había algo en la medicación oral que parecía menos invasivo que un pinchazo. El 18 de mayo de 2020, Trump anunció en una rueda de prensa que había estado tomando hidroxicloroquina de forma preventiva. «Lo único que puedo deciros es que de momento todo parece ir bien. […] He recibido muchas noticias positivas sobre la hidroxi […]. ¿Qué puedes perder?».[7] Si incluías a la gente con enfermedades inmunes o síntomas persistentes de malaria, la respuesta era «mucho», ya que la promoción de la hidroxicloroquina por parte de Trump y Fox News aumentó la demanda y provocó una marcada escasez para las personas vulnerables que sí dependían de ella. En agosto de 2020, un ensayo científicamente riguroso llevado a cabo con el fármaco por investigadores de enfermedades contagiosas en la Universidad de Minnesota concluyó que no tenía ningún efecto mensurable a la hora de impedir la infección de cualquiera que estuviese expuesto a ella, ni tampoco a la hora de mitigar la gravedad de los daños. Pero apenas sirvió para frenar la locura o impedir que los presentadores de Fox News siguieran cantando sus virtudes.[8]

Las ondas radiofónicas y las campañas electorales se animaban gracias al entusiasmo de los charlatanes digitales. Presentadores de radio de signo derechista y defensores de Trump vendían el desprecio a las mascarillas como un acto de desafío libertario y valeroso. La participación en las reuniones masivas en espacios interiores que les habían aconsejado que evitaran se convirtió en un gesto de desafío patriótico, incluso cuando algunos negacionistas como Herman Cain —activista del Tea Party, consejero delegado de Godfather's Pizza y excandidato presidencial— murieron de COVID-19 tras asistir a un mitin de Trump celebrado en Tulsa. En agosto y septiembre, cinco locutores de derechas, incluidos Phil Valentine, que editó un single titulado *Mr. Vaxman* [Señor Vacuna]; Marc Bernier («Sr. Antivacuna»); Jimmy de Young, que insistía en que la vacunación era «una forma de control gubernamental»; y Bob Enyart, que creía que las vacunas eran «desarrolladas de forma inmoral», murieron uno tras otro a causa de la COVID-19.

Nada de esto impidió la espectacular popularidad de otra alternativa a la vacuna: la ivermectina, un medicamento antiparasitario y antiinflamatorio utilizado sobre todo para curar enfermedades relacionadas con los nematodos en ganado y caballos, pero recetado en ocasiones para los piojos y la rosácea. En diciembre de 2020, el neumólogo Pierre Kory, que trabajaba en un hospital de Milwaukee y había vivido dolorosas experiencias con pacientes graves de COVID, ofreció los dos primeros testimonios sobre la ivermectina al Comité de Seguridad Nacional del Senado estadounidense. Kory insistió en que, a pesar del «éxito aparente» del desarrollo de las vacunas, la ivermectina o, como él la denominaba, «la penicilina de la COVID», era extremadamente eficaz en la prevención y el tratamiento del virus. Uno de los numerosos artículos que citó (varios de los cuales fueron retirados más tarde por dudas sobre sus métodos y evidencias) era un estudio australiano sobre la inhibición de la capacidad del virus para reproducirse cuando se cultivaba *in vitro*.[9] Lo que no se dijo, o al menos no lo dijo Kory, era que la concentración de fármaco necesaria para obtener ese resultado en una placa de Petri era incomparablemente superior a cualquier dosis que pudiera ser tolerada por humanos de forma segura. Pero la ivermectina —sobre todo en 2021, cuando, tras un respiro, la COVID regresó con su variante Ómicron— se convirtió en la siguiente panacea populista. Era barato y no se requerían ni recetas ni pinchazos. Los locutores derechistas la adoptaron como una alternativa a la vacunación, especialmente cuando esta era una condición necesaria para obtener empleo. Al poco, la ivermectina se convirtió en el milagro predilecto de organizaciones de médicos que desconfiaban de la vacunación o eran hostiles a ella, por ejemplo la Front Line COVID-19 Critical Care Alliance de Kory, el British Ivermectin Recommendation Group (BIRD) y America's Frontline Doctors.[10] Esto sucedió a pesar de la falta de ensayos concluyentes o pruebas de su éxito, ya fuera en la prevención o en el tratamiento terapéutico. Para consternación de los organismos gubernamentales de salud que intentaban convencer a la población de que recibiera dosis de refuerzo, el apoyo de esas organizaciones con nombres profesionales propició que la ivermectina fuese ideal para quienes desconfiaban de los medicamentos del Estado profundo. El 21 de agosto de 2021 se vendieron 88.000 dosis del fármaco antiparasitario frente a las 3.000 de dos años antes. Uno de sus entusiastas más irresponsables, Joe Rogan, que había estado tomando ivermectina semanalmente, padeció un caso terrible de COVID, como también le sucedió al doctor Pierre Kory ocho meses después de su testimonio ante el Senado en diciembre de 2020. Cuando se disparó el consumo de ivermectina en el verano de 2021, también lo hicieron los ingresos hospitalarios por intoxicación de dicho medicamento. Los pacientes presentaban vómitos, diarreas, mareos y, en algunos casos, alteraciones cerebrales graves. Un ensayo comparativo aleatorio organizado por científicos de la Universidad McMaster de Canadá con 1.358 personas, la mitad de las cuales recibieron el fármaco y la otra mitad placebo, con un seguimiento posterior de su historial médico, concluyó que la ivermectina no suponía ninguna diferencia en las posibilidades de contagio o la mitigación de los síntomas. Pero, ese mismo año, Merck, el fabricante del fármaco, ya había advertido sin éxito alguno de que no existían pruebas de su eficacia contra la COVID-19.

El atractivo masivo de la ivermectina, como la hidroxicloroquina, no tenía nada que ver con la ciencia fiable y mucho menos con datos derivados de ensayos clínicos. Lo que explicaba su intensa promoción por parte de medios populistas y médicos escépticos con las vacunas fue lo que no era. No era nada que hubieran ordenado las impersonales instituciones del Estado profundo y su herramienta, Anthony Fauci. No era un pinchazo al que uno se sometía sumisamente. En cierto modo, la ivermectina era más... estadounidense. Se elegía libremente, se compraba sin receta y se autoadministraba en la dosis elegida. Incluso su asociación con los intestinos de los animales la hacía más auténticamente doméstica. Además, defensores como Kory se presentaban a sí mismos como médicos pragmáticos que trabajaban en la brutal UCI de la enfermedad, curtidos por su experiencia junto a las camas, a diferencia de virólogos remotos movidos por teorías que daban lugar a vacunas de dudosa eficacia.

Los detractores más fervientes de Fauci en el Congreso de Estados Unidos los consideran a él y a las vacunas elementos esenciales de un plan para robar a los ciudadanos la libertad que Dios les otorgó. Pero también han cuestionado su afirmación de que personifica la autoridad de la ciencia, alegando (sin las credenciales necesarias para hacerlo) que es culpable de jugar con la integridad de la investigación. El senador Ted Cruz, de Texas, describió a Fauci como «un tecnócrata no electo [que] distorsionaba la ciencia y los hechos para ejercer un control autoritario sobre millones de vidas».[11] El más efusivo de todos los autoproclamados fiscales del Senado, Rand Paul, de Kentucky, el primer senador que contrajo la COVID, ha convertido en una misión personal el devaluar lo que considera la sobreestimación de la protección de la vacuna, insistiendo en que la inmunidad posterior al contagio es la «vacuna de la naturaleza». Concretamente, Paul afirmaba, basándose en dos artículos preliminares (ni publicados ni revisados por otros científicos), que la inmunidad conferida por la infección era al menos tan eficaz como la vacunación, si no más, a la hora de prevenir nuevos contagios, y dijo que él no se vacunaría. Cualquier otro punto de vista, recalcaba Paul, sobre todo la insistencia de Fauci en la vacunación y las dosis de refuerzo en personas previamente contagiadas, era «anticientífico». Paul se sintió especialmente ofendido cuando Fauci dijo que sus opiniones estaban teñidas de hostilidad hacia la ciencia. ¿Cómo era eso posible, repuso, cuando él se había formado como oftalmólogo? Pero la confianza de Rand Paul en la inmunidad adquirida de forma natural no tenía en cuenta la duración de esa inmunidad y, lo que es más importante, si la inmunidad adquirida contra, por ejemplo, la versión Delta del virus funcionaría contra Ómicron u otras variantes emergentes. Paul se regocijó públicamente en que sus opiniones disuadirían a las personas ya contagiadas de vacunarse o recibir dosis de refuerzo.

El acoso a Fauci ha ido mucho más allá. Durante la primavera y el verano de 2021, Paul presentó un proyecto de ley al Congreso que habría eliminado por completo el NIAID, junto con el puesto de Fauci como director (o «dictador en jefe», como lo llamó en una ocasión), para ser reemplazado por tres institutos independientes cuyos directores serían confirmados por el Senado. Luego instó al Departamento de Justicia a iniciar un proceso penal contra Fauci por mentir al Congreso. El perjurio, según Paul, se había cometido durante un feroz enfrentamiento entre ambos en mayo de ese año, cuando Paul había interpretado de manera siniestra la financiación por parte del NIAID, en 2014 y 2015, de una investigación conjunta entre EcoHealth Alliance y el Instituto de Virología de Wuhan (WIV). El contexto de esas colaboraciones había sido la creación por parte de la administración de Obama, tras la exitosa contención de una epidemia de ébola en África Occidental, del programa Amenaza Pandémica Emergente (EPT, por sus siglas en inglés) para predecir nuevas infecciones resultantes de contagios zoonóticos. EcoHealth Alliance fue uno de los principales encargados de desarrollar ese trabajo y, dado que el WIV ya tenía experiencia en el estudio de los orígenes del SARS-1, el MERS y la gripe aviar, una colaboración más estrecha no solo parecía sensata, sino urgente.

Nada de ello impidió la siniestra alegación de que en el WIV se había creado un virus quimera a partir de una proteína de la espícula extraída de murciélagos de herradura, un mamífero conocido por ser el huésped de virus SARS anteriores. Ese virus podía unirse a los receptores ACE-2 en ratones modificados para estar más cerca de la susceptibilidad humana. Es cierto que las condiciones de la subvención exigían que EcoHealth Alliance y su otro beneficiario, el WIV, informaran de cualquier mejora o «ganancia de función» que pudiera afectar a la transmisibilidad a humanos. También es cierto que los beneficiarios no lo habían hecho, aunque su defensa —crucial— fue que el virus quimera era genéticamente distinto del SARS-CoV-2. En realidad, estaban en un aprieto. Por un lado, el objetivo de la colaboración era estudiar la probabilidad de que los coronavirus salten, zoonóticamente, de mamíferos salvajes como los murciélagos de herradura a los humanos, y esto solo podía hacerse modificando el virus para que engendrara enfermedades en ratones de laboratorio. Por otro lado, cuanto más se acercaban a materializar esos experimentos potencialmente predictivos, más se arriesgaban a cruzar la línea roja de los Institutos Nacionales de Salud (NIH, por sus siglas en inglés). En 2011 se demostró que el virus de la gripe aviar —el cual no se consideraba peligroso para los mamíferos— modificado genéticamente en el laboratorio de Ralph Baric, en la Universidad de Carolina del Norte, era transmisible entre hurones. Saltaron todas las alarmas. Se instituyeron normas para informar de cualquier experimento que pudiera considerarse potencialmente peligroso para las poblaciones humanas, y se impuso una moratoria de tres años a cualquier experimento de «ganancia de función». Aunque la prohibición fue revocada en 2017, a medida que llegaban nuevas oleadas de enfermedades con una frecuencia cada vez mayor, lo cual exigía que los científicos se anticiparan a lo que podía deparar el futuro inmediato, la «ganancia de función» se había convertido, tanto en el mundo de la política como en algunos círculos científicos, en sinónimo de riesgo inaceptable.

En 2020, la negativa del WIV a proporcionar registros de protocolos experimentales a EcoHealth Alliance y a los NIH y su borrado de secuencias genómicas dieron ventaja a quienes insistían en que los orígenes de la COVID-19 se hallaban en un virus quimera creado deliberadamente en un laboratorio de Wuhan, del cual había huido. Aun no siendo hechos probados, la resistencia del WIV a compartir los registros de laboratorio hizo inevitable una acusación de, cuando menos, experimentalismo imprudente. Ante la imposibilidad de ver esa documentación, el NIH rescindió parte de su subvención a EcoHealth Alliance en agosto de 2022. Hubo apelaciones al NIH —por parte de setenta y siete premios Nobel, entre otros— para que reconsiderara su decisión, pero fue en vano. Algunos de los científicos mejor ubicados para hacer predicciones fiables sobre las amenazas emergentes del coronavirus, basadas en trabajos experimentales realizados en el mismo lugar donde surgieron tales amenazas, ahora tenían las manos atadas.

Rand Paul no tenía ninguna duda de que la financiación del NIAID para la investigación de EcoHealth-WIV equivalía a un acto de responsabilidad penal. Aunque por poco, esto no llegaba al nivel de las declaraciones de Tucker Carlson, que dijo en Fox News que «el tipo que está al mando de la respuesta estadounidense a la COVID ha resultado ser el mismo que financió la creación de la COVID»,[12] o la opinión de Donald Trump (repetida en noviembre de 2022 durante el anuncio de su candidatura presidencial) de que el «virus de China» había sido concebido como arma biológica, sobre todo para entorpecer su reelección.

Durante las vistas del Senado, Fauci insistió en que el virus quimera del WIV no aumentó la capacidad para causar enfermedades en humanos, el criterio para determinar si los trabajos de ganancia de función debían ser apoyados o suspendidos. Pero los detalles de la metodología se perdieron en amargas discusiones en torno a definiciones de lo que constituía o no una investigación preocupante de ganancia de función. En todo caso, esas discusiones eran irrelevantes. De hecho, no había ni hay nada intrínsecamente alarmante en la creación de nuevos virus genéticamente manipulados. Ralph Baric siempre ha sostenido que es la única manera de evaluar la probabilidad de que surja un nuevo virus como patógeno potencialmente letal en la población humana. En un intento admirable de disipar los mitos y temores que los medios de comunicación y los políticos populistas atribuyen a cualquier cosa llamada investigación de «ganancia de función», los autores de «Virology Under the Microscope», en *Journal of Virology*, han explicado que algunos avances indiscutiblemente benignos no habrían sido posibles sin ella, incluyendo la terapia para melanomas y tumores sólidos, la reparación de marcapasos cardiacos, la lucha contra la enfermedad del dragón amarillo, el control de plagas de conejos, el tratamiento de enfermedades bacterianas, una mayor fijación de nitrógeno para reducir el uso de fertilizantes, el concepto de que virus como el H5NI de la gripe aviar son capaces de transmitirse a los mamíferos, incluidos los humanos, y, no menos importante, las vacunas de adenovirus para el dengue y la COVID-19.[13] De hecho, Baric y Stanley Perlman, de la Universidad de Iowa, habían utilizado el «pase» —la introducción en un animal sano de material vírico extraído de un animal infectado—, seguido de repeticiones sucesivas, hasta que se conseguía una cepa con mayor virulencia.

¿Te suena de algo? Es, de hecho, el procedimiento utilizado en el Instituto Pasteur para fabricar vacunas contra la rabia y la difteria, y más tarde por Waldemar Haffkine (treinta y nueve pases a través de conejillos de Indias) para crear su vacuna contra el cólera en el verano de 1892.

Gran parte de la historia de las vacunas presupone una cadena ininterrumpida de biología animal y humana. La interconexión no siempre es mutuamente benigna. Las ratas y las pulgas se han escabullido y atiborrado de esta historia a lo largo de los siglos, y siguen haciéndolo. Los apetitos humanos han industrializado la ganadería hasta el punto de que los animales hacinados se han convertido en caldos de cultivo para enfermedades, a veces, pero no siempre, contenidas por los antibióticos. El mismo apetito ha degradado las barreras entre las especies salvajes y los hábitats humanos, de modo que las enfermedades zoonóticas nos atacan a intervalos cada vez más cortos.

M. W. Sharp, retrato de Benjamin Jesty, 1805.

El bucle no es siempre fatídico. Los regalos involuntarios de los animales están escritos en la etimología de la palabra «vacuna»: de las vacas. En 1774, Benjamin Jesty, un granjero que vivía en Yetminster, Dorset, llevó a su esposa y a sus dos hijos a la aldea vecina de Chetnole, donde otro granjero tenía una vaca que presentaba lesiones de viruela bovina en la ubre. Años antes, el propio Jesty y dos de sus ordeñadoras habían contraído la viruela con síntomas mínimos. Nueve años antes, dos médicos de Gloucestershire ya habían dado parte de esa revelación; uno de ellos, John Fewster, había enviado un informe a la Asociación Médica de Londres recomendando la vacunación en lugar de la inoculación, sobre todo porque los sujetos parecían no ser contagiosos después del tratamiento. Ahora, Jesty utilizó una aguja de zurcir para pinchar en el brazo a su mujer y sus dos hijos, vacunando así veintidós años antes que Edward Jenner. Pero su innovación no recibió publicidad alguna durante décadas. En 1805, después de que Jenner se arrogara gran parte del mérito por ese avance, Jesty llegó a Londres, donde su hijo Robert permitió que lo vacunaran por segunda vez a modo de demostración. Jesty nos es presentado con toda su campechanía de tez rubicunda en un retrato obra de Michael William Sharp.

Tal vez sea el carácter nutritivo y doméstico del ganado, su ubicuidad en el flujo láctico de la vida como segundas madres unguladas, lo que hace que su viruela buena, la materia de la protección contra infecciones, parezca un «regalo natural». Lo salvaje, por otro lado, ya sea introducido en el abarrotado mundo humano por el tráfico de medicinas falsas, la carne de caza o por su migración a los espacios de ocupación humana, puede parecer un portador de males peligrosos. En las tradiciones populares de la Edad Media se creía que las herraduras colgadas en la pared protegían contra las visitas del diablo y, por tanto, se convirtieron en símbolos de buena suerte. Desde 2005, los murciélagos de herradura, sobre todo en la región del sudoeste de China que limita con Myanmar, Camboya y Vietnam, donde surgió la quinta pandemia de peste bubónica, han sido identificados como portadores de nuevos coronavirus, incluido el SARS.[14]

Pero luego están los cangrejos herradura: una criatura salvaje cuya defensa contra los cuerpos extraños, desarrollada a lo largo de

Cangrejos herradura.

millones de años, se ha convertido también en la nuestra. Así, un superviviente de una época arcaica ha dado lugar a una necesidad moderna.

En pleno verano de 2020, cuando la intensa luz de agosto nos hizo creer que el virus estaba bajo control, me abrí camino entre restos de cangrejos herradura. Cientos de ellos, tendidos aquí y allá, salpicaban la playa de Cape Cod durante la marea baja; docenas más yacían en el barro acanalado. La mayoría estaban boca abajo, caparazones de bronce como las armaduras y los cascos del bando perdedor en alguna batalla naval librada en tiempos ancestrales. Las cuencas de sus ojos compuestos perforan la placa frontal, el prosoma, como cabría esperar. Otros ocho ojos más simples están repartidos por su cuerpo. El espectáculo no era un cementerio playero; muchas de las conchas eran exoesqueletos de una de las dieciocho mudas que llevan a cabo los cangrejos herradura hasta la edad adulta, y también la evidencia de una vida abundante en las profundidades del Atlántico. Pero había cadáveres enteros tumbados boca arriba, volcados por la fuerza de las olas. Los cangrejos herradura pueden vivir hasta los veinticinco años, lo cual no está nada mal, pero los veteranos más lentos a menudo son demasiado débiles para utilizar su telson y enderezarse después de recibir un golpe de la marea. Esos monstruos invertidos dejaban a la vista sus componentes dentro del caparazón: filas apiladas de branquias que gestionan el intercambio gaseoso que los mantiene vivos, cinco pares de patas y dos pequeños apéndices armados con cerdas que frotan y muelen las navajas y los mejillones antes de guiar la comida hacia su boca. El telson, que se extiende desde la placa posterior, actúa como timón direccional, sobre todo en el caso de las crías, comparativamente débiles, mientras nadan, pero los románticos naturalistas del siglo XIX lo consideraban un arma, posiblemente venenosa, y por eso propusieron el apodo de «cangrejo espada». Pero, aunque los cangrejos herradura avanzan desde el exoesqueleto a medida que se produce la muda (en lugar de retroceder como los verdaderos cangrejos), carecen de las antenas y las mandíbulas de los crustáceos. Por el contrario, pertenecen a la clase de los merostomados (que literalmente significa «patas unidas a la boca»), cosa que anatómicamente los acerca más a las arañas y los escorpiones marinos, euriptéridos extinguidos hace mucho tiempo, el más impresionante de los cuales podía llegar a medir 2,5 metros.

Los cangrejos herradura son supervivientes prodigiosos. Los paleontólogos se estremecen cuando las revistas de historia natural los llaman «fósiles vivientes». Pero las larvas, y en especial las crías, se parecen a los trilobites y otras criaturas del periodo Cámbrico. Con su blindaje rechinante y sus ganglios peludos, los cangrejos herradura adultos parecen un vestigio de una era en la que el mundo marino estaba poblado principalmente por formas de vida complejas pero invertebradas. Esto hace que el *Limulus polyphemus* y sus tres primos asiáticos sean los viajeros en el tiempo que mejor se conservan. Los cangrejos herradura que vemos ahora aparecieron por primera vez hace doscientos millones de años, pero los fósiles han revelado una forma más pequeña pero metabólicamente ancestral el doble de antigua. Esos protocangrejos herradura nacieron en los océanos del Paleozoico hace cuatrocientos millones de años, cuando gran parte de la tierra firme del planeta se concentraba en el supercontinente Pangea, y se encontraban entre los primeros artrópodos que se arrastraron hacia terreno sólido. La gran extinción del Ordovícico, hace 440 millones de años, se llevó a una cuarta parte de todas las especies marinas, pero no a los cangrejos herradura. Un asombroso espécimen fosilizado en el yacimiento de Mazon Creek, en Illinois, que data de hace 310 millones de años, muestra una estructura neuronal esencialmente idéntica a la del cangrejo herradura moderno.[15] También sobrevivieron a la extinción del Triásico-Jurásico hace 201 millones de años, que acabó con el 70 por ciento de toda la vida terrestre y marina, y a la extinción del Cretácico que acabó con tres cuartas partes de las criaturas marinas, excepto los cangrejos herradura y recién llegados como la anguila, el cocodrilo, la tortuga y el tiburón. Hace unos sesenta y siete millones de años, el continente Laurentino, que se convertiría en América del Norte, se separó de la masa terrestre euroasiática y abrió una gran grieta que pronto inundó un nuevo océano: el Atlántico. Luego, los cangrejos herradura se dividieron en variedades occidentales y orientales. El *Tachypleus gigas* es nativo de las aguas de Indonesia, especialmente de la costa de Sumatra y el sur de China. El *Tachypleus tridentatus*, el cangrejo herradura de tres espinas, el más grande de la especie, vive en las aguas de Japón, Vietnam y Corea, así como en China. Por su parte, el *Carcinoscorpius rotundicauda*, el cangrejo herradura de manglar, existe (por poco) en aguas salobres de India, Bangladesh y Malasia. Estas tres variedades asiáticas se hallan en crítico declive, sobreexplotadas como cebo para variedades de anguilas y caramujos que acaban en restaurantes de sushi. En Asia también se utilizan como remedios tan espurios como los que se atribuyen a las escamas del pangolín. Sus primos atlánticos todavía se pueden encontrar en poblaciones considerables, pero están disminuyendo drásticamente en el golfo de México, Carolina del Norte y del Sur, Chesapeake y Delaware, además de lugares más septentrionales como New Hampshire y Cape Cod, donde yo paseé por su cementerio playero. Ellos también se enfrentan a una crisis, aunque no tan extrema como los cangrejos herradura asiáticos. Pero es una crisis importante, porque resulta que, en este momento crucial, su estado de salud está fatídicamente ligado al nuestro.

El verano de 1963, Jack Levin, un hematólogo joven y brillante de la Facultad de Medicina de la Universidad Johns Hopkins, llegó al laboratorio de un colega de la misma institución, Frederick Bang, en

Woods Hole, Massachusetts. Levin nunca había visto un cangrejo herradura, pero Bang introdujo la mano en el tanque y sacó una de esas maravillas marinas. No solo era maravillosa por la antigüedad de su especie, sino por su color y, lo que es más importante para los científicos, por una propiedad única de su sangre. La sangre de cangrejo herradura es de un azul espectacularmente bello, lechoso bajo ciertas luces, cobalto oscuro bajo otras. Su tonalidad viene determinada por los hemocitos de cobre que gestionan el intercambio de gases de forma muy parecida a nuestra hemoglobina roja a base de hierro. Diez años antes, en 1953, mientras trabajaba en el sistema vascular de dichos animales en la Johns Hopkins, donde era director del Departamento de Parasitología, Bang reparó en algo extraordinario. Los cangrejos herradura tienen un sistema circulatorio abierto que los hace muy vulnerables a las infecciones bacterianas. Pero, al entrar en contacto con la más mínima presencia de ciertos tipos de bacterias marinas, su sangre se coagula, formando una masa densa y nudosa o un gel viscoso que, según concluyó Bang, vuelve inerte a la toxina.[16] Pero, cuando Bang trabajó con Levin, vieron claramente que eran las endotoxinas las que activaban el mecanismo de coagulación. Las endotoxinas forman parte de la pared de la membrana externa de un tipo particular de bacterias que son capaces de provocar amenazas letales para los organismos superiores, incluido el choque anafiláctico, la sepsis y las inflamaciones y fiebres violentas. Si las endotoxinas estuvieran presentes, aunque fuera mínimamente, en medicamentos e implantes —y vacunas—, las consecuencias podrían ser letales. Hasta ese momento, las pruebas de detección de endotoxinas se habían realizado mayoritariamente con conejos a los cuales se tomaba la temperatura cada pocas horas durante varios días. Pero el método era laborioso y, ante la posibilidad de causas independientes de fiebre, poco fiable. A Frederick Bang se le ocurrió que, dado que la reacción de la sangre del cangrejo herradura era instantánea, una prueba con azul de metileno podía ser rápida y exenta de error.

La «velocidad endiablada» no era una opción en la década de 1960. Hasta 1972, los fabricantes de productos farmacéuticos no se dieron cuenta del potencial que tenía la sangre de cangrejo herradura para sus productos, y hasta cinco años después, la Federal Drug

Agency no aprobó la producción de material de lisado extraído de la sangre de cangrejo herradura para ensayos de seguridad con medicamentos y vacunas. En la actualidad, cientos de miles de animales son llevados cada año a instalaciones farmacéuticas de Carolina del Sur, Delaware y Massachusetts para que sangren abundantemente. Para inmovilizarlos con mordazas y conectarlos a los recipientes, los cangrejos herradura se pueden doblar ligeramente por la unión que divide la sección anterior (prosoma) de la posterior (opistosoma) de su cuerpo, lo cual resulta muy cómodo. Una aguja hipodérmica perfora la membrana pericárdica, lo cual permite extraer entre cincuenta y cuatrocientos mililitros de sangre, según la edad y el estado del animal, es decir, entre el 25 y el 40 por ciento de su peso corporal. Los objetivos del procedimiento son los amebocitos que se ocupan de la coagulación. Extraído y compactado por centrifugación, la adición de agua al concentrado desencadena un estallido, o «lisis», que libera la proteína coagulada.

Antes de la pandemia de coronavirus, cada año se efectuaban setenta millones de pruebas con LAL (lisado de amebocitos de Limulus) en una variedad de medicamentos, vacunas e implantes, elevando el precio a quince mil dólares por litro. Ahora que hay que buscar endotoxinas en millones de dosis de vacunas desarrolladas recientemente, es probable que no haya límite: una bonanza para las cuatro fábricas estadounidenses que producen el material.[17] Los recombinantes sintéticos, producidos en Suiza, existen desde años y han demostrado ser efectivos para indicar la presencia de endotoxinas. Pero, en junio de 2020, preocupada por la mínima posibilidad de contaminantes peligrosos, la Food and Drug Administration de Estados Unidos canceló la aprobación provisional de los recombinantes y la limitó al lisado derivado del cangrejo herradura, confirmado como la referencia.

Esto ha tenido un precio. El gran aumento de la demanda (antes de la pandemia) ya ha dañado la estabilidad del ecosistema en el que vive el *Limulus polyphemus*. A lo largo de millones de años, los cangrejos herradura han seguido el mismo ciclo vital, nadando desde profundidades oceánicas de entre veinte y sesenta metros, atraídos por las mareas altas durante las lunas llenas y nuevas para desovar en las playas del Atlántico. A medida que se acercan a tierra, la mayoría de los machos más pequeños utilizan pterigopodios para asirse al lomo de las hembras, que los arrastran hasta la orilla para que puedan seguir inseminando miles de huevos puestos en depresiones circulares poco profundas excavadas en la arena. Como cabría esperar, algunos machos «satélite» deambulan libremente por las playas aceptando fertilizar un poco según su estado de ánimo. Las hembras cavarán veinte nidos de este tipo en un solo desove, lo cual representa entre ochenta mil y noventa mil huevos, suficientes para sobrevivir al apetito de los depredadores que han estado esperando justo ese momento. Son, por derecho propio, una maravilla natural, sobre todo los playeros rojizos que hacen un alto en su épica migración panamericana de treinta mil kilómetros, desde Tierra del Fuego hasta su área de reproducción en el círculo polar ártico, para darse un festín con los huevos de cangrejo herradura, ricos en ácidos grasos. Gran cantidad de aves costeras siguen la misma dieta: playeritos blancos, chorlitejos semipalmeados, gaviones atlánticos y gaviotas reidoras americanas. Las larvas que han escapado del enjambre de aves deben arrastrarse durante seis días hasta llegar a aguas poco profundas, donde corren el peligro de ser devoradas por otro grupo de depredadores, incluidos los cangrejos verdes, las tortugas bobas y los tiburones leopardo. Los supervivientes de la travesía pasarán el invierno en el océano antes de sumergirse más para la primera de sus dieciocho mudas hasta la edad adulta. Pasan cinco años antes de que sean lo bastante maduros sexualmente para una muda final antes de regresar a las zonas de desove en la playa.

Caminas junto a la orilla, observas el vaivén suavemente rítmico de la marea, los playeritos blancos correteando sin rumbo para esquivar las olas, y todo parece eternamente imperturbable. Pero la primera lección de la historia es que nada lo es, tampoco la epopeya milenaria de los cangrejos herradura. Su defensa contra los cuerpos extraños está en peligro a causa de la nuestra. Aunque los productores biomédicos están obligados a devolver a los animales al mar en un máximo de setenta y dos horas después de la extracción de sangre, muchos mueren debido a los rigores de una manipulación descuidada. Estudios recientes indican que el apilamiento de los animales en contenedores de plástico, donde sus telsones pueden perforar los cuerpos de los que se amontonan sobre ellos o aplastarlos en los recipientes abarrotados, ha aumentado las tasas de mortalidad, en su día estimadas en solo un 3 por ciento, pero recientemente en un 20 o incluso un 30 por ciento. Las subidas repentinas de temperatura de camino a las instalaciones biomédicas reducen, a menudo mortalmente, la capacidad de las branquias de esos animales de sangre fría para expulsar el dióxido de carbono de sus cuerpos. Se ha demostrado que la pérdida de casi la mitad de su sangre, junto con la herida por la punción en la membrana pericárdica, afecta a la función cardiaca normal y reduce de múltiples maneras la capacidad de los cangrejos herradura de recuperar su metabolismo normal. Se ha observado que, después de la sangría, muchos animales ya no caminan ni se arrastran como deberían. Y la captura durante el desove, el momento en que los cangrejos herradura son más prolíficos, ha afectado negativamente a la regularidad de su ciclo reproductivo. En la primavera y el verano de 2022, unos observadores documentaron el desove de cangrejos más bajo en veinte años. A consecuencia de ello, la población de aves costeras se ha visto reducida.[18] Un preciado ecosistema está siendo destruido.

Cabría esperar que en este momento entrara en juego la ley de los rendimientos decrecientes y, hasta cierto punto, lo ha hecho. Las compañías farmacéuticas que obtienen dinero con las pruebas LAL de la FDA ahora quieren producir alternativas recombinantes que han estado disponibles durante más de dos décadas y han sido aprobadas en otros países, incluido Japón. Pero, defendiendo su territorio, los productores insisten en que se ha exagerado la amenaza a la sostenibilidad del cangrejo herradura, y la Farmacopea de Estados Unidos les ha hecho caso. Como era de esperar, el equilibrio normalmente deprimente entre rentabilidad inmediata y preservación ecológica ha pasado a determinar el destino de los cangrejos herradura. Es una amarga ironía que esta improbable conexión entre grandes medidas de tiempo y marea se haya convertido en un cálculo de suma cero sobre daños comparativos.

Todavía puede haber un desenlace positivo, o al menos no desastrosamente negativo, para nosotros o para el *Limulus polyphemus*, nues-

tro defensor artrópodo ante toxinas diminutas. Debemos esperar que
así sea, porque, aunque la paranoia sobre las fronteras sigue dominando la retórica populista, la inseparabilidad de los humanos —y, de
hecho, la indivisibilidad de la humanidad y la naturaleza— aún es el
imperativo salvador de nuestra asediada época. Esa ha sido mi historia
y sigue siendo mi fe. Contrariamente a lo que leerás en los titulares
de los periódicos sensacionalistas o escucharás en el bullicio de las
redes sociales, en nuestra crítica situación actual no hay forasteros, tan
solo conocidos: una cadena de conexión única y preciada que rom-
pemos generándonos así un riesgo extremo.

Agradecimientos

A nadie le sorprenderá saber que *Cuerpos extraños* es un libro nacido de la pandemia de la COVID-19, durante la cual abandoné bruscamente otra obra, la que mis editores estaban esperando. Así pues, aún estoy más en deuda con mi agente y querida amiga Caroline Michel por creer apasionadamente en el nuevo proyecto, un entusiasmo tan contagioso que el escepticismo no tuvo más opción que derretirse ante su calidez. Asimismo, debo dar las gracias a Ian Chapman, de Simon & Schuster en Reino Unido, por mostrarse tan abierto ante el tema imprevisto y por su posterior compromiso, generoso y entusiasta. Como siempre, las reflexiones críticas y perspicaces de Caroline han sido mi guía indispensable a medida que el libro cobraba forma.

Katherine Ailes, de Simon & Schuster, ha sido la editora y colaboradora más inspiradora que quepa imaginar: inmersa en el texto con su espíritu comprensivo y ojo crítico, siempre atento a las numerosas imperfecciones, inagotable en la tarea que tenía entre manos y (a diferencia del autor) mostrando calma cuando acechaban los plazos. También debo expresar mi agradecimiento a Alex Eccles por su dedicación editorial desenredando entuertos, detectando situaciones caóticas y otras muchas cosas más. También en Simon & Schuster: Suzanne Baboneau, Polly Osborn, Holly Harris, Justine Gold, Matt Johnson, Paul Gooney, Karin Seifried, Jonathan Wadman, Liz Marvin, Alex Newby y Nige Tassell. Como colaborador externo, gracias a Doug Kerr por su trabajo en el precioso diseño de portada y a la brillante Emma Harrow por la campaña publicitaria.

En mi agencia de representación, Peters, Fraser and Dunlop, gracias (especialmente) a Kieron Fairweather, Lucy Berry, Laurie Robertson y Becky Wearmouth.

Los documentos de Waldemar Haffkine se conservan en el Departamento de Archivos de la Biblioteca Nacional de Israel, en Jerusalén. Mi más profundo agradecimiento a quienes convirtieron mi proceso de documentación allí en una época de alegre iluminación y descubrimiento, en particular los doctores Rachel Misrati y Stefan Litt, y a quienes me ayudaron a sortear el vasto tesoro de documentos de Haffkine, especialmente Meytal Solomon, Mona Kepach, Lana Shashar, Hallel Sasposnik, Alexander Gordon y Zmira Reuveni. David Langrish, de la biblioteca de la Colección Wellcome, fue extraordinariamente útil con el álbum de la «visita de la peste a Bombay», y también estoy agradecido a Nicole Ioffredi de la British Library, guardián de otro ejemplar de ese preciado y peculiar documento sobre la mente del Raj médico.

El barco literario habría naufragado (y su capitán-autor se habría perdido por completo entre las olas) sin el apoyo extraordinario y la ayuda crucial de Marta Enrile-Hamilton y Naomi Sanyang en casi todas las fases de creación. El hecho de que combinaran su ingenio y rigurosidad infatigables con paciencia y cordialidad ha supuesto una ayuda incalculable. También debo dar las gracias a Jennifer Sonntag, mi ayudante en la Universidad de Columbia, por sus respuestas inmediatas a la hora de desenterrar documentos de historia y debate médicos prácticamente desconocidos, y por mucho más.

Muy consciente de que soy un recién llegado a la historia médica y científica, me siento inmensamente agradecido con Philip Ball, el brillante escritor especializado en temas científicos y exasesor de *Nature*, por su amabilidad al leer el texto mecanografiado, evitándome así solecismos y confusiones desafortunados, y por sus sugerencias allá donde podría haberme extraviado. Gracias a mi querida amiga Stella Tillyard por leer un borrador y por sus consejos editoriales, sus útiles críticas y su generoso entusiasmo.

Tras la sorpresa al conocer la temática de *Cuerpos extraños* y el papel que juega en él Waldemar Haffkine, muchos buenos amigos me han corroborado la importancia, tanto contemporánea como histórica, de los episodios que se me ha ocurrido contar, en especial la doctora Barbara Alpert, Anthony y Beverley Silverstone, Jan Dalley, Chloe Aridjis, Suzannah Lipscomb, Whitney McVeigh y Kavita Puri. Alice Sherwood ha prestado atención en muchas ocasiones a los mareantes giros que ha experimentado esta narración y ha respondido con su inquebrantable generosidad y sabiduría.

Pero hay un guía inigualable para este tipo de trabajo, que fue un amigo íntimo y muy querido en nuestros días como estudiantes de Cambridge y jóvenes académicos, al cual habría consultado en busca de críticas constructivas y respaldo si su vida no se hubiera visto interrumpida repentinamente: Roy Porter, acertadamente calificado como «el mejor historiador médico de su generación» y autor de incontables obras de historia intelectual y médica, sobre todo, en este contexto, *The Greatest Benefit to Mankind: A Medical History of Humanity* (Nueva York y Londres, 1999). Dadas las circunstancias, he tenido que conformarme con la sombra de Roy, imaginando lo que habría dicho de mi ambición, por no decir desfachatez, de trabajar en su campo, pero sabiendo también que su sonrisa alegre y cómplice me habría situado en el buen camino.

Por cautivado que me sintiera por estas historias, creo que no habría tenido la osadía de plasmarlas en papel de no ser por los ánimos constantes de mi mujer, la bióloga del desarrollo Ginny Papaioannou, mi guía en cuestiones científicas desde hace muchos años. Ha tenido la amabilidad de leer el texto mecanografiado para buscar errores y criterios desatinados y, por supuesto, tropiezos literarios y repeticiones. Sobre todo, cuando flaqueaba mi fe en el proyecto, ella me la devolvía y me convencía de que las causas de la historia y la ciencia, tanto pasadas como contemporáneas, eran una empresa valiosa. Por todo esto y mucho más, este libro está afectuosamente dedicado a ella.

Breve guía para lecturas adicionales

Aunque buena parte de este libro se basa en fuentes primarias, un creciente número de las cuales pueden encontrarse en internet, me he limitado aquí a la bibliografía de fuentes secundarias publicada en inglés. En el caso de los artículos, las obras en otros idiomas y las fuentes primarias, tanto impresas como manuscritas, véanse las notas de los capítulos.

Medioambiente, pandemias e historia

El vínculo crucial entre el cambio medioambiental y la propagación de enfermedades infecciosas como parte integral de la historia del colonialismo fue hilvanado por primera vez por David Arnold en un libro de ensayos muy adelantado a su tiempo: *The Problem of Nature: Environment, Culture and European Expansion* (Oxford, 1996). La gran obra, inquietantemente profética y elocuente, sobre enfermedades zoonóticas modernas es la de David Quammen, *Spillover: Animal Infections and the Next Human Pandemic* (Nueva York, 2012), equiparable a su libro sobre la respuesta a la COVID-19, *Breathless: The Scientific Race to Defeat a Deadly Virus* (Nueva York, 2021). Peter Baldwin, *Fighting the First Wave: Why the Coronavirus Was Tackled So Differently Across the Globe* (Cambridge, 2021) es un estudio importante sobre este tema fundamental. *Apollo's Arrow: The Profound and Enduring Impact of Coronavirus on the Way We Live* (Nueva York, Boston y Londres, 2020) de Nicholas A. Christakis, profesor Sterling de Ciencias Sociales y Naturales de Yale, es magistralmente aleccionador. Mary Beth Pfeiffer,

Lyme: The First Epidemic of Climate Change (Washington y Londres, 2018) es la crónica definitiva sobre el tema.

Existe una bibliografía muy amplia sobre el impacto histórico de las enfermedades infecciosas. El libro que me hizo pensar por primera vez en el tema (cuando estudiaba en la década de 1960) fue el extraordinario *Rats, Lice and History* del bacteriólogo Hans Zinsser, una obra cautivadora y siniestra. El clásico sobre el tema es William H. Mcneill, *Plagues and Peoples* (Nueva York, 1977). Y los gérmenes logran ofrecer numerosas explicaciones en el épico *Darwinian historical sociology, Guns, Germs and Steel* (Nueva York, 1997) de Jared Diamond. Michael B. A. Oldstone, *Viruses, Plagues and History: Past, Present and Future* (Oxford, 2009) aborda el tema desde el punto de vista de un virólogo. Recientemente, tres incorporaciones excelentes a la literatura sinóptica son Kyle Harper, *Plagues Upon the Earth: Disease and the Course of Human History* (Princeton, 2021); Frank M. Snowden, *Epidemics and Society from the Black Death to the Present* (Yale, 2019) (un plan de estudios abierto de Yale); y Joshua S. Loomis, *Epidemics: The Impact of Germs and their Power over Humanity* (Westport, 2018).

La mejor crónica sobre las políticas de respuesta a epidemias y todavía sumamente relevante es Arthur Allen, *Vaccine: The Controversial Story of Medicine's Greatest Lifesaver* (Nueva York y Londres, 2008).

VIRUELA EN EL SIGLO XVIII E INOCULACIÓN ANTES DE JENNER

La obra clásica, y todavía de un valor incalculable, es Genevieve Miller, *The Adoption of Inoculation for Smallpox in England and France* (Filadelfia, 1957). Sobre el cálculo del éxito de la inoculación, Peter Razzell, *The Conquest of Smallpox: The Impact of Inoculation on Smallpox Mortality in Eighteenth-Century Britain* (Londres, 1977) y, más recientemente, el extraordinario y riguroso trabajo de Andrea Rusnock, *Vital Accounts: Quantifying Health and Population in Eighteenth Century England and France* (Cambridge, 2002). Rusnock también ha editado y publicado *The Correspondence of James Jurin, 1684-1750: Physician and Secretary to the Royal Society* (Ámsterdam y Atlanta, 1996). Todos

BREVE GUÍA PARA LECTURAS ADICIONALES

los documentos cruciales publicados por la Royal Society como *Philosophical Transactions* actualmente están disponibles en internet. La vida de lady Mary Wortley Montagu se narra de forma definitiva en Isobel Grundy, *Lady Mary Wortley Montagu: Comet of the Enlightenment* (Oxford, 1999), aunque la popular biografía de Jo Willett, *The Pioneering Life of Mary Wortley Montagu, Scientist and Feminist* (Yorkshire y Pensilvania, 2021), también es excelente. Para su conversión a la inoculación, *Lady Mary Wortley Montagu: The Turkish Embassy Letters* (eds. Teresa Heffernan y Daniel O'Quinn) (Londres y Peterborough, Ontario, 2013). La biografía de Robert Halsband, esta más antigua, y la edición de su correspondencia siguen siendo muy valiosas. La historia de la epidemia en Boston está bien plasmada en Arthur W. Boylston, M. D., *Defying Providence: Smallpox and the Forgotten Eighteenth-Century Medical Revolution* (North Charleston, 2012). Los Sutton y su extraordinaria comercialización de la inoculación han sido documentados recientemente por Gavin Weightman, *The Great Inoculator: The Untold Story of Daniel Sutton and his Medical Revolution* (New Haven, 2020), y Lucy Ward narra con brillantez la sensacional historia de Thomas Dimsdale en Rusia en *The Empress and the English Doctor: How Catherine the Great Defied a Deadly Virus* (Londres, 2022). Alicia Grant, *Globalisation of Variolation: The Overlooked Origins of Immunity for Smallpox in the Eighteenth Century* (Londres, 2019) aporta contribuciones valiosas sobre Escandinavia, Rusia y el mundo otomano. El papel inquietante que desempeñó la viruela (y las infecciones creadas deliberadamente) en la América colonial y revolucionaria se desmenuza en otro clásico moderno, Elizabeth Fenn, *Pox Americana: The Great Smallpox Epidemic of 1775-1782* (Nueva York, 2002).

ESTADOS, SOCIEDADES, EPIDEMIAS EN EUROPA Y EL AUGE
DE LA SANIDAD PÚBLICA EN EL SIGLO XIX

La crónica comparativa definitiva sobre la repuesta gubernamental a las enfermedades infecciosas es Peter Baldwin, *Contagion and the State in Europe, 1830-1930* (Cambridge, 1999); Norman Howard Jones, *The Scientific Background of the International Sanitary Conferences, 1851-*

1938 (Ginebra, 1975), ahora accesible digitalmente, contiene abundante información sobre los primeros encuentros internacionales, a menudo frustrados políticamente, sobre el cólera, la fiebre amarilla y la peste bubónica. Muchos de los estudios más ilustrativos son locales, incluyendo el hito de la historia narrativa analítica, Richard J. Evans, *Death in Hamburg: Society and Politics in the Cholera Years* (Londres, 1987). Otros títulos importantes son Margaret Pelling, *Cholera Fever and English Medicine, 1825-1918* (Oxford, 1965); Michael Durey, *The Return of the Plague: British Society and the Cholera of 1831-32* (Londres, 1979); y Francois Delaporte (trad. Arthur Goldhammer), *Disease and Civilization: Cholera in Paris, 1832* (Cambridge, Mass., 1989). Acerca de los desafíos de la contención epidémica que plantea la apertura del canal de Suez, Valeska Huber, *Channelling Mobilities: Migration and Globalisation in the Suez Canal Region and Beyond 1869-1914* (Cambridge, 2013).

IMPERIALISMO Y EPIDEMIAS, SOBRE TODO EN INDIA

El hecho de que, en la actualidad, este sea un ámbito de investigación histórica floreciente y prolífico le debe mucho a los innovadores estudios de dos académicos, David Arnold, *Colonizing the Body: State Medicine and Epidemic Disease in Nineteenth-Century India* (Berkeley, Los Ángeles y Londres, 1993), y Mark Harrison, *Public Health in British India: Anglo-Indian Preventive Medicine 1859-1914* (Cambridge, 1994). Cualquiera que trabaje en este campo, incluido el autor de estas páginas, está en deuda con ellos. Asimismo, han sido responsables de muchas colecciones de ensayos inestimables que han creado toda una especialidad, incluyendo David Arnold (ed.), *Imperial Medicine and Indigenous Societies* (Manchester, 1988); e ídem, con Ramachandra Guha, *Nature, Culture and Imperialism: Essays on the Environmental History of South Asia* (Oxford, 1995). Myron Echenberg, *Plague Ports: The Global Impact of Bubonic Plague 1894-1901* (Nueva York y Londres, 2007), aborda la propagación global de la pandemia desde Hong Kong y Bombay hasta Egipto, las Américas y Australia. Más recientemente, los ensayos recopilados por Robert Peckham, en especial sus introducciones a *Empires of Panic: Epidemics and Colonial Anxieties* (Hong Kong, 2015) y, con David M. Pomfret, *Imperial Contagions: Medicine, Hygiene and Cultures of Planning in Asia* (Hong Kong, 2013), han abierto nuevas perspectivas estimulantes a través de estudios sobre psicología y etnografía social. Otro planteamiento estimulante y novedoso es Rohan Deb Roy, *Malarial Subjects: Empire, Medicine and Nonhumans in British India 1820-1909* (Cambridge, 2017). Sobre la medicina colonial francesa, un estudio brillante de Aro Velmet, *Pasteur's Empire: Bacteriology and Politics in France, Its Colonies and the World* (Oxford, 2020).

LOS MICROBIÓLOGOS

Aunque tiene casi un siglo de antigüedad y rezuma un «triunfalismo» inevitable (¿y por qué no?), la narración clásica y popular de Paul de Kruif, *Microbe Hunters* (Nueva York, 1926), sigue constituyendo una lectura maravillosa, al igual que Luba Vikhanski, *Immunity: How Elie Metchnikoff Changed the Course of Modern Medicine* (Chicago, 2016). Pasteur ha sido objeto de numerosas biografías, pero Gerald Geison, *The Private Science of Louis Pasteur* (Princeton, 1995), fue la primera que tuvo en cuenta sus libretas de laboratorio privadas, las cuales matizaban el relato heroico habitual.

Solo existen dos biografías en lengua inglesa de Waldemar Haffkine, ambas breves, descatalogadas y a menudo poco fiables: Selman Waksman, *The Brilliant and Tragic Life of W. M. W. Haffkine, Bacteriologist* (Chicago, 1964), y *The Story of Dr. Haffkine* (Moscú, 1964), del escritor soviético Mark Popovski. Han sido sustituidas en francés por la exhaustiva monografía de Joel Hanhart, *Waldemar Mordekhai Haffkine (1860-1930): Biographie Intellectuelle* (París, 2016), que en todo momento destaca la identidad judía de Haffkine y la evolución de su relación con el judaísmo. Aunque nuestras perspectivas difieren un poco, la monumental obra del doctor Hanhart ha resultado excepcionalmente útil en la creación de este libro.

Notas

Prólogo

I. *Et en surba ego*

1. Jack R. Layne Jr. y Richard E. Lee, «Adaptation of frogs to survive freezing», *Climate Research*, 5 (1), 1995, pp. 53-59.

2. Actualmente, la enfermedad de Lyme también es común en toda Europa, sobre todo en dos regiones: los países escandinavos y bálticos, desde Suecia hasta Estonia y Lituania, y Europa Central, desde Austria hasta Eslovenia. En 2020 se documentaron doscientos mil casos en Europa frente a unos cuatrocientos mil en Estados Unidos. En la primavera de 2022, Pfizer, en colaboración con la empresa farmacéutica Valneva, anunció el inicio de los ensayos de fase 3 de la vacuna VLA15 para la enfermedad de Lyme, y espera que en 2025 sea presentada a los Centros para el Control y la Prevención de Enfermedades estadounidenses y europeos. Sobre la propagación en Europa, Adriana Marques, *et al.*, «Comparison of Lyme Disease in the United States and Europe», *Emerging Infectious Diseases*, agosto de 2021 (47), pp. 2017-2024.

3. Tom Perkins, «Hold the Beef», *The Guardian*, 10 de diciembre de 2021.

4. Dom Phillips *et al.*, «Revealed: rampant deforestation of Amazon driven by global greed for meat», *The Guardian*, 2 de julio de 2019.

5. Este es un argumento que expone muy bien la profesora Delia Grace, epidemióloga y veterinaria, que dirige investigaciones en el International Livestock Research Institute de Nairobi, Kenia, y el programa Consultative International Group for Agricultural Research on Agriculture for

Human Nutrition and Health. Delia Grace *et al.*, «The Multiple Burdens of Zoonotic Disease and an Ecohealth Approach to their Assessment», *Tropical Animal Health and Production*, 44, 2012, pp. 67-73.

6. El abrigo de escamas de pangolín de Jorge III se conserva en el Leeds Armory Museum.

7. Ping Liu, Jingpin Chen *et al.*, «Are Pangolins the Intermediate Host of 2019 Novel Coronavirus (SARS-CoV-2)?», *PLOS Pathogens*, 16 (5), 14 de mayo de 2020; véase también Songyi Ning *et al.*, «Novel Putative Pathogenic Viruses Identified in Pangolins by Mining Metagenomic Data», *Journal of Medical Virology*, 94 (6), pp. 2500-2509, 3 de enero de 2022.

8. En la actualidad existe una abundante bibliografía científica sobre la relación entre la degradación medioambiental y las oleadas recurrentes de enfermedades letalmente contagiosas. En particular Bryony Jones, Delia Grace *et al.*, «Zoonosis Emergence Linked to Agricultural Intensification and Environmental Change», *Proceedings of the National Academy of Science*, 110 (21), 21 de mayo de 2013, pp. 8399-8404; Shahid Jameel, «On Ecology and Environment as Drivers of Human Disease and Pandemics», *ORF Issue Brief*, 388, julio de 2020; Kate E. Jones, Nikkata G. Patel, Marc A. Levy, Adam Storeygard, Deborah Balk, John A. Gotteman y Peter Daszak, «Global Trends in Emerging Infectious Diseases», *Nature*, 451, 21 de febrero de 2008, pp. 990-993; Jeff Tollefsen, «Why Deforestation and Extinctions Make Pandemics More Likely», *Nature*, 584, 7 de agosto de 2020, online.

9. Chengxiang Gu, Ming Wang *et al.*, «Saline lakes on the Qinghai-Tibet Plateau harbor unique microbial assemblages mediating microbial environmental adaptation», *i Science*, 12, 17 de diciembre de 2021.

10. David Quammen, *Spillover: Animal Infections and the Next Human Pandemic* (Nueva York y Londres, 2013) es una cautivadora crónica de esa historia y, publicada hace diez años, escalofriantemente profética. La investigación más interesante y convincente sobre enfermedades zoonóticas es la de Edward Holmes y sus compañeros y alumnos; Edward Holmes, *The Evolution and Emergence of RNA Viruses* (Oxford, 2009); Holmes *et al.*, «The Origins of SARS COV-2: A Critical Review», *Cell*, 184, 16 de septiembre de 2021.

11. Apoorva Mandavalli, «Scientists zero in on the origins of monkeypox outbreak», *The New York Times*, 23 de junio de 2022; Eskild Petersen *et al.*, «Human Monkeypox: Epidemiologic and Clinical Characteristics, Diagnosis and Prevention», *Infectious Diseases of North America*, 33 (4), diciembre de 2019, pp. 1027-1043.

12. Phi-Yen Nguyen *et al.*, «Re-emergence of Human Monkey-pox and Declining Population Immunity in the Context of Urbanization in Nigeria, 2017-2020», *CDC Control and Prevention*, 27 (4), abril de 2021, online.

13. Kristian Andersen *et al.*, «The Proximal Origin of SARS-CoV-2», *Nature Medicine*, 26, 17 de marzo de 2020, online.

14. Katherine J. Wu, «The strongest evidence yet that an animal started the pandemic», *The Atlantic*, 16 de marzo de 2023.

15. Felicia Goodrum *et al.*, «Virology Under the Microscope - A Call for Rational Discourse», *Journal of Virology*, 97 (2), comentario, 26 de enero de 2023.

16. Nicoletta Lanese, «Omicron variant may have evolved in rats», *Live Science*, 2 de diciembre de 2021; en el mismo artículo, el biólogo evolutivo Michael Worobey, de la Universidad de Arizona, especula que el desarrollo de la variante Ómicron pudo haberse producido inicialmente en especies animales como las ratas.

17. Dennis Carroll *et al.*, «The Global Virome Project», *Science*, 359 (6378), 23 de febrero de 2018, pp. 872-874.

18. David Adam, «COVID's true death toll: much higher than official records», *Nature*, 10 de marzo de 2022, online.

19. Para debates sobre las medidas estatales contra la COVID-19, Peter Baldwin, *Fighting the First Wave: Why the Coronavirus Was Tackled So Differently Across the Globe* (Cambridge, 2021); Adam Tooze, *Shutdown: How Covid Shook the World Economy* (Nueva York, 2021).

20. Una de las primeras medidas de la Administración de Biden a finales de enero de 2021 fue reincorporarse a la Organización Mundial de la Salud.

21. Para la historia de la estigmatización del cólera como enfermedad asiática, profesor sir Richard Evans, «The Great Plagues: Epidemics in History from the Middle Ages to the Present Day», Gresham College Lectures, abril de 2013, online. Para la demonización del pueblo chino en Italia durante la pandemia, K. Y. C. Adja, D. Golinelli *et al.*, «Pandemics and Social Stigma: Who's Next? Italy's Experience with COVID-19», *Public Health*, 185, 2020, pp. 39-41. Samuel K. Cohn Jr., en su importante *Epidemics: Hate and Compassion from the Plague of Athens to AIDS* (Oxford, 2018), argumenta a partir de numerosas fuentes que históricamente no ha habido nada inevitable en la estigmatización de grupos considerados responsables de la epidemia. Por el contrario, mi interés en ese trabajo es cómo se ha conver-

tido a inoculadores y vacunadores en blanco de sospechas. Pero la retórica política en el Estados Unidos actual, proveniente de los partidarios, tanto en el Congreso como en los medios derechistas, de las teorías de la fuga del SARS-CoVID-2 en un laboratorio, está cargada de suposiciones sinofóbicas.

22. Para este tipo de lenguaje por defecto, Patrick Wallis y Brigitte Nerlich, «Disease Metaphors in New Epidemics: The UK Media Framing of the 2003 SARS Epidemic», *Social Science and Medicine*, 60 (11), junio de 2005, pp. 2629-2639; Jacques Tassin *et al.*, «Devising Other Metaphors for Bio Invasion», *Nature, Sciences, Sociétés*, 20 (4), 2012, pp. 404-414; Laura N. H. Verbrugge *et al.*, «Metaphors in Invasive Biology», *Ethics, Policy & Environment*, 19 (3), 2 de septiembre de 2016.

23. Conor Stewart, «Coronavirus Deaths from COV-19 in EU and UK», *Statista*, 3 de abril de 2022, online.

24. Michelle Ye Hee Lee y Min Joo Kim, «As world reopens, North Korea is one of two countries without vaccines», *The Washington Post*, 24 de abril de 2022.

25. P. M. Rabinowitz, M. Pappaioanou *et al.*, «A planetary vision for one health», *National Library of Medicine*, 3 (5), 2 de octubre de 2018. No obstante, en la actualidad se está intentando «reclamar» el significado de «salud global» como un ejercicio jerárquico de naciones adineradas que salen al rescate de regiones menos favorecidas y llevarlo hacia una participación menos condescendiente a la hora de abordar desigualdades sociales y económicas tan intrínsecas a la vulnerabilidad. Liam Smeet y Katherine Kyobutungi, «Reclaiming Global Health», *The Lancet*, 16 de febrero de 2023, online.

PRIMERA PARTE
DE ESTE A OESTE: LA VIRUELA

II. «LA CICATRIZ FRESCA Y AMABLE»

1. Voltaire a Louis-Nicolas le Tonnelier, barón de Breteuil, 5 de diciembre de 1723, *Oeuvres complètes, correspondence* (París, 1880), vol. 1, pp. 100-104. Para las creencias médicas de Voltaire, Margaret Sherwood Libby, *The Attitude of Voltaire to Magic and the Sciences* (Nueva York, 1935), pp. 240-268.

2. *Mariamne* tuvo dificultades para ser aceptada. Su estreno en la Comédie Française fue un fracaso y, tras una exhaustiva revisión, recibió una acogida más calurosa.

3. Dos años después, en 1725, Rohan y Voltaire intercambiaron insultos públicos, lo bastante graves para que Voltaire fuese enviado a la Bastilla por segunda vez y más tarde al exilio, que lo llevó a Inglaterra en 1726.

4. Voltaire, «Aux mânes de M. Genonville, conseiller au Parlement et ami intime de l'auteur» (París, 1728). «Nous nous aimions tous trois. La raison, la folie, l'amour, l'enchantement de plus tendres erreurs».

5. Voltaire a Breteuil, ibíd., p. 103.

6. Thomas Sydenham, *Observationes Medicae Circa Morborum Acutorum Historiam Curationem* (Londres, 1676).

7. *The Works of Thomas Sydenham, M. D.*, traducido de la edición en latín de *Dr. Greenhill with a Life of the Author* por R. G. Latham, M. D. (Londres, 1843), p. 133.

8. Miguel Quirsch *et al.*, «Hazards of the Cytokine Storm and Cytokine-Targeted Therapy in Patients with COVID 19», *Journal of Internet Medical Quarterly*, 22 (8), 13 de agosto de 2020, online.

9. Voltaire a Breteuil: «La petite vérole, par elle meme, dépouillée de toute circonstance étrangère n'est qu'une épuration du sang, favorable à la nature et qui en nettoyant de ce qu'il a d'impur lui prépare une santé vigoureuse».

10. Michelle Dimeo y Joanna Ware, «The Countess of Kent's Powder: a 17th-century cure-all», *The Recipes Project*, 11 de diciembre de 2014, online.

11. Jean Delacoste, *Lettre sur l'inoculation de la petite vérole comme elle se pratique en Turquie et Angleterre adressée à M. Dodart Conseiller d'Etat & Prenier Medecin du Roy* (París, 1723); véase también Genevieve Miller, The *Adoption of Inoculation for Smallpox in England and France* (Filadelfia, 1957).

12. Voltaire insistió varias veces en que había escrito la mayoría de las cartas durante su estancia en Inglaterra en 1728, lo cual plantea la fascinante posibilidad de que redactara al menos parte de ese trabajo en inglés, el cual había llegado a dominar de manera impresionante y utilizaba, por ejemplo, para su correspondencia con gente como Alexander Pope.

13. Ya había aparecido una edición en el francés original con el visto bueno de Basle, pero en realidad fue impresa en Ámsterdam.

14. Voltaire a Thieriot, 12 de agosto de 1726, *Correspondence*, vol. 85, p. 303.

15. Norma Perry, «Sir Everard Fawkener, Friend and Correspondent of Voltaire», en Thedore Besterman (ed.), *Studies on Voltaire and the Eighteenth Century* (Ginebra, 1975).

16. Voltaire, *Letters Concerning the English Nation* (Oxford, 1994, ed. Nicholas Cronk), basado en el texto de 1733 (Londres y Lyon), p. 44.

17. *A. de la Mottraye's Travels through Europe, Asia and into Parts of Africa; With Proper Cutts and Maps etc* (Londres, 1723-1724), una edición francesa impresa en La Haya en 1727. Las ilustraciones de Hogarth fueron extraídas sobre todo de Jean Scotin, *Recueil de cent estampes representant différentes nations du Levant…, por* Jean Baptiste Vanmour (1712-1713).

18. Ibíd., vol. 2, pp. 74-75.

19. Voltaire, *Letters*, p. 45.

20. Mottraye, *Travels*, vol. 2, p. 58.

21. Existe una abundante bibliografía dedicada a Mary Wortley Montagu, que conocí en los años sesenta en Cambridge y Nueva York gracias al difunto Robert Halsband, un pionero de los estudios sobre esta mujer extraordinaria. R. Halsband, *The Life of Lady Mary Wortley Montagu* (Oxford, 1956); más recientemente, Isobel Grundy, *Lady Mary Wortley Montagu* (Oxford, 1999), y Jo Willett, *The Pioneering Life of Mary Wortley Montagu: Scientist and Feminist* (Londres, 2021).

22. Voltaire, *Letters*.

23. Michael McCormick, «Gregory of Tours on 6th Century Plague and Other Epidemics», *Speculum*, 96 (1), enero de 2021, pp. 55-56.

24. P. S. Codellas, «The Case of Smallpox of Theodorus Prodromus (XII Cent. AD)», *Bulletin of the History of Medicine*, julio de 1946, pp. 207-215; John Lascaratos y Constantine Siamis, «Two cases of smallpox in Byzantium», *International Journal of Dermatology*, 41 (II), diciembre de 2002, pp. 792-795.

25. Ann G. Carmichael y Arthur M. Silverstein, «Smallpox in Europe before the Seventeenth Century: Virulent Killer or Benign Disease?», *Journal of the History of Medicine and Allied Sciences*, 42 (2), abril de 1987, pp. 147-168.

26. Beatriz Puente-Ballesteros, «F.-X. d'Entrecolles and Chinese Medicine: A Jesuit's Insights in the French "Controversy Surrounding Smallpox Inoculation"», *Revista de Cultura/Review of Culture*, 18, 2006, pp. 89-98. Para las prácticas chinas, Angela K. Che Leung, «"Variolation" and vaccination in

late Imperial China 1570-1911», en S. Plotkin y B. Fantini (eds.) *Vaccinia, vaccination, and vaccinology: Jenner, Pasteur and their successors* (París y Londres, 1996), pp. 65-71.

27. Donato Paolo Mancini, «Nasal version of Oxford/AstraZeneca Covid vaccine fails in trial», *Financial Times*, 11 de octubre de 2022.

28. No del todo, ya que la porcelana de pasta dura empezó a fabricarse en Meissen, Sajonia. Pero véase *Lettre du Père d'Entrecolles... au Pere d'Orri* (1712), ídem, 1722, que constituía la base de la extensa crónica de (Père) Jean-Baptiste du Halde, el historiador de los jesuitas especializado en China, cuyo relato de 1736 fue elogiado por Voltaire: *Description Géographique, Historique, Chronologique, Politique et Physique de l'Empire de la Chine et la Tartarie* (París, 1736).

29. Para Holwell y el Agujero Negro, Jan Dalley, *The Black Hole: Money, Myth and Empire* (Londres, 2006).

30. John Zephaniah Holwell, *An Account of the Manner of inoculation for Small Pox in the East Indies with some Observations of the Practice and Mode of Treating that Disease in those Parts* (Londres, 1767).

31. Margaret DeLacy, *The Germ of an Idea, Contagionism, Religion and Society in Britain, 1660-1730* (Basingstoke, 2016), pp. 127 y ss.

32. Perrot Williams, M. D., *Part of Two Letters concerning a method of procuring small pox in South Wales... from Perrot Williams, MD Physician at Haverford West to Dr Samuel Brady, Physician to the Garrison at Portsmouth* (Londres, 1723).

33. Arnold C. Klebs, *Die Variolation in achtzehnter jahrhundert: ein historische Beitrag zur Immunitatsforschung* (Giessen, 1914), p. 7.

34. Marie de Testa y Antoine Gautier, «Une grande famille latine de l'empire Ottomane. Les Timonis: medecins, drogmans et hommes d'église», en *Drogmans et Diplomates Europeens Aupres de la Porte Ottomane* (Estambul, 2003), pp. 235-255; véase también la nota de Randoph P. Stearns, «Fellows of the Royal Society in North Africa and the Levant, 1662-1800», *Notes and Records of the Royal Society of London*, 1954, 11 (1), enero de 1954, pp. 77-78. Para la importancia más general de la traducción, véase el sugerente artículo de Anne Eriksen, «Smallpox Inoculation: Translation, Transference and Transformation», *Palgrave Communications*, 6 (52), 2020, online.

35. En realidad, la Paz de Carlowitz había transferido todo el Peloponeso de la soberanía otomana a la veneciana, pero volvió a someterse al control turco después de las hostilidades de 1715.

36. Sophie Vasset, «Medical Laughter and Medical Polemics: The Woodward-Mead Quarrel and Medical Satire», *Revue de la Société d'Etudes Anglo-Américaines des XVIIe et XVIIIe Siècles*, 70, 2013, pp. 109-133; Joseph Levine, *Dr Woodward's Shield: History, Science and Satire in Augustan England* (Berkeley, 1977).

37. Emmanuel Timoni y John Woodward, «An Account or History of Procuring the Smallpox by Incision or Inoculation as it has for some time been practis'd in Constantinople, being the Extract of a Letter of Emmanuel Timonius, Oxon et Padova, dated at Constantinople December 1713», *Philosophical Transactions of the Royal Society* (1714-1716), 29 (339), pp. 72-82. Para Timoni (aunque con un gran esfuerzo por despojarlo de cualquier identidad italiana), Effie Poulakou-Rebelakou y John Lascaratos, «Emmanuel Timonius, Jacobus Pylarinus and Inoculation», *Journal of Medical Biography*, 11 (3), agosto de 2003, pp. 181-182; John Lascaratos, «Emmanuel Timonis, Biography and Ergography. The Famous Physician from the Island of Chis. Emmanuel Timonis and his Era», *Medical Association of Chios*, 2000, pp. 31-42; S. Bartsokas y S. G. Marketos, «Emmanuel Timonis, Jakovos Pylarinos and smallpox inoculation», *Journal of Medical Biography*, 4, 1996, pp. 129-136.

38. J. Pylarinos, *Nova et tuta Variola: Excitandi per Transplantionem Morbidus; Nuper inventa et in unum tracta* (Venecia, 1715; Londres, 1716; Leiden, 1721); C. N. Alisivatos y G. K. Pournaropoulos, «The Work of the Greek physician Jakovos Pylarinus on "variolation"», *Proceedings of the Athens Academy*, 1952.

39. Giacomo Pylarini, «Nova & tuta vaiolas excitandi per transplantionem methodus nuper inventa & in usum tracts», *Transactions of the Royal Society*, 29 (347), 31 de marzo de 1716, pp. 396-397.

40. Teresa Heffernan y Daniel O'Quinn (eds.), *The Turkish Embassy Letters: Lady Mary Wortley Montagu* (Peterborough, Ontario, 2013), p. 126.

41. Alicia Grant, *Globalisation of Variolation: The Overlooked Origins of Immunity for Smallpox in the 18th Century* (Londres, 2019), pp. 61 y ss.

42. Los circasianos fueron sometidos a una campaña islámica de conversión impuesta por Ahmed III en esa misma época.

43. J. G. Scheuchzer, «An Act of Success of Inoculation», *Philosophical Transactions of the Royal Society* (Londres, 1729).

44. «An Account of the Practice of Inoculation in Arabia in a Letter from Dr. Patrick Russell, Physician at Aleppo to Alexander Russell, MD., FRS», *Philosophical Transactions*, 1758, pp. 142-150.

45. Peter Kennedy, *An Essay on External Remedies Wherein is Considered Whether all the Curable Distempers Incident to Human Bodies May not be Cured by Outward Means* (Londres, 1715), pp. 153 y ss.

46. Tal vez sea una mala comparación, ya que el «picor» normalmente respondía a la escabiosis.

47. Robert Halsband (ed.), *The Complete Letters of Lady Mary Wortley Montagu*, vol. 1, 1708-1720 (Oxford, 1967), online. Para su paso por Turquía véase Grundy, pp. 134-166.

48. Robert Halsband, *The Life of Lady Mary Wortley Montagu* (Oxford, 1956), pp. 71-72.

49. Lady Mary Wortley Montagu, *Letters of the Right Honorable Lady M...W...M..., Written during Her Travels in Europe, Asia and Africa to Persons of Distinction, Men of Letters &c... which contain, among other Curious Relations Accounts of the Policies and Manners of the Turks* (3 volúmenes, Londres, 1763), p. 3.

50. Según el informe de William Sherard, el cónsul de Esmirna, que no era un admirador de Timoni. Véase Stearns, «Fellows», p. 88.

51. Para las repercusiones culturales de la crónica de Maitland, véase Eriksen, *op. cit.*

52. Halsband, *Life*, p. 81.

53. Art Boylston, «The Newgate Guinea Pigs», *London Historians*, septiembre de 2012.

54. John Arbuthnot, *Mr Maitland's Account of Inoculating the Smallpox Vindicated from Dr. Wagstaffe's Misrepresentations of the Practice with Some Remarks on Mr. Massey's Sermon* (Londres, 1722).

55. Jacob de Castro Sarmento, *Dissertatio in Novam, Tutam, ac Utilem Methodum Inoculationis seu Transplantationis Variolorum* (Londres, 1721; traducción alemana, Hamburgo, 1722). Para Sarmento, R. Bennett, «Sephardim and Medical Practice in 18th century London», *Transactions of the Jewish Historical Society of England*, 1878, pp. 84-114; Matt Goldish, «Newtonian Converso and Deist: The lives of Jacob (Henrique) de Castro Sarmento», *Science in Context*, 10 (4), otoño de 1997, pp. 651-675. Para retratos en formato grabado de Sarmento, Alfred Rubens, *Anglo-Jewish Portraits* (Londres, 1935), pp. 265-266.

56. Edmund Massey, *A sermon against the dangerous and sinful practice of inoculation* (Londres, 1722).

57. Para Wagstaffe como sátiro conservador y su relación con Arbuthnot, Alasdair Raffe, «John Bull, Sister Peg and Anglo-Scottish Relations in

the Eighteenth Century», en Gerard Carruthers y Colin Kidd (eds.), *Literature and Union: Scottish Texts, British Contexts* (Oxford, 2018), p. 44.

58. William Wagstaffe, *A Letter to Dr. Freind Shewing the Danger and Uncertainty of Inoculating the Small Pox*, 12 de junio de 1722, p. 5.

59. Legard Sparham, *Reasons against the practicing of inoculating the small pox. As also a brief account of this poison infused after this manner into a wound* (Londres, 1722). Véase también el anticuario de Lincolnshire Francis Howgrave, *Reasons against the Inoculation of the Small-pox in a Letter to Dr Jurin* (Stamford, 1724).

60. John Arbuthnot, *Mr Maitland's Method of inoculating the small pox vindicated from Dr. Wagstaffe's misrepresentation of the practice, with some remarks on Mr Massey's sermon* (Londres, 1722).

61. Shawn Buhr, «To Inoculate or Not to Inoculate: The Debate and the Smallpox Epidemic of Boston in 1721», *Constructing the Past*, 1 (1), 2000.

62. Kathryn S. Koo, «Strangers in the House of God: Cotton Mather, Onesimus and an Experiment in Christian Slaveholding», *Proceedings of the American Antiquarian Society*, 2007, pp. 143-175.

63. Zabdiel Boylston, *An historical account of the Small Pox inoculated in New England with some account of the nature of the infection in the natural and inoculated way and their different effects on human bodies* (Londres, 1726). Boylston dedicó la publicación a Caroline, que por aquel entonces todavía era princesa de Gales; Arthur William Boylston, *Defying Providence: Smallpox and the Forgotten 18th Century Medical Revolution* (North Charleston, 2012), pp. 25-70.

64. Boylston, *Defying Providence*, p. 29.

65. Buhr, *op. cit.* En el número del 7 al 14 de agosto de 1721 de *The New England Courant*, Douglass proponía sarcásticamente la inoculación de los nativos americanos y se ofrecía a pagar cinco libras por cada indio que muriera a causa de dicho procedimiento.

66. Boylston, *Defying Providence*, p. 48.

67. [Lady Mary Wortley-Montagu], «A Plain Account of the Inoculation of the Small Pox by a Turky [*sic*] Merchant», *The Flying-Post*, 13 de septiembre de 1722, en Heffernan y O'Quinn (eds.), *The Turkish Embassy Letters*, pp. 256-257.

III. ¡SEGURO, RÁPIDO Y AGRADABLE!

1. T. Nettleton, «A Letter from Dr. Nettleton, Physician at Halifax in Yorkshire to Dr. Whitaker, concerning Inoculation for Small Pox», *Philosophical Transactions of the Royal Society*, 32 (370), 31 de marzo de 1722, pp. 35-48. La carta también fue publicada comercialmente en abril de 1722 como *An Account of the Success of inoculating the smallpox in a Letter to Dr. William Whitaker* (Londres, 3 de abril de 1722). Para la aportación de Nettleton a la cuantificación de resultados, Arthur Boylston, M. D., «Thomas Nettleton and the Dawn of Quantitative Assessment of the Effect of Medical Intervention», *Journal of the Royal Society of Medicine*, agosto de 2010, pp. 334-339.

2. «A Letter from the Same Learned and Ingenious Gentleman concerning his Farther Progress in Inoculating the Small Pox to Dr. Jurin, R. S., June 16th, 1722», *Philosophical Transactions of the Royal Society*, 32, 1722, pp. 49-52.

3. Ibíd., pp. 49-50.

4. Una crónica excelente de esta relación es Andrea A. Rusnock, *Vital Accounts: Quantifying Health and Population in 18th century England and France* (Cambridge, 2002); ídem, *The Correspondence of James Jurin 1684-1750* (1996); ídem, «The Weight of Evidence and the Burden of Authority: Case Histories, Medical Statistics and Smallpox Inoculation», en Roy Porter (ed.), *Medicine in the Enlightenment* (Londres, 1995), pp. 289-315.

5. Miller, *The Adoption of Inoculation*, pp. 111-116.

6. Rusnock, p. 63.

7. James Jurin, *An Account of the success in inoculating the small-pox in Great Britain for the year 1725 with an Account of the miscarriages in that practice and the mortality of the natural small pox* (Londres, 1726), pp. 55-57.

8. *Part of Two Letters Concerning a method of procuring the small pox in South Wales. From Perrot Williams MD, Physician at Haverford West to Dr Samuel Brady, Physician to the Garrison at Portsmouth* (Londres, 1723).

9. James Kirkpatrick (Kilpatrick), *The Analysis of Inoculation Comprizing the History, Theory and Practice of It, With a Consideration of the Appearances in the Small Pox* (Londres, 1754).

10. James Jurin, «A letter to the learned Dr Caleb Cotesworth FRS of the College of Physicians, London and Physician to St Thomas's Hospital containing a comparison of the danger of the natural Small Pox and of that given by inoculation», *Transactions*, 31 de diciembre de 1722.

11. John Gasper Scheuchzer, M. D., *An Account of the Success of Inoculating the Small Pox in Great Britain for the years 1727 and 1728* (Londres, 1729).

12. Isaac Massey, *A Short and Plain Account of Inoculation with Some Remarks on the Main Arguments Made Use of to Recommend that Practice by Mr Maitland and others* (Londres, 1722).

13. Jurin, «carta», *op. cit.*

14. Thomas Fuller, *Exanthematologia or an Attempt to Give a Rational Account of Eruptive Fevers, Especially Measles and Small Pox* (Londres, 1730); James Kirkpatrick (Kilpatrick), *The Analysis of Inoculation* (Londres, 1754), pp. 34-38.

15. David van Zwanenberg, «The Suttons and the Business of Inoculation», *Medical History*, 22 (1), 1978, p. 73; Gavin Weightman, *The Great Inoculator: The Untold Story of Daniel Sutton and his Medical Revolution* (Yale, 2020), pp. 34-38; Arthur Boylston, «Daniel Sutton. A forgotten eighteenth century clinician and scientist», *Journal of the Royal Society of Medicine*, 105 (2), febrero de 2012, pp. 85-87; Stanley Williamson, *The Vaccination Controversy: The Rise, Reign and Fall of Compulsory Vaccination* (Liverpool, 2007), pp. 48-73.

16. Lucy Ward, *The Empress and the English Doctor: How Catherine the Great Defied a Deadly Virus* (Londres, 2022).

17. Kirkpatrick, *Analysis*, pp. 230 y ss.

18. Thomas Dimsdale, *The Present Method of Inoculating for the Small-Pox* (Londres, 1768).

19. Sorprendentemente, y aunque aparece de manera fugaz en numerosas historias de la inoculación, la única biografía dedicada a Gatti es el breve pero útil estudio de Veronica Massai, *Angelo Gatti: Un medico toscano in terra di Francia* (Florencia, 2008).

20. Yasmine Marcil, «Entre voyage savant et campagne medicale: le séjour en Italie de la Condamine», *Diciottesimo Secolo*, vol. 3, 2018, pp. 23-46; ídem, «Entre France et Italie, le mémoire en faveur de l'inoculation de la Condamine», online, 2018. Para más contexto, R. Pasta, «Scienza e istituzioni nell'età leopoldine: Riflessioni e comparazione», en G. Barsanti, V. Beccagli y R. Pasta (eds.), *La politico della scienza Toscana e i strati Italiani nel tardo settecento* (Florencia, 1994), pp. 1-34.

21. *Journal du Voyage fait par order du Roi a l'Equateur á la mesure des Trois Premiers Degrès du Meridien* (París, 1751), p. 195. La Condamine también lo menciona en *Memoire sur l'Inoculation de la Petite Vérole* (París, 1754), p. 59, y las muertes masivas de indígenas americanos a causa de la viruela se con-

virtió en un elemento de las críticas de la Ilustración del siglo XVIII al imperialismo europeo en la obra, por ejemplo, del abad Raynal en *Histoire des Deux Indes* (Ámsterdam, 1770).

22. La Condamine, *Memoire*, p. 58.

23. Massai, pp. 23-25. En la mayoría de las crónicas de Gatti, es el barón d'Holbach quien extiende la invitación. Los dos filósofos materialistas estaban unidos, así que es posible que ambos intervinieran en el traslado de Gatti a París.

24. Arnold H. Rowbotham, «The philosophes and the Propaganda for Inoculation of Smallpox in Eighteenth Century France», *University of California Publications in Philology*, 18, 1935, pp. 265-290.

25. Angelo Gatti, *Réflexions sur les prejugés qui s'opposent aux progrès & la perfection de l'inoculation* (Bruselas [París], 1764).

26. Ibíd., p. 2.

27. Angelo Gatti, *Nouvelles Réflexions sur la pratique de l'inoculation* (Bruselas [París], 1767), pp. 12-13. La edición inglesa, emocionalmente diluida (pero aun así muy valiosa), traducida por Mathieu Maty, es *New Observations on Inoculation*. Fue impresa en Dublín, pero se incluye descuidadamente la fecha de 1758, antes de que Gatti llegara a Francia. En una nota preliminar, Maty explica que la «descendencia» de Gatti —la edición de «Bruselas»— le llegó «con un elaborado vestido francés» y fue «enviada de vuelta con una sencilla levita inglesa» y la esperanza de que el autor no se sintiera ofendido «si, al eliminar algunos adornos, he hecho algún que otro agujero a la tela».

28. William Watson, M. D., *New Observations on Inoculation. An account of a Series of Experiments Instituted with a View to Ascertaining the most Successful Method of Inoculating the Small Pox* (Dublín, 1768); Arthur Boylston, «William Watson's Use of Controlled Clinical Experiments in 1767», *Journal of the Royal Society of Medicine*, 107 (6), junio de 2014, p. 246. Curiosamente, los resultados de los experimentos de Watson en el Foundling Hospital se añadieron como apéndice a la traducción inglesa que hizo Maty de *New Observations*, de Gatti, a modo de apoyo empírico a su defensa de que las «preparaciones» y los regímenes elaboradamente terapéuticos posteriores a la inoculación eran gratuitos, así como la idoneidad y seguridad de la inoculación infantil.

29. Watson, *New Observations*, p. 85 (en la edición encuadernada con New Observations de Maty/Gatti).

30. Gatti, *Nouvelles reflexions*, pp. 84 y ss.

31. Elizabeth A. Fenn, *Pox Americana: The Great Smallpox Epidemic of 1775-1781* (Nueva York, 2001).

SEGUNDA PARTE
DE OESTE A ESTE: EL CÓLERA

IV. LOS VIAJES DE PROUST

1. Robert de Masle, *Le Professeur Adrien Proust 1834-1903* (París, 1935).
2. Christian Péchenard, *Proust et Son Père* (París, 1993), pp. 111-112.
3. La guía indispensable sobre la historia y las deliberaciones de las conferencias sanitarias internacionales es Norman Howard-Jones, *The Scientific Background to the International Sanitary Conferences*, 1851-1938 (OMS, Ginebra, 1975) y online por Cambridge University Press, 2012. El *procès-verbaux* completo de cada conferencia también está disponible online en <http://nrs.harvard.edu/urn-3:hul.eresource:contagio?utm_source=library.harvard>, gracias a la colección sumamente útil de fuentes primarias de las bibliotecas de la Universidad de Harvard en *Contagion: Historical Views of Diseases and Epidemics*.
4. La única biografía propiamente dicha de Adrien Proust (en lugar de su relación con Marcel) es Daniel Panzac, *Le Docteur Adrien Proust: Pere Méconnu, Précurseur Oublié* (París, 2003); véanse también Donatella Lippi *et al.*, «Ädrien Proust (1834-1903): An Almost Forgotten Public Health Pioneer», *Vaccines*, 10 (5), 20 de abril de 2022, p. 644; el breve ensayo de título peculiar, B. Straus, «Achille-Adrien Proust, doctor to river basins», *Bulletin of the New York Academy of Medicine*, 50, julio-agosto de 1974, pp. 833-838.
5. Panzac, *Le Docteur Adrien Proust*, pp. 227-229.
6. Péchenard, pp. 23 y ss., empieza su libro, tremendamente evocador, con una crónica del funeral.
7. Jean-Yves Tadié, *Proust: A Life* (trad. Euan Cameron; Londres y Nueva York, 2000), pp. 47-49.
8. Ibíd.
9. Péchenard, pp. 156-171.
10. Ibíd.
11. La historia definitiva de los debates y métodos oficiales sobre el cólera, en particular el que mantuvieron «sanitacionistas» y «contagionistas»,

456

es Peter Baldwin, *Contagion and the State in Europe 1830-1930* (Cambridge, 2005), especialmente pp. 123-243.

12. Alain Ségal y Bernard Hillemand, «L'hygiéniste Adrien Proust, son univers, la peste et ses idés politiques sur sanitaire internationale», *Histoire des sciences médicale*, I, XLV, 1, 2011, pp. 63-69; Bernard Hillemand, «Rénovation de la prévention des epidémies du XIXe siècle. Role majeure des pionniers et novateurs de l'Académie de Médicine injustement oubliés», *Bulletin de l'Académie Nationale de la Médicine*, 195, 2011, pp. 755-772.

13. Para la importancia económica del comercio parisino con estiércol humano hasta bien entrado el siglo XIX, S. Barles, «Urban metabolism and river systems: an historical perspective, Paris 1790-1970», *Hydrology and Earth Systems*, 2007, pp. 1757-1769.

14. *Essai sur l'Hygiene Internationale, ses applications contre la peste, la fièvre jaune et le choléra asiatique...* (París, 1873), p. 301. Esta era la convicción primordial de Proust: la enfermedad «se adosaba a los pies del viajero», *Essai*, p. 287 y *passim*.

15. Filippo Pacini, «Osservazione microscopiche e deduzione patologiche sui cholera asiático», *Gazzetta Medica Italiano-Toscano* (2.ª serie), 4 (50), pp. 397-340 y 405-412.

16. Gian Piero Carboni, «The enigma of Pacini's *Vibrio cholerae* Discovery», *Journal of Medical Microbiology*, 70 (11), noviembre de 2021, online; Filippo Pacini, *Sulla causa specifica del colera* (Florencia, 1865).

17. Howard-Jones, pp. 27-28.

18. Para una crónica completa de los actos de Constantinopla, Howard-Jones, pp. 27-34; *Procès-Verbaux de la Conférence Sanitaire Internationale, le 13 février, 1866* (Constantinopla, 1866).

19. Howard-Jones, p. 29.

20. Darcy Grimaldo Grigsby, «Rumor, Contagion and Colonization in Gros's Plague-Stricken Jaffa», *Representations*, verano de 1995, p. 46.

21. El primer análisis médico extenso de Fauvel fue *De l'influence de la connaissance des causes et des traitement des maladies* (París, 1844).

22. Adrien Proust, «Rapport sur un mission sanitaire en Russie et en Perse en 1869», *Journal Officiel de l'Empire*, 10 de julio de 1870, pp. 1-31; Panzac, pp. 31-55. El relato impresionantemente detallado sobre la zona caliente del cólera en la frontera entre Rusia y Persia se basa en sus exhaustivas observaciones geoepidemiológicas, documentadas en *Essai*, pp. 366-385.

23. Abbas Amanat, *Pivot of the Universe: Nasir Al-Din Shah Quajar and the Iranian Monarchy 1831-1896* (Los Ángeles y Berkeley, 1997).

24. Proust señalaba que «en Persia existen varias piscinas elegantemente revestidas de mármol y con un agua siempre fresca y limpia, pero se encuentran en mitad de los deliciosos jardines que son dominio exclusivo del palacio del sha». *Essai*, p. 372.

25. *Essai*, p. 308. Proust quedó consternado al ver mujeres lavando ropa en las mismas acequias y canales contaminados por las evacuaciones humanas.

26. Claude Francis y Fernande Gontier, *Proust et les Siens* (París, 1981), p. 48.

27. Panzac, p. 45.

28. La norma de Proust era que «la presteza del avance de las epidemias siempre se ha correspondido con el rápido crecimiento de las comunicaciones», *Essai*, p. 301.

29. David Arnold, «Cholera and Colonialism in British India», *Past and Present*, 113, noviembre de 1986, pp. 118-151.

30. J. D. Isaacs, «D. D. Cunningham and the etiology of cholera in British India», *Medical History*, 42 (3), 1998, pp. 279-305.

31. J. M. Cunningham, *Cholera: What Can the State do to Prevent it?* (Calcuta, 1884), p. vi.

32. *Cholera Inquiry by Doctors Klein and Gibbes, and Transactions of a Committee Convened by the Secretary of State for India* (1885); Baldwin, pp. 183-184.

33. Hoawrd-Jones, pp. 58-65.

V. *Sans frontières*

1. Acerca de la amistad entre Haffkine y los Acland, y el registro fotográfico de ella en 1899, véase Giles Hudson, «Epidemic Encounters», *Inside HSM: Stories from the History of Science Museum*, Universidad de Oxford, 2021, online.

2. Los numerosos retratos y estudios de Haffkine trabajando, recopilados por él mismo —que ahora se encuentran en el Waldemar Mordecai Wolff Haffkine Archive (en adelante, HA) de la Biblioteca Nacional de Israel en Jerusalén—, muestran un vestuario típico de soltero. Allá donde estuviera, casi siempre iba elegantemente vestido para la ocasión, ya fuera social o profesional. Y conservaba varias copias de sus retratos, incluidos los grabados por encargo.

3. HA 325.01.105; notas de París.

4. HA 325.01.87; marcha de Haffkine en 1904.

5. Leonard Rogers, citado en Joel Hanhart, *Waldemar Mordekhai Haff-kine (1860-1930): Biographie Intellectuelle*, París, 2016, p. 132; véase también Wellcome Collection, Rogers Papers, PP/ROG/A55/106.

6. El informe completo de la comisión no se publicó hasta 1902, un año ominoso para Haffkine, pero la circulación informal de su escepticismo respecto de la vacuna ya estaba minando su autoridad en 1899.

7. «Me apenó profundamente», escribió Haffkine a Nightingale, «ver que estaba tan enferma», HA 325.01.105; notas de París.

8. W. M. Haffkine, «A Lecture on Vaccination against Cholera», pronunciada en la sala de examen del Comité Conjunto de los Colegios Reales de Médicos y Cirujanos el 18 de diciembre de 1895.

9. HA 325.01.105; notas de París.

10. Para la Odesa judía, véanse Steven J. Zipperstein, *The Jews of Odesa, 1794-1881*, Stanford, 1986; Simon Schama, *Belonging: The Story of the Jews 1492-1900*, Londres, 2017, pp. 604-621.

11. Lorraine de Meaux, *The Gunzburgs: A Family Biography*, Londres, 2019.

12. Joel Hanhart, p. 27.

13. Luba Vikhanski, *Immunity: How Elie Metchnikoff Changed the Course of Modern Medicine*, Chicago, 2016, p. 110.

14. Mark Popovsky, *The Story of Dr. Haffkine*, trad. ing. de M. Vezey (Moscú, 1963), pp. 12-28.

15. Hanhart, en cambio, opina que la intención de acusar a Haffkine de pertenencia a Naródnaya Volia era agravar las acusaciones de traición contra él en febrero de 1882. Edyth Lutzker, por otra parte, apoyaba la versión de Alexander Popovski sobre la pertenencia de Haffkine a la organización revolucionaria. Edyth Lutzker, «Waldemar Haffkine CIE», en *Haffkine Institute Platinum Jubilee Commemorative Volume*, 1899-1974 (Bombay, 1974).

16. La carta de nombramiento de Haffkine (que entonces se escribía Khawkine) dejaba claro que iba a ser «ayudante de laboratorio». HA 325.01.05; notas de París.

17. HA 325.01.151; secciones de artículos y «bellas letras».

18. Kendall A. Smith, «Louis Pasteur, the father of immunology?», *Frontiers in Immunology*, 3 (68), abril de 2012, online.

19. W. M. Haffkine, «Maladies infectueux des paramécies», *Annales de l'Institut Pasteur*, 4, 1890, pp. 168-192.

20. W. M. Haffkine, «Recherches sur l'adaptation au milieu chez les infusoires et les Bacteries», *Annales de l'Institute Pasteur*, 4, 1890, pp. 363-379.

21. HA 325.03.326; conferencias en el Instituto Pasteur.

22. George Bornside, «Jaime Ferrán and preventive inoculation against cholera», *Bulletin of the History of Medicine*, 1981, pp. 516-532.

23. Se puede encontrar una interesante correspondencia posterior entre Haffkine y Roux acerca de la vacuna de Ferran en HA 325.01.32.

24. Esto se debía en parte a que el funcionamiento del sistema inmune aún no estaba completamente integrado en los principios operativos de la bacteriología pasteuriana, de modo que muchos de los científicos más veteranos, incluido Roux, seguían la hipótesis de su líder, que decía que la introducción de microbios atenuados reducía de algún modo los vestigios de elementos necesarios para que la infección creciese, y no que la respuesta inmune celular los frenara.

25. Citado en Ilana Löwy, «Guinea Pigs to Man: The Development of Haffkine's Anticholera Vaccine», *Journal of the History of Medicine and Allied Sciences*, 47 (3), julio de 1992, p. 279. En relación con este extraordinario momento, véase también Barbara J. Hawgood, «Waldemar Mordecai Haffkine CIE (1860-1930): Prophylactic Vaccine Against Cholera and Bubonic Plague in British India», *Journal of Medical Biography*, febrero de 2007, pp. 10-11.

26. W. M. Haffkine, «Le choléra asiatique chez le cobaye», *Comptes Rendus de la Société Biologique*, 9, 1892, pp. 635-637.

27. W. M. Haffkine, «Sur le choléra asiatique chez le lapin et le pigéon», *Comptes Rendus de la Société Biologique*, 1892, p. 671.

28. George H. Bornside, «Waldemar Haffkine's Cholera Vaccine and the Ferrán-Haffkine Priority Dispute», *Journal of the History of Medicine and Allied Sciences*, 37 (4), octubre de 1982, pp. 399-422.

29. Louis Pasteur a Jacques-Joseph Grancher, *Correspondence* (ed. R. Vallery-Radot), vol. 4, pp. 342-344.

30. Ernest Hanbury Hankin, «Remarks on Haffkine's Method of Protective Inoculation against Cholera», *British Medical Journal*, 2 (1654), 10 de septiembre de 1892, pp. 569-571.

31. El brote de cólera de 1892 y 1893 en Hamburgo y sus consecuencias epidemiológicas, sociales y políticas se analizan en la magistral crónica de Richard J. J. Evans, *Death in Hamburg: Society and Politics in the Cholera Years* (Oxford, 1987).

32. Hanhart, p. 65, nota 272.

33. Louis Pasteur, «Sur les maladies virulentes et en particulier sur le maladie appellée vulgairement choléra des poules», Centre des Recherches de l'Academie des Sciences, 1880, p. 90; Kendall A. Smith, *op. cit.*

34. Popovsky, pp. 49-54; Hanhart, pp. 72-73.

35. David Arnold, «Cholera and Colonialism in British India», *Past and Present*, noviembre de 1986, p. 113.

36. Britton Martin, «Lord Dufferin and the Indian National Congress, 1885-1888», *Journal of British Studies*, noviembre de 1967, pp. 68-96. Con la sana intención de corregir la alabanza excesivamente generosa del liberalismo de Dufferin, es posible que esto se exceda en la dirección contraria, dado que el virrey no solo permitió, sino que alentó la formación del Congreso Nacional de India en 1885 (antes de rechazarlo años después) y sentó las bases de lo que sería la Ley de Consejos Provinciales de 1892, en la que se instauraban elecciones locales en India.

37. Ratan Lal Chakraborty, «The Unpublished Part of the Dufferin Report, 1888» (principalmente sobre el este de Bengala y el territorio que rodea Dhaka).

38. Queen Victoria's Journal, 13 de julio de 1881, en Gerard Vallée (ed.), *Florence Nightingale on Social Change in India: Collected Works of Florence Nightingale*, vol. 10 (Waterloo, Ontario, 2007), p. 519.

39. Samiksha Sehrawat, «Feminising Empire: The Association of Medical Women and the Campaign to Found a Women's Medical Service», *Social Scientist*, 41, mayo-junio de 2013, pp. 65-81. Aquí se dan poderosos argumentos para apoyar la conveniencia para el imperio del conservadurismo social del Fondo, pero se subestima la intensa resistencia contra los médicos varones en sectores mucho más pobres de la población india. No resultaba absurdo, teniendo en cuenta los índices extremadamente discrepantes de asistencia hospitalaria entre ambos géneros, que fuera un interés legítimo de aquellos que buscaban alentar a las mujeres, sobre todo a las doctoras indias. También Antoinette Burton, «Contesting the Zenana: The Mission to Make "Lady Doctors for India" 1874-1885», *Journal of British Studies*, 35 (3), julio de 1996, pp. 368-397; Maneesha Lal, «The Politics of Gender in Colonial India: The Effect of the Lady Dufferin Fund, 1885-8», *Bulletin of the History of Medicine*, 68 (1), 1994; Mridula Ramanna, «Women Physicians as Vital Intermediaries in Colonial Bombay», *Economic and Political Weekly*, 43 (12), marzo de 2008, pp. 71-78.

40. HA 325.03.327; trabajo sobre el cólera de Haffkine.

41. Ibíd., marzo de 1893.

42. Para la defensa inicial de la vacuna anticólera de Haffkine por parte de Simpson, véase W. J. R. Simpson, *Cholera in Calcutta in 1894 and Anti-Choleraic Inoculation* (Calcuta, 1895). Haffkine identifica a miembros del

equipo de vacunación de India en *Protective Inoculation Against Cholera* (Calcuta, 1913), p. 39. Como señala Mark Harrison —en *Public Health in British India: Anglo-Indian Preventive Medicine 1859-1914* (Cambridge, 1994), pp. 213 y ss.—, el afán de Simpson por llevar a cabo mejoras radicales en el saneamiento de Calcuta, por no mencionar sus episodios de insensibilidad política y falta de tacto, hizo de él una figura controvertida, tanto en la opinión india como en la británica. Pero el caso es que Simpson —para beneficio de Haffkine— no formaba parte del Servicio Médico de India, así que, en el IMS, muchos lo consideraban un intruso.

43. HA 325.01.105; notas de París.

44. Ibíd.

45. Haffkine hacía referencia a la primera ubicación de la campaña de inoculación, en la primavera de 1894, como «los suburbios» de Calcuta. HA 325.01.105; notas de París.

46. Kavita Misra, «Productivity of Crises: Disease, Scientific Knowledge and State in India», *Economic and Political Weekly*, 35 (43-44), 21 de octubre-3 de noviembre de 2000, pp. 3885-3896.

47. Ibíd., p. 3889.

48. Isaacs, p. 289.

49. Ibíd., p. 299.

50. Más adelante, profesor de Higiene y Medicina Tropical del Hospital del Kings College de Londres y cofundador de la Escuela de Medicina Tropical, así como ardiente defensor de Haffkine. W. J. Simpson, *Cholera in Calcutta in 1894 and Anti-Choleraic Inoculation* (Calcuta, 1895).

51. En el artículo de W. Theobald (antiguo jefe de prospección geológica en India), en *The Pall Mall Gazette* el 28 de mayo de 1894, preocupaba tanto la reacción de las tropas nativas que decía que el asunto era «de importancia nacional» y que «con el fin de evitar la catástrofe [...] se debe prohibir este pasteurismo en India y no perder el tiempo con ello». Misra, p. 3892.

52. Capitán cirujano E. Harold Brown, *Anticholeraic Inoculation During an Outbreak of Cholera in the Darbhanga Jail* (Calcuta, 1896).

53. Comandante cirujano R. Macrae, «Cholera and Preventive Inoculation in Gya Jail», *The Indian Medical Gazette*, septiembre de 1894, 29 (9), p. 335.

54. HA 325.03.335; correspondencia con asunto: cólera.

55. HA 325.01.105; notas de París.

56. Deepak Kumar, «"Colony" Under a Microscope: The Medical Works of W. M. Haffkine», *Science, Technology and Society*, 4 (2), p. 1999.

57. Ibíd.

58. HA 325.01.104; lista de gastos personales.

TERCERA PARTE
PODER Y PESTILENCIA: LA PESTE

VI. LA MUERTE DE LAS RATAS

1. Robert Peckham, en su importante y sugerente artículo «Hong Kong Junk: Plague in the Economy of Chinese Things» (*Bulletin of the History of Medicine*, 90, primavera de 2016, pp. 32-60), sostiene que la afirmación de que la peste fue «traída» a Hong Kong dice más sobre las fantasías y estereotipos británicos acerca de los chinos degenerados por el opio que sobre la realidad. Pero es posible que tales estereotipos, sin duda caricaturas grotescas, no excluyan que, en efecto, los roedores habitaban los barcos, muchos de los cuales transportaban opio.

2. Puede resultar significativo que Yunnan y la región fronteriza con Laos y Vietnam sean también las regiones en las que se ha descubierto que los murciélagos de herradura son portadores de virus cuya secuencia genómica es similar a la del SARS-CoV-2.

3. Citado en Carol Benedict, *Bubonic Plague in Nineteenth Century China* (Stanford, 1996).

4. Universidad de Oxford, «News and Events», 26 de julio de 2021, online.

5. Elizabeth Gamillo, «Chipmunks Test Positive for the Bubonic Plague in Several South Lake Tahoe Locations», *Smithsonian Magazine*, agosto de 2021.

6. Esta historia extraordinaria la analiza con apasionante detalle David Atwill, «Blinkered Visions: Islamic Identity, Hui Ethnicity and the Panthay Rebellion in South West China 1856-73», *Journal of Asian Studies*, 62 (4), noviembre de 2003, pp. 1079-1108.

7. La bibliografía al respecto es abundante y de gran erudición. Véanse en especial David Arnold, *Colonizing the Body: State Medicine and Epidemic Disease in Nineteenth-Century India* (Berkeley, Los Ángeles y Londres, 1994); Mark Harrison, *Public Health in British India* (Cambridge, 1994); Bridie Andrews y Mary P. Sutphen, *Medicine and Colonial Identity* (Londres, 2015).

8. Alexander Rennie, «Report on the Plague prevailing in Canton

during the spring and summer of 1894», *China Imperial Maritime Customs Reports Medical Journal*, 48, 1895, p. 74.

9. La velocidad con la que la peste neumónica transportada por aerosoles provoca un fallo orgánico ha sido —y sigue siendo— un desafío para los antibióticos que requieren distribución con una urgencia que suele ser imposible, sobre todo en zonas rurales del mundo con conexiones aéreas o por carretera limitadas.

10. «Mr Chadwick's Reports on the Sanitary Conditions of Hong Kong» (Oficina Colonial, Londres, 1882), apéndice 2, *Public Latrines*, pp. 54-55.

11. Sobre las condiciones sociales y la propagación de la peste, véase Myron Echenberg, *Plague Ports: The Global Impact of Bubonic Plague, 1894-1901* (Nueva York, 2007), pp. 16-46. Para detalles sobre las condiciones de vida de los chinos pobres, véase David Faure, «The Common People in Hong Kong History: Their Livelihood and Aspirations Until the 1930s», en David Faure, *Colonialism and the Hong Kong Mentality* (Hong Kong, 2003).

12. Pui-Tak Lee, «Colonialism versus Nationalism: The Plague of Hong Kong in 1894», *Journal of North East Asian History*, 10 (1), verano de 2013, p. 120.

13. Peckham, *op. cit.*, p. 44.

14. G. H. Choa, «The Lowson Diary: A Record of the Early Phase of the Hong Kong Bubonic Plague, 1894», *Journal of the Hong Kong Branch of the Royal Asiatic Society*, 33, 1993, pp. 129-145, 139; W. J. Simpson, *Report on the Causes and Continuance of Plague in Hong Kong with suggestions as to Remedial Measures* (Londres, 1903).

15. Ibíd., p. 134.

16. James R. Bartholomew, *The Formation of Science in Japan: Building a Research Tradition* (New Haven, 1989), p. 141.

17. Tom Solomon, «Hong Kong 1894: The Role of James A Lowson in the Controversial Discovery of the Plague Bacillus», *The Lancet*, 350, 5 de julio de 1997, p. 59; W. I. Yule, «A Scottish Doctor's Association with the Discovery of the Plague Bacillus», *Scottish Medical Journal*, 40, 1995, pp. 184-186; J. A. Lowson, *The Epidemic of Bubonic Plague in Hong Kong 1894* (Hong Kong, 1895); Choa, *op. cit.*, p. 137.

18. Aro Velmet, *Pasteur's Empire: Bacteriology and Politics in France, its Colonies and the World* (Oxford, 2020).

19. Antonis A. Kousoulis *et al.*, «Alexandre Yersin's Explorations 1892-4

in French Indochina Before his Discovery of the Plague Bacillus», *Acta Medico-Historica Adriatica*, 10 (2), 2012, pp. 303-310.

20. Citado en Velmet, *op. cit.*

21. Robert Peckham, «Matshed Laboratory, Colonial Cultures and Bacteriology», en Robert Peckham y David M Pomfret (eds.), *Imperial Contagions: Medicine, Hygiene and Cultures of Planning in Asia* (Hong Kong, 2013), pp. 129 y ss., presenta un argumento de peso sobre la importancia radical del trabajo de laboratorio «móvil» en contraste con los supuestos metropolitanos e imperiales acerca de la ciencia institucionalizada. Para más detalles sobre el laboratorio-choza de Yersin, véanse Noel Bernard, *Yersin, pionnier, savant, explorateur* (1863-1943) (París, 1955), p. 91; Henri H. Molleret y Jacqueline Brosselet, *Alexandre Yersin ou le vainqueur de la peste* (París, 1983).

22. Alexandre Yersin, «La Peste Bubonique a Hong Kong», *Annales de l'Institut Pasteur*, 1894, p. 662. Lo siguió, un año más tarde, una segunda nota confirmada por Calmette, aventurando la posibilidad de una vacuna contra la peste basada en suero, que Yersin ensayaría en Bombay. Sobre la inspirada improvisación y disciplina de Yersin, véase Robert Peckham, «Matshed Laboratory», *op. cit.*, pp. 123-147.

VII. La calamidad ataca

1. Beheroze Shroff, «"Goma is Going on": Sidis of Gujarat», *African Arts*, 46, 2013, pp. 18-25.

2. Ira Klein, «Plague, Policy and Popular Unrest in British India», *Modern Asian Studies*, 22 (4), 1988, p. 737. En este artículo se resalta la importancia de la expansión del comercio de cereales en India como uno de los principales agentes de acumulación de ratas para el bacilo.

3. Cynthia Deshmukh, «The Bombay Plague of 1896-7», *Proceedings of the Indian Historical Congress*, 49, 1988, pp. 478-479.

4. Mridula Ramanna, *Health Care in the Bombay Presidency*, 1896-1930 (Nueva Delhi, 2012), p. 15.

5. Citado en Arnold, *Colonising the Body*, p. 209. Risley, un destacado etnógrafo, así como secretario del Departamento de Economía, agregó que «la naturaleza del microbio hacía que fuese muy fácilmente móvil». Sobre la recepción (generalmente inexistente) de la teoría germinal en la práctica sanitaria colonial británica, véase Mary J. Sutphen, «Not What But Where: Bubonic Plague and the Reception of Germ Theory in Hong Kong and

Calcutta, 1894-1897», *Journal of the History of Medicine and Allied Sciences*, 52 (1), enero de 1997, pp. 81-113.

6. M. E. Couchman (bajo órdenes de DeCourcy Atkins) [*sic*], *Account of Plague Administration in the Presidency of Bombay from September 1896 to May 1897* (Bombay, 1897), parte 1, sección 5, p. 11. Para el nerviosismo oficial al enfrentarse a la peste, véase David Arnold, «Disease, rumour and panic: India's Plague and Influenza Epidemics 1896-1919», en Robert Peckham (ed.), *Empires of Panic: Epidemics and Colonial Anxieties* (Hong Kong, 2015).

7. La opinión oficial de que todas las enfermedades infecciosas nacían de la «suciedad» de los pobres impulsó lo que era, en realidad, una guerra urbana contra sus lugares de residencia. Prashant Kidambi, «An Infection of Locality: Plague, Pythogenesis and the Poor in Bombay, c. 1896-1905», *Urban History,* 31 (2), agosto de 2004, pp. 249-262.

8. Adrien Proust, *La Defense de l'Europe contre la Peste et la Conference de Venise de 1897* (París, 1897), p. 24; Marie Miguet-Ollagnier, «La "Recherche": Tombeau Adrien Proust?», *Bulletin d'Informations Proustiennes*, 1991, pp. 102-103.

9. Citado en Arnold, *Colonizing the Body*, 214; ídem, «Touching the Body: Perspectives on the Indian Plague 1896-1900», en Ramajit Guha (ed.), *Subaltern Studies: Volume V: Writing on South Asian History and Society* (Delhi y Oxford, 1987), pp. 55-90.

10. Deshmukh, *op. cit.*, p. 481.

11. Natasha Sarkar, «Plague Germs Can Penetrate the Celestial Dress but Plague Measures Cannot: Mapping Plague Narratives in British India, 1890-1925», Center for Historical Research, Ohio State University, octubre de 2012, online.

12. Ibíd., p. 11.

13. Couchman, *Account*, p. 11.

14. Ibíd., p. 13.

15. *British Medical Journal,* 21 de diciembre de 1895.

16. Correspondencia sobre las inoculaciones de cólera en Bengala 1896-1897. HA 325.03.332.

17. Ibíd.

18. Toda la tripulación, excepto un marinero a bordo del barco Majestic atracado en Calcuta, había sido vacunada contra el cólera. El marinero no vacunado fue hospitalizado y murió de cólera.

19. HA 325.03.332; correspondencia sobre la inoculación anticólera en Bengala.

20. Cirujano capitán E. H. Brown, M.D. I.M.S., «Anticholeraic inoculation during an outbreak of cholera at Darbhanga Jail», abril de 1896, HA 325.03.332; correspondencia sobre la inoculación anticólera en Bengala.

21. Haffkine al subsecretario de India, 21 de mayo de 1906, HA 325.03.364.9; correspondencia con el subsecretario de Estado para India sobre el regreso de Haffkine a India.

22. Correspondencia relativa al caso del cipayo Jajajit Mal, incluidas las cartas de Hare a Haffkine. HA.325.03.332; correspondencia sobre la inoculación anticólera en Bengala.

23. Selman Waksman, *The Brilliant and Tragic Life of W. M. W. Haffkine, Bacteriologist* (New Brunswick, New Jersey, 1964), p. 21.

24. James Knighton Condon, *The Bombay Plague: Being a History of the Progress of the Plague in the Bombay Presidency from September 1896 to June 1899* (Bombay, 1900), p. 113.

25. HA 325.03.345.6; instrucciones sobre el uso del suero profiláctico contra la peste de Haffkine.

26. El relato del propio Haffkine acerca de estos experimentos (junto con todas las presentaciones que hizo al Gobierno indio) pueden encontrarse en la recopilación de documentos, muchos de ellos relacionados con otras ciudades indias como Calcuta y Surat, reunidos por R. Nathan I.C.S., *The Plague in India, 1896-1897* (Simla, 1898).

27. Haffkine, «Report on inoculations in the [Portugese] Goan district of Lower Damaun (Daman)», en Nathan, p. 38. Goa, que tenía una larga y variada experiencia en la formación de médicos para convencer (o no) a su población nativa de que aceptara la vacunación contra la viruela en vez de las prácticas de inoculación más antiguas, también envió un grupo de enfermeras y médicos a la vecina India británica. El trabajo escrupulosamente documentado y matizado de Cristiana Bastos, «Borrowing, Adapting and Learning the Practices of Smallpox: Notes from Colonial Goa», *Bulletin of the History of Medicine*, 83, 2009, pp. 146-162, presenta resistencia a lo que ella considera un exceso de simplificación polarizada entre la imposición colonial de la vacunación contra la viruela y la resistencia nativa o la preferencia uniforme por la variolación. La apertura de mente de la experiencia de su figura principal para la década de 1850, el doctor Eduardo Freitas de Almeida, tiene ecos en muchos sentidos en la seriedad con la que Haffkine prestó atención a las actitudes y prácticas de los nativos indios y en su fe en lo indispensables que eran los asistentes y colegas indios.

28. W. M. Haffkine, «A Discourse on Preventive Inoculation», discur-

so ante la Royal Society, 8 de junio de 1899, *The Lancet*, 153 (3965), 24 de junio de 1899, pp. 669-667; Hawgood, p. 13; Barbara J. Hawgood, «Waldemar Mordecai Haffkine: Prophylactic Vaccination Against Cholera and Bubonic Plague in British India», *Journal of Medical Biography*, vol. 15, 2007, pp. 9-19.

29. Como cabría esperar, el primer automóvil de Bombay lo compró Jamshedji Tata en 1898. Los neumáticos estuvieron disponibles al año siguiente.

30. A. Lustig y G. Galeotti, «The Prophylactic and Curative Treatment of Plague», *British Medical Journal*, 26 de enero de 1901, pp. 206-208.

31. Proust, *La Defense de l'Europe contre la Peste*, pp. 372-449; Howard-Jones, *Scientific Background*, pp. 78-80.

32. Igual que Haffkine, Zabolotni, una figura fascinante por derecho propio, había participado en la política estudiantil en la Universidad de Nueva Rusia, había estado en la cárcel y seguía siendo sospechoso de la policía cuando avanzaba con su investigación microbiológica.

33. General de brigada W. F. Gatacre, *Report on the Bubonic Plague in Bombay 1896-1897* (Bombay, 1897), pp. 76-78.

34. La única excepción importante fue Nasarwanji Choksy, en Arthur Road, quien llegó a tener más fe en el suero de Alessandro Lustig y menos en el de Haffkine.

35. R. Nathan, *The Plague in India 1896-1897* (Simla, 1898), vol. 1, p. 35.

36. Ibíd.

37. Gatacre, pp. 214 y ss.

38. El relato de Sophia Jex-Blake aparece citado en Catriona Blake, *The Charge of the Parasols: Womens' Entry into the Medical Profession* (Londres, 1990), p. 126.

39. Ibíd., p. 135.

40. Sobre la relación del feminismo y la formación médica, Antoinette Burton, *Burdens of History, British Feminists, Indian Women and Imperial Culture* (Chapel Hill, 1994); Ambalika Guha, «The "Masculine Female": the Rise of Women Doctors in Colonial India 1870-1940», *Social Scientist*, 5 (6), de mayo a junio de 2016, pp. 49-64. Sobre la primera generación de doctoras, Samiksha Sehrawat, «Feminising Empire: The Association of Medical Women in India and the Campaign to Found a Women's Medical Service», *Social Scientist*, 41, mayo-junio de 2013, pp. 65-81.

41. Sunil Pandya, *Medical Education in Western India: Grant Medical Col-*

lege and the Sir Jamsetjee Jejeebhoy's Hospital (Newcastle-upon-Tyne, 2019), pp. 329 y ss.

42. En la literatura histórica se dice habitualmente que Walke es goana, pero no he podido encontrar ninguna prueba de ello, y los nombres de sus padres y hermanos no lo indican así.

43. Sobre la peste y la vacunación en el distrito de Dharwar en 1898-1899 (incluidas las poblaciones de Hubli y Gadag), HA 325.03.345.3; W. H. Haffkine, *Summarised Report of the Bombay Plague Research Laboratory, 1896-1902* (Bombay, 1903); Olive Renier, *Before the Bonfire* (Shipston-on-Stour, 1984).

44. La celebración que hace Haffkine del «récord» de vacunaciones en un solo día de Alice Corthorn se encuentra en su discurso ante la Escuela de Medicina Tropical de Liverpool del 21 de octubre de 1907.

45. Renier, *op. cit.*, pp. 18 y 32.

46. A. M. Corthorn y C. J. R. Milne, «Plague in Monkeys and Squirrels», *Indian Medical Gazette*, marzo de 1899, p. 34.

47. HA 325.03.345.3. En mayo de 1901 se publicó un informe completo sobre la experiencia del distrito de Dharwar en 1898-1899, con cifras comparativas sobre poblaciones vacunadas y no vacunadas, así como detalles de los procedimientos utilizados.

48. Una minoría, aunque muy significativa, de ismaelitas de Bombay eran bohra, creían en el autoocultamiento del vigésimo primer imán a finales del siglo IX y principios del X y, por tanto, rechazaban la autoridad del Aga Khanato.

49. Sultán Mahomed Shah, Aga Khan III, *The Memoirs of the Aga Khan: World Enough and Time* (Nueva York, 1954).

50. Subhendu Mund, «Colonialism and the Politics of Epidemiology: The Rise of Radical Nationalism in India», HAL archive ouvertes, hal-03350204; Ian Catanach, «Poona politicians and the plague», *South Asia Journal of South Asian Studies*, diciembre de 1984, pp. 1-18.

51. El relato clásico es el de S. Wolpert, *Tilak and Gokhale: Revolution and Reform in the Making of Modern India* (Berkeley y Los Ángeles, 1961).

52. Sobre Gokhale, Bal Ram Nanda, *Gokhale: The Indian Moderates and the British Raj* (Princeton, 2016).

53. Damodar Hari Chapekar, *Musings From Gallows: Autobiography of Damodar Hari Chapekar* (traducción al inglés) (Ajmer, 2021), p. 95.

54. Alok Deshpande, «Maharashtra to unlock history in prisons», *The Hindu*, 23 de enero de 2021.

55. Una crónica importante de las huelgas de 1897 y 1898 y de sus repercusiones en el cambio estructural de las relaciones capital-trabajo en la industria textil de Bombay: Aditya Sarkar, «The Tie that Snapped: Bubonic Plague and Mill Labour in Bombay 1896-1898», *International Review of Social History*, 59 (2), junio de 2014, pp. 181-214; véase también Prashant Kindambi, «Contestation and Conflict: Workers' Resistance and the "Labour Problem" in the Bombay Cotton Mills, c. 1898-1919», en Marcel van der Linden y Prabha Mohapatra (eds.), *Labour Matters: Towards Global Histories: Studies in Honour of Sabyasachi Bhattacharya* (Delhi, 2009), p. 106.

56. Sarkar, pp. 188-195.

57. HA 325.01.159; «On Study» (discurso).

58. James Knighton Condon, *The Bombay Plague, being a History of the Plague in the Bombay Presidency from September 1896 to June 1899* (Bombay, 1900); actas reproducidas de *The Times of India*, pp. 115-118.

59. Hanhart, 134; Curzon Papers, Eur Fiii/158, 58c, 92d; Deepak Kumar, «"Colony" Under a Microscope: The Works of W. M. Haffkine», *Science, Technology and Society*, 1999, 4, p. 265.

60. Nayana Goradia, *Lord Curzon: The Last of the British Moghuls* (Oxford, 1993), p. 150.

61. Mridula Ramanna, *Health Care in the Bombay Presidency, 1896-1930* (Nueva Delhi, 2012), p. 30.

62. H. Bennett y W. B. Bannerman «Inoculation of an entire community with Haffkine's Plague Vaccine», *Indian Medical Gazette*, junio de 1899.

63. Bennett y Bannerman, *op. cit.*

64. HA 325.03.444.6; material referente a problemas de personal.

65. Hanhart, P. 121.

66. HA 325.03.362; borradores de Haffkine para varios artículos y cartas sobre la comisión Malkowal.

VIII. CARBÓLICO

1. [W. Haffkine], *Summarised Report of the Bombay Plague Research Laboratory 1896-1902* (Bombay, 1903), HA 325.03.426. Los detalles de la producción, junto con peticiones de un personal y un espacio mucho más amplios, se encuentran en el «Informe sobre fabricación» de Haffkine, 1900, HA 325.03.345.4.

2. HA 325.03.369.2; Laboratorio de Investigación de la Peste.

3. Para este último dato me baso en fotografías del personal del Laboratorio de Investigación de la Peste tomadas en 1901, HA 325.04.161.3.

4. Hanhart, 122. Haffkine estaba (y no sin razón) muy preocupado por asegurarse de que su suministro y mantenimiento de equipos pudieran incrementarse para satisfacer la repentina demanda. HA 325.03.369-2.

5. Myron Echenberg, *Plague Ports: The Global Urban Impact of Bubonic Plague, 1894-1901* (Nueva York, 2010), pp. 107-130.

6. Antón Chéjov a A. C. Suvorin, 19 de agosto de 1899, *Complete Letters*, vol. 8 (Moscú, 1980), pp. 242-243.

7. Kavita Sivaramakrishnan, *Old Potions, New Bottles: Recasting Indigenous Medicine in Colonial Punjab, 1850-1945* (Londres, 2006); Sasha Tandon, *The Social History of Plague in Colonial Punjab* (Nueva Delhi, 2015); Natasha Sarkar, «Fleas, Faith and Politics: Anatomy of an Indian Epidemic, 1890-1925», tesis de doctorado, Universidad de Singapur, 2011, online; Ian Catanach, «Plague and the Indian Village 1896-1914», en Peter Robb (ed.), *Rural India, Land, Power and Society Under British Rule* (Londres, 1983). W. Glen Liston, *The Causes and Prevention of Plague in India* (Bombay, 1908) ofrece algunos detalles sobre medicinas indígenas, rara vez con demasiada aprobación.

8. Ramanna, p. 12.

9. Kumar, p. 263.

10. Ira Klein, «Plague, Policy and Popular Unrest in British India», *Modern Asian Studies*, 22 (4), 1988, p. 747.

11. Waksman, p. 48.

12. HA 325.03.426, *Summarised Report*, p. 16.

13. Cirujano general C. H. James, *Report on the Outbreak of Plague in Jullundur and Hoshiapur Districts in the Punjab 1897-98*, 1898, pp. 133 y ss.

14. Ibíd., p. 98.

15. HA 325.01.162; discurso en la Escuela de Medicina Tropical de Liverpool.

16. Ramanna, p. 12.

17. Kumar, p. 255; Curzon a Hamilton, 5 de noviembre de 1902; documentos de Curzon, Mss Eur F, 111/201, p. 401.

18. HA 325.03.348; pruebas de Haffkine ante la Comisión de Malkowal.

19. HA 325.03.444.6; material relacionado con problemas de personal.

20. HA 325.03.444.6; material relacionado con problemas de personal.

21. HA 325.01.36; invitaciones a ceremonias oficiales.

22. Hamilton a Curzon, 4 de diciembre de 1902, Kumar, p. 257.

23. HA 325.03.364.9; carta de Haffkine al subsecretario de Estado para India, 21 de mayo de 1906.

24. Ibíd. Más tarde, Haffkine señalaba en su extensa carta al Gobierno de India durante la batalla por la verdad que la política de segregación y desinfección había sido calificada por el sucesor de Sandhurst como gobernador de Bombay, lord Lexington, de fracaso para poner freno a la peste y había sido abandonada. Aquella no era una opinión universal, sobre todo en el IMS, y desde luego le granjeó más enemigos a Haffkine.

25. HA 325.03.345.6; instrucciones para el uso de profilácticos de Haffkine.

26. HA 325.03.362; borrador para artículos y carta de Haffkine sobre la Comisión de Malkowal.

27. Carta a Godley HA 325.03.364.9; correspondencia con el subsecretario de Estado para India en relación con el regreso de Haffkine al país.

28. Ibíd.

29. Ibíd., Godley a Haffkine, 5 de diciembre de 1906.

30. HA 325.03.345.6; instrucciones para el uso de profilácticos de Haffkine.

31. *British Medical Journal*, 1907, pp. 277-278.

32. Sir Ronald Ross, *Memoirs: With a Full Account of the Great Malaria Problem and its Solution* (Londres, 1923), p. 181.

33. Ibíd., p. 184.

34. Ibíd., p. 205.

35. Ronald Ross, «The Inoculation Accident at Mulkowal», *Nature*, 75, 21 March 1907, pp. 486-487.

36. Eli Chernin, «Ross Defends Haffkine: The Aftermath of the Vaccine-Associated Mulkowal Disaster of 1902», *Journal of the History of Medicine and Allied Sciences*, 46 (2), abril de 1991, p. 207.

37. Ibíd., p. 214.

38. *The Times*, 29 de julio de 1907.

39. Chernin, p. 207.

40. HA 325.03.364.9, Haffkine a Charles Hobhouse, subsecretario de Estado para India, 12 de noviembre de 1907.

41. Chernin, p. 213.

42. HA 325.01.35; elección a la Caballería Ligera de Calcuta.

43. HA 325. 01.107; diarios 1898-1901.

IX. Partidas

1. Acerca de la gira por Estados Unidos, Hanhart, pp. 179 y ss.

2. Haffkine, *A Plea for Orthodoxy* (Nueva York, 1916), p. 13. Hanhart (pp. 185-469) ofrece una lectura extensa, intensiva y sumamente ilustrativa sobre el judaísmo de Haffkine, su creciente decepción con el judaísmo reformado, que creía que dominaba la vida judía en Estados Unidos, y su complicada e incómoda relación con el sionismo.

3. El diario trilingüe de Haffkine sobre su visita a la URSS (ruso, francés e inglés) es HA 325.01.139.1; se publicó una versión editada en dos partes como «Une mission en Russie», en *Paix et Droit*, 1927. También a cargo del escritor ruso Mark Popovski, *The Story of Dr Haffkine* (Moscú, 1963), p. 132. El retorno a Odesa se basa en conversaciones con Y. A. Havkina, sobrina nieta de Haffkine, y el hijo del doctor Yakov Bardakh, uno de los fundadores del Instituto Pasteur en dicha ciudad.

4. Para Metchnikoff y Tolstói, Anna A. Berman, «Of Phagocytes and Men: Tolstoy's Response to Mechnikov and the Religious Purpose of Science», *Comparative Literature*, 68 (3), 2016, pp. 296-311; Stephen Lovell, «Finitude at the Fin de Siècle: Il'ia Mechnikov and Lev Tolstoy on Death and Life», *The Russian Review*, 63 (2), abril de 2004, pp. 296-316.

5. Jean-Marc Cavaillon y Sandra Legout, «Centenary of the death of Elie Metchnikoff: a visionary and an outstanding team leader», Instituto Pasteur, *Microbes and Infections*, 18 (2016), p. 578.

6. Para Yaffe y los últimos años, Hanhart, pp. 513-527.

7. «Insanitary condition of the Jharia coalfields», junio de 1908, archivos del estado de Bihar, Patna. Publicado por el Gobierno de Bengala, colección digitalizada de artículos sobre epidemias y vacunaciones.

X. Y al final...

1. Stephanie Nolen, «Cholera outbreaks surge worldwide as vaccine supply drains», *The New York Times*, 31 de octubre de 2022. La escasez global de la vacuna se ha visto exacerbada por Sanofi, la subsidiaria india de la empresa farmacéutica francesa, que decidió cancelar la producción a finales de 2023, de modo que el único proveedor fiable actualmente es la compañía surcoreana EuBiologics. El International Center for Diarrhoeal Research, que fue pionero de la versión moderna de la vacuna contra el cólera, se

encuentra en Dhaka, Bangladesh, cerca de la sede original de Haffkine en Kolkata.

2. Tom Nichols, *The Death of Expertise: The Campaign Against Established Knowledge and Why it Matters* (Oxford, 2017).

3. Ojalá fuese una simple hipérbole, pero la descripción de la ciencia y los científicos de la vacunación como agentes de un complot satánico es habitual en el lenguaje de los teóricos de la conspiración, sobre todo los fieles a QAnon.

4. Noticia de Fox News, 23 de agosto de 2022.

5. Andrew Bridgen, parlamentario conservador para Leicestershire del Noroeste, fue expulsado del partido por decir que las vacunas contra la COVID eran el peor crimen contra la humanidad «desde el Holocausto».

6. Jamelle Bouie, «Ron DeSantis likes his culture wars for a reason», *The New York Times*, 31 de enero de 2023.

7. Annie Karni y Katie Thomas, «Trump says he's taking hydroxychloroquine, prompting warning from health experts», *The New York Times*, 18 de mayo de 2020.

8. David R. Boulware *et al.*, «A Randomized Trial of Hydroxychloroquine as Postexposure Prophylactic for COVID-19», *New England Journal of Medicine*, 6 de agosto de 2020, pp. 517-525. Laura Ingraham, en particular, y ante las conclusiones científicas, parecía estar obsesionada con defender la efectividad de la vacuna.

9. Leon Caly *et al.*, «The FDA-approved drug Ivermectin inhibits the replications of SARS-CoV-2 in vitro», *Antiviral Research*, 178, junio de 2020.

10. Christina Szalinski, «Fringe doctors' groups promote Ivermectin despite lack of evidence», *Scientific American*, 29 de septiembre de 2021.

11. Noticia de Newsmax, 28 de noviembre de 2021.

12. Carlson, 11 de mayo de 2021.

13. Felicia Goodrum *et al.*, «Virology Under the Microscope - a Call for Rational Discourse», *Journal of Virology*, 97 (2), enero de 2023.

14. David Cyranoski, «Bat cave solves mystery of deadly SARS virus - and suggests new outbreak could occur», *Nature*, 1 de diciembre de 2017.

15. Russell D. Bicknell *et al.*, «Central Nervous System of a 310-million-year-old Horseshoe Crab: Expanding the Taphonomic Window for Nervous System Preservation», *Geology*, 49 (11), 2021, pp. 1381-1385.

16. F. B. Bangs, «The Toxic Effect of a Marine Bacterium on Limulus and the Formation of Blood Clots», *Biological Bulletin*, 105, pp. 361-362.

17. Véanse Deborah Cramer, *The Narrow Edge: A Tiny Bird, an Ancient Crab and an Epic Journey* (Yale, 2015); Jack Sargent, *Crab Wars: A Tale of Horseshoe Crabs, Bioterrorism and Human Health* (Boston, 2021).

18. Deborah Cramer, «When the horseshoe crabs are gone, we'll be in trouble», *The New York Times*, 19 de febrero de 2023, recientemente ha puesto el foco sobre la urgencia de que las alternativas recombinantes obtengan aprobación de la Farmacopea de Estados Unidos, una organización sin ánimo de lucro, sin necesidad de ensayos prolongados. Un preciado ecosistema está siendo destruido.

Créditos de las imágenes

p. 15: Hagerty Ryan/USFWS

p. 25: Gaius Cornelius

p. 34: David Brossard

p. 35: PhD Dre

p. 37: © Réunion des musées nationaux (Musée national du château de Versailles)

p. 72: Wellcome Images

p. 83: Pictorial Press Ltd / Alamy Foto de stock

p. 93: © The Royal Society

p. 102: Wellcome Images

p. 119: Dartmouth College Electron Microscope Facility

p. 121: Cortesía del autor

p. 123: CC0 Paris Musées / Musée Carnavalet

p. 136: Wellcome Images

p. 138: © Bibliothèque de l'Académie nationale de médecine. Bibliothèque de l'Académie nationale de médecine, Ms 1200 (2071) n.° 35x0042

p. 153: Historical Views/agefotostock

p. 156: Bibliothèque nationale de France

p. 157: The Bodleian Libraries, University of Oxford, MS. Minn 169 n.° 4

p. 165: The Bodleian Libraries, University of Oxford, MS. Minn 202 n.° 9

p. 172: Elie Metchnikoff. Wellcome Collection

p. 178: B. Gottlieb. Haffkine Archive, National Library of Israel, W. M. Haffkine, ARC. Ms. Var 325 04 121

p. 187: A. A. Drozdovsky Collection/Odesa National Scientific Library

p. 188: Boissonnas. Haffkine Archive, National Library of Israel, W. M. Haffkine, ARC. Ms. Var. 325 04 122

p. 194: © Institut Pasteur/Archives Elie Metchnikoff – foto de Eugène Pirou

p. 200: Reproducido por cortesía de la Cambridge Antiquarian Society y la Syndics of Cambridge University Library (UA/CAS H62)

p. 207 izquierda: Chris Hellier / Alamy Foto de stock

p. 207 derecha: Bridgeman Standard/British Library/ACI

p. 213: Haffkine Archive, National Library of Israel. Inoculaciones del cólera en Calcuta. ARC. Ms. Var. 325 04 179

p. 223: Haffkine Archive, National Library of Israel. Inoculaciones del cólera en Chaibassa, Bengala, ARC. Ms. Var. 325 04 165

p. 224: Wellcome Images

p. 225: © Science Photo Library/agefotostock

p. 239: Hong Kong Museum of Medical Sciences Society

p. 240: ©Historical Views/agefotostock / 402. ©Science Source/agefotstock

p. 242: Reproducido por cortesía del Soldiers of Shropshire Museum

p. 246: Fukuzawa Memorial Center for Modern Japanese Studies, Keio University

p. 249: Cortesía de The Kitasato Institute

p. 252: Pascal Deloche/Godong/Universal Images Group/via Getty Images

p. 261: Peste bubónica en Bombay, 1896-1897. Bombay Plague Committee. Atribuida al capitán C. Moss, 1897. Wellcome Collection

p. 266: Peste bubónica en Bombay, 1896-1897. Bombay Plague Committee. Atribuida al capitán C. Moss, 1897. Wellcome Collection

p. 267: Peste bubónica en Bombay, 1896-1897. Bombay Plague Committee. Atribuida al capitán C. Moss, 1897. Wellcome Collection

p. 268: Peste bubónica en Bombay, 1896-1897. Bombay Plague Committee. Atribuida al capitán C. Moss, 1897. Wellcome Collection

p. 269: Peste bubónica en Bombay, 1896-1897. Bombay Plague Committee. Atribuida al capitán C. Moss, 1897. Wellcome Collection

p. 270 (ambas): Peste bubónica en Bombay, 1896-1897. Bombay Plague Committee. Atribuida al capitán C. Moss, 1897. Wellcome Collection

p. 271 (ambas): Peste bubónica en Bombay, 1896-1897. Bombay Plague Committee. Atribuida al capitán C. Moss, 1897. Wellcome Collection

p. 273: Peste bubónica en Bombay, 1896-1897. Bombay Plague Committee. Atribuida al capitán C. Moss, 1897. Wellcome Collection

p. 291: Haffkine Archive, National Library of Israel, operaciones contra la peste, ARC. Ms. Var. 325 04 162

p. 294: Doctora Saman Habib, de su álbum familiar

p. 301 (ambas): Peste bubónica en Bombay, 1896-1897. Bombay Plague Committee. Atribuida al capitán C. Moss, 1897. Wellcome Collection

p. 305: Peste bubónica en Bombay, 1896-1897. Bombay Plague Committee. Atribuida al capitán C. Moss, 1897. Wellcome Collection

p. 307 (ambas): Peste bubónica en Bombay, 1896-1897. Bombay Plague Committee. Atribuida al capitán C. Moss, 1897. Wellcome Collection

p. 309: Wellcome Images

p. 311: Wkimedia Commons

p. 315: Album / British Library

p. 319 izquierda: © Historical Views/agefotostock

p. 319 derecha: Bridgeman Standard / ACI

p. 321: Haffkine Archive, National Library of Israel, W. M. Haffkine, ARC. Ms. Var. 325 04 161

p. 341 arriba: Dr. I. M. Gibson, Haffkine Archive, National Library of Israel, campaña de inoculaciones en Punjab, ARC. Ms. Var. 325 04 236

p. 341 abajo: Dr. Maitland Gibson, The National Library of Israel, campaña de inoculaciones en Punjab, ARC. Ms. Var. 325 04 236

p. 343: Dr. Maitland Gibson, Haffkine Archive, National Library of Israel, campaña de inoculaciones en Punjab, ARC. Ms. Var. 325 04 236

p. 361: Wikipedia Commons

p. 369: Disección de mosquito con malaria, de R. Ross. Wellcome Collection, CC BY 4.0

p. 379: The National Library of Israel, Waldemar Mordecai Wolff Haffkine archive, ARC. Ms.Var. 325 01 20

p. 399: Wikimedia Commons

p. 408: Dr Waldemar Mordecai Haffkine Museum

p. 409: Haffkine Archive, National Library of Israel, inoculaciones del cólera en Jharia, ARC. Ms.Var. 325 04 167

p. 423: Benjamin Jesty. Óleo de M.W. Sharp, 1805. Wellcome Collection

p. 425: ©Science Source/agefotstock

p. 432: F©Science Source/agefotstock

Índice alfabético